Elektronenanlagerungs-Massenspektrographie organischer Substanzen

M. von Ardenne K. Steinfelder
R. Tümmler

Springer-Verlag
Berlin · Heidelberg · New York 1971

Prof. Dr. h. c. Manfred von Ardenne
Leiter des Forschungsinstituts M. v. Ardenne, Dresden – Weißer Hirsch

Dr.-Ing. Karl Steinfelder
Mitarbeiter im Forschungsinstitut M. v. Ardenne

Dr. rer. nat. habil. Rudolf Tümmler
Leiter des Chem. Labors im Forschungsinstitut M. v. Ardenne

Mit 109 Abbildungen

ISBN-13: 978-3-540-05287-6 e-ISBN-13: 978-3-642-65121-2
DOI: 10.1007/978-3-642-65121-2

Library of Congress Catalog Card Number: 70-142786

Vorwort

Bei der Durchsicht der bisher vorliegenden umfangreichen Sammlungen von Massenspektren organischer Substanzen fällt auf, daß es sich durchweg um Spektren positiver Ionen handelt und daß keine Spektren negativer Ionen existieren. Betrachtet man die Zusammenhänge näher, so erkennt man, daß die Ursache hierfür in erster Linie in der um einige Zehnerpotenzen geringeren Bildungswahrscheinlichkeit der negativen Ionen zu suchen ist. Die bekannten, relativ einfachen Verfahren zur Erzeugung positiver Ionen und die Stabilität der gebildeten Ionen sind weitere Faktoren, die dazu geführt haben, daß praktisch nur positive Ionen zur massenspektroskopischen Analyse verwendet wurden. Trotzdem erschien es aussichtsvoll, auch Massenspektren negativer Ionen, besonders für die Untersuchung organischer Substanzen, heranzuziehen. Die unterschiedlichen Ionisierungsmechanismen bei positiven und negativen Ionen ließen Unterschiede in den Massenspektren und damit zusätzliche Informationen über das Molekül und seinen Aufbau erwarten. Auf Grund der Tatsache, daß die Auftrittspotentiale der negativen Ionen bei sehr niedrigen Werten liegen, war außerdem anzunehmen, daß eine entsprechend geringe Energiezufuhr beim Ionisierungsvorgang zu fragmentärmeren Spektren führt. Solche Spektren sind besonders bei Substanzen mit sehr schwachen Molekülpeaks und bei Substanzgemischen von Vorteil.

Zur Erzielung aussagekräftiger Massenspektren negativer Ionen fehlten jedoch zunächst die physikalisch-technischen Voraussetzungen. Nach Beendigung des Zweiten Weltkrieges befaßte sich der erstgenannte Verfasser in der UdSSR mit der Entwicklung von Plasmaionenquellen und magnetischen Isotopentrennern. Ausgehend von diesen Arbeiten gelang es ihm, eine Konzeption für die Elektronenanlagerungs- (Kurzform: EA-) Ionenquelle zu finden, die auf dem Prinzip der Duoplasmatron-Ionenquelle (M.v.A. 1948) aufbaut. Mit dieser Ionenquelle wurde dank ihrer sehr hohen Dichte energiearmer Elektronen auch bei organischen Molekülen erstmalig 1958 eine relativ gute Ausbeute an negativen Ionen erzielt. Damit waren die Voraussetzungen für die Aufnahme aussagekräftiger Spektren negativer Ionen geschaffen. Ein weiterer Vorteil ergab sich daraus, daß die Ionisierungsbedingungen in der EA-Ionenquelle gleichzeitig zur Bildung positiver Ionen führen, und somit Spektren beider Ionenarten aufgenommen und untersucht werden können.

Im vorliegenden Buch werden die mit der EA-Massenspektrographie erhaltenen Ergebnisse erstmals im Zusammenhang dargestellt. Nach einer einleitenden Skizzierung der physikalischen Grundlagen wird auf die beteiligten speziellen Prozesse und die apparativen Voraussetzungen eingegangen, soweit sie zum Verständnis der Methode erforderlich sind. Daran schließt sich eine Beschreibung der experimentellen Einzelheiten und der Spektrenauswertung an. In weiteren Abschnitten werden die erzielten Ergebnisse besprochen. Um einem größeren Interessentenkreis Einblick in die mit der EA-Massenspektrographie erhaltenen Ergebnisse zu ermöglichen, wurde dem Buch ein umfangreicher Spektrenanhang beigefügt.
Der frühzeitige Einsatz der Methode für Forschungsaufgaben sehr unterschiedlicher Thematik hat wesentlich dazu beigetragen, daß die Anlagen schnell ausreiften und eine routinemäßige Anwendung auch für fremde Institutionen möglich wurde. Zur weiteren Verbreitung der EA-Massenspektrographie tragen besonders die in den letzten Jahren vom Forschungsinstitut Manfred von ARDENNE, Dresden für Interessenten verschiedenster Fachrichtungen gefertigten Anlagen bei. An dieser Stelle möchten wir die enge Zusammenarbeit mit Herrn Prof. Dr. habil. K. Schreiber, Direktor des Instituts für Biochemie der Pflanzen, Halle hervorheben, die sich sehr günstig auf die Entwicklung und Einführung der EA-Massenspektrographie ausgewirkt hat.

Auch von zahlreichen anderen Stellen wurde der Methode steigendes Interesse entgegengebracht. Bereits seit mehreren Jahren werden Auftragsuntersuchungen an Substanzproben aus den verschiedensten Gebieten der organischen Chemie durchgeführt, deren Ergebnisse ihren Niederschlag teilweise in gemeinsamen Veröffentlichungen gefunden haben. Viele der wiedergegebenen Spektren stammen aus diesen Arbeiten.

In diesem Zusammenhang sei allen gedankt, die auf diese Weise halfen, die Spektrensammlung zu erweitern.

Für die geleistete Arbeit bei der Entwicklung und dem Bau der Anlagen danken wir den Herren G. Jäger, E. Lorenz, H. Rackwitz, W. Roggenbuck und ihren Mitarbeitern.

Den Herrn P. Tempel und K. Gehm sowie Frau K. Steinacker gilt unser Dank für ihre Mitarbeit bei der Aufnahme und Auswertung der Massenspektren.

Zu besonderem Dank verpflichtet sind wir dem Ministerium für Wissenschaft und Technik der DDR, das die Entwicklung der EA-Massenspektrographie über viele Jahre gefördert hat.

Forschungsinstitut Manfred von Ardenne

Dresden-Weißer Hirsch, im Frühjahr 1971

M. von Ardenne, K. Steinfelder, R. Tümmler

Inhaltsverzeichnis

1. Einleitung

Die Massenspektroskopie geht in ihren Anfängen auf die Arbeiten von J.J. Thomson [1] und F.W. Aston [2] zurück. Obwohl das Verfahren seit mehr als 50 Jahren bekannt ist, hat es erst in den letzten 10 bis 15 Jahren auf breiter Basis Eingang in die organische Chemie und Biochemie gefunden. Vorher war es hauptsächlich zur Präzisionsmassenbestimmung und Isotopenanalyse eingesetzt worden. Die Ursachen der späten Erschließung für die Mikroanalytik organischer Substanzen und Naturstoffe sind hauptsächlich darin zu sehen, daß in gerätetechnischer Hinsicht bestimmte Voraussetzungen erforderlich waren, die erst in jüngster Zeit geschaffen wurden. Die Leistungsfähigkeit der Methode und ihre Vorteile mußten erst erkannt werden.

Das Prinzip der Massenspektroskopie besteht darin, daß man die neutralen Atome oder Moleküle einer Substanz in die Ionenform überführt und die gebildeten Ionen mit Hilfe elektrischer und magnetischer Felder ihrer Masse nach trennt. Bei allen herkömmlichen Varianten wird mit positiven Ionen gearbeitet, weil diese sich mit erheblich größerer Ausbeute (Verhältnis zu negativen Ionen ca. 10^3!) erzeugen lassen. Die in Abhängigkeit von der Massenzahl registrierten Ionenströme bilden das "Massenspektrum".
Eine erste bedeutsame Anwendung im Bereich der organischen Chemie erfuhr die Massenspektroskopie in der Erdölverarbeitung. H. Hoover und H.W. Washburn [3] erkannten, daß sich das Verfahren zur quantitativen Analyse leicht flüchtiger Kohlenwasserstoffgemische eignet. Man hatte festgestellt, daß bei der Analyse von KW-Stoffen nicht nur die Molekülionen entstehen, sondern als Folge von Dissoziations- und Fragmentierungsprozessen gleichzeitig auch eine ganze Reihe Ionen kleinerer Massenzahlen. Bei KW-Gemischen sind die Bruchstücke der einzelnen Verbindungen auf Grund der ähnlichen Molekülstruktur häufig gleich. In den Massenspektren von Stoffgemischen überlagern sich somit die Spektren der Einzelkom-

ponenten. Für die Auswertung von Gemischspektren ist die Kenntnis der Massenspektren der einzelnen Komponenten und damit die qualitative Zusammensetzung der Gemische eine wichtige Voraussetzung. Außerdem müssen Eichaufnahmen vorausgehen, und der Rechenaufwand bei der Auswertung ist erheblich. Berücksichtigt man die hohen Anschaffungskosten eines Massenspektrometers, dann wird verständlich, daß sich die Gaschromatographie auf diesem Gebiet erfolgreicher durchsetzen konnte. Abgesehen von der Isotopenanalyse verlor die Massenspektroskopie deshalb vorübergehend an Bedeutung für die Chemie.

Nach 1950 begann man, sich mit den Zusammenhängen zwischen Struktur und Aufbau des Massenspektrums organischer Moleküle zu befassen. Die bahnbrechenden Arbeiten von J.H. Beynon [4], R. Ryhage und E. Stenhagen [5] sowie F.M. Mc Lafferty [6] u.a. erschlossen ein neues Anwendungsgebiet, dessen Bedeutung und Umfang ständig zunehmen. Innerhalb weniger Jahre hat sich die Massenspektroskopie zu einem nützlichen Hilfsmittel der organischen Chemie entwickelt, und heute steht sie als gleichberechtigte physikalische Arbeitsmethode neben der UV-, JR- und KMR-Spektroskopie. Die Vielzahl der Forschungsarbeiten hat ihren Niederschlag in einer Reihe von Monographien und Übersichten gefunden [7 - 18].

Zur Erzeugung von Massenspektren wurden eine Anzahl verschiedener Geräte und Methoden entwickelt. Man unterscheidet bei den Geräten zwischen statischen und dynamischen Massenspektrometern. Im ersten Fall bleiben - abgesehen zum Zwecke der Registrierung - die Geräteparameter zeitlich konstant. Es ist dieser Gerätetyp, der fast ausschließlich in der organischen Chemie Verwendung findet. Die Ionisierung der Moleküle erfolgt in einer unter Hochvakuum stehenden Ionenquelle meist durch Elektronenstoß, d.h. durch Energieübertragung vom Elektron auf das Molekül. Die Probesubstanz muß dazu dampfförmig vorliegen und wird im allgemeinen aus einem Vorratsgefäß über eine Dosiervorrichtung in die Ionenquelle eingelassen. Thermisch empfindliche Substanzen können auch direkt in der Ionenquelle verdampft werden. Zur Stoßionisierung benutzt man relativ energiereiche Elektronen mit 50-100 eV Energie, die bei organischen Molekülen in der Regel zu einer Aufsplitterung beim Ionisierungsakt führen. Unter diesen Bedingungen werden vorwiegend positiv geladene Ionen erzeugt, so daß sich fast alle vorliegenden Arbeiten mit dieser Ionenart befassen.

Neutrale Moleküle und Fragmente werden durch das Pumpsystem abgesaugt oder an Kühlstellen kondensiert. Die positiven Ionen gelangen durch ein Spaltsystem auf eine Beschleunigungsstrecke und in den Analysatorraum des Gerätes. Im elektrischen Feld erhalten die Ionen die kinetische Energie

$$eU = mv^2/2,$$

wobei e = Elementarladung; U = Beschleunigungsspannung; m = Masse der Ionen; v = Geschwindigkeit der Ionen. Die Geschwindigkeit v der Ionen beträgt

$$v = \sqrt{\frac{2eU}{m}}.$$

Da e und U konstante Größen sind, nimmt v mit steigender Ionenmasse ab. Die verwendeten Beschleunigungsspannungen liegen meist zwischen 2 und 5 kV. Der ausgeblendete beschleunigte Ionenstrahl durchläuft nach der Beschleunigungsstrecke ein Magnetfeld, wo er entsprechend dem Verhältnis m/e (Masse/Ladung) der einzelnen Ionen in einen Ionenstrahlfächer aufgetrennt wird. Wenn das Magnetfeld, dessen Flußdichte B sei, so angeordnet wird, daß seine Feldlinien senkrecht zur Richtung des Ionenstrahles stehen, der Südpol oben, so erfahren die Ionen eine Ablenkung nach rechts. Eine Kraft in der Bewegungsrichtung der Ionen wird nicht ausgeübt, so daß sie ihre Geschwindigkeit konstant beibehalten. Die Ionen laufen auf einer Kreisbahn, deren Radius r durch die ablenkende Kraft eBv und die Zentrifugalkraft mv^2/r gegeben ist:

$$eBv = \frac{mv^2}{r}$$

$$r = \frac{mv}{eB} \qquad \text{und mit} \quad v = \sqrt{\frac{2eU}{m}}$$

$$r = \sqrt{\frac{2mU}{eB^2}}\,.$$

Der Bahnradius eines Ions wird größer, wenn die Masse des Ions zu- bzw. seine Ladung abnimmt oder wenn die Beschleunigungsspannung zu- bzw. die Feldstärke des Magnetfeldes abnimmt. Nach der Art der Registrierung des Ionenstromes wird unterschieden zwischen

a) Massenspektrographen: Die Registrierung erfolgt auf einer Photoplatte, auf der die auftreffenden Ionen eine - in gewissen Grenzen - der Ionenzahl proportionale Schwärzung hervorrufen.

b) Massenspektrometer: Der Ionenstrom wird mit einem Auffänger, an den die Ionen beim Auftreffen ihre Ladung abgeben, direkt gemessen. Der Auffänger ist meist stationär eingebaut und die einzelnen Ionenströme laufen während einer kontinuierlichen Veränderung der Beschleunigungsspannung oder des Magnetfeldes über den Auffängerspalt hinweg. Der auftreffende Ionenstrom wird nach entsprechender Verstärkung gemessen oder zur Registrierung einem Schreiber zugeführt. Werden die Teilströme in Abhängigkeit von ihrer Masse registriert, so erhält man das Massenspektrum.

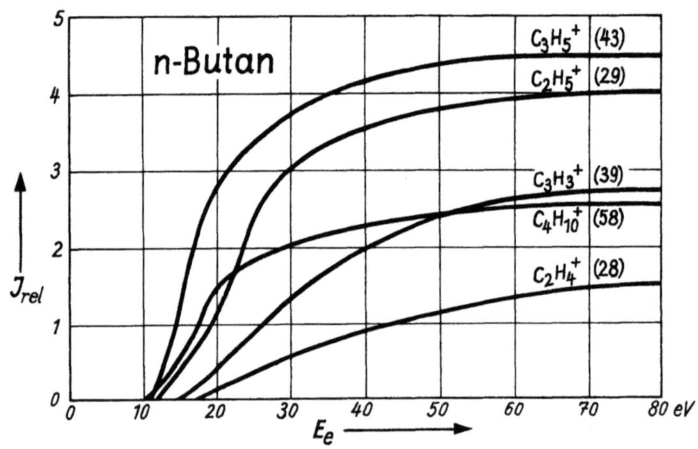

Abb. 1 Relative Intensitäten I_{rel} in Abhängigkeit von der Elektronenenergie E_e für einige Fragmentationen des n-Butan.

Die für den Ionisierungsakt zur Bildung positiver Ionen erforderliche kinetische Energie der Elektronen läßt sich aus den Ionisierungskurven ermitteln. Das Ionisierungsverhalten des n-Butan ist als Beispiel in Abb. 1 dargestellt [18]. In Abhängigkeit von der Elektronenenergie in eV sind die relativen Häufigkeiten der Inonenströme I_{rel} aufgetragen. Die Ionisierung setzt bei einer bestimmten Energie ein, die im allgemeinen zwischen 8 - 15 eV liegt. Mit zunehmender Energie steigt die Ionenausbeute bis etwa 50 eV stark an, erreicht dann einen konstanten Wert und fällt zwischen 80 - 100 eV wieder ein wenig ab. Zwischen 50 und 100 eV erhält man nahezu konstante, von der Stoßenergie unabhängige Ionenausbeuten. Bezogen auf das gesamte Massenspektrum einer Substanz bedeutet das, man erhält ein reproduzierbares und vom verwendeten Gerät unabhängiges Spektrum. Aus diesen Gründen arbeitet man meist mit Elektronenenergien von 50 bis 100 eV.

Je nach Art des Energieüberganges beim Elektronenstoß werden Rotations- und Schwingungsfreiheitsgrade bzw. Energieniveaus der Elektronen angeregt oder es kommt durch Ablösung eines Elektrons zur Ionisation:

$$AB + e \longrightarrow AB^{*} + e$$

$$AB + e \longrightarrow AB^{+} + 2e$$

Das gebildete positiv geladene Molekülion erhält meist einen über die Ionisierungsenergie hinausgehenden Energiebetrag, der beim Überschreiten eines Wertes von ca. 0,5 eV zur Bildung von Bruchstückionen des Moleküls führt. Die Intensität der Bruchstück- oder Fragmentionen liegt erheblich über der des Molekülions, das häufig sogar ganz fehlen kann. Selbst wenn der primär erreichte Anregungszustand des Moleküls unter der Dissoziationsgrenze liegt, kann das Ion durch Strahlungsübergänge, strahlungslose Übergänge bzw. durch Übertragung von Anregungsenergie auf einen anderen Freiheitsgrad einen instabilen Zustand durchlaufen, der zur Dissoziation führt. Außer positiv geladenen Fragmentionen können Radikale, Neutralmoleküle und in sehr geringer Ausbeute auch negative Ionen entstehen. Die Zahl der instabilen Zustände und damit auch der Fragmente nimmt mit der Größe des Moleküls zu. Oft bleibt auch den Bruchstücken (Ionen, Radikale, Moleküle) noch soviel Überschußenergie, daß diese weitere Zerfallsreaktionen erleiden.

Schon das Zerfallsschema einer zweiatomigen Molekel deutet die vielen Fragmentierungsmöglichkeiten bei größeren Molekülen an:

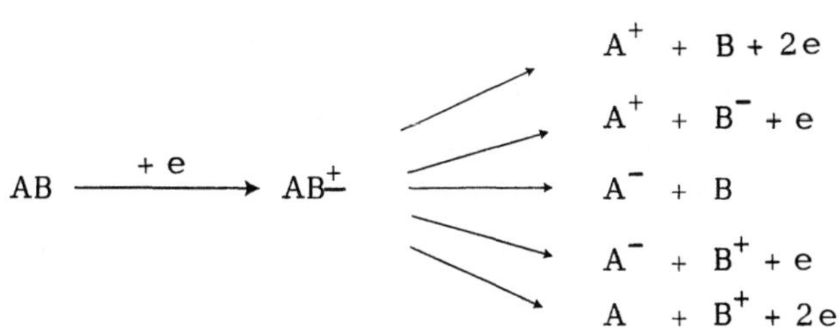

Die hohen Elektronenenergien reichen theoretisch zur Spaltung jeder beliebigen Bindung aus, denn die Bindungsenergien liegen zwischen 4 und 10 eV. Trotzdem sind die Massenspektren nicht statistisch aus allen denkbaren Fragment-Ionen zusammengesetzt, sondern zeigen in Abhängigkeit von der Molekülstruktur ein bestimmtes Fragmentierungsmuster. Diese Tatsache stellt letztlich die Voraussetzung für die erfolgreiche Anwendung des Verfahrens dar. Vom Standpunkt des Chemikers ist diese Erkenntnis durchaus nicht selbstverständlich, denn eine Reihe von Argumenten sprechen scheinbar dagegen:

1. Die durch den Elektronenstoß übertragbare Energie ist sehr groß gegenüber der Energie einer jeden einzelnen Bindung.

2. Die Reaktion zwischen Elektron und Molekül spielt sich in der Gasphase ab, d.h. Einflüsse dritter Partner (Lösungsmittel) fehlen.

3. Im Reaktionsraum herrscht nahezu Hochvakuum, intermolekulare Kräfte bzw. Wechselwirkungen scheiden aus.

4. Das Stoßelektron trifft das Molekül an keiner bevorzugten Stelle, sondern die Lage des Moleküls beim Stoß unterliegt den Gesetzen der Statistik.

Die experimentellen Ergebnisse und die in den vorstehenden vier Punkten zusammengefaßten Erkenntnisse sind Ausgangspunkt für theoretische Überlegungen zur Entstehung der Massenspektren gewesen [19,20].

Nachdem man den charakteristischen Aufbau der Massenspektren organischer Substanzen erkannt hatte, stellte sich die Frage nach den Ursachen, die zur Entstehung eines konkreten Spektrums führen, und nach dem Zusammenhang zwischen dem Spektrum und der Molekülstruktur.

Man erkannte, daß die Bedingungen in der Ionenquelle, wie thermische Belastung der Moleküle und die beim Ionisierungsvorgang übertragene Energie einen wesentlichen Einfluß auf das Massenspektrum ausüben [21,22]. Die mit den verschiedenen Ionisierungsverfahren erhaltenen Spektren zeigen demzufolge Unterschiede im Aufbau. Es war zu erwarten, daß diese Unterschiede besonders deutlich hervortreten würden, wenn man zum Vergleich der Spektren positiver Ionen aussagekräftige Spektren n e g a t i v e r Ionen heranziehen könnte.

Der Zusammenhang zwischen Molekülstruktur und Massenspektrum ist nicht nur für die Interpretation des Massenspektrums wichtig, sondern besitzt auch allgemeinere theoretische Bedeutung [23,24].

Neben diesen Arbeiten hat besonders der Einsatz von Geräten mit hoher Auflösung (Ausnutzung der Massendefekte zur Bruttoformelbestimmung) dazu beigetragen, daß die Massenspektrographie heute ein wichtiges Verfahren der organisch-chemischen Analytik darstellt [25 - 34].

2. Grundlagen der EA-Massenspektrographie

Im Gegensatz zu sämtlichen anderen Verfahren werden bei der Elektronenanlagerungs-(Kurzbezeichnung: EA-) Massenspektrographie negative Ionen erzeugt und für die Untersuchung verwendet. Diese Arbeitsrichtung geht auf eine Konzeption von M.v. Ardenne zurück, der auch ihre erste physikalisch-technische Realisierung durchführte. Im Forschungsinstitut Manfred von Ardenne, Dresden wurde 1957 ein Elektronenanlagerungs-Massenspektrograph entwickelt, konstruiert und gebaut [35,36,37]. Nach Fertigstellung und Erprobung der Anlage wurden systematische Untersuchungen organischer Substanzen durchgeführt und neben grundlegenden Arbeiten die praktische Anwendung des neuen Verfahrens auf verschiedenen Gebieten der chemischen Forschung und der industriellen Praxis geprüft. Über diese Ergebnisse beim Einsatz in der Chemie, speziell auf dem Gebiet der organischen Chemie, die vielfältigen Anwendungsmöglichkeiten, sowie über die Bildungsprozesse und das Verhalten negativer Ionen soll hier berichtet werden.

Bei unseren Bemühungen wurde das Ziel verfolgt, mit diesem Verfahren eine Reihe neuer Möglichkeiten zur Mikroanalytik chemischer Verbindungen zu erschließen:

I. Systematische Untersuchung negativer Ionen organischer Moleküle

II. Erzeugung fragmentarmer und daher übersichtlicher Massenspektren

III. Untersuchungsmöglichkeit komplizierter Stoffgemische

IV. Erweiterung der Informationsmöglichkeit durch das EA-Massenspektrum

V. Vergleiche der Prozesse, die zur Bildung negativer und positiver Ionen führen

VI. Gewinnung von Informationen zur Molekülstruktur durch Spektrenreihen mit fortschreitender Molekülzerlegung (Steuerung durch Steigerung der Energiedichte im Ionisierungsraum von Spektrum zu Spektrum)

In der Vergangenheit hat es nicht an Arbeiten gefehlt, die das Ziel verfolgten, fragmentarme Massenspektren positiver Ionen zu erzeugen. Dabei wurden zwei völlig verschiedene Wege beschritten.

Die "Low Voltage"-Massenspektrometrie [38, 39, 40] geht davon aus, daß die Fragmentierung einer organischen Substanz sehr von der Energie der Stoßelektronen abhängt. Zur Aufnahme eines reproduzierbaren Spektrums benötigt man zwar Energien von 50 - 100 eV, zur Erzeugung der Molekülionen dagegen meist nur 10 - 15 eV [41]. Da die Ionisierungsenergie sehr stark vom Molekülbau abhängt [42] und andererseits die Energiebreite zur Ionisierung einer bestimmten Molekülart begrenzt ist, muß man streng genommen für jede Molekülart eine definierte Elektronenenergie einstellen. Verunreinigte Substanzen oder Gemische können also in dieser Weise nur untersucht werden, wenn die einzelnen Komponenten etwa gleiche Ionisierungsenergien aufweisen.

Ähnliche Massenspektren erhält man auch, wenn anstelle der Elektronen Photonen verwendet werden. Die Anwendung der Photoionisation in der Massenspektroskopie geht auf Terenin und Popow [43] zurück. Spätere Arbeiten, die sich mit der Verbesserung dieser Methode und ihrer Anwendung auf praktische Probleme befassen, stammen besonders von Lossing [44], Herzog [45], Hurzeler [46] und Wilessow [47].

Bisher standen dieser Variante experimentelle Schwierigkeiten im Wege. Auf Grund der Ionisierungsenergien muß die Wellenlänge der ionisierenden Strahlung unter 150 nm betragen. Vor allen Dingen aber liegen die Ionenausbeuten um einige Zehnerpotenzen unter denen des Elektronenstoßverfahrens, weil die Energiedichte des Photonenstromes nicht ausreichend gesteigert werden kann. Die maximal erreichten Photoionenströme liegen bei etwa 10^{-15} A. Die erzielten Ergebnisse sind mit denen der "Low-Voltage"-Methode vergleichbar.

Die Ionenbildung kann auch in einem starken, inhomogenen elektrischen Feld erfolgen. Durch "Austunneln" eines Elektrons werden ebenfalls positive Ionen gebildet. Die Feldionisation wurde zuerst von Müller [48] beim Feldionen-Mikroskop angewendet und fand später auch in der Massenspektrometrie Eingang [49, 50].Zur Erzeugung des starken elektrischen Feldes in der Feld-Emissions(FE-)-Ionenquelle werden feine Spitzen, Kanten oder Drähte benutzt. Besonders durch die Arbeiten von Beckey [51 - 54] ist dieses Verfahren entwickelt und zur Anwendung gebracht worden. Die Schwierigkeit der Methode besteht vor allem darin, unter den im Ionisationsraum vorliegenden Bedingungen reproduzierbare und dauerhafte Spitzen bzw. Kanten zu erhalten, weil von der Konstanz ihrer Krümmungsradien die Reproduzierbarkeit der Spektren abhängt. Trotzdem dürfte dieses interessante Verfahren der FE in der Zukunft einen wichtigen Platz im Gesamtkomplex der Ionisierungsmöglichkeiten einnehmen. Von der Konzeption her ist die EA-Massenspektrographie dieser Richtung verwandt, obwohl wesentliche, z.T. bei der Arbeit nutzbare Unterschiede bestehen.

2.1. Negative Ionen und ihre Bildungsprozesse

Fast alle Anwendungen der Massenspektroskopie in der organischen Chemie beschränken sich auf die Untersuchung positiver Ionen. In einer umfangreichen Arbeit haben Aplin, Budzikiewicz und Djerassi [55] unter Verwendung einer Elektronenstoßionenquelle Spektren negativer Ionen aufgenommen und mit den entsprechenden Spektren der positiven Ionen verglichen. Die Ergebnisse fielen bei dieser (üblichen) Ionisierungsart wenig ermutigend aus. Sowohl für die Molgewichts- als auch für die Strukturbestimmung waren die Massenspektren der positiven Ionen in ihrem Informationsgehalt weit überlegen.

Untersuchungen an negativen Ionen wurden vor allem von Melton und Mitarbeitern veröffentlicht [56, 57]. In den letzten Jahren hat sich A. Henglein, im Zusammenahng mit strahlenchemischen Arbeiten, mit negativen Ionen organischer Substanzen befaßt [58 - 59].

Eine große Zahl von Arbeiten befaßt sich mit der Untersuchung negativer Ionen von Elementen oder kleinen Molekülen im Massenbereich $<$ 100. Hierbei handelt es sich vorwiegend um anorganische Moleküle. Eine umfangreiche Zusammenstellung beobachteter negativer Ionen liegt von Bucelnikowa [60] vor. Die ersten massenspektroskopischen Untersuchungen über die Bildung negativer Ionen gehen auf J.J. Thomson [61] zurück und wurden bereits im Jahre 1912 durchgeführt. In seinem ersten Massenspektrographen entdeckte er die negativen Sauerstoff- und Chlorionen O^- und Cl^-.

Eine zusammenfassende Übersicht über negative Ionen geben Massey [62], Loeb [63] und Mc Daniel [64]. In diesen Monographien sind alle wesentlichen Arbeiten auf diesem Gebiet bis 1956 bzw. Anfang 1962 erfaßt.

M. Reese et al. [65] haben über negative Ionen einfacher halogenierter KW-Stoffe berichtet und Angaben über Häufigkeit, Bildungsmechanismus und Auftrittspotential (AP) gemacht, die für die Massenspektrographie besondere Bedeutung besitzen. Weitere Arbeiten stammen von Lovelock [66], Ropp [67], Hickam [68], Robertson [69], v. Trepka [70], Drost [71], Hintenberger [72].

Die praktische Bedeutung der negativen Ionen wurde bis vor wenigen Jahren hauptsächlich in der Astro- und Geophysik gesehen. Wissenschaftliches Interesse besteht außer in den genannten Gebieten besonders in der Kernforschung, bei thermischen Prozessen, z.B. Verbrennungsvorgängen in Raketentriebwerken, beim Eintauchen von Flugkörpern aus dem Weltraum in die Atmosphäre und in der Plasmaphysik.

Als negatives Ion kann im weitesten Sinne ein Atom, Molekül oder Molekülkomplex aufgefaßt werden, bei dem mindestens eine negative Elementarladung im Überschuß vorhanden ist. Obwohl negative Ionen in allen drei Aggregatzuständen auftreten können, interessieren im Rahmen der EA-Massenspektrographie nur die Ionen in der Gasphase sowie deren Entstehung, Stabilität (=Lebensdauer) und Struktur. Für negative Ionen in Gasen gibt es zwei prinzipiell verschiedene Entstehungsarten.

1. Sie können im Gas vorwiegend durch Anlagerung freier Elektronen an Atome oder Moleküle und seltener durch Dissoziation von Molekülen in geladene Bruchstücke durch Elektronenstoß entstehen.

2. Negative Ionen können dem Gas zugeführt werden und zwar entweder durch die Ablösung von heißen Oberflächen oder durch Stöße schneller Teilchen auf Oberflächen.

Für die Ionisierung organischer Substanzen kommen jedoch fast ausschließlich die Volumenprozesse in Frage. Das leichteste negative Ion ist das des Wasserstoffes H^-, das Gegenstück zum positiv geladenen Proton. Im Bereich der Massenspektrographie mit negativen Ionen organischer Verbindungen werden fast ausschließlich solche Molekülionen untersucht, die bei der Wechselwirkung zwischen Molekül und Elektron bzw. Molekül und negativem Atom- oder Molekülion entstehen. In diesem Zusammenhang soll unter dem Begriff "Molekülion" jedes Ion verstanden werden, das aus mehr als einem Atom aufgebaut ist*, also auch das Bruchstück eines Moleküls.

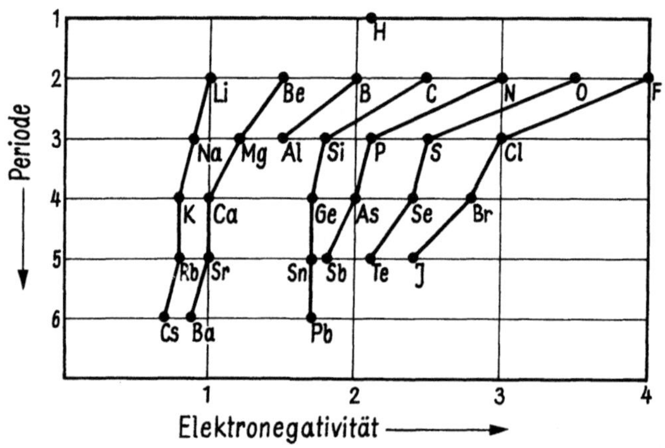

Abb. 2 Elektronegativität der Elemente in Abhängigkeit von der Stellung im Periodischen System (nach L. Pauling).

Bei Atomen ist die Bildung negativer Ionen von der Stellung im periodischen System der Elemente abhängig. Mit steigender Gruppenzahl nimmt die Elektronegativität und damit die Tendenz zur Elektronenanlagerung zu. Von Periode zu Periode wird die Elektronegativität innerhalb der Gruppe kleiner, wobei die Abnahme zwischen 2. und 3. Periode besonders groß ist. Dieser Zusammenhang ist in Abb. 2 wiedergegeben. Eine Mittelstellung nimmt der Wasserstoff ein. Negative Atomionen wurden vorwiegend bei den Elementen festgestellt, die rechts vom Wasserstoff stehen, d.h. deren Elektronegativität größer als die des Wasserstoffes ist.

---

* Im engeren Sinn versteht man unter einem Molekülion das negativ geladene Molekül einer Substanz, dessen Massenzahl annähernd dem Zahlenwert des Molgewichts entspricht.

Während beispielsweise negative Ionen vom Typ O^-, O_2^-, H^-, OH^-, NO_2^-, NO_3^- beobachtet wurden, blieben diese bei N, N_2, He, Ar, Ne aus. Auch das Hg bildet keine negativen Ionen, aber in Gegenwart von H_2 oder Spuren H_2O entstehen Ionen vom Typ HgH^-, die massenspektroskopisch nachgewiesen werden konnten.

Angaben über das Auftreten von Hg^- in Hg-Dampf gehen in der Literatur auseinander. So wird teilweise behauptet, daß nur in Gegenwart von H_2 oder Spuren von H_2O negative Ionen vom Typ HgH^- entstehen, während andererseits das Auftreten von Hg^- in reinem Hg-Dampf beschrieben wird. In der Ionenquelle des EA-Massenspektrographen konnte das Auftreten von HgH^-, nicht aber von Hg^- bestätigt werden. Im Gegensatz hierzu wurden positive Ionen nur vom Typ Hg^+ beobachtet.

Mit dem Auftreten negativer Ionen ist bei denjenigen Gasen zu rechnen, deren Ionenbildungsenergie (= Elektronenaffinität) positiv ist, was für die meisten Elemente zutrifft.*

2.1.1. Wechselwirkung zwischen Molekül und Elektron

Wesentlich komplizierter liegen die Verhältnisse für Moleküle, wo bei der Wechselwirkung mit einem Elektron die in der Tab. 1 zusammengestellten Prozesse möglich sind.

Unter Typ 1 versteht man einen Stoß zwischen Elektron und Molekül, bei dem keine Energie auf innere Freiheitsgrade des Moleküls übertragen wird. Ein Teil der Stoßelektronen wird stets elastisch gestreut, selbst wenn deren Energie größer ist als die für irgendeinen nichtelastischen Prozeß. Die Energie, die bei einem Stoß auf das Molekül M übertragen wird, ist wegen des großen Massenverhältnisses M/m_e vernachlässigbar klein.

Bei der inelastischen Streuung (Typ 2) mit Anregung von Elektronen-, Schwingungs- und Rotationszuständen ist der übertragene Energiebetrag ΔE maßgebend. Elektronenanregung oder Ionisation kann nur eintreten, wenn

---

* vgl. hierzu die Tabellen in:

V.J. Vedeneyev, L.V. Gurvich, V.N. Kondratyev, V.A. Medvedev, J.L. Frankevich, Bindungsenergien, Ionisierungspotentiale und Elektronenaffinitäten (russ.), Akad.d.W. USSR, Moskau 1962

die Elektronenenergie einen bestimmten Wert erreicht hat. Ist diese Bedingung erfüllt, so sind alle Prozesse (elastische Streuung, Elektronenanregung und Ionisation) mit einer bestimmten Wahrscheinlichkeit möglich. Die Wahrscheinlichkeit für das Auftreten eines bestimmten Prozesses wird meist in Form des Wirkungsquerschnittes für den jeweiligen Prozeß angegeben.

Tabelle 1 Wechselwirkungsprozesse zwischen Molekülen und Elektronen unterschiedlicher Energien.

Typ	Prozeß	Mechanismus	Auftrittsenergie
1	Elastische Streuung	$AB + e \rightarrow AB + e$	bei beliebig kleinen Energien
2	Anregung von Elektronen-Schwingungs- und Rotationszuständen	$AB + e \rightarrow AB^* + e$	ab der 1. Anregungsenergie
3	Anregung von Elektronenzuständen mit nachfolgender Dissoziation	$AB + e \rightarrow AB^* + e$ $\rightarrow A + B$	ab der Anregungsenergie des betreffenden Elektronen-Niveaus
4	Resonanzanlagerung (Stabilisierung z.B. durch Dreierstoß)	$AB + e \rightarrow AB^{-*}$ $AB^{-*} + C \rightarrow AB^- + C^*$ C = Elektron, Atom oder Molekül	bei sehr kleinen Energien (Anregung von Rotations- und Schwingunsfreiheitsgraden)
5	Einfang mit nachfolgender Fragmentierung	$AB + e \rightarrow A^- + B$	$\geq (E_{A-B} - E_{EA,A})$
6	Stoßionisation	$AB + e \rightarrow AB^+ + 2e$	$\geq E_{J,AB}$
7	Stoßionisation mit nachfolgender Dissoziation	$AB + e \rightarrow A^+ + B + 2e$	$\geq (E_{J,AB} + E_{A-B})$
8	Ionenpaarbildung	$AB + e \rightarrow A^+ + B^- + e$	$\geq (E_{J,A} + E_{A-B} - E_{EA,B})$

E_{A-B} Bindungsenergie zwischen A und B

E_{EA} Elektronenanlagerungsenergie

E_J Ionisierungsenergie

Nach der klassischen Betrachtung geht man von der Vorstellung aus, daß das einfallende Elektron ein Elektron des Moleküls auf eine höhere Umlaufbahn hebt oder sogar vom Molekül abtrennt. Nach einer verbesserten Darstellung von Thomson [73] wird angenommen, daß das Stoßelektron mit allen Elektronen z.B. des gestoßenen Atoms in Wechselwirkung tritt und an jedes Elektron einen vom Stoßparameter abhängigen Energiebetrag ΔE abgibt. Der so berechnete Zusammenhang zwischen Wirkungsquerschnitt und Ionisation stimmt gut mit den experimentellen Ergebnissen überein. Das Maximum für $\sigma(E)$ liegt etwa bei der doppelten Ionisierungsenergie E_J (Abb. 3).

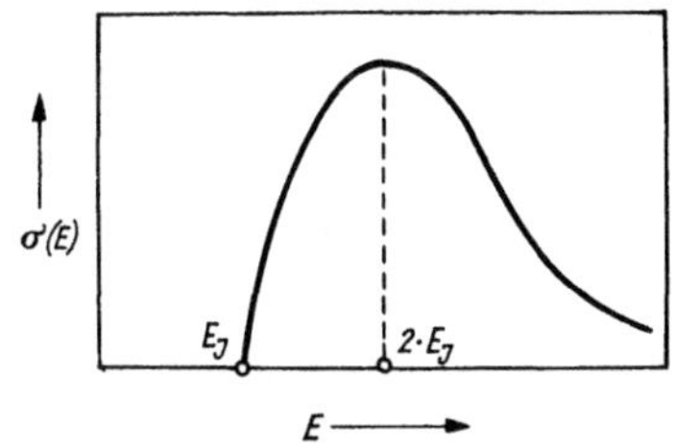

Abb. 3 Zusammenhang zwischen Wirkungsquerschnitt σ (E) für die Ionisation und Energie E (nach Thomson).

Die Auftrittspotentiale für die Rotationsanregung liegen in der Größenordnung kT und können durch Molekül-, Atom- oder Elektronenstoß angeregt werden. Eine Reihe von Arbeiten befaßt sich mit der Rotationsanregung zweiatomiger Moleküle beim Stoß mit langsamen Elektronen. Für die zur Rotationsanregung führende Wechselwirkung müssen Kräfte mit großer Reichweite vorhanden sein. Diese Bedingung ist bei der Dipol-Wechselwirkung erfüllt. Massey konnte hieraus Wirkungsquerschnitte für zweiatomige Molekeln mit Ionenbindung berechnen [74]. Bei Molekülen aus zwei gleichen Atomen tritt an Stelle des Dipolmoments das Quadrupolmoment.

Die Schwingungsfrequenzen von Molekülen liegen in der Größenordnung von $\approx 10^{14}\ s^{-1}$, d.h., zu ihrer Anregung ist eine Energie von $E_A \approx 0{,}1$ eV erforderlich. Unter der Annahme, daß die Schwingungsanregung beim Stoß des Elektrons mit einem Atomkern erfolgt, geht bei der Energieübertragung das Massenverhältnis M/m_e ein. Daraus errechnen sich für ΔE viel zu kleine Werte, z.B. für eine Elektronenenergie von 1 eV

$$\Delta E = \frac{4m_e}{M} E \approx \frac{4 \cdot 1}{2 \cdot 10^3} \cdot 1 \text{ eV} = 2 \cdot 10^{-3} \text{ eV}.$$

Auf Grund zuverlässiger Messungen des Wirkungsquerschnittes für Schwingungsanregung durch langsame Elektronen an N_2 kommt Schulz [75, 76] zu dem Ergebnis, daß die Schwingungsanregung über ein kurzlebiges negatives Ion erfolgt. Dann ergibt sich ein Zusammenhang mit der Einfangswahrscheinlichkeit für Elektronen und eine gute Übereinstimmung zwischen der berechneten Resonanzenergie und dem Experiment [77].

Die Prozesse vom Typ 3, 7 und 8 unterscheiden sich hauptsächlich durch die Art der gebildeten Bruchstücke. Primär wird in allen Fällen beim Stoß der Elektronenzustand des Moleküls geändert. Zwischen 3 und 8 besteht ein enger Zusammenhang, denn man kann annehmen, daß das angeregte Molekül in Abhängigkeit von der Energie sowohl in neutrale als auch geladene Bruchstücke zerfällt.

Das Verhalten eines zweiatomigen Moleküls bei Elektronenzustandsänderung kann in der adiabatischen Näherung durch das Potential des Grundzustandes und des angeregten Zustandes beschrieben werden. Entsteht bei der Anregung eines Elektronenzustandes ein instabiles Molekül, so sind drei Fälle denkbar (Abb. 4):

a) Resonanzeinfang
b) dissoziativer Resonanzeinfang
c) Ionenpaarbildung

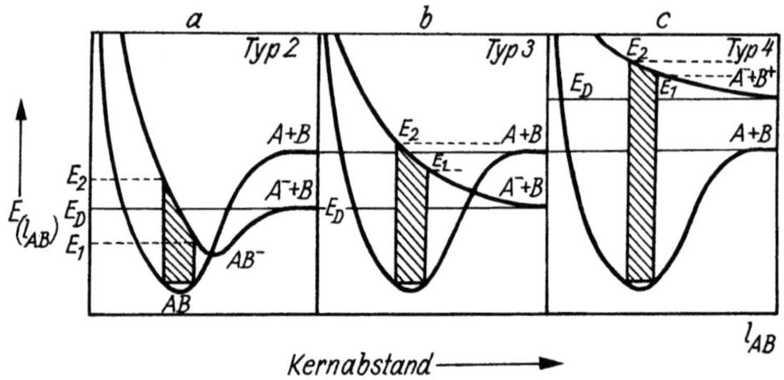

Abb. 4 Darstellung des Potentialkurvenverlaufes bei zweiatomigen Molekülen für die drei wichtigsten Bildungsmöglichkeiten negativer Ionen durch Elektronenstoß.

Während die Bildung negativer Ionen nach den ersten beiden Prozessen nur durch Elektronenstoß möglich ist, kann sie beim dritten Prozeß auch durch andere energiereiche Teilchen bzw. energiereiche Strahlung herbeigeführt werden.

2.1.2. Bildungsprozesse negativer Ionen

Für die Bildung negativer Ionen in der Gasphase lassen sich mit den in Tab. 1 zusammengestellten Wechselwirkungen zwischen Molekül und Elektron die in Tab. 2 wiedergegebenen Hauptprozesse ableiten.

Tabelle 2 Bildungsprozesse negativer Ionen.

Typ	Prozeß	Mechanismus
1	Strahlungseinfang	$AB + e \rightarrow AB^- + h\nu$
2	Resonanzanlagerung	$AB + e \rightarrow AB^-$
3	Dissoziative Anlagerung	$AB + e \rightarrow AB^- \rightarrow A^- + B$
4	Ionenpaarbildung	$AB + e \rightarrow A^- + B^+ + e$
5	Ionenanlagerung	$AB + C^- \rightarrow AB \circ C^-$

Von besonderer Bedeutung für die Massenspektroskopie negativer Ionen sind die Prozesse Typ 2, 3, 4 und 5, wobei der letzte eine gewisse Sonderstellung einnimmt. Es sei hervorgehoben, daß die Bildung negativer Ionen nach Typ 1, 2 und 3 nur durch Wechselwirkung mit Elektronen erfolgt, wohingegen sie nach Typ 4 und 5 unter dem Einfluß jeder Art von ionisierender Strahlung eintreten kann.

Das Verhalten bei Elektronenzustandsänderung läßt sich für den Fall eines zweiatomigen Moleküls durch den Verlauf der Potentialkurven in Abhängigkeit vom Abstand der beiden Atomkerne veranschaulichen. Entsteht bei der Anregung eines Elektronenzustandes ein instabiles Molekül, so sind die in Abb. 4 dargestellten drei Fälle a), b) und c) des Reaktionsablaufes möglich, die in dieser Reihenfolge dem Typ 2, 3 und 4 entsprechen. Die unteren Kurven der Abbildung stellen die Moleküle im Grundzustand dar, die oberen nach dem Elektronenstoß. Wegen der Gültigkeit des Franck-Condon-Prinzips sind bei der Anregung nur Vertikalübergänge aus einem Energiezustand in den anderen möglich, die jeweils innerhalb des gestrichelten Franck-Condon-Bereiches liegen. Das Molekül wird jeweils nur von solchen Elektronen angeregt und in den Zustand der oberen Potentialkurve gebracht, deren Energie im Bereich $E_1 - E_2$ liegt.

Der Übergang a) findet nur bei sehr kleinen Elektronenenergien statt und führt zu einem angeregten Molekülion AB^{-*}, welches durch Stoß mit einem dritten Teilchen oder durch Strahlung seine Überschußenergie abführen und sich so stabilisieren kann. Wenn keine Stabilisierung des angeregten Ions erfolgt, so wird das angelagerte Elektron meist sehr schnell wieder abgegeben, und das negative Ion ist zu kurzlebig, als daß es im Massenspektrometer in Erscheinung tritt. Man kann abschätzen, daß die Lebensdauer τ mindestens im Bereich von 10^{-6}s liegen muß, wenn man das Ion nachweisen will. Die Lebensdauer angeregter Molekülionen von vielatomigen Molekülen liegt häufig über dem angegebenen Minimalwert, weil die Überschußenergie auf eine große Zahl von Schwingungs- und Rotationsfreiheitsgrade verteilt und dadurch eine vorübergehende Stabilisierung erreicht wird. Bei großer Elektronenenergie führt die Anregung zum Zerfall des Moleküls, wobei ein negatives Ion und ein neutrales Bruchstück auftreten. Auf beide Fragmente verteilt sich ein zusätzlicher Betrag an kinetischer Energie, weil beim Vertikalübergang ein Potentialwert oberhalb der Dissoziationsasymptote E_D erreicht wird. Wenn die Elektronenenergie noch größere Werte annimmt, kann der Energiegewinn des Moleküls so groß sein, daß Dissoziation unter Bildung eines Ionenpaares $A^- + B^+$ erfolgt.

Nach Abb. 4 läßt sich die Ionisationsenergie definieren als Energiedifferenz der Schwingungsgrundzustände des neutralen und ionisierten Moleküls. Da sich die Moleküle nach der Ionisation gewöhnlich in einem angeregten Schwingungszustand befinden, wird für die Ionisationsenergie experimentell meist ein zu großer Wert gemessen. Im Prinzip lassen sich die für zweiatomige Moleküle veranschaulichten Vorgänge auch auf vielatomige übertragen. Wie schwer es ist, die Ionisierungsvorgänge einer theoretischen Behandlung zugängig zu machen, geht aus der Tatsache hervor, daß bereits für ein einfaches H_2 - Molekül das Problem der dissoziativen Elektronenanlagerung gemäß

$$AB + e \rightarrow A^- + B$$

nicht vollständig zu lösen ist.

2.1.3. Grundbeziehungen für die Bildung negativer Ionen in Gasen

Die Gleichungen für die Berechnung der Ausbeute an negativen Ionen in Gasen und Gasentladungen sind in einer Monographie über negative Ionen von L.B. Loeb zusammengestellt [63]. Nach J.J. Thomson [78] kann man annehmen, daß es eine gewisse Wahrscheinlichkeit h dafür gibt, daß bei einem gaskinetischen Stoß zwischen Elektron und Molekül das Elektron an das Molekül angelagert und ein negatives Ion gebildet wird. Um die grundsätzliche Untersuchung zu vereinfachen, wird zunächst angenommen, daß die Anlagerungswahrscheinlichkeit h bei einem solchen Zusammenstoß unabhängig von der Elektronenenergie ist. Im feldfreien Raum kann dem Anlagerungsvorgang dann ein Stoßquerschnitt für den Elektroneneinfang zugeordnet werden. Ein Elektron, das sich mit der mittleren ungerichteten Geschwindigkeit $\bar{c}$ unter den relativ feststehenden Gasmolekülen bewegt, legt während der Zeit t einen ungerichteten Weg von $\bar{c} \cdot t$ zurück. Alle Moleküle, deren Mittelpunkte innerhalb eines Abstandes δ_r ($\delta_r > r_e + R_M$) liegen, stoßen mit dem Elektron zusammen und verursachen eine merkliche Biegung des sonst geraden Weges. Auf diese Weise wird ein Volumen von $\pi\delta_R^2 \bar{c} \cdot t = q_r \bar{c} t$ durchquert. Hierbei ist $\pi\delta_R^2 = q_r$ der Stoßquerschnitt für die Elektronenbeugung, der für viele Atome und Moleküle zuerst von C. Ramsauer und später von anderen Verfassern gemessen wurde und als Ramsauer- oder gaskinetischer Streuquerschnitt für Elektronen in Gasen bekannt ist. Beträgt die Moleküldichte N, so sind in dem Zylinder $Nq_r\bar{c}t$ Moleküle vorhanden, die während der Zeit t einmal mit dem Elektron zusammenstoßen. Da das Elektron in der Zeit t den Weg $\bar{c}$ t zurücklegt, ergibt sich für die mittlere Entfernung zwischen zwei Stößen, d.h. für die Ramsauersche freie Weglänge $\lambda = \frac{\bar{c} \cdot t}{N_{q,r}\bar{c}t} = \frac{1}{N \cdot q_r}$. Wenn p den Druck in Torr und N_1 die Loschmidtsche Zahl bei einem Druck von 1 Torr bedeutet, dann gilt $N = p \cdot N_1$ und man erhält die Beziehung für die n Elektronen, die von anfänglich n_o Elektronen den ungerichteten Weg x im Gas ohne Ablenkung durch Ramsauer-Stoß mit Molekülen durchlaufen haben:

$$(1) \qquad n = n_o\, e^{-x/\lambda} \qquad = n_o\, e^{-N_1 \cdot p \cdot q_r \cdot x}$$

Die von Thomson definierte Anlagerungswahrscheinlichkeit h kann daher mit dem Stoßquerschnitt für den Elektroneneinfang, also dem Anlagerungsquerschnitt, in Verbindung gebracht werden. Die Anlagerungswahrscheinlichkeit ist definiert als das Verhältnis der Zahl der Stöße z_a, die in der Zeiteinheit zur Anlagerung führen und der in der gleichen Zeit stattfindenden Zahl der Ramsauerschen Zusammenstöße z.

$$h = \frac{z_a}{z} = \frac{\bar{c}/\lambda_a}{\bar{c}/\lambda}$$

Unter Verwendung der allgemein gültigen Beziehung zwischen Stoßquerschnitt und freier Weglänge $q = \frac{1}{n \cdot \lambda}$ folgt:

$$(2) \qquad h = \frac{\lambda}{\lambda_a} = \frac{q_a}{q_r}$$

oder $q_a = h \cdot q_r$

und $\lambda_a = \frac{\lambda}{h}$

Die Gleichung für die Elektronen, die bei ungerichteter Bewegung in einem Gas nicht angelagert wurden, ergibt sich damit zu:

$$(3) \qquad N = n_o\, e^{-x/\lambda_a} = n_o\, e^{-N_1 p q_a x}$$

Ist das Anlagerungsgebiet nicht feldfrei, dann überlagert sich der ungerichteten Geschwindigkeit der Elektronen c, die Driftgeschwindigkeit der Elektronen unter dem Einfluß des elektrischen Feldes. Für die Driftgeschwindigkeit der Elektronen in Feldrichtung gilt die Beziehung $v = b_e \cdot E$, wobei b_e die Beweglichkeit der Elektronen bedeutet. Das Elektron legt den Weg x in Feldrichtung in der Zeit $t = x/v$ zurück und führt pro Wegeinheit $\alpha = \frac{z \cdot t}{x}$ Stöße aus. Hierbei ist z die Stoßzahl pro Zeiteinheit, für die $z = \bar{c}/\lambda$ gilt. Damit erhält man für α

$$\alpha = \frac{z \cdot t}{x} = \frac{\bar{c}}{\lambda \cdot v}$$

Da der Anlagerungsvorgang ein reines Wahrscheinlichkeitsproblem darstellt, werden sich von n Elektronen, die von einem Punkt x zur Zeit t = o aus starten, dn Elektronen nach Durchlaufen der Strecke dx an Moleküle angelagert haben.

$$(4) \qquad dn = \frac{h \cdot \bar{c}}{\lambda v} \cdot n \cdot dx = -\alpha \cdot n \cdot dx$$

Setzt man $n = n_o$ bei $x = o$ und $n = n$ bei $x = x$, so ist nach der Integration die Zahl der Elektronen n, die von den anfänglich gestarteten n_o Elektronen nach Durchlaufen des Weges x nicht angelagert wurden, gegeben durch

$$(5) \qquad n = n_o\, e^{-\alpha x} = n_o\, e^{-\frac{hc}{\lambda v} \cdot x}$$

Vergleicht man diese Beziehung mit der entsprechenden Gleichung für die Anlagerung im feldfreien Raum, so läßt sich auch in diesem Falle eine mittlere freie Weglänge $\bar{x}$ für die Anlagerung einführen, die unter den bestehenden Bedingungen gegeben ist durch:

$$(6) \qquad \bar{x}_a = \frac{\lambda v}{h \cdot \bar{c}} = 1/\alpha$$

Da die Größen $\bar{c}$ und λ schwer zugänglich sind, empfiehlt es sich, diese mit Hilfe der Grundgleichungen für die Driftgeschwindigkeit bzw. die Elektronenbeweglichkeit zu eliminieren.

$$v = b_e \cdot E = a \cdot \frac{e \cdot E}{m_e} \cdot \frac{\lambda}{\bar{c}}$$

Hierbei ist a eine Konstante nahe dem Wert eins, die vom Energieverteilungsgesetz der Elektronen abhängt, e die Elementarladung und m_e die Elektronenmasse.

Für die mittlere freie Weglänge der Anlagerung bei Vorhandensein eines elektrischen Feldes kann man daher schreiben:

$$(6a) \qquad \bar{x}_a = \frac{m_e \cdot v^2}{a \cdot h \cdot e \cdot E} = \frac{m_e \cdot b_e^2 \cdot E}{a \cdot h \cdot e} = \frac{1}{\alpha}$$

Die Zahl der Anlagerungen dn auf der Strecke dx folgt hieraus zu:

$$(4a) \qquad dn = \frac{-a \cdot h \cdot e \cdot E}{m_e \cdot v^2} \cdot n \cdot dx = -\frac{a \cdot h \cdot e}{m_e \cdot b_e^2 \cdot E} \cdot n\, dx$$

und die Zahl der nach Durchlaufen des Weges x nicht angelagerten Elektronen wird

(5a)

$$n = n_o \cdot e^{-\frac{a \cdot h \cdot e \cdot E}{m_e \cdot v^2} x} = n_o \cdot e^{-\frac{a \cdot h \cdot e}{m_e \cdot b_e^2 \cdot E} x}$$

Die verschiedenen Methoden zur Messung von h bzw. q_a wurden ausführlich von Loeb beschrieben und diskutiert [63].

2.2. Prinzip der EA-Ionenquelle

Das Haupthindernis bei der Verwendung negativer Ionen für die Massenspektroskopie organischer Substanzen besteht in ihrer gegenüber den positiven Ionen um 3 bis 4 Zehnerpotenzen geringeren Bildungswahrscheinlichkeit, wie bereits in Abschnitt 2.1.3. beschrieben wurde. Um auch bei Verwendung von negativen Ionen aussagekräftige und intensive Spektren zu erhalten, muß eine spezielle Ionenquelle verwendet werden, die gegenüber den normalen Elektronenstoßquellen eine wesentlich höhere Ausbeute an negativen Ionen liefert. Die Bedingungen, die in einer derartigen Ionenquelle gegeben sein müssen, erkennt man, wenn man von der Grundbeziehung für die Bildung negativer Ionen durch Stöße mit energiearmen Elektronen ausgeht, wie sie in 2.1.3. Gl. (4) angegeben ist. Danach ergab sich bei n Elektronen, die von einem Punkt aus zur Zeit t = O starten, die Zahl der Anlagerungen dn in der Entfernung dx zu:

(4)

$$dn = -\frac{h \cdot \bar{c}}{\lambda \cdot v} \cdot n \cdot dx$$

h = Anlagerungswahrscheinlichkeit für das Elektron bei einem Stoß nach Ramsauer

$\bar{c}$ = mittlere Geschwindigkeit der Elektronen

$\lambda(\bar{c})$ = gaskinetische freie Weglänge für Stöße zwischen Elektron und Molekül

v = Driftgeschwindigkeit der Elektronen in Feldrichtung.

Da die Anlagerungswahrscheinlichkeit h von der Elektronenenergie abhängt und ein Maximum bei Werten von nur einigen eV besitzt, folgt aus Gl. (4), daß eine hohe Ausbeute an negativen Ionen erwartet werden kann, wenn eine große Dichte an energiearmen Elektronen gegeben ist, und wenn die Teilchendichte der zu ionisierenden Moleküle ebenfalls groß ist. In diesem Fall erfolgt eine große Zahl von Stößen langsamer Elektronen mit den Molekülen, die entsprechend dem Wert für h mit einer bestimmten Wahrscheinlichkeit zur Anlagerung und damit zur Bildung von negativen Ionen führen. Um die Probensubstanz möglichst gut auszunutzen und die für eine Analyse erforderliche Substanzmenge möglichst gering zu halten, muß erreicht werden, daß möglichst viele der zu ionisierenden Moleküle Stöße mit Elektronen ausführen. Dieser Forderung entspricht eine große Dichte an energiearmen Elektronen, die sich am besten in einem Niederdruckplasma erzeugen läßt, weil dort durch die vorhandenen positiven Ionen die sonst störende Raumladung der Elektronen fast vollständig kompensiert wird. Die Plasmaelektronen besitzen keine einheitliche Energie, sondern haben eine Energieverteilung, die angenähert der Maxwell- Verteilung entspricht (Abb.5). Da die Anlagerungswahrscheinlichkeit h in Abhängigkeit von der Elektronenenergie bei einem Teil der Moleküle stark ausgeprägte Maxima besitzt, wird durch die Verwendung von Elektronen mit unterschiedlicher Energie Selektivität in der Ionenausbeute weitgehend vermieden, und man erhält gut reproduzierbare Spektren.

Dem im Plasma vorhandenen Elektronengas läßt sich eine Temperatur zuordnen, die in erster Linie von der verwendeten Gasart, aber auch vom Druck, der Stromstärke sowie den Trägerverlusten durch Rekombination abhängt. Mit Rücksicht darauf, daß das Maximum der Anlagerungswahrscheinlichkeit für die einzelnen Moleküle jeweils bei geringen Werten der Elektronentemperatur liegt, ist diese durch die Wahl einer geeigneten Hilfsgasart und der Entladungsdaten möglichst gering zu halten. Bei der vorliegenden EA-Ionenquelle wurde Argon als Hilfsgas gewählt. Obwohl Argon die relativ hohe Ionisierungsenergie von 15,7 eV besitzt, ist es auf Grund der Möglichkeit zur Stufenionisation als Entladungsgas geeignet. Bereits Elektronen mit einer Energie, die nur einen Bruchteil der Ionisierungsarbeit beträgt, können über die Bildung von angeregten Zuständen durch nacheinanderfolgende Stöße zur Ionisierung führen, so daß die Elektronentemperatur relativ niedrig gehalten wird. Auch die Tatsache, daß Edelgasatome keine negativen Ionen bilden, ist von großer Bedeutung, da hierdurch im Spektrum der negativen Ionen keine Linien auftreten, die vom Entladungsgas herrühren. Die im Hinblick auf die Erzielung einer geringen Elektronentemperatur als günstig erscheinende Verwendung von Cäsium als Trägergas (eU_i = 3,9 eV) wurde wegen des geringen Dampfdruckes von Cäsium und der damit verbundenen experimentellen Schwierigkeiten bisher nicht realisiert.

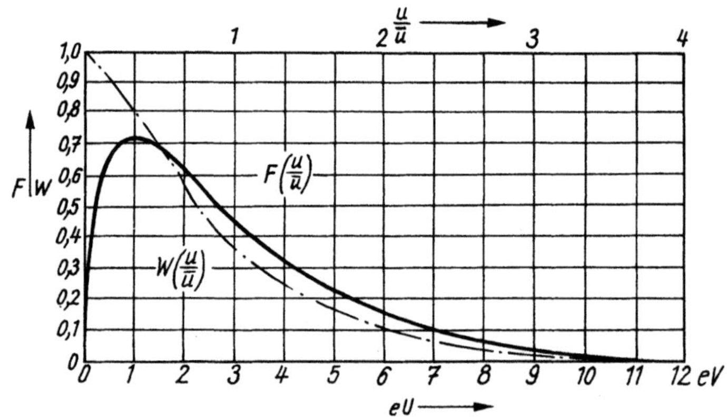

Abb. 5 Wahrscheinlichkeitsdichte F und Wahrscheinlichkeit W für das Auftreten der Elektronenenergie eU bei Vorliegen einer Maxwellverteilung und einer mittleren Elektronenenergie von 3 eV.

Für den optimalen Arbeitsdruck des Entladungsgases wurde bei Verwendung von Argon der Wert von 1 bis $1,5 \cdot 10^{-2}$ Torr gefunden. Wird der Druck verringert, so verschlechtert sich der Wärmekontakt des Elektronengases mit dem Neutralgas. Die Elektronentemperatur steigt an, da weniger bremsende Stöße der Elektronen mit den Atomen des Neutralgases stattfinden. Wird der Druck des Entladungsgases über den optimalen Wert hinaus gesteigert, so nimmt zwar die Elektronentemperatur ab, jedoch verringert sich gleichzeitig die freie Weglänge, so daß in stärkerem Umfang Stöße der gebildeten Ionen mit den Neutralgasatomen erfolgen, die zur Rekombination und damit zur Verringerung der Ionenausbeute führen. Außerdem ist mit der Erhöhung des Arbeitsdruckes in der Ionenquelle auch eine gewisse Verschlechterung des Vakuums im Analysator verbunden, so daß auch in diesem Teil zusätzliche Verluste durch Ionenstreuung am Restgas eintreten. Diese Abhängigkeit der Ionenausbeute vom Druck in der Ionenquelle wurde auch von anderen Verfassern festgestellt. Von Rau [79] wurde in einer Duoplasmatron-Ionenquelle für die Erzeugung von negativen H- bzw. Li-Ionen ebenfalls ein optimaler Arbeitsdruck von $1 \cdot 10^{-2}$ Torr gefunden, obwohl sich die Abmessungen der Ionenquelle und der Entladungsstrom von den Bedingungen in der EA-Ionenquelle erheblich unterscheiden. Auch von Drost u.a.

[80, 81] wurde ein Anstieg des Emissionsstromes negativer Ionen mit abnehmendem Druck bis zu Werten von $3 \cdot 10^{-2}$ Torr festgestellt. Kleinere Druckwerte konnten nicht gemessen werden, da auf Grund der gewählten Parameter die Entladung verlöschte. In beiden Fällen wurde die Gasentladung in dem Gas betrieben, dessen Ionen erzeugt werden sollten. Dagegen

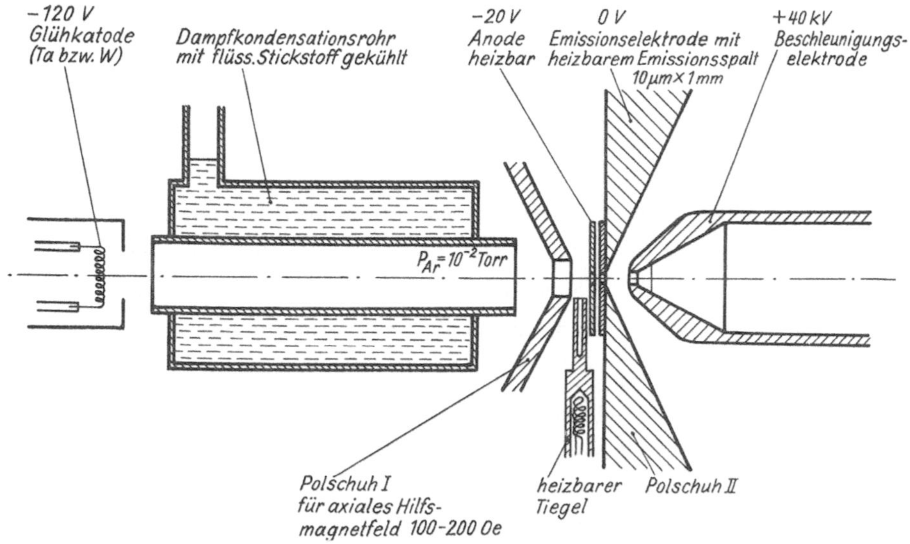

Abb. 6 Schematischer Aufbau der EA-Ionenquelle.

sind bei der EA-Ionenquelle, wo die Entladung in einem Hilfsgas erzeugt wird, von dem selbst keine negativen Ionen gebildet werden, der Partialdruck der Probe und der Ionenstrom solange einander proportional, solange der Druck des Hilfsgases wesentlich über dem Partialdruck der Probe liegt. Dies ist praktisch immer der Fall, und der Totaldruck ändert sich durch die Verdampfung der Probe praktisch nicht. Die Abnahme des Emissionsstromes negativer Ionen mit steigendem Druck des Entladungsgases kann daher nur durch die Zunahme der Ionenverluste infolge zunehmender Rekombination erklärt werden. Neben der verwendeten Gasart und dem Gasdruck hängt die Elektronentemperatur auch in erheblichem Maße von den vorhandenen Rekombinationsverlusten ab. Bei den vorliegenden Teilchendichten bestehen diese Verluste in erster Linie aus Wandverlusten, während die Verluste durch Volumenrekombination eine geringere Rolle spielen. Die Wandverluste müssen daher durch Verwendung ausreichender Entladungsrohrquerschnitte und durch magnetische Führung bzw. Bündelung der Entladung gering gehalten werden.

In Abb. 6 ist der unter diesen Gesichtspunkten gewählte Aufbau einer EA-Ionenquelle als Schema wiedergegeben. Zwischen der Glühkathode K und der Anode A wird eine Gasentladung in einem Hilfsgas bei einem Arbeitsdruck von $1 \cdot 10^{-2}$ Torr betrieben. In Anodennähe wird diese Entladung mit Hilfe eines axialen Magnetfeldes ($B = 0{,}01$ bis $0{,}02\ Vs \cdot m^{-2}$) geführt. Wie die Versuche mit verschiedenen Magnetfeldstärken für die Entladungsverdichtung zeigten, empfiehlt es sich, das Magnetfeld in der Ionenquelle im Gegensatz zum Duoplasmatron nur so groß zu wählen, daß die Entladung im Raum zwischen der Zwischenelektrode P und der Anode A parallel geführt wird. Die magnetische Verdichtung der Entladung, d.h. die Einschnürung des Plasmas durch das inhomogene Magnetfeld einer Polschuhlinse führt zu einem starken Anstieg des Gesamtemissionsstromes der Ionenquelle. Diese Zunahme wird ausschließlich durch die Zunahme des Elektronenstromes verursacht, während der Ionenstrom sogar absolut gemessen abnimmt. Wird jedoch das Magnetfeld nur für die Führung der Entladung in Anodennähe benutzt, so wird im Zusammenhang mit der Wahl des Druckes und des Entladungsstromes ein ähnlicher Effekt erreicht, wie er von anderen Verfassern [82, 83] durch die exzentrische Anordnung der Bohrung in der Zwischenelektrode erreicht wurde. Das Verhältnis Ionenstrom zu Elektronenstrom nimmt in diesem Falle um mehrere Größenordnungen zu.

Zur Erhöhung der Ionenausbeute wird die Entladung vor der Anode wie beim Duoplasmatron durch eine Zwischenelektrode eingeschnürt, um die Trägerdichte vor der Anode zu erhöhen. Hierdurch ist die Ausbildung einer Doppelschichtblase [36, S. 664] gegeben, die sich für die Erhöhung der Ionenausbeute als günstig erwiesen hat. Dies konnte auch von anderen Verfassern festgestellt werden [80, 81, 84]. Gegenüber dem Duoplasmatron besitzt die Bohrung in der Zwischenelektrode jedoch einen wesentlich größeren Durchmesser, um die Wandverluste im Kanal der Zwischenelektrode klein zu halten und einen stabilen Betrieb der Gasentladung auch bei sehr geringen Werten des Entladungsstromes zu gewährleisten. Das Potential der Zwischenelektrode hat auf die Ionenausbeute nur einen geringen Einfluß. Es genügt daher, die Elektrode isoliert anzuordnen, so daß sie ein mittleres Potential annimmt, das etwa 70 bis 80 V über dem Kathodenpotential liegt.

Neben der magnetischen Verdichtung kann die Trägerdichte im Anlagerungsgebiet auch durch die Größe des Stromes der Hilfsentladung beeinflußt werden. Die Ausbeute an negativen Molekülionen zeigt hierbei ein deutliches Maximum bei sehr geringen Stromwerten, die nur wenig über den Werten liegen, bei denen die Entladung verlöscht. Voraussetzung für das Auftreten dieses Maximums ist, daß die Anode eine völlig saubere Oberfläche besitzt. Wird der Entladungsstrom gesteigert, nimmt die Ionenausbeute zunächst stark ab, steigt jedoch etwa bei Werten über 30 mA wieder an. Bei den größeren Entladungsstömen nimmt der Anteil an Fragmentionen im allgemeinen stärker zu. Diese Tatsache ist bei Untersuchungen zur Molekülstruktur ausnutzbar. Die Größe dieser Zunahme hängt dabei von der Stabilität der zu ionisierenden Moleküle ab.

Die Zunahme der Fragmentierung mit steigendem Entladungsstrom kann so gedeutet werden, daß durch die Erhöhung des Stromes auch eine verstärkte Aufheizung des Neutralgases stattfindet, so daß die Neutralgastemperatur ansteigt und der Moleküldampf auch durch die Stöße mit den Atomen des Trägergases aufgeheizt wird. Bei thermisch empfindlichen Substanzen kann diese Aufheizung dann zu einem verstärkten Abbau der Moleküle bzw. zu einer geringeren Stabilität der gebildeten Ionen führen. Die Abnahme der Molekülionenintensität mit steigendem Entladungsstrom wird also durch den verstärkten Zerfall der gebildeten Ionen verursacht, wobei in zunehmendem Maße Fragmentionen gebildet werden.

Die Abhängigkeit der Fragmentionenintensität vom Entladungsstrom kann bei Substanzen ausgenutzt werden, die zunächst kaum Fragmentionen bilden, um diese für die Zwecke der Strukturaufklärung erwünschten Ionen in größerer Ausbeute zu erzielen. Der Entladungsstrom wird hierzu auf Werte über 100 mA gesteigert [85].

Die Zunahme der Fragmentionenintensität kann ferner in Verbindung mit sehr großen Expositionszeiten für die Erzeugung von linienreichen Spektren benutzt werden, bei denen nahezu jede Massenzahl durch eine Linie besetzt ist. Hierdurch läßt sich die Massenbestimmung wesentlich vereinfachen, da die Massenzahlen durch einfaches Auszählen bestimmt werden können. Die Abnahme der Molekülionenintensität und die Zunahme der Intensität der Fragmentionen mit steigendem Entladungsstrom ist jedoch bei den einzelnen Molekülarten verschieden und mehr oder weniger stark ausgeprägt. Die für die Reproduzierbarkeit des Spektrums erforderliche Stabilität des Entladungsstromes ist gering und beträgt einige Prozent des eingestellten Wertes.

In das anodennahe Plasma wird bei der Quelle nach Abb. 6 die Probesubstanz aus einem heizbaren Verdampferofen eingedampft. Die Öffnung des Verdampfers befindet sich etwa an der unteren Plasmagrenze, so daß bei relativ geringem Substanzverbrauch eine hohe Teilchendichte der Probenmoleküle erzeugt werden kann. Durch die geringe Entfernung zur Emissionsöffnung der Ionenquelle werden die Rekombinationsverluste gering gehalten.

Der Polschuh des magnetischen Führungsfeldes, der gleichzeitig die Zwischenelektrode darstellt, sowie das Entladungsrohr R werden mit flüssigem Stickstoff gekühlt. Hierdurch wird erreicht, daß nur der anodennahe Teil der Entladung im Gemisch aus Hilfsgas und Probendampf verläuft. Auf diese Weise werden stabile Bedingungen für die Gasentladung erhalten, die in weiten Grenzen unabhängig vom erzeugten Partialdruck der Proben sind. Vor allem wird durch diese Bauweise verhindert, daß Moleküle der Probe an die hoch erhitzte Kathode oder in das Kathodenfallgebiet gelangen können, weil dies zur Bildung von Fragmentionen führen würde. Außerdem wird durch den großen Abstand zwischen Kathode und Anode erreicht, daß keine thermisch an der Kathodenoberfläche gebildeten Ionen in das anodennahe Gebiet gelangen und zur Emission kommen können. Diese Ionen belegen, vor allem auch durch Ion-Molekül-Reaktionen einen großen Teil des Spektrums und wirken daher bei ihrem Auftreten meist störend [37]. Nach Sondenmessung beträgt die mittlere Energie der Elektronen unter diesen Bedingungen etwa 3 eV. Der größte Teil der Elektronen liegt also in dem Energiebereich, in dem Anlagerung von Elektronen an die Moleküle erfolgt. Auf Grund der vorliegenden Energieverteilung (Abb. 5) können alle im Abschnitt 2.1.2., Tab. 2, angeführten Prozesse auftreten. Die Ausbeute an den einzelnen Prozessen hängt dabei vom jeweiligen Prozeßquerschnitt und von der Elektronendichte in dem entsprechenden Energiebereich ab. Liegt eine Maxwell-Verteilung für die Elektronenenergie vor (durch die aufgenommene Sondencharakteristik im allgemeinen bestätigt) so besitzen bei der mittleren Elektronenenergie von 3 eV etwa 20% der Elektronen Energien unter 2 eV und 99% der Elektronen Energien unter 10 eV. Nur 1% der Elektronen hat Energien, die für die Stoßionisation der meisten Moleküle ausreichen. Bei dieser Betrachtung wurden Mehrfachstöße der Moleküle außer Acht gelassen, die sonst über die Bildung angeregter Zustände bereits bei wesentlich geringeren Energien zur Bildung positiver Ionen führen können. Bei den vorhandenen Teilchendichten und den geringen Abmessungen des Stoßraumes stellt diese Vernachlässigung jedoch kaum eine Einschränkung für die Gültigkeit der Betrachtung dar.

Da der Prozeß 2 (Tab. 2) nur bei Elektronen mit Energien unter 1 eV in guter Ausbeute zu erwarten ist, folgt hieraus, daß die Bildung negativer Ionen in der EA-Ionenquelle vorwiegend nach Prozeß 3 (Tab. 2) verlaufen muß. Trotz der Tatsache, daß nur ein sehr geringer Prozentsatz der Elektronen Energien besitzt, die für die Stoßionisation ausreichen, erhält man wegen des großen Querschnittes für die Stoßionisation auch eine relativ gute Ausbeute an positiven Ionen. Der Unterschied zwischen den Ionenausbeuten an negativen und positiven Ionen, der für die meisten Moleküle zugunsten der letzteren etwa 3 bis 4 Zehnerpotenzen beträgt und durch die unterschiedlichen Prozeßquerschnitte verursacht wird, kann durch die Energieverteilung der Elektronen stark reduziert werden. Auf den Gesamtionenstrom bezogen, beträgt der Unterschied bei normaler Quellenergie je nach Molekülart, nur noch etwa 1 bis 2 Zehnerpotenzen. Ausgenommen hiervon sind gesättigte Kohlenwasserstoffe, die eine Sonderstellung einnehmen.

Die Ionenströme der Molekülpeaks sind bei negativen Ionen, auch absolut gemessen, sogar oft größer als die der positiven Ionen. Die Verwendung von Plasmaelektronen und die damit verbundene große Elektronendichte in der EA-Ionenquelle hat also gegenüber den Elektronenstoßquellen eine um mehrere Zehnerpotenzen verbesserte Ausbeute an negativen Ionen zur Folge. Gleichzeitig wird durch die Häufigkeitsverteilung der Elektronenenergie der Intensitätsunterschied in den Ausbeuten an negativen und positiven Ionen stark vermindert, so daß die Spektren der negativen und positiven Ionen meist bei gleichen Teilchendichten der Probenmoleküle aufgenommen werden können.

Zur besseren Extraktion der Ionen aus dem Ionisationsgebiet wird zwischen Anode und Emissionselektrode eine Ziehspannung von etwa 20 V gelegt [86]. Diese Spannung greift durch eine Bohrung in der Anode etwas in das anodennahe Plasma hinein, so daß ein Potentialgradient in Richtung auf den Emissionsspalt zu entsteht, der zu einer Vorbeschleunigung der gebildeten Ionen führt.

Ohne diese Maßnahme entspricht der von einer Plasmaionenquelle emittierte Strom fast völlig dem Diffusionsstrom, da bei kleinen Emissionsöffnungen der Durchgriff der Ionenbeschleunigungsspannung sehr gering ist. Für den Emissionsstrom gilt dann die Beziehung:

$$(7) \qquad I^-_{em} = e \cdot \frac{n_e \cdot \bar{v} + n_i^- \cdot \bar{v}_i}{4} \cdot F_{pl}$$

e = Elementarladung

n_e = Elektronendichte

n_i^- = Dichte an negativen Ionen

F_{pl} = Plasmagrenzfläche

$\bar{v}$ = mittlere Elektronengeschw.

$\bar{v}_i$ = mittlere Ionengeschwindigkeit.

Dieser Strom bleibt bis zu Werten von $U_b \geqslant 100$ V praktisch konstant [87]. Die Vergrößerung der Geschwindigkeitskomponente in Richtung auf den Emissionsspalt hat einen Stromanteil zur Folge, der sich zu dem durch Diffusion gegebenen Anteil addiert. Hierdurch gelingt es, die Ionenstromdichte in der Emissionsöffnung wesentlich zu erhöhen. Ein nachteiliger Einfluß dieser Maßnahme auf die Linienschärfe konnte bei der verwendeten Ionenenergie von 40 keV nicht bemerkt werden.

Da der Gasdruck in der Ionenquelle auf etwa $1 \cdot 10^{-2}$ Torr eingestellt wird und der Restgasdruck im Analysator bei 10^{-6} Torr liegen soll, muß an der Emissionsöffnung ein Druckgefälle von mindestens vier Zehnerpotenzen erzeugt werden. Die Emissionsöffnung der Ionenquelle muß daher einen möglichst geringen Querschnitt besitzen und stellt dann zweckmäßig gleichzeitig den Eintrittsspalt für den Analysator dar.

Die Absaugung der Ladungsträger aus der Emissionsspaltebene erfolgt durch das Feld der Beschleunigungselektrode B. Emissions- und Beschleunigungselektrode besitzen zur Vermeidung der Strahlverbreiterung durch die Raumladung auf der Beschleunigungsstrecke eine Elektrodengeometrie nach Pierce [88]. Wird eine genügend große Ionenbeschleunugungsspannung verwendet, dann schiebt sich die Plasmagrenze in die Ionenquelle hinein und erhält eine konkave Form. Die austretenden Ionenstrahlen verlaufen dann konvergent und die Ausbildung eines Strahl-cross-over ist auch bei hohen Stromdichten in der Emissionsöffnung gegeben [89].

Die Strahldivergenz des Büschels wird durch die Querkomponente der ungerichteten Geschwindigkeit der austretenden Ionen sowie durch das Raumladungsfeld hervorgerufen und kann durch Vergrößern der Beschleunigungsspannung verringert werden. Durch diese Verringerung der Strahlapertur wird gleichzeitig der Querschnitt des Cross-over vermindert. Da dieser Querschnitt wesentlich kleiner ist als die Emissionsfläche der Ionenquelle, wird die Optik des Analysators auf die Abbildung des Cross-over eingestellt. Die Verringerung dieses Querschnitts durch die Verwendung von großen Ionenenergien verbessert daher die Linienschärfe und die Linienintensität.

Sieht man von der Raumladungskompensation durch die vom Strahl aus dem Restgas erzeugten Ladungsträger ab, dann ist die Raumladung auf der gesamten Strahllänge wirksam. Durch eine große Ionenenergie wird der Raumladungsverbreiterung im feldfreien Raum, also nach Durchtritt des Strahles durch die Beschleunigungselektrode, entgegen gewirkt. Durch den Einfluß der Raumladung verlaufen die nicht axialen Ionenstrahlen parabelförmig, was zu einer Verlagerung bzw. zu einem Pendeln des wirksamen Objektortes gegenüber dem wahren Objektort führt [36, S. 639]. Da beim Absaugen der negativen Ladungsträger auch die Elektronen entrahiert werden, ergeben sich in diesem Fall für massenspektroskopische Apparaturen ungewöhnlich große Strahlstromdichten, so daß der Raumladungseinfluß hier besonders beachtet werden muß.

Bei Verwendung von elektrostatischen Linsen und Ablenkkondensatoren für die Bündelung der Ionenstrahlen überlagert sich das Raumladungsfeld dem durch die Elektrodengeometrie gegebenen Feld und führt zu einer deutlich merkbaren Abhängigkeit der Brennweite von Strahlstrom. Aus diesen Gründen empfiehlt es sich, die Elektronen so früh wie möglich aus dem Strahl zu entfernen, um die nachteiligen Wirkungen der hohen Strahlstromdichte zu beseitigen. Dies erfolgt am besten durch einen kleinen, kurz hinter der Beschleunigungsstrecke angebrachten Permanentmagneten, der die Elektronen senkrecht zur Ablenkebene der Ionen aus dem Strahl entfernt. Hierdurch sind dann, insbesondere bei Polaritätswechsel der abgesaugten Ladungsträger, stabile Verhältnisse gegeben. Schließlich wirkt sich die hohe Ionenenergie bei Apparaturen ohne Geschwindigkeitsfokussierung auch günstig auf die Linienschärfe aus, da hierdurch die relative Energiestreuung $\beta = \frac{1}{2} \cdot \frac{\Delta U}{U_b}$ klein gehalten werden kann.

2.3. Strahlengang des EA-Massenspektrographen

Wie in Abschnitt 2.2. beschrieben wurde, ist es bei Verwendung der EA-Ionenquelle günstig, eine möglichst hohe Ionenbeschleunigungsspannung zu verwenden, da sich hierdurch die Linienintensität, die Linienschärfe und die Stabilität des Strahles gegenüber störenden Einflüssen erhöhen läßt. Die Verwendung einer hohen Ionenbeschleunigungsspannung bringt jedoch gewisse Einschränkungen hinsichtlich der Wahl des Strahlenganges mit sich. Will man die Vorteile der hohen Ionenenergie auch bei der Registrierung von Ionen mit relativ großen Massenzahlen beibehalten, dann ergeben sich große Radien der Ionenbahn im Magnetfeld. So beträgt z.B. für Ionen mit der Massenzahl M = 1000 und der Energie von 40 keV der Bahnradius im Magnetfeld r_m = 61 cm, wenn mit einer Luftspaltinduktion von 1,5 Vsm^{-2} gearbeitet wird, die sich mit normalen Werkstoffen gerade noch verwirklichen läßt. Dieser große Radius der Ionenbahn hat bei Verwendung eines magnetischen Sektorfeldes für die Richtungsfokussierung ein großes Magnetgewicht und eine unerwünscht große Massendispersion zur Folge, die bei Massenspektrographen den gleichzeitig von der Photoplatte erfaßten Massenbereich sehr stark einschränkt. Aus diesen und noch anderen Gründen wurde bereits bei der ersten Ausführung des EA-Massenspektrographen ein Strahlengang mit Fokussierung des Ionenstrahles durch eine elektrostatische Einzellinse gewählt (Abb. 7), [36, S. 725]. Da der Mittelstrahl senkrecht in das parallel begrenzte Magnetfeld eintritt und nur kleine Ablenkwinkel verwendet wurden, erfolgt die Fokussierung fast ausschließlich durch

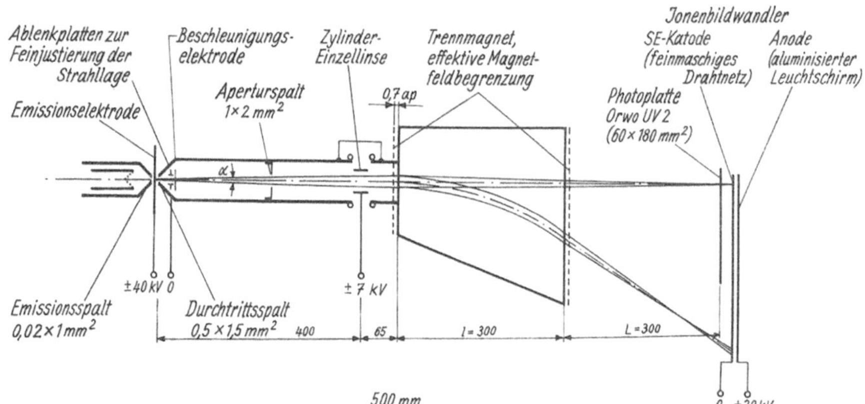

Abb. 7 Der Strahlengang im EA-Massenspektrographen (ältere Ausführung). Beschleunigungsspannung U_B = ± 40 kV Polschuhabstand ap = 0,5 cm Strahlapertur $\alpha = 2 \cdot 10^{-3}$

die Einzellinse. Die durch die Ablenkung im Magnetfeld auftretende Krümmung der Bildkurve wurde vernachlässigt, da mit kleiner Strahlapertur gearbeitet wurde. Die Anordnung der Photoplatte erfolgte rechtwinklig zum Neutralstrahl. Da der Neutralstrahl noch mit auf die Platte fällt, wird stets das Spektrum $M \to \infty$ erfaßt. Die Erhöhung der Feldstärke des Ablenkmagneten hat lediglich die Verschiebung der von der Platte gerade noch registrierten Linie im unteren Massenbereich nach höheren Massenzahlen hin zur Folge. Diese Anordnung der Photoplatte wurde gewählt, weil über das Auftreten von negativen Ionen organischer Moleküle im Niederdruckplasma kaum Angaben vorlagen, und mit dem Auftreten von negativen Ionen mit sehr großen Massenzahlen gerechnet wurde. Außerdem war geplant, die Grenze des untersuchbaren Massenbereiches organischer Moleküle, die durch die Zersetzung der Moleküle bei der Verdampfung gegeben ist, durch Anwendung nichtthermischer Verdampfungsmethoden weit über die Massenzahl 1000 hin zu erweitern. Diese Anordnung hat jedoch den Nachteil, daß bei Massenzahlen über $M \approx 300$ die Linien wegen der zu geringen Dispersion im oberen Drittel der Photoplatte nicht mehr aufgelöst werden können. Der Massenbereich, der von der Photoplatte gleichzeitig erfaßt und aufgelöst wird, ist daher nicht konstant, sondern nimmt mit steigender Massenzahl ab.

Ähnliche Strahlengänge unter Verwendung einer elektrostatischen Linse für die Fokussierung wurden bereits von Schönheit [90] sowie Neumann und Ewald [91] für Parabelspektroskope beschrieben. In neuerer Zeit wurde von Möllenstedt u.a. [92] ein ähnlicher Strahlengang für einen Massenspektrographen mit geringer Auflösung verwendet. Bei allen diesen Anordnungen sind die Ablenkwinkel im Magnetfeld so gering, daß der Einfluß auf die Abbildung vernachlässigt werden kann.

Will man jedoch bei Verwendung einer elektrostatischen Linse höhere Auflösung erreichen, dann müssen größere Ablenkwinkel angewendet werden. Das hat zur Folge, daß der Einfluß des Ablenkfeldes auf die Abbildung berücksichtigt werden muß.

2.3.1. Berechnung der Abbildungseigenschaften der Kombination elektrostatische Linse-Magnetfeld in der Ablenkebene

Die Berücksichtigung des Magnetfeldeinflusses auf die Abbildungseigenschaften der Kombination elektrostatische Linse - Magnetfeld kann in einfacher Weise erfolgen, wenn es gelingt, die Anordnung auf ein magnetisches Sektorfeld zurückzuführen [93]. Wie in Abb. 8 dargestellt, nimmt man hierzu an, daß die bei endlicher Brennweite der Linse schräg in das Magnetfeld eintretenden Randstrahlen in rückwärtiger Richtung weiterhin im Magnetfeld verlaufen. Existiert ein Punkt, an dem ihr Eintritt in das Magnetfeld parallel erfolgt, dann befindet sich an dieser Stelle die Eintrittsbegren-

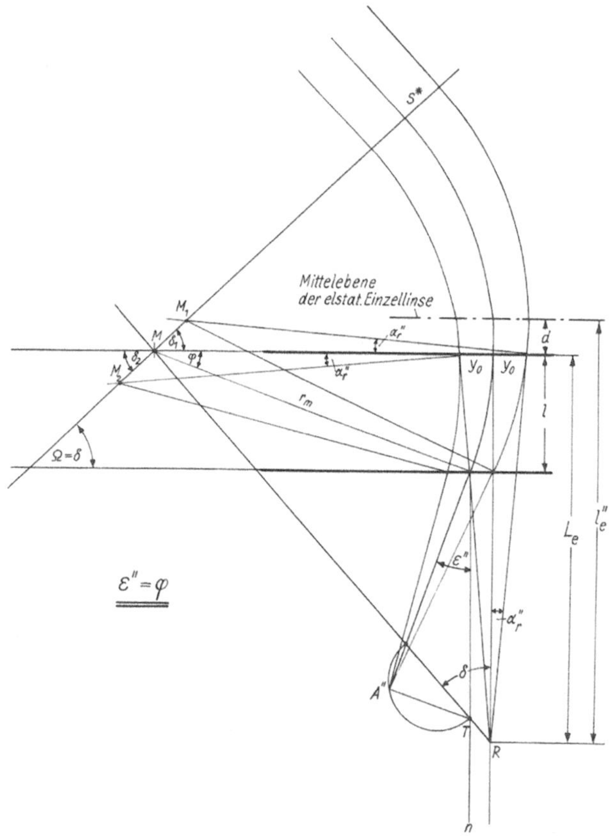

Abb. 8 Zurückführung der Kombination elektrostat. Linse-Magnetfeld auf ein magnetisches Sektorfeld.

zung eines magnetischen Ersatz-Sektorfeldes, das in 1. Näherung die gleichen Abbildungseigenschaften besitzt, wie die Kombination Einzellinse-Magnetfeld. Aus Abb. 8 folgt:

$$(8) \qquad \tan \delta_1 = \frac{r_m \cdot \sin \alpha_r''}{y_o + r_m (1 - \cos \alpha_r'')} \quad ; \quad \tan \delta_2 = \frac{r_m \cdot \sin \alpha_r''}{y_o - r_m (1 - \cos \alpha_r'')}$$

Für die Näherung 1. Ordnung kann man für $\cos \alpha_r'' = 1$ und für $\sin \alpha_r'' = \alpha_r''$ annehmen, so daß $\tan \delta_1 = \tan \delta_2$ wird.

Für kleine Werte der Strahlapertur, wie sie meist gegeben sind, ist also die Zurückführung auf ein magnetisches Sektorfeld in 1. Näherung möglich.

(9) Mit $y_o = L_e \cdot \alpha_r''$ folgt $\tan \delta = \frac{r_m}{L_e}$

Der Sektorwinkel des Ersatzfeldes beträgt daher:

(10) $\Phi = \varphi + \delta$

mit $\sin \varphi = \frac{l}{r_m}$. Der Ersatzsektorwinkel hängt also vom Radius der Ionenbahn ab und ist für die einzelnen Ionenbahnen verschieden. Den Brennpunktabstand der Kombination erhält man, wenn man den Sektrowinkel des Ersatzfeldes in die z.B. in [94, S. 55] angegebene Beziehung für das magnetische Sektorfeld bei senkrechtem Eintritt und schrägem Austritt des Bündels einsetzt. Bei paralleler Begrenzung des Magnetfeldes wird außerdem der Austrittswinkel des Ionenstrahles ε'' gleich dem Ablenkwinkel φ und man erhält für die Brennweite g_m

(11) $g_m = r_m \cdot \frac{\cos \varepsilon'' \cdot \cos \Phi}{\sin(\Phi - \varepsilon'')} = r_m \cdot \frac{\cos \varphi \cdot \cos(\varphi + \delta)}{\sin \delta}$

Da die Bildweite der Kombination elektrostatische Linse-Magnetfeld mit der Brennweite des Ersatz-Sektorfeldes übereinstimmt, kann man nach einigen Umformungen schreiben:

(12) $l'' = g_m = L_e \cdot \cos^2\varphi - l \cdot \cos \varphi$

Die Bildweite l'' wird hierbei von der Magnetfeldbegrenzung aus und in Strahlrichtung gemessen. Die abbildende Wirkung der Kombination elektrostatische Linse - parallel begrenztes Magnetfeld läßt sich auch durch eine Ersatzlinse darstellen, die die Hauptebenen bei x_1 und x_2 besitzt (Abb.9). Für den Brennpunktabstand dieser Ersatzlinse folgt aus der allgemeinen Linsengleichung $(l' - g') \cdot (l'' - g'') = f^2$:

(13) $f = f_e \cdot \cos \varphi$

Die Hauptebenen liegen bei:

(14) $x_1 = - f_e(1 - \cos\varphi)$

(15) $x_2 = [f_e(1 - \cos\varphi) + l + d\cos\varphi]\cos\varphi$

Die Abbildungsgleichung erhält man, wenn man in Gl. (12) das Glied $L_e = l_e'' - d$ durch l_e' und f_e ausdrückt:

$$(16)\qquad l'' = \left[\frac{l_e' \cdot f_e}{l_e' - f_e} - d\right]\cos^2\varphi - l\cos\varphi$$

Dies ist die Gleichung für die Bildweite der Kombination elektrostatische Linse - parallel begrenztes Magnetfeld.

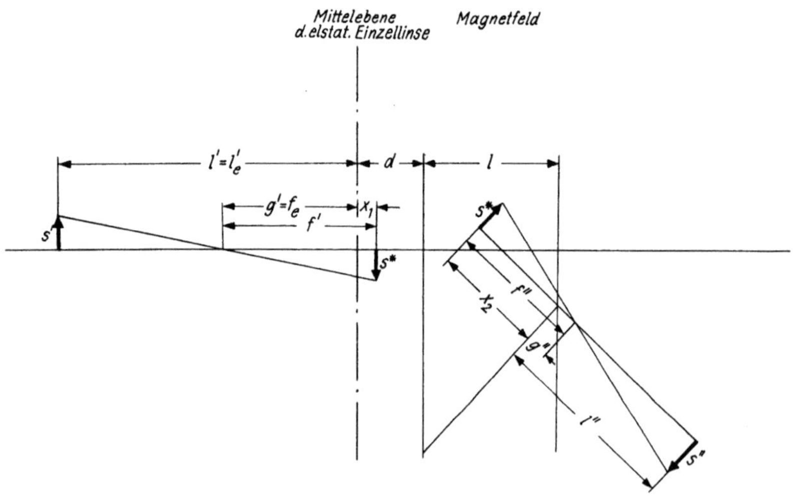

Abb. 9 Zur Ableitung der Linsengleichung.

Bei der Zurückführung der Anordnung auf ein magnetisches Sektorfeld wurden zunächst keine Einschränkungen hinsichtlich der austrittseitigen Magnetfeldbegrenzung gemacht. Es lassen sich daher auch Anordnungen mit schräg begrenzten Magnetfeldern auf ein Sektorfeld zurückführen. Es gilt in diesem Fall für den Austrittswinkel $\varepsilon'' = \varphi - \gamma$. Setzt man diesen Ausdruck für ε'' in die Gleichung für den Brennpunktabstand des magnetischen Sektorfeldes ein, so erhält man nach einigen Umformungen:

$$(17)\qquad l'' = \frac{(L_e \cdot \cos\varphi - l) \cdot \cos(\varphi - \gamma)}{\cos\varphi + \frac{L_e}{r_m} \cdot \sin\gamma}$$

Dies ist die Gleichung für die Bildweite der Kombination elektrostatische Linse - magnetisches Sektorfeld.

Durch die Zurückführung der Anordnung auf ein magnetisches Ersatz-Sektorfeld wird auch die graphische Konstruktion der Bildkurve für energiehomogene Strahlen nach Cartan (94, S. 56] möglich. Aus Abb. 8 erkennt man, daß der Winkel zwischen der scheinbaren Einfallsrichtung des Bündels und der Austrittsnormalen gleich dem Winkel δ ist. Daher muß wegen $\tan \delta = r_m/L_e$ der Schnittpunkt zwischen der durch P gehenden gedachten Eintrittsnormalen und der tatsächlichen Eintrittsnormalen um die Strecke L_e von der wirklichen Magnetfeldbegrenzung entfernt sein. Hieraus folgt eine einfache Konstruktionsvorschrift für die Bildkurve (Abb. 8):

Die Ionenbahn im Magnetfeld wird eingezeichnet. Auf der verlängerten Eintrittsnormalen bzw. der Austrittsnormalen für $M \to \infty$ wird die Strecke L_e von der Eintrittsstelle des Bündels in das Magnetfeld aus abgetragen. Mit diesem Punkt R wird der Mittelpunkt der Ionenbahn M verbunden. Vom Schnittpunkt T der Austrittsnormalen mit dieser Geraden wird das Lot auf den Mittelstrahl gefällt. Der Fußpunkt A" dieses Lots ist der gesuchte Punkt der Bildkurve.

2.3.2. Berechnung der Abbildungseigenschaften senkrecht zur Ablenkebene

Sieht man vom magnetischen Streufeld ab, dann besitzt das magnetische Sektorfeld die Eigenschaften einer Zylinderlinse. Deshalb ist bei den meisten einfach-fokussierenden Apparaten keine Bündelung des Strahles in der zur Ablenkebene senkrechten Richtung (z-Richtung) vorhanden. Zur Verbesserung der Transmission des Analysators, besonders für die Aufnahme der Spektren der negativen Ionen, ist es wünschenswert, auch eine Bündelung des Strahles in der z-Ebene zu erreichen. Bei einem Strahlengang unter Verwendung einer elektrostatischen Einzellinse kann dies durch geeignete Ausbildung der Linse erfolgen. Zur Berechnung der Abbildungseigenschaften in dieser Ebene muß ferner berücksichtigt werden, daß das magnetische Streufeld in dieser Ebene eine fokussierende Wirkung besitzt und daß nach Cotte [95] für die Brennweite des Streufeldes gilt:

(18) $$f_{st} = r_m \cdot \cot \varepsilon$$

Bei schrägem Ein- oder Austritt des Strahles in das Magnetfeld sind also Abbildungseigenschaften vorhanden.

Wie Abb. 10 zeigt, sind demnach in der z-Ebene zwei dünne Linsen im Abstand $d' = d + r_m\varphi$ wirksam: Die Einzellinse mit der Brennweite f_{ez} und das magnetische Streufeld auf der Austrittsseite mit f''_{st}. Die Anordnung

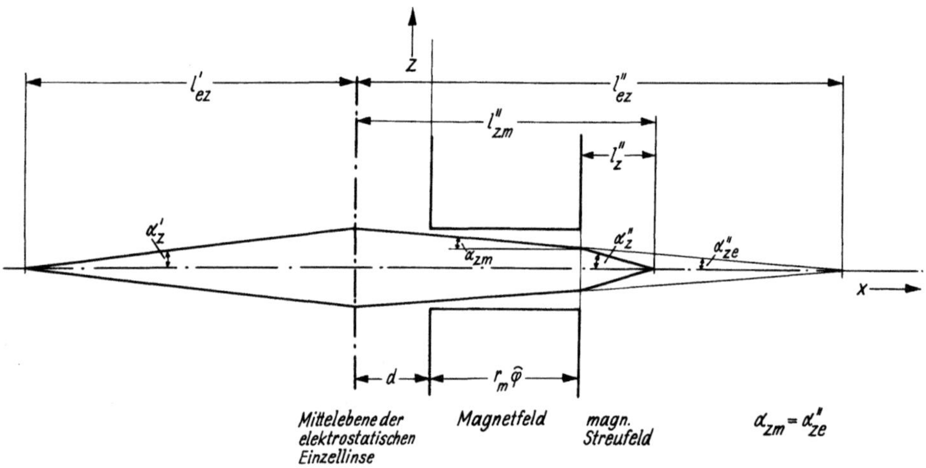

Abb. 10 Zur Berechnung der Abbildungseigenschaften in z-Richtung.

kann daher als dicke Linse mit den brechenden Flächen im Abstand d' und den Brennweiten f_{ez} und f''_{st} behandelt werden. Für die Bildweite l''_z von der austrittsseitigen Magnetfeldbegrenzung gemessen ergibt sich:

$$(19) \qquad l''_z = \frac{1}{\frac{1}{f_z} - \frac{1}{l'_e + x_1}} + x_2$$

wobei f_z die Brennweite der Anordnung darstellt und x_1, x_2 die Abstände der Hauptebenen bedeuten. Hierfür lassen sich folgende Beziehungen ableiten:

$$(20) \qquad \frac{1}{f_z} = \frac{1}{f_{ez}} + \frac{1}{f''_{st}} - \frac{d'}{f_{ez} \cdot f''_{st}}$$

$$(21) \qquad x_1 = \frac{d'}{1 + \frac{1}{f_{ez}} \cdot (f''_{st} - d')}$$

(22) $$x_2 = \frac{d'}{1 + \frac{1}{f''_{st}} \cdot (f_{ez} - d')}$$

Mit Hilfe dieser Gleichungen lassen sich die Bildweiten in der z-Ebene mit den Bildweiten in der xy-Ebene vergleichen.

2.3.3. Quervergrößerung, Massendispersion, Linienbreite und Auflösungsvermögen der Anordnung Einzellinse - parallel begrenztes Magnetfeld

Die Quervergrößerung G der Anordnung erhält man aus der allgemein gültigen Beziehung

$$G = -\frac{f}{l' - g'} = -\frac{l'' - g''}{f}$$

Setzt man für $g' = f_e$ und für $f = f_e \cdot \cos\varphi$, so erhält man:

(23) $$G = \frac{s''}{s'} = -\frac{f_e}{l'_e - f_e} \cdot \cos\varphi = G_e \cdot \cos\varphi$$

Hierbei ist G_e die Vergrößerung der Einzellinse allein. Die Vergrößerung des Magnetfeldes beträgt daher $G_m = \cos\varphi$.
Auf die Massendispersion hat die Einzellinse keinen Einfluß. Deshalb kann die für das magnetische Sektorfeld gültige Beziehung zur Berechnung des Abstandes zweier benachbarter Linien auf der Photoplatte benutzt werden.

(24) $$A_oA'' = \frac{1}{2} \cdot \frac{\Delta M}{M} \cdot \frac{K''}{\cos\omega}$$

wobei für die Dispersionskonstante K'' mit ψ als Winkel zwischen Photoplatte und Neutralstrahl gilt:

(25) $$K'' = r_m \cdot (1 - \cos\varphi) \cdot \frac{\cos\psi \quad \tan\varphi}{\sin(\varphi + \psi)} \cdot [L \cdot \tan\psi - r_m \cdot (1 - \cos\varphi)]$$

Die theoretische Linienbreite in Photoplattenebene setzt sich aus dem durch die Abbildungseigenschaften gegebenen Teil $s' \cdot |G|$ sowie der Linienverbreiterung durch die Streuung der Anfangsenergie $\frac{1}{2} \cdot |\frac{\Delta U}{U} \cdot K''|$ und den Abbildungsfehlern f zusammen. Für die Linienbreite erhält man

(26) $$b = \frac{1}{\cos \omega} \cdot \left(s' \cdot \left| G \right| + \frac{1}{2} \cdot \left| \frac{\Delta U}{U} \cdot K'' \right| + \left| f \right| \right)$$

Die Größe des Abbildungsfehlers ist im wesentlichen durch den Abbildungsfehler f_e gegeben, der durch den Öffnungsfehler der elektrostatischen Linse verursacht wird, sowie durch den Abbildungsfehler f_1, der durch die Abweichung der Bildkurve von der Photoplattenebene hervorgerufen wird. Für diese Größen erhält man folgende Beziehungen [93]:

(27) $$f_e = \frac{1}{\sin(\varphi + \psi)} \cdot \delta_{öe} \cdot \cos\varphi$$

$\delta_{öe}$ = Durchmesser des Öffnungsfehlerscheibchens der elektrostatischen Linse

(28) $$f_1 = \frac{1}{\sin(\varphi+\psi)} \cdot \left[\frac{1}{\cos^2\varphi \cdot (\tan\psi + \tan\varphi)} \cdot \left(\frac{1-\cos\varphi}{\cos\varphi} \cdot r_m (1+L) \tan\psi \right) - \right.$$

$$\left. - r_m \cdot \tan^2\varphi \cdot \sin\varphi - L_e \cdot \cos\varphi \right] \cdot \frac{l'_e}{l''_e} \cdot \alpha'_r$$

Für die Berechnung des theoretischen Auflösungsvermögens wird angenommen, daß zwei benachbarte Linien gerade noch getrennt werden können, wenn der Abstand ihrer Linienmitten gleich der berechneten Linienbreite wird [94, S. 65].

(29) $$A = \frac{M}{\Delta M} = \frac{1}{\left|\frac{2s' \cdot G}{K''}\right| + \left|\frac{\Delta U}{U}\right| + \left|\frac{2 \cdot \cos\omega \cdot f}{K''}\right|}$$

Die Gl. (29) kann jedoch nur für eine Abschätzung des praktisch zu erwartenden Auflösungsvermögens dienen, weil für die Gültigkeit dieser Beziehung die Linien eine ideale Rechteckform besitzen müßten. Durch die ungleichmäßige Ausleuchtung der Spalte, durch die Streuung am Restgas und durch Raumladungseffekte weicht jedoch die tatsächliche Linienform von der Idealform ab und die Auflösung wird geringer. Eine genauere Darstellung findet sich bei Brunnee und Voshage [13].

2.4. Strahlengang eines EA-Massenspektrographen mit hoher Auflösung

Mit dem unter 2.3. beschriebenen Strahlengang läßt sich ein Auflösungsvermögen erreichen, das die Zuordnung aller im Spektrum einer organischen Substanz auftretenden Ionen im allgemeinen nur auf ganze Massenzahlen genau ermöglicht. Sollen die durch die Massendefekte auftretenden Unterschiede (im allgemeinen einige 10^{-3}u*) zur Angabe der Bruttoformel ausgenutzt werden, so muß das Auflösungsvermögen des Gerätes mindestens um eine Zehnerpotenz, also auf $A \approx 30000$ erhöht werden. Für solche Anlagen, die auch eine Registrierung mit Photoplatte vorsehen, eignet sich besonders ein von Mattauch-Herzog angegebener Strahlengang. Hierbei wird Doppelfokussierung für alle Massen längs einer Geraden erzielt, so daß die Linienunschärfe durch Krümmung der Bildkurve vermieden wird. Durch die Doppelfokussierung wird erreicht, daß nicht nur Ionen gleicher Masse mit unterschiedlicher Richtung, sondern auch mit unterschiedlicher Geschwindigkeit bzw. Energie in einem Punkt wieder vereinigt werden. Die durch Energiestreuung der Ionen hervorgerufene Unschärfe der Linien wird beseitigt und das Auflösungsvermögen wird erhöht.

Trotz Verbesserung der Linienschärfe ist zur Erzielung einer Auflösung von 20 000 bis 30 000 eine Verringerung der Spalte (Eintrittsspalt, Energiespalt, Aperturspalt) nicht zu umgehen. Daher stellt die Erzielung von Spektren mit hoher Auflösung nicht zuletzt ein Intensitätsproblem dar. In jedem Falle sollte der Eintrittsspalt verstellbar sein, so daß das Auflösungsvermögen dem jeweiligen Problem angepaßt und mit optimalen Intensitätsverhältnissen gearbeitet werden kann. Für die Verwendung der EA-Ionenquelle in einem Massenspektrographen mit hoher Auflösung ergibt sich daher die Forderung, daß Emissionsspalt der Ionenquelle und Eintrittsspalt des Analysators getrennt werden müssen.

Die Anwendung des Strahlenganges nach Mattauch-Herzog, hat außerdem zur Folge, daß die Ionenenergie gegenüber den Werten bei dem bisher benutzten Strahlengang (40 keV) beträchtlich herabgesetzt werden muß, um den gleichzeitig von der Photoplatte erfaßten Massenbereich nicht zu

---

* 1 u = 1/12 der Masse des Kohlenstoffatoms $^{12}C \approx 1$ Masseneinheit (ME).

stark einzuschränken. Die EA-Ionenquelle muß daher hinsichtlich der Ionenemission und der Ionenabsaugung den veränderten Bedingungen angepaßt werden.

Hierzu wird der Emissionsspalt gegenüber den bisher benutzten Werten (ca. $15 \cdot 10^{-3}$ mm) um etwa eine Größenordnung verbreitert. Die Absaugung und Beschleunigung der Ionen erfolgt durch eine Immersionslinse, die die Ionen gleichzeitig auf den Eintrittsspalt fokussiert. Der Eintrittsspalt ist verstellbar ausgeführt und liegt auf Erdpotential. Der erhöhte Gasstrom aus der Ionenquelle muß durch eine zwischen Emissionsöffnung und Eintrittsspalt angeordnete Diffusionspumpe kompensiert werden. Diese Maßnahme bewirkt auch eine Verbesserung des Vakuums im Analysator, an das bei hochauflösenden Geräten erhöhte Anforderungen gestellt werden müssen.

Mit diesen Änderungen läßt sich die EA-Ionenquelle mit einem entsprechenden Analysator zu einem hochauflösenden EA-Massenspektrographen kombinieren, der es gestattet, intensive und aussagekräftige Spektren mit hoher Auflösung sowohl von negativen als auch von positiven Ionen aufzunehmen.

In Abb. 10a ist der Strahlengang eines solchen Gerätes wiedergegeben, mit dem eine Auflösung von maximal $\frac{M}{\Delta M} = 30\,000$ (10% Tal) erreicht werden soll.

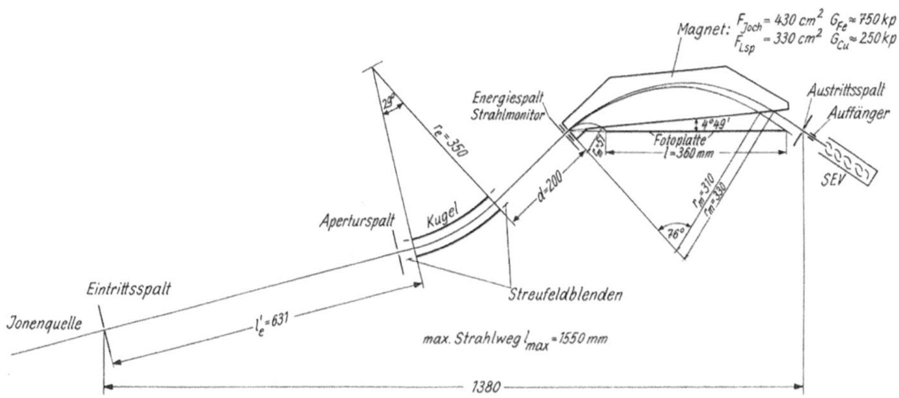

Abb. 10a Strahlengang und Daten eines EA-Massenspektrographen mit hoher Auflösung ($A \approx 30\,000$).

Die Daten des geplanten Gerätes können zum großen Teil aus Abb. 10a entnommen werden. Die Ionenenergie liegt zwischen 10 und 20 keV. Die Luftspaltinduktion des Magneten soll maximal 1,5 Vs m^{-2} betragen. Die Registrierung der Ionen kann wahlweise durch Auffänger, SEV oder Photoplatte erfolgen. Für die visuelle Beobachtung des Spektrums ist ein Ionenbildwandler vorgesehen. Bei Registrierung mit Photoplatten beträgt der gleichzeitig erfaßte Massenbereich 1 : 36.

3. Beschreibung des EA-Massenspektrographen normaler Ausführung

Auf den Erfahrungen aufbauend, die mit dem Labormuster eines EA-Massenspektrographen in mehrjährigem Versuchsbetrieb erhalten wurden, wurde für die Rationalisierung der Forschungsarbeiten eine Anlage entwickelt, die routinemäßige Aufnahmen der Spektren in vergleichbarer Intensität gestattet (Abb. 11, 12). Bei der Konzeption des Gerätes wurde großer Wert

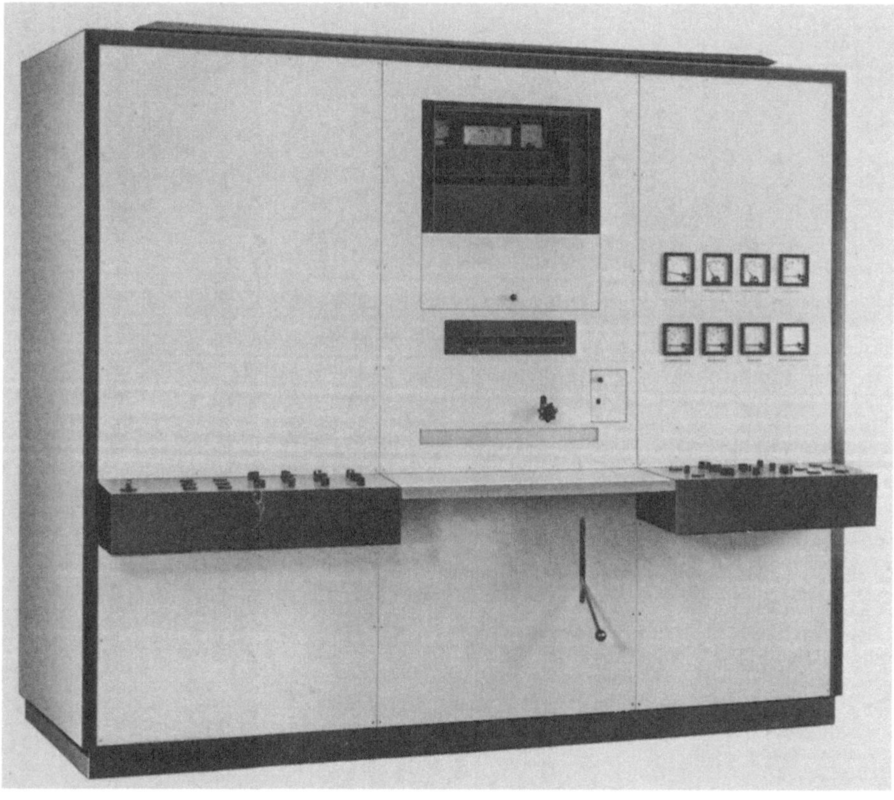

Abb. 11 EA-Massenspektrograph des Forschungsinstitutes M. von Ardenne Dresden (Gesamtansicht).

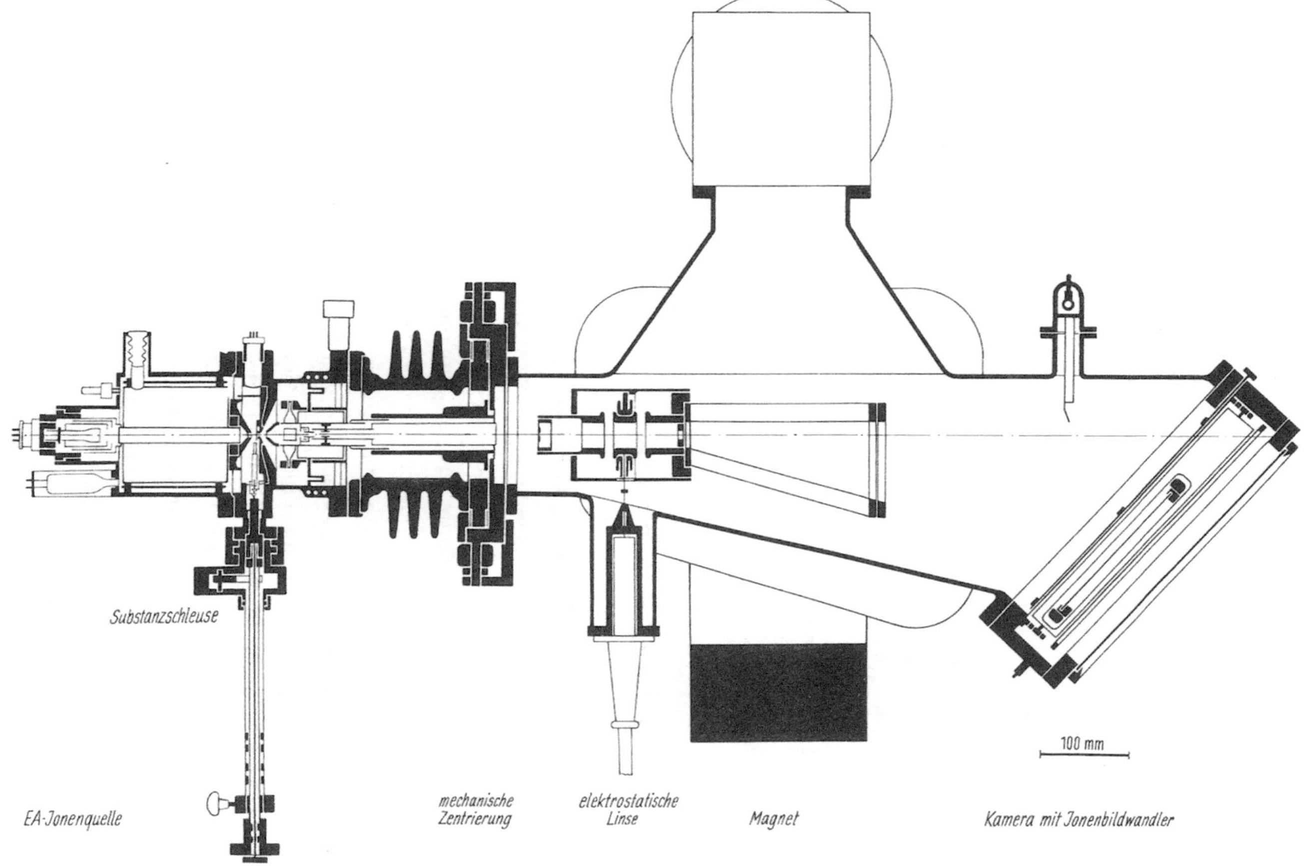

Abb. 12 Schnitt durch den EA-Massenspektrographen.

auf einfache Bedienung und schnelle Betriebsbereitschaft des Gerätes nach Wechsel der Probe oder der Photoplatte gelegt. So können beispielsweise alle während des Betriebes erforderlichen Einstellungen, einschließlich der Polaritätsumschaltung der registrierten Ionenart vom Bedienungsplatz am Ionenbildwandler aus vorgenommen werden. Alle Teile des Gerätes sind in einem gemeinsamen Schrank untergebracht, da die Ionenquelle wegen des komplizierten Aufbaus und der leichten Zugänglichkeit in offener Ausführung gebaut wurde. Im folgenden sollen die einzelnen Baugruppen des Gerätes

EA-Ionenquelle
Analysator
Ionennachweis
Stromversorgung
Vakuumeinrichtung

näher beschrieben werden.

3.1. Ausführung der EA-Ionenquelle

Im Abschnitt 2.2. wurde das Prinzip der EA-Ionenquelle bereits beschrieben. Die neuere Ausführung einer solchen Quelle zeigen die Abb. 13 und 14. Die Niederdruck-Gasentladung wird zwischen der Glühkathode K und der Anode A erzeugt. Da die Lage der Kathode auf das anodennahe Plasma praktisch keinen Einfluß hat, kann eine Doppelkathode (Ta, W, LaB_6) verwendet werden, so daß der Wechsel des Kathodeneinsatzes nur in sehr großen Zeitabständen erforderlich ist. Die Kathoden sind von 3 Strahlungsschutzzylindern umgeben, die durch einen Keramikring vom Gehäuse isoliert werden. Die Gasentladung wird durch ein Rohr R geführt, das mit einem Mantel versehen ist, so daß es unmittelbar mit flüssigem Stickstoff gekühlt werden kann. Zwischen dem Rohr R und den Strahlungsschutzzylindern befindet sich ein Spalt, so daß beide Teile verschiedene Potentiale und verschiedene Temperaturen annehmen können. An diesem Rohr R ist auch die Zwischenelektrode P befestigt, die gleichzeitig den Polschuh für das Magnetfeld zur Führung der Entladung in Anodennähe darstellt. Die Erregerwicklung E dient zur Erzeugung des magnetischen Führungsfeldes. Der gesamte Kühlbehälter mit dem Entladungsrohr und der Zwischenelektrode ist isoliert aufgehängt und nimmt ein Potential von etwa 70 - 80 V gegenüber der Kathode an. Die Anode A besitzt eine Bohrung von 1 mm Durchmesser für die Absaugung der Ionen und wird durch indirekte Heizung auf einer Temperatur von ungefähr 200° C gehalten. Auf diese Weise kann vermieden werden, daß die unmittelbar vor der Anode eingedampfte Substanz auf derselben kondensiert, wodurch Störungen der Gasentladung eintreten können. Die Anode ist

Abb. 13 EA-Ionenquelle mit Substanzschleuse (Forschungsinstitut M. von Ardenne).

gegenüber der Emissionselektrode isoliert angebracht, so daß zwischen Anode und Emissionselektrode eine Ziehspannung gelegt werden kann, deren Wirkung bereits in 2.2. beschrieben wurde.

Der Emissionsspalt stellt gleichzeitig den Eintrittsspalt für den Analysator dar und besitzt etwa die Abmessungen $(0{,}015 \times 1)\ mm^2$. Auf Grund dieser geringen Abmessungen ist es unbedingt erforderlich, den Emissionsspalt dauernd auf eine Temperatur von etwa 400 - 600°C aufzuheizen, da sonst der emittierte Strom durch Aufladungen an den Spaltbegrenzungen innerhalb kurzer Zeit um mehrere Größenordnungen abnimmt. In diesem Fall ist auch keine konstante Strahllage gegeben, da die Ionen dann unter einem relativ großen Winkel aus der Emissionsöffnung austreten können. Ein stabiler Betrieb hinsichtlich Konstanz des Emissionsstromes und Stabilität

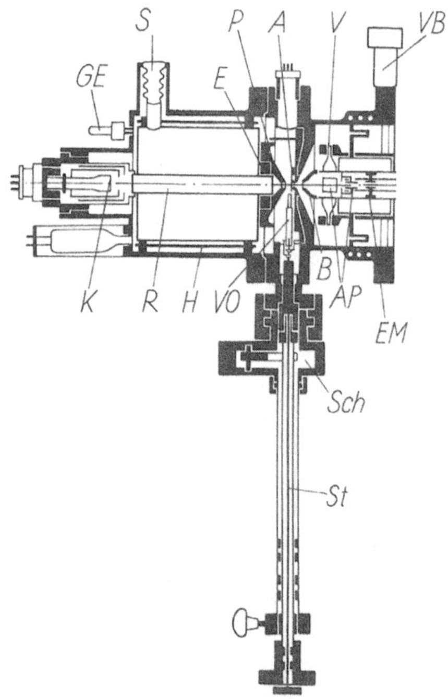

Abb. 14 Schnitt durch die EA-Ionenquelle mit Substanzschleuse. A = Anode; AP = Ablenkplatten; B = Beschleunigungselektrode; E = Erregerwicklung für Hilfsmagnetfeld; EM = Permanentmagnet (Elektronenfalle); GE = Gaseinlaß für Argon; H = Heizwicklung; K = Kathode; R = Rohr für die Gasentladung; S = Einfüllstutzen für flüssigen Stickstoff; St = Schubstange; V = Ventil; VB = Ventilbetätigung; VO = Verdampferofen.

der Strahllage läßt sich also nur bei zusätzlicher Heizung der Emissionsöffnung der Ionenquelle erzielen, weil die Aufheizung durch die Gasentladung sehr gering ist. Die Anordnung Anode - Emissionsspalt ist in Abb. 15 und 16 dargestellt.

Der Emissionsspalt befindet sich in einem dünnen Platinbändchen PB (ca. 0,05 mm), das durch direkten Stromdurchgang geheizt wird. Besonderer Wert muß auf die Stabilisierung der Lage des Spaltes gelegt werden, um zu vermeiden, daß sich dieser gegenüber der Anodenbohrung oder der Bohrung in der Emissionselektrode verschiebt. Zu diesem Zweck wird das

Bändchen in der Mitte topfförmig vertieft. In der Mitte dieser Vertiefung befindet sich der Emissionsspalt. Die Lage des Platin-Bändchens kann nunmehr mittels eines Keramikröhrchens K_1 fixiert werden. Das Abheben des Spaltes von seiner Unterlage während der Heizung wird durch ein zweites Keramikröhrchen K_2 verhindert, das von außen über den topfförmigen Ansatz übergreift und gleichzeitig für den entsprechenden Abstand zwischen Anode A und Emissionsspalt sorgt.

Abb. 15 Spaltsystem der EA-Ionenquelle.

Die Absaugung der Ionen erfolgt durch die Beschleunigungselektrode B, die sich auf Erdpotential befindet. Emissionselektrode E und Beschleunigungselektrode B besitzen eine Elektrodengeometrie nach Pierce, um Strahlverbreiterung auf der Beschleunigungsstrecke durch die Raumladung zu verhindern. Unmittelbar hinter der Beschleunigungselektrode sind in vertikaler und horizontaler Richtung Ablenkplatten AP für die elektrostatische Zentierung des Strahles vorgesehen. Der Elektronenfallenmagnet EM entfernt die Elektronen möglichst frühzeitig aus dem Strahl, um die ungünstigen Auswirkungen der relativ großen Raumladung zu beseitigen.

Durch Längsverschiebung der Ventilbetätigung VB kann ein Ventilbügel zwischen die Elektroden auf der Beschleunigungsstrecke geklappt werden, und durch anschließende Drehung von VB läßt sich die Emissionsöffnung der Ionenquelle vakuumdicht verschließen. Hierdurch wird vermieden, daß Dämpfe aus der Ionenquelle nach Auftauen des Kühlbehälters in den Analysator gelangen können. Außerdem wird es möglich, die Reinigung der Quelle sowie den Wechsel des Kathodeneinsatzes ohne Belüftung des Analysators vor-

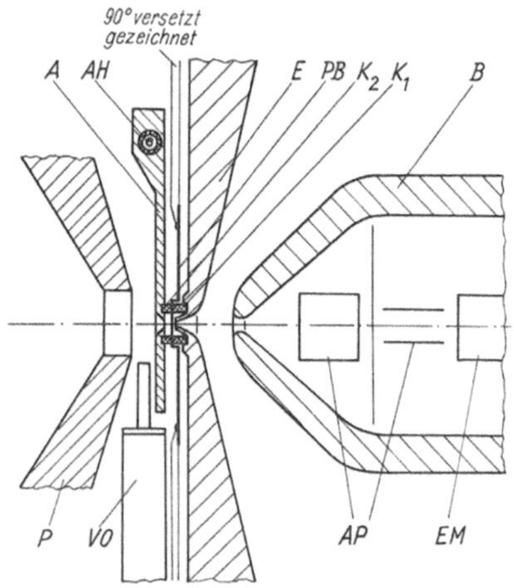

Abb. 16 Aufbau des Spaltsystems.
A = Anode; AH = Anodenheizung; AP = Ablenkplatten; B = Beschleunigungselektrode; E = Emmissionselektrode; EM = Magnet (Elektronenfalle); K = Keramikröhrchen; P = Polschuh für Hilfsmagnetfeld; PB = Platinbändchen; VO = Verdampferofen.

zunehmen. Die Probenzufuhr erfolgt für Substanzen mit niedrigem Dampfdruck durch Innenverdampfung. Hierzu kann ein kleiner Verdampferofen VO über eine Vakuumschleuse Sch mittels des Schleusenstabes St in die Ionenquelle eingeführt werden. Der Verdampfereinsatz wird dann in die Ionenquelle eingeschraubt und mit einer Metalldichtung gedichtet. Der Verdampfereinsatz besteht aus der Heizwendel mit den Kontaktringen für die Stromzufuhr und dem Einsatz für die Aufnahme der Probe. Im allgemeinen erfolgt die Verdampfung der Probe aus einem Glasröhrchen von etwa 2 mm

Durchmesser, das in die Hülse für die Probenaufnahme gesteckt wird. Die Oberkante der Öffnung des Verdampfers befindet sich hierbei an der unteren Begrenzung der Gasentladung in unmittelbarer Nähe der Anode. Der

Schleusenraum ist nur kurzzeitig mit der Ionenquelle verbunden, so daß es sich erübrigt, die Schleuse ausheizbar auszuführen. Sie kann daher zum Ausheizen der Ionenquelle abgenommen werden.

Die Temperaturmessung des Verdampferofens erfolgt durch ein fest eingebautes Thermoelement, das durch eine Feder an den oberen Teil des Verdampfers gedrückt wird.

Die Zufuhr leicht flüchtiger Substanzen wird über einen Direkteinlaß vorgenommen, der sich seitlich an der Ionenquelle befindet. Auch in diesem Falle wird der Dampf der Probe durch ein Röhrchen bis unmittelbar vor die Anode in die Gasentladung geführt.

Ein Einblickfenster gestattet die Kontrolle der Temperatur des Emissionsspaltes und der Stellung des Verdampfers, sowie die Beobachtung von Form und Farbe der Gasentladung.

Das Gehäuse der Ionenquelle ist aus rostfreiem Stahl hergestellt und mit Metalldichtungen versehen. Durch eine zwischen dem Kühlbehälter und dem Quellengehäuse liegende Heizung H kann die gesamte Ionenquelle bis auf 150° C ausgeheizt werden. Hierdurch und durch das Ausfrieren des Kühlbehälters während des Betriebes kann der Untergrund der Ionenquelle bzw. der "Memory-Effekt" genügend klein gehalten werden.

Während des Betriebes muß in der Ionenquelle ständig ein Argondruck von ca. 10^{-2} Torr aufrecht erhalten werden. Hierzu dient der Gaseinlaß GE, der über eine Kapillare erfolgt. Der Gasstrom durch die Emissionsöffnung ist nur gering. Für die Einstellung eines konstanten Druckes ist es daher erforderlich, daß die Ionenquelle über eine Drosselstelle ständig abgepumpt wird. Hierdurch können sich Druckstöße nicht auswirken, die sich sonst bei ungleichmäßiger Verdampfung oder durch thermische Zersetzung der Probe ergeben können. Die Messung des eingestellten Druckes erfolgt durch ein Wärmeleitfähigkeitsmanometer (Pirani).

3.2. Analysator

Durch die Verwendung der EA-Ionenquelle ergeben sich auch gewisse Auswirkungen auf den Strahlengang. Es wurde daher, wie bereits in 2.3. beschrieben, ein Strahlengang unter Verwendung einer elektrostatischen Ein-

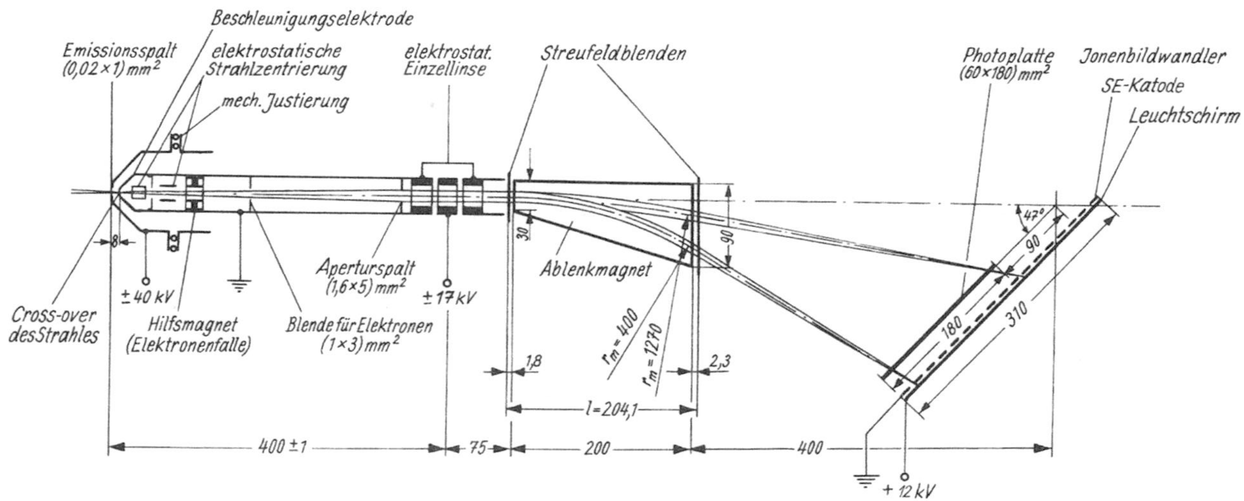

Abb. 17 Strahlengang im EA-Massenspektrographen (neuere Ausführung).

zellinse für die Fokussierung der Ionenstrahlen gewählt. Abb. 17 zeigt den Strahlengang des Gerätes, der nach den in 2.3. abgeleiteten Beziehungen berechnet wurde. Die Fokussierung erfolgt durch die Kombination elektrostatische Einzellinse - parallel begrenztes Magnetfeld. Die Anordnung Einzellinse - Magnetfeld bildet den Querschnitt des Cross-over auf der Photoplatte ab. Um die nötige Tiefenschärfe zu erhalten und die Abbildungsfehler zu verringern, wird die Strahlapertur durch eine Aperturblende vor der Einzellinse auf den Wert $2\alpha_r = 5 \cdot 10^{-3}$ begrenzt.

Mit Hilfe der Ablenkplatten für die Strahlzentrierung kann der Ionenstrahl so geführt werden, daß er die Aperturblende gleichmäßig ausleuchtet. Der Strahl ist dann gleichzeitig zentriert, da die Blendenmitte mit der Geräteachse übereinstimmt. Mit Hilfe der mechanischen Zentrierung kann die Ionenquelle in zwei Koordinaten so justiert werden, daß die erforderlichen Korrekturen durch die Ablenkplatten gering bleiben.

Die Länge des Ablenkmagnetfeldes beträgt $l = 200$ mm und die Radien der Ionenbahn im Magnetfeld liegen zwischen $r_{m,max} = 1270$ mm und $r_{m,min} = 400$ mm. Das entspricht Ablenkwinkeln zwischen $\varphi = 9{,}5$ bis 30° und einem gleichzeitig erfaßten Massenbereich von 1 : 10. Der optimale Neigungswinkel der Photoplatte wurde zu $\psi = 47^o$ berechnet. Der Ablenkmagnet ist so dimensioniert, daß das Ion mit der Massenzahl M = 1000 auf der Photoplattenmitte bei voller Beschleunigungsspannung registriert werden kann. Der Linienabstand für eine Masseneinheit beträgt dann an dieser Stelle $\Delta y = 0{,}065$ mm. Die Linienbreite liegt bei 0,02 mm, so daß die geforderte Auflösung von A = 1000 sicher erreicht wird.

Die Brennweite der Linse beträgt:

$$f_e = 243 \text{ mm in der Ablenkebene}$$

$$f_{ez} = 350 \text{ mm senkrecht zur Ablenkebene}$$

Durch die endliche Brennweite der Einzellinse in der zur Ablenkebene senkrechten Richtung und die damit verbundene Bündelung der Ionenstrahlen wird ein Intensitätsgewinn gegenüber einer Zylinderlinse um den Faktor 3 erzielt.

Das Gehäuse des Analysators ist aus rostfreiem Stahl hergestellt. Das Joch des Ablenkmagneten ist in das Gehäuse eingeschweißt. Die Einzellinse ist an den Polschuhen befestigt und kann zusammen mit diesen in die Kammer eingeschoben werden. Der Polschuhabstand beträgt a_p = 5mm und die Luftspaltfläche F_m = 120 cm^2. Der Ablenkmagnet ist an der Ein- und Austrittsseite des Strahles mit Streufeldblenden nach Herzog versehen. Die Gesamtmasse des Magneten beträgt 400 kg und setzt sich aus 300 kg Armco-Eisen und 100 kg Kupferwicklung zusammen.

3.3. Ionennachweis

Der Ionennachweis kann bei dem bestehenden Gerät auf drei verschiedene Arten erfolgen:

1. durch visuelle Beobachtung auf einem Ionenbildwandler nach M. von Ardenne [36]
2. durch Registrierung mittels einer Photoplatte
3. durch Ionenstrommessung mittels eines Meßauffängers.

Der Ionenbildwandler ist im Strahlengang so angeordnet, daß stets das gesamte Spektrum von $M \to \infty$ bis zu einer kleinsten Massenzahl hin erfaßt wird. Diese kleinste Massenzahl kann durch die Erregung des Ablenkmagneten eingestellt werden. Der Aufbau des Ionenbildwandlers ist in Abb. 18 dargestellt. Die Ionenstrahlen treffen unter einem bestimmten Winkel auf ein feinmaschiges Netz (Bronze, Nickel) auf und lösen dort Sekundärelektronen aus. Der Sekundäremissionskoeffizient ist bei der vorliegenden Ionenenergie von 40 keV größer als 1. Die Elektronen werden durch eine Spannung abgesaugt und beschleunigt, die zwischen dem Netz und einem in geringer Entfernung befindlichen Leuchtschirm angelegt wird. Damit vermindert der Ionenbildwandler die Schädigung des Leuchtschirmes durch den direkten Ionenaufprall und bewirkt gleichzeitig eine Steigerung der Helligkeit des Leuchtschirmbildes. Durch die Änderung der Bildwandlerspannung (8 bis 16 kV) kann die Helligkeit des Leuchtschirmbildes in gewissen Grenzen verändert werden. Um eine gute Auflösung des Leuchtschirmbildes zu erreichen, muß die zwischen der Sekundäremissionskathode und dem Leuchtschirm vorhandene Feldstärke möglichst groß sein. Außerdem wird ein feinmaschiges Drahtnetz verwendet, das eine Maschenzahl von 10^5 $Maschen/cm^2$

besitzt. Die mittlere Auflösung des Ionenbildwandlers beträgt etwa $A_{BW} = 100$. Zur besseren Orientierung ist unterhalb des Leuchtschirmes eine beleuchtete Skala angeordnet. Die Teilung dieser Skala entspricht der Dis-

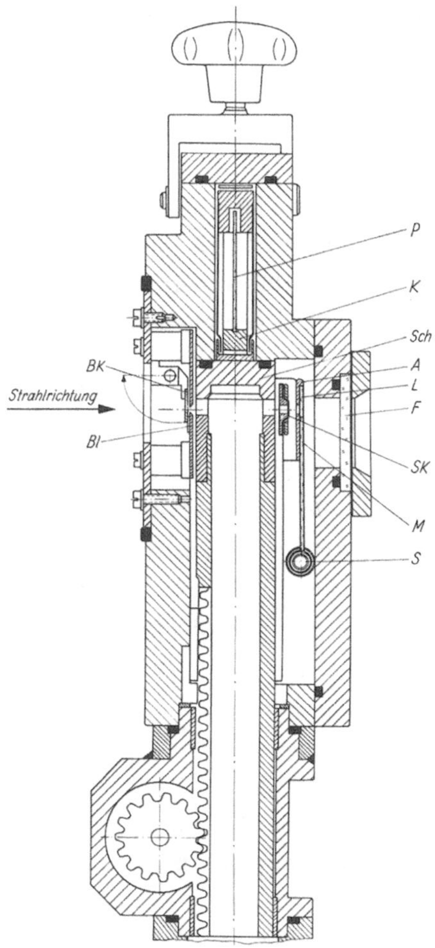

Abb. 18 Schnitt durch die Kamera mit Ionenbildwandler.

A = Bildwandleranode; Bk = Belichtungsklappe; Bl = Blende zur Begrenzung der Spektrenhöhe; F = Fenster; K = Kassette für Photoplatte; L = Leuchtschirm; M = Massenskala; P = Photoplatte; S = Skalenbeleuchtung; Sch = Plattenschleuse; Sk = Sekundäremissionskathode (feinmaschiges Drahtnetz).

persionskurve des Gerätes, so daß eine grobe Massenzuordnung der auf dem Leuchtschirm erscheinenden Linien bzw. Liniengruppen möglich ist. Zwei Marken geben außerdem den von der Photoplatte erfaßten Ausschnitt des Spektrums an.

Die Registrierung des Spektrums erfolgt durch eine Photoplatte (Orwo UV 2; Ilford Q 2) vom Format (6,5 x 18) cm^2. Die Kassette mit der Photoplatte kann über eine Vakuumschleuse in die Kamera eingeführt werden. Zur Exposition wird die Platte in den Strahlengang vor den Bildwandler geschoben, und es können nacheinander 22 Spektren von 2 mm Höhe aufgenommen werden,die auf der Platte untereinander liegen. Der Kameraverschluß wird von einer Belichtungsuhr gesteuert, an der sich Expositionszeiten von 0,5 bis 180 s einstellen lassen.

Zur Anzeige des in der Photoplattenebene auftretenden Gesamt-Ionenstromes ist die Bildwandlerkathode gegenüber der Kamera isoliert befestigt und ein Anschluß aus der Kamera herausgeführt. Die Anzeige des Gesamtstromes kann durch Zwischenschaltung eines Gleichstromverstärkers an einem Meßinstrument erfolgen.

Für die direkte Registrierung der Ionenströme in einem engeren Massenbereich ist ein Meßauffänger vorgesehen. Der Auffängerkäfig ist hochisoliert an einer Schubstange befestigt und befindet sich in einem geerdeten Gehäuse, in dem auch der Austrittsspalt und die Blende für die Unterdrükkung der Sekundärelektronen angebracht sind. Die gesamte Vorrichtung kann von außen bei hochgeschobener Photoplatte in den Strahlengang gebracht werden, so daß der Austrittsspalt in der Plattenebene liegt. Hierdurch ist gleichbleibende Scharfstellung der Linien bei photographischer und elektrometrischer Registrierung gegeben. Die Verstärkung des Ionenstromes erfolgt durch ein Schwingkondensator-Elektrometer und die anschließende Registrierung durch einen Tintenschreiber. Für die direkte Registrierung des Ionenstromes kommen jeoch nur intensivere Linien und Liniengruppen in Betracht, da die auftretenden Ionenströme bereits an der Grenze der Empfindlichkeit des Meßverstärkers liegen und die Zeitkonstante der Anordnung relativ groß ist.

3.4. Stromversorgung des Gerätes

Die Stromversorgung des Gerätes setzt sich aus drei Hauptgruppen zusammen:

1. Stromversorgung der Ionenquelle
2. Stromversorgung des Analysators einschließlich der Kamera
3. Allgemeine Stromversorgung

Das Blockschaltbild der gesamten Stromversorgung ist in Abb. 19 dargestellt. Die Stromversorgung der Ionenquelle befindet sich, wie die Ionenquelle selbst, auf dem Potential von $\pm$ 40 kV gegenüber Erde und ist in einem isolierten Gehäuse untergebracht. Dieses beinhaltet die Spannungsquellen für die Hilfsentladung, die Ziehspannung und die Heizspannungen für den Emissionsspalt und die Anode. Ferner sind hier die Einrichtungen für die Vakuummessung und -überwachung sowie der Kompensator für die Temperaturmessung des Verdampferofens untergebracht. Die zugehörigen Meßinstrumente sind an der Vorderseite so angeordnet, daß sie vom Bedienungsplatz aus zu beobachten sind. Die Heizung der Glühkathode und des Verdampferofens kann von Erdpotential aus über zwei getrennt HF-Isoliertransformatoren eingestellt werden.

Die Ionenbeschleunigungsspannung ist in Stufen von 5 kV im Bereich von 25 - 40 kV einstellbar. Der Stabilisierungsgrad beträgt 0,01% während der maximalen Expositionszeit von 3 min. Mit Rücksicht auf den relativ hohen Elektronenstrom bei Absaugung der negativen Ladungsträger beträgt die Belastbarkeit der Hochspannungsquelle maximal 200 μA.

Die Spannung für die elektrostatische Einzellinse U_L wird einem besonderen Hochspannungsgerät entnommen, dessen Sollwert von U_b abgeleitet wird. Diese Maßnahme sichert eine gute Langzeitkonstanz für das Verhältnis U_L/U_b, das für die Brennweite der elektrostatischen Linse maßgebend ist. Die Linsenspannung ist ebenfalls auf 0,01% stabilisiert.

Bei Umschaltung des Gerätes vom Betrieb mit negativen Ionen auf Betrieb mit positiven Ionen und umgekehrt erfolgt der Polaritätswechsel der Ionenbeschleunigungsspannung, der Linsenspannung und der Ziehspannung automatisch.

Die Erregung des Ablenkmagneten ist für die photographische Registrierung des Spektrums in 8 Stufen von 50 bis 350 mA einstellbar. Der Stabilisierungsgrad des Erregerstromes beträgt 0,005% während der maximalen Expositionszeit von 3 min. Für die Erregung des Magneten sind maximal $N_{err} =$ = 150 W erforderlich. Für den Betrieb des Ionenbildwandlers wird eine Hochspannung von 8 bis 16 kV benötigt. Die Belastung beträgt jedoch nur wenige μA, und auch die Ansprüche an die Spannungskonstanz sind gering.

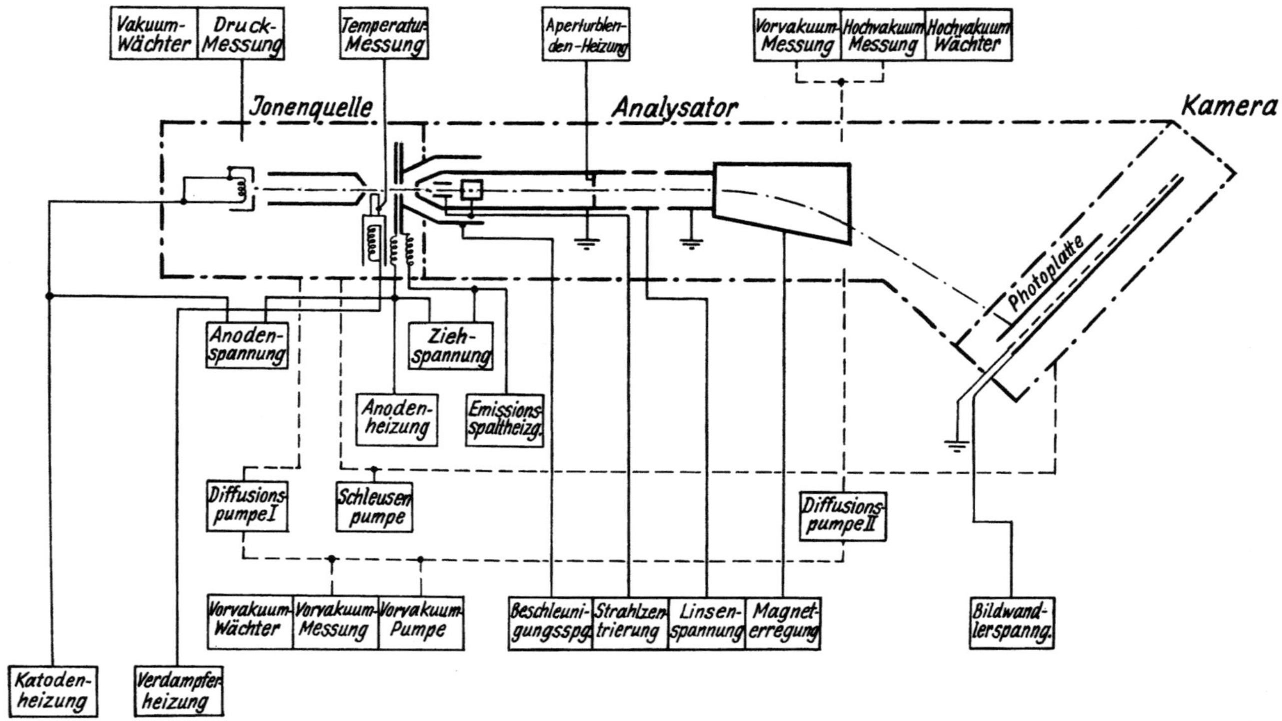

Abb. 19 Blockschaltbild der Stromversorgung des EA-Massenspektrographen.

Die allgemeine Stromversorgung des Gerätes enthält die Schaltelemente, die für den Betrieb der Pumpen erforderlich sind und die Sicherungsvorkehrungen gegen Ausfall der Netzspannung, des Kühlwassers und des Vakuums.

3.5. Vakuumerzeugung

Die Anordnung der Einrichtungen für die Vakuumerzeugung und -messung sind in Abb. 20 dargestellt. Mit Rücksicht auf schnelle Betriebsbereitschaft nach dem Einschalten des Gerätes oder nach dem Wechsel der Photoplatte wurde zur Erzeugung des Vakuums im Analysator eine 500 l/s Öldiffusionspumpe mit tiefgekühlter Öldampfsperre und nachgeschalteter Vorpumpe mit 10 m^3/h Saugleistung vorgesehen. Das Endvakuum beträgt $2 \cdot 10^{-6}$ Torr. Nach dem Wechsel der Photoplatte werden 30 min bis zur Erreichung eines Vakuums von $5 \cdot 10^{-6}$ Torr benötigt. Durch Vortrocknen der Platten läßt sich diese Zeit noch verkürzen.

Die auf Hochspannungspotential liegende Ionenquelle wird durch eine auf Erdpotential befindliche 120 l/s Öldiffusionspumpe über ein Glasrohr mit einer veränderlichen Drosselstelle evakuiert. Während des Ausheizens der Ionenquelle und in Betriebspausen kann die Ionenquelle mit der vollen Saugleistung ausgepumpt werden. Während des Betriebes der Ionenquelle wird die Saugleistung am Pumpstutzen der Quelle reduziert, um ein Druckgefälle zwischen dem Betriebsdruck von 10^{-2} Torr in der Quelle und dem Druck im Glasrohr zu erzeugen. Um genügende Spannungsfestigkeit der Gasstrecke im Glasrohr zu erzielen, ist ein Druck von $p < 10^{-4}$ Torr erforderlich. Die Diffusionspumpe für die Ionenquelle kann auf Erdpotential liegen und vorvakuumseitig an die Hauptvorpumpe angeschlossen werden.

Für das Evakuieren der Schleusen bei Proben- oder Plattenwechsel ist eine getrennte Schleusenpumpe mit einer Saugleistung von 4 m^3/h vorgesehen.

Für die Messung im Vorvakuumbereich wurden Pirani-Vakuummeter am Analysator, an der Ionenquelle und auf der Vorvakuumseite der Diffusionspumpe angebracht. Für die Messung des Hochvakuums wurden Pennig-Vakuummeter an den Analysator und an die Ionenquelle angeschlossen. Die Vor- und Hochvakuumwächter schalten bei Ausfall des Vakuums die Stromversorgung der gefährdeten Einrichtungen ab.

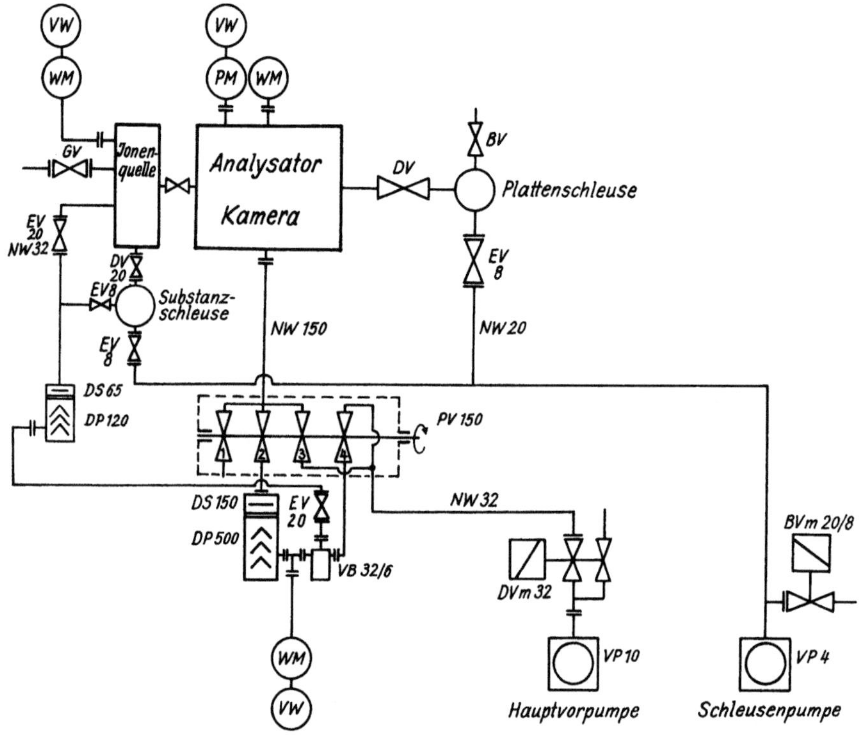

Schaltstellung	Ventil			
	Luft 1	Hochvakuum 2	Vorvakuum Rezipient 3	Vorvakuum Diffusions-Pumpe 4
Rezipienten belüften	o	●	●	o
alle Ventile geschlossen	●	●	●	●
Vorvakuumpumpen Rezipient	●	●	o	●
Vorvakuumpumpen-HV-Pumpe	●	●	●	o
Hochvakuumpumpen Rezipient	●	o	●	o

● Ventil geschlossen o Ventil geöffnet

Abb. 20 Vakuumplan des EA-Massenspektrographen.

4. Untersuchungstechnik

4.1. Probenhandhabung

Die EA-massenspektrographische Untersuchung organischer Substanzen beginnt mit der P r o b e n v o r b e r e i t u n g . Ein besonderer Vorteil der EA-Massenspektrographie besteht darin, daß die Probe so eingesetzt werden kann, wie sie bei der präparativen Arbeit anfällt. Die Herstellung besonderer Derivate, wie beispielsweise in der Gaschromatographie, wo die höheren Fettsäuren in die leichter flüchtigen Ester übergeführt werden müssen, ist nicht notwendig. Reinigungsoperationen bei Naturstoffen und anderen "Rohprodukten" müssen nur dann durchgeführt werden, wenn Strukturaussagen gefordert sind. Auf diese Weise lassen sich sonst unumgängliche Substanzverluste vermeiden und die präparative Arbeit wird beschleunigt und vereinfacht.

Leicht flüchtige Proben werden aus einem Glasvorratsgefäß über ein Nadelventil zugeführt. Der Gasstrom wird im Inneren der Ionenquelle durch ein Röhrchen bis in den Ionisierungsbereich vor der Anode geführt. Substanzverluste durch Verdünnung des eingeleiteten Probendampfes im Quellenraum sowie Abpumpen eines Teiles der Moleküle vor dem Passieren der Ionisierungszone werden mit dieser Anordnung vermieden.

Für Proben, deren Dampfdruck hinreichend klein ist, wird die Innenverdampfung vorgezogen, weil hierbei die Möglichkeit thermischer oder katalytischer Spaltungen an heißen Metallwandungen klein ist. Die Probe wird in der EA-Ionenquelle nahe der Anode aus einer Glaskapillare, die im Verdampfer steckt, mit der erforderlichen Geschwindigkeit verdampft. Die Moleküle gelangen ohne Berührung mit den Wänden und ohne Stöße mit anderen Molekülen sofort in den Ionisierungsraum.

Die Überführung der Probe in die gläserne Verdampfungskapillare mit 2 mm Außendurchmesser ist bei kristallinen und pulvrigen Stoffen unproblematisch.

Hochviskose oder ölige Proben müssen vorher in einem leicht flüchtigen Lösungsmittel gelöst werden. Hierzu eignen sich besonders Äther oder Petroläther. Halogenhaltige Lösungsmittel sind zu vermeiden, weil bereits Reste davon zusätzliche Fragmentpeaks des Lösungsmittels und Peaks der Halogene selbst - meist mit hoher Intensität - hervorrufen und das Spektrum komplizierter gestalten. Das Lösungsmittel wird, nach Füllung eines Teiles der Kapillare mit einer Mikropipette, vorsichtig abgedampft. Diesen Vorgang kann man so oft wiederholen, bis genügend Substanz in der Kapillare ist. Auf diese Weise läßt sich eine kleine Probenmenge quantitativ überführen. Kapillaren mit einer kelchförmigen Erweiterung haben sich hierzu besonders bewährt.

Bei der Probenentnahme aus einem größeren Substanzvorrat sind die für die Probennahme gültigen Vorschriften zu beachten. Zur besseren Handhabung geringer Probenmengen können diese einer indifferenten Trägersubstanz zugemischt werden. Geeignet dafür sind Na_2SO_4 und Graphitpulver. Bei Verwendung von Al_2O_3, besonders aber von SiO_2, ist beim Erwärmen mit katalytischen Reaktionen zu rechnen. So wurde bei der Untersuchung von Cholesterin, das an SiO_2 adsorbiert war, in erheblichem Umfang H_2O-Abspaltung festgestellt (Abb. 21).

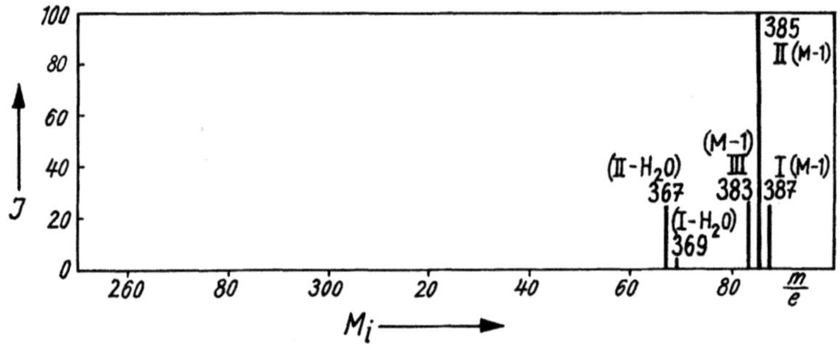

Abb. 21 Durch SiO_2 hervorgerufene katalytische Wasserabspaltung bei Cholesterin (II) und Cholestanol (I) 150 μg Steringemisch an 30 mg SiO_2 (Merck) als Trägersubstanz adsorbiert.

Die Verwendung von Trägersubstanz bietet sich besonders nach vorangegangener Reinigung oder Trennung der Substanz mittels Dünnschichtchromatographie an. Ohne die Probe zu eluieren, wird diese mit dem Adsorbens zusammen aus der Schicht herausgetrennt. Da das Fassungsvermögen der Verdampfungskapillare begrenzt ist, darf der Anteil an Adsorbens nicht zu hoch sein. Die "Verdünnung" der Probe kann sonst so groß werden, daß die Nachweisempfindlichkeit unterschritten wird.

Die Glaskapillare hat sich als Verdampfungsgefäß besonders bewährt. Jede Kapillare wird nur einmal benutzt, so daß Verschmutzungseffekte durch zurückgebliebenen Reste von der vorangegangenen Untersuchung ausbleiben. Eine Beobachtung der Probe und die Abschätzung der Probenmenge vor und nach der Untersuchung sind bei Glasröhrchen besonders gut möglich. Zur Aufbewahrung der Probe vor und nach der Aufnahme kann das Glasröhrchen abgeschmolzen werden. Auf diese Weise werden Luftsauerstoff und Wasserdampf ferngehalten und die Substanz kommt auch nicht mit anderen Stoffen (z.B. Stopfen aus Gummi oder Kunststoff!) in Berührung. Das Glasröhrchen wird vor dem Einsetzen in den Verdampfer in einer Länge von 10 - 15 mm abgebrochen. Der äußere Durchmesser des Röhrchens darf 2 mm nicht überschreiten, weil es sich sonst nicht in die Bohrung des Verdampfers stekken läßt. Der Verdampfer wird über eine Schleuse in die Ionenquelle eingeführt. In den Schleusenraum eingedrungene Luft, sowie Lösungsmittelreste aus der Probe, werden vor dem Öffnen des Ventils zur Ionenquelle abgepumpt.

4.2. Probenmenge

Die für eine Untersuchung erforderliche Substanzmenge wird von mehreren Faktoren bestimmt:

1. Ionisierungsquerschnitt q_I der Substanz
2. Molgewicht (Molekülzahl / g Substanz)
3. Dampfdruck der Substanz
4. relativer Anteil der einzelnen Komponenten bei Gemischen.

Der Ionisierungsquerschnitt q_I wird weitgehend durch die Molekülstruktur und die Anwesenheit von Heteroatomen bzw. funktionellen Gruppen bestimmt. Dieser Wert bestimmt wesentlich die Nachweisempfindlichkeit der einzelnen Verbindungen. Die Ionisierungsquerschnitte der negativen Ionen sind im allgemeinen um den Faktor 10^2 bis 10^3 kleiner als die der positiven Ionen und unterscheiden sich bei den meisten untersuchten organischen Substanzen nicht wesentlich voneinander. Eine Ausnahme bilden gesättigte Kohlenwasserstoffe, die einen viel kleineren Ionisierungsquerschnitt haben als alle anderen Verbindungen, so daß negative Ionen, die durch Elektronenanlagerung gebildet werden, nicht nachweisbar sind. Die Aufnahme von Massenspektren negativer Ionen ist bei gesättigten Kohlenwasserstoffen erst durch einen besonderen Ionisierungsmechanismus möglich geworden.

Die Teilchenzahl der Probesubstanz wird durch die Einwaage und das Molgewicht bestimmt, denn bei gleicher Einwaage ist die Molekelzahl z.B. bei der Masse 16 um das 100-fache größer als bei 1600.

Je kleiner der Dampfdruck einer Probe ist, umso geringer werden die beim Einschleusen in der Ionenquelle auftretenden Verdampfungsverluste, und es kann eine optimale Verdampfertemperatur T_V eingestellt werden. Kristalline Substanzen mit niedrigem Dampfdruck lassen auch nach längerer Verdampfungszeit $t_V \approx 30$ min keine merkliche Substanzabnahme erkennen. Bei der Untersuchung von Gemischen nimmt die benötigte Substanzmenge proportional der Komponentenzahl zu, wenn vereinfachend angenommen wird, daß die Komponenten in annähernd äquimolaren Anteilen vorliegen. Eng geschnittene Kohlenwasserstoff-Fraktionen aus dem Erdöl bestehen häufig noch aus 100 bis 200 Komponenten unterschiedlichen Molgewichts (Isomere können massenspektrometrisch nicht ohne weiteres im Gemisch nachgewiesen werden), so daß annähernd die 100 bis 200fache Menge eingesetzt werden muß wie bei einer Einzelsubstanz. Für die Untersuchung einer reinen oder nur wenig verunreinigten Probe sind durchschnittlich 10 bis 50 µg erforderlich. Damit können mehrere Massenspektren nacheinander auf einer Photoplatte aufgenommen werden. Diese Substanzmenge darf vor allem dann nicht wesentlich unterschritten werden, wenn eine Verunreinigung neben einer Hauptkomponente nachgewiesen werden soll.

Die für eine Exposition erforderliche Substanzmenge läßt sich abschätzen. So wurden beispielsweise von etwa 5 mg Phthalocyanin, M = 514, bei konstanter Verdampfungsrate über eine Zeitspanne von 50 min mehrere Spektren mit einer Belichtungszeit von 10 s aufgenommen. Nach dem Versuch waren schätzungsweise noch 90 % der Ausgangsmenge im Verdampfer vorhanden. Es wurden verdampft

$$\text{in } 3 \cdot 10^3 \text{ s ca. } 5 \cdot 10^{-5} \text{ g,}$$

was einer Verdampfungsgeschwindigkeit entspricht von

$$v = 1{,}6 \cdot 10^{-8} \text{ g/s.}$$

Der Substanzverbrauch pro Exposition liegt also zwischen 0,02 und 0,2 µg. Eine Abschätzung der Ionenausbeute ist möglich mit der Annahme, daß alle verdampften Moleküle den Ionisierungsraum einmal durchfliegen. In 10 s verdampfen zwischen $2 \cdot 10^{13}$ und $2 \cdot 10^{14}$ Moleküle, und zur Erzeugung einer schwach geschwärzten Linie auf der Photoplatte sind $5 \cdot 10^{5}$ bis $5 \cdot 10^{6}$ Ionen erforderlich. Daraus errechnet sich für die Ionenausbeute ein Wert von $2 \cdot 10^{-8}$, d.h., auf $2 \cdot 10^{8}$ verdampfte Moleküle entfällt nur eins, das als Ion auf der Photoplatte registriert wird.

Zur Überprüfung der Schätzwerte diente ein zweiter Versuch, bei dem 0,5 mg Cu-Phthalocyanin, M = 575, in der EA- Ionenquelle mit einer Verdampfertemperatur von 170° C vollständig verdampft wurden. Die Belichtungszeit liegt für diese Temperatur bei 10 s, entspricht also normalen Aufnahmebedingungen. Nach ca. 60 Stunden Verdampfungszeit war die eingewogene Substanzmenge nahezu vollständig verdampft. In Abhängigkeit von der Zeit, anfangs alle 10 min, später in größeren Abständen, wurden Spektren aufgenommen. Aus diesem Versuch lassen sich folgende Werte ermitteln:

1. Verdampfungsgeschwindigkeit:	$2{,}3 \cdot 10^{-9}\ g \cdot s^{-1}$
2. Substanzverbrauch pro Aufnahme :	ca. $2 \cdot 10^{-8}$ g
3. Molekelzahl in der Probe (M=575):	$6 \cdot 10^{18}$ Molekel
4. Molekelzahl pro Aufnahme:	$2 \cdot 10^{13}$ Molekel
5. Ionenausbeute:	$2 \cdot 10^{7}$ bis $2 \cdot 10^{8}$

Die experimentell ermittelten Werte stimmen mit den vorher abgeschätzten gut überein.

4.3. Aufnahme des EA-Massenspektrums

Die Aufnahme eines EA-Massenspektrums kann - ähnlich wie bei den anderen massenspektroskopischen Verfahren - in sechs Teilvorgänge zerlegt werden (Abb. 22):

1. Verdampfung der Probe
2. Überführung des Moleküldampfes in den Ionisierungsraum
3. Ionisierung der Moleküle
4. Extraktion und Beschleunigung der gebildeten Ionen
5. Trennung der Ionen nach ihrer Masse
6. Nachweis der Ionen und Registrierung des Massenspektrums.

Sobald das Gerät vakuummäßig betriebsbereit ist, kann mit der Spektrenaufnahme begonnen werden. Der Druck im Analysator beträgt $p_A \approx 5 \cdot 10^{-6}$ Torr, in der Ionenquelle, bedingt durch die Argonzufuhr, $p_Q \approx 10^{-2}$ Torr, um die Gasentladung aufrecht erhalten zu können. Der Partialdruck des Probendampfes ist demgegenüber klein.

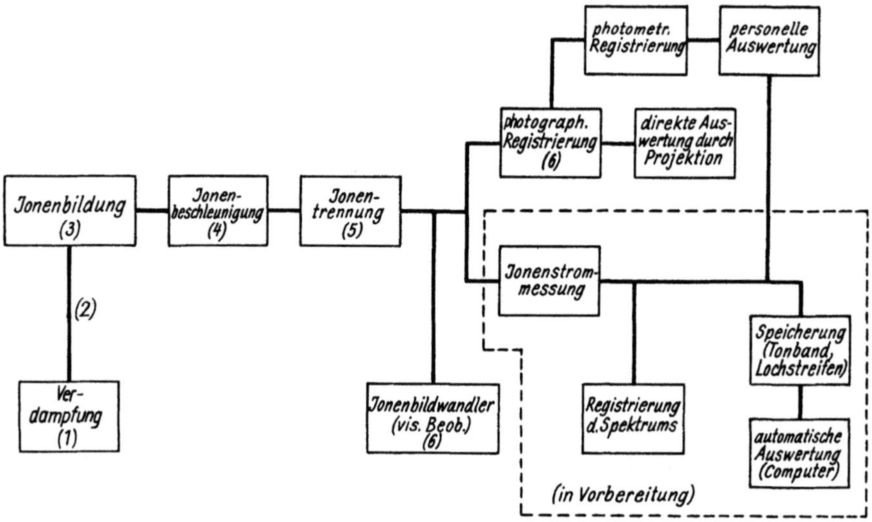

Abb. 22 Schema der Aufnahme und Auswertung eines EA-Massenspektrums.

Zur Kontrolle wird zuerst ein Leer- oder Untergundspektrum aufgenommen. Dabei erhält man ein Massenspektrum, welches die Verunreinigungen der Ionenquelle wiedergibt, bevor die Probe zugeführt wird. Die auftretenden Linien des Untergrundes der Ionenquelle liegen vorwiegend im Bereich der Massen 12 bis 80. Einzelne Peaks, die oberhalb dieser Massenzahlen auftreten, wie z.B. J = 127, Phthalsäureanhydrid = 148 und Phthalsäure = 166 stören im allgemeinen nicht, weil sie leicht zu erkennen sind und die Linien der Probesubstanzen meist bei höheren Massen auftreten. Um die Linien des Untergrundes der Ionenquelle gut von denen der Substanz unterscheiden zu können, nimmt man beide Spektren bei der gleichen Einstellung des Ablenkmagnetfeldes auf. Das Leerspektrum ist deshalb wichtig, weil mit seiner Hilfe festgestellt werden kann, welche Linien nicht zum Massenspektrum der untersuchten Substanz gehören. Bei dieser Kontrolle muß berücksichtigt werden, daß - vor allem bei stärkerer Verdampfung der Probe - die Verunreinigungen der Ionenquelle weitgehend aus dem Ionisierungsraum verdrängt werden. Die Untergrundlinien werden dadurch stark in ihrer Intensität geschwächt. Das Intensitätsverhalten bei Erhöhung der Verdampfungsgeschwindigkeit ist ein weiteres Kriterium für die Identifizierung von Untergrundlinien.

Zur leichteren Orientierung bei der Massenzuordnung und zum besseren Vergleich verschiedener Spektren sind in Abhängigkeit von dem auf der Photoplatte zu erfassenden Massenbereich bestimmte Festwerte für das Magnetfeld einstellbar. In Tab. 3 sind diese Einstellmöglichkeiten mit den erfaßten Massenbereichen zusammengestellt.

Tabelle 3 Einstellbare Massenbereiche beim EA-Massenspektrographen.

Stellung	J_{Err} mA	Massenbereich u	B $Vs\ m^{-2}$
1	50	12 - 120	0,25
2	100	45 - 450	0,50
3	150	80 - 800	0,70
4	200	160 - 1600	0,90
5	250	230 - 2300	1,10
6	300	320 - 3200	1,30
7	350	400 - 4000	1,50

Der Strahlengang ist so gewählt, daß auf der Photoplatte jeweils eine Massendekade erfaßt wird. Eine Änderung der Einstellung des Magnetfeldes zwischen den Aufnahmen ist wegen der Größe des erfaßten Bereiches nur in seltenen Fällen erforderlich. Die Probe befindet sich in einem 10 mm langen Glasröhrchen mit 2 mm Außendurchmesser, das in eine Bohrung des heizbaren Verdampferblockes auf dem Schleusenstab eingeschoben wird. Hierdurch läßt sich die Probe, ohne daß vorher das Vakuum der Ionenquelle aufgehoben werden muß, in die Ionenquelle einführen. Am Ionenbildwandler beobachtet man, ob bei der ohne Verdampferheizung sich in der Ionenquelle einstellenden Temperatur von ca. 40° C die Probe schon so stark verdampft, daß bereits Linien auftreten. Ist das nicht der Fall, wird durch Einstellung des Heizstromes die Temperatur des Verdampferofens erhöht. Der Temperaturanstieg kann an einem Meßinstrument verfolgt werden. Erscheinen die ersten Linien der Substanz auf dem Leuchtschirm, so wird mit Hilfe der elektrostatischen Strahlzentrierung auf maximale Helligkeit der Linien justiert, bevor mit der Aufnahme von Spektren begonnen wird. Meist werden 2 bis 4 Spektren nacheinander mit abgestufter Belichtungszeit aufgenommen, um auf der Photoplatte den gesamten Intensitätsbereich erfassen zu können. Ändert sich im Verlauf der Eindampfzeit t_V oder in Abhängigkeit von der Verdampfertemperatur T_V das Linienbild, so werden weitere Spektren aufgenommen. Treten trotz Erhöhung von T_V keine zusätzlichen Linien auf oder sind die Linien, die von der Substanz herrühren, stark abgeklungen, wird die Untersuchung beendet.

Zur Erhöhung der Aussagekraft können nach dem Umpolen der Beschleunigungs-, Zieh- und Linsenspannung, sowie des Magnetfeldes, auch Spektren der positiven Ionen aufgenommen werden. Auf die Bedeutung dieser Möglichkeit zur Molgewichts- und Strukturbestimmung wird gesondert eingegangen.

Die Photoplatte, auf der bis zu 22 Spektren registriert werden können, wird mit dem Entwickler Orwo-F 43 entwickelt, anschließend fixiert und in staubfreier Atmosphäre getrocknet. Einen ersten Überblick über die bei der Untersuchung aufgenommenen Spektren verschafft man sich am Spektrenprojektor.

4.4. Auswertung des EA-Massenspektrums

4.4.1. Auswahl geeigneter Spektren und Massenzuordnung

Die Auswertung beginnt mit der Auswahl geeigneter Spektren auf der Photoplatte und der Massenzuordnung. Zunächst verschafft man sich einen Überblick und stellt fest, in welchem Massenbereich die Liniengruppen mit den höchsten Massenzahlen liegen und in welchem Umfange zeit- oder temperaturbedingte Änderungen auftreten. Unter Berücksichtigung des Leerspektrums wird geprüft, bis zu welchen Massenzahlen herab Linien der Probe auftreten. Ein erster Vergleich mit den Spektren der positiven Ionen ist nützlich, denn man kann sehr schnell erkennen, ob zur Ergänzung, d.h. zur Bestätigung des Molgewichts und zur Aufklärung der Molekülstruktur, Informationen vorliegen.

Für die Auswertung wichtiger Spektrenausschnitte werden diese mit einem Mikrophotometer und Kompensationsschreiber registriert. Die Massenskala auf der Photoplatte ist nicht linear, deshalb muß der Massenzuordnung besondere Beachtung geschenkt werden. Wenn ein Zählspektrum* vorhanden ist, oder wenn genügend Bezugslinien auftreten, kann die Zuordnung auf der Projektionsfläche des Spektrenprojektors vorgenommen werden. Es hat sich bewährt, zur besseren Orientierung ein Strichspektrum mit den charakteristischen Linien auf das Versuchsprotokoll zu übertragen, das jederzeit ein schnelles Zurechtfinden auf der Platte ermöglicht (Abb. 23). Mit der Stärke oder Höhe der Striche deutet man dabei grob die Intensitäten der Linien an. Von diesem Strichspektrum oder direkt von der Projektion werden die Massenzahlen auf die photometrische Registrierung übertragen.

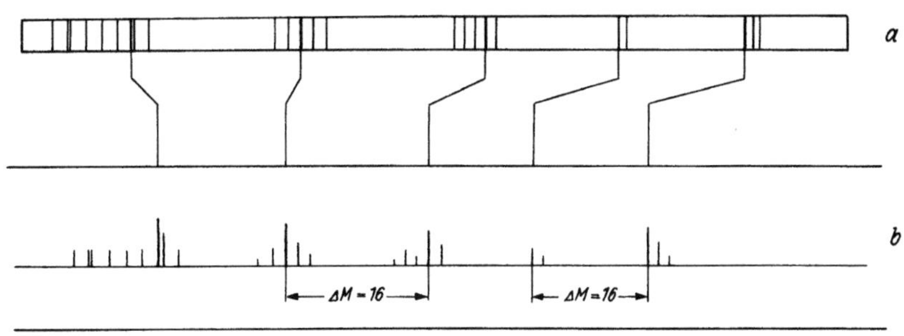

Abb. 23 Teil aus einem photographisch registrierten Spektrum (a) mit orientierender Spektrenaufzeichnung (b) im Protokoll für die spätere Auswertung. Die Strichhöhe bzw. -stärke ist ein Maß für die Linienintensität.

Das EA-Massenspektrum weist häufig nur im Bereich der Sollmasse Linien auf, während es darunter in einem Bereich von 100 oder 150 ME leer ist oder nur einzelne Untergrundlinien zeigt. Der Vorteil der geringen Fragmentierung im Verein mit der nicht-linearen Massenskala erschwert die Massenzuordnung. Wenn auf einer Photoplatte kein "durchgehendes Spektrum" vorhanden ist, mit dessen Hilfe man diese Leerstellen überbrücken kann,

---

* ein Spektrum, bei dem jede oder fast jede Massenzahl besetzt ist.

so ist eine rechnerische Massenbestimmung mit Hilfe von Eichlinien möglich. Kleinere Abschnitte lassen sich mit einem Verfahren überbrücken, das der von Spiteller [14] beschriebenen Papierstreifen-Methode entspricht. Auf der Projektionsfläche wird die eine Hälfte der zu überbrückenden Strecke mit den Linienabständen der unteren Massenzahl und die andere mit denen der oberen Massenzahl unterteilt. Auf diese Weise können 10 bis 20 ME überbrückt werden (Abb. 24).

Das Verfahren ist nur dann auf die mikrophotometrische Registrierung übertragbar, wenn der Papiervorschub des Tintenschreibers sehr gleichmäßig arbeitet. Sind die Massenabstände auf der Registrierung kleiner als ca. 5 mm, so können aus dem genannten Grund leicht Zuordnungsfehler eintreten.

Die Dispersionskurve beim EA-Massenspektrographen liegt nicht fest, sondern kann sich in Abhängigkeit von Strahljustierung, Beschleunigungsspannung und Magnetfeld ändern. Zur Festlegung der jeweiligen Dispersionskurve wurde anfänglich ein Rechenverfahren benutzt, bei dem die Dispersionskurve durch drei Eichlinien gelegt wird. Bei nicht zu großen Abständen der Eichlinien kann für die Dispersionskurve eine Gleichung zweiten Grades verwendet werden:

$$y_{Pl} = k \pm \frac{a}{\sqrt{M}} \cdot \left(1 + \frac{b}{\sqrt{M}}\right)$$

y_{Pl} = Abstand der Linie vom Bezugspunkt
M = Massenzahl des Ions
k, a, b = Konstanten

Mit Hilfe der Eichlinien werden zuerst die Konstanten k, a, b ausgerechnet. Massenzahlen unbekannter Linien werden durch Interpolation oder Extrapolation ermittelt [96]. Das Verfahren ist aufwendig und zeitraubend. Zur Bearbeitung des umfangreichen Spektrenmaterials war ein rationelleres Verfahren notwendig [93].

Mit einer elektronischen Rechenanlage wurden die Wertepaare für die Dispersionskurve $r_m^2 = f(y_{Pl})$ im verwendeten Plattenbereich 7-stellig ausgedruckt und tabellarisch zusammengestellt. Bei einem effektiven Plattenbereich von 170 mm Länge umfaßt die Tabelle insgesamt 17 000 Wertepaare. Die Intervalle betragen hierbei 0,01 mm. Der Abstand der Linien y_{Pl} wird vom Plattenrand oder von einer Markierung auf der Platte gemessen. Da die Strahllage sich durch die Justierung geringfügig verschieben kann, wird ein lineares Korrekturglied $k \approx 0{,}5$ bis 1 mm eingeführt.

$$r_m^2 = f\,(k + y_{Pl})$$

Dieser Wert kann mit Hilde von zwei Eichlinien ermittelt werden. Der Bahnkreisradius steht über die Beziehung

$$r_m^2 = M \cdot \frac{2m_e}{n \cdot e} \cdot \frac{U_B}{B^2}$$

M = Massenwert

m_e = Elementarmasse

n = Ladungszahl

e = Elementarladung

U_B = Beschleunigungsspannung

B = Magnetflußdichte

mit der Ionenmasse in Zusammenhang.

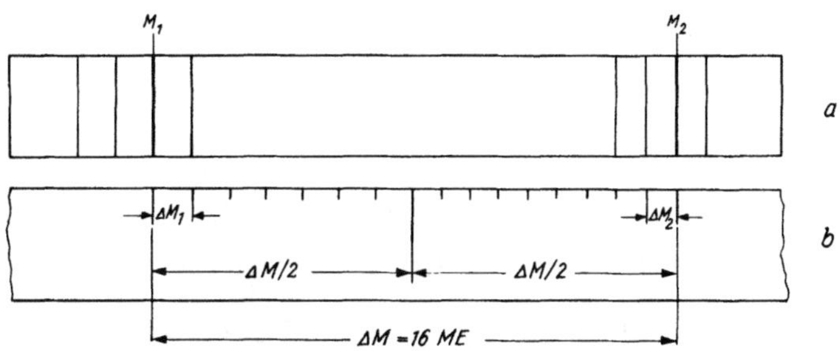

Abb. 24 Überbrückung von Zwischenräumen im Massenspektrum mit der "Papierstreifenmethode" am Spektrenprojektor.
a) projizierter Spektrenausschnitt; zu überbrücken ist der Abstand ΔM.
b) Papierstreifen mit den aufgetragenen Massenabständen ΔM_1 und ΔM_2; für den Abstand der Linien M_1 und M_2 ergibt sich ΔM = 16 ME.

Für jedes Spektrum ist $\frac{2m_e}{n \cdot e} \cdot \frac{U_B}{B^2}$ = const = D, so daß

$$r_m^2 = D \cdot M$$

und D mit einer Eichlinie bestimmt werden kann.

Die Massenzahlen beliebiger Linien erhält man nach Bestimmung von D, indem man zu den Werten von (y_{Pl} + k) die entsprechenden r_m^2 aus der Tabelle entnimmt und diese Werte durch D dividiert:

$$M = \frac{r_m^2}{D}$$

Dieses Verfahren wird am Beispiel des Cholesterin - Δ^4 - cholestanol - 3 - on - succinats, Tab. 4. veranschaulicht.

Tabelle 4 Rechnerische Massenzuordnung beim Cholesterin - Δ^4 - cholestanol - 3 - on - succinat, $C_{58}H_{92}O_5$; M = 868,707

y_{Pl} + k mm	r_m^2 mm^2	M_{ber} u	M_{tats} u	Bruttoformel	Bemerkungen
143,78	201949	204,08	204,08	$C_{11}H_{14}NOSi$	Eichlinie
139,67	210712	212,94	212,90	TaO_2	Untergrund
132,65	226709	229,10			
117,62	268261	271,09	271,21	$C_{19}H_{27}O$	
109,25	295964	299,09	299,23	$C_{21}H_{31}O$	
92,39	365247	369,10	369,35	$C_{27}H_{45}$	
89,54	379135	383,14	383,33	$C_{27}H_{43}O$	
86,46	394978	399,15	399,33	$C_{27}H_{43}O_2$	
83,73	409798	414,13	414,34	$C_{28}H_{44}O_2$	
79,11	436681	441,29	441,35	$C_{29}H_{45}O_3$	
76,89	450470	455,23	455,36	$C_{30}H_{47}O_3$	
74,89	463413	468,31	468,37	$C_{31}H_{50}O_3$	
72,41	480186	485,26	485,36	$C_{31}H_{49}O_4$	
70,31	495051	500,28	500,36	$C_{31}H_{48}O_5$	
67,37	516949	522,41			
36,21	859742	868,82	868,71	$C_{58}H_{92}O_5$	Molekülmasse

4.4.2. Eichlinien

Je größer das Molgewicht einer Substanz ist, umso wichtiger ist die Anwesenheit von Eichlinien im EA-Massenspektrum für eine genaue Zuordnung der Massenzahlen. Als Eichlinien sind alle Linien geeignet, denen sich eindeutig ein Ion bekannter Massenzahl bzw. Zusammensetzung zuordnen läßt. Bedingt durch die Entwicklung der EA-Massenspektrographie spielten zunächst ganz vorwiegend einatomige Ionen eine Rolle [96].

Die große Elektronenaffinität der Halogene konnte ausgenutzt werden, weil bereits Spuren dieser Elemente und leichtflüchtige halogenhaltige Verbindungen charakteristische Linien im Spektrum ergeben. Meist treten die Atomionen von Cl, Br und J auf, ohne daß diese Substanzen zugeführt werden. Bei etwas höherer Konzentration läßt sich eine erhebliche Intensitätszunahme verzeichnen, so daß zusätzlich die Molekülionen der Halogene erscheinen und bei noch größerer Konzentration, etwa bei Partialdrucken $p \approx 10^{-3}$ Torr, führen Stöße zwischen Ionen und Molekülen zur Zusammenlagerung der Stoßpartner (IM - Reaktion). Sind mehrere Halogene gleichzeitig anwesend, so entstehen auch gemischte Halogenionen, wie z.B. $Cl \cdot Br^-$. Damit erhält man bei gleichzeitiger Zufuhr von Brom und Jod im Bereich der Massen 35 bis 381 die in Tab. 5 aufgeführten Eichlinien.

Negativ geladene Molekülionen von Chlor, Brom und Jod wurden bereits früher von Dukelskij und Mitarb. [97] untersucht. In einer neueren Arbeit berichten Melton, Ropp und Rudolph [98] über das Auftreten von dreiatomigen negativen und positiven Ionen in Chlor und Brom.

In den Eichspektren der Halogene nimmt die Linienintensität der aus zwei oder drei Atomen bestehenden Ionen im Vergleich zum einfachen Ion stark ab. Man muß deshalb hohe Intensitäten an Cl^-, Br^-, J^- in Kauf nehmen, und das führt wegen der Streuung an Restgasmolekülen im Analysator zu Störungen des Spektrenuntergrundes, was bei normalen Aufnahmen vermieden werden sollte.

Bei hohen T_V-Werten ist in Gegenwart von Halogenen mit weiteren Eichlinien sekundärer Reaktionsprodukte (mit Metallen) zu rechnen. Nach der Untersuchung einer J-haltigen organischen Substanz wurde z.B. bei $T_V = 350^o$ ein Leerspektrum erhalten (Abb. 25), das typische Peaks von Cu-Halogen-

Tabelle 5 Eichlinien der Halogene Cl, Br, J im Massenbereich 35 bis 381.

m/e	Ion	m/e	Ion	m/e	Ion
35	^{35}Cl	114	$^{35}Cl^{79}Br$	206	$^{127}J^{79}Br$
37	^{37}Cl	116	$^{35}Cl^{81}Br$	208	$^{127}J^{81}Br$
70	$^{35}Cl_2$	116	$^{37}Cl^{79}Br$	254	$^{127}J_2$
72	$^{35}Cl^{37}Cl$	118	$^{37}Cl^{81}Br$	289	$^{127}J_2{}^{35}Cl$
74	$^{37}Cl_2$	127	^{127}J	291	$^{127}J_2{}^{37}Cl$
79	^{79}Br	162	$^{127}J^{35}Cl$	381	$^{127}J_3$
81	^{81}Br				

verbindungen bis M $\approx$ 500 aufweist. Die Entstehung dieser Peaks wird auf die Reaktion der Halogene an heißen Cu-haltigen Stellen in der Ionenquelle zurückgeführt. Dabei wird primär CuJ gebildet, das mit J^- oder Cl^- zu den Ionen

$$225 = CuJ \cdot Cl^-$$
$$317 = CuJ \cdot J^-$$
$$415 = (CuJ)_2Cl^-$$
$$507 = (CuJ)_2J^-$$

führt.

Der Peak 254 = J_2 deutet auf einen relativ starken J_2-Anteil im Restgas der Ionenquelle hin.

Eine günstige Erweiterung der Eichmöglichkeiten bis zu höchsten Massen brachten die zuerst zufällig auftretenden negativen Ionen einiger Schwermetalloxide.

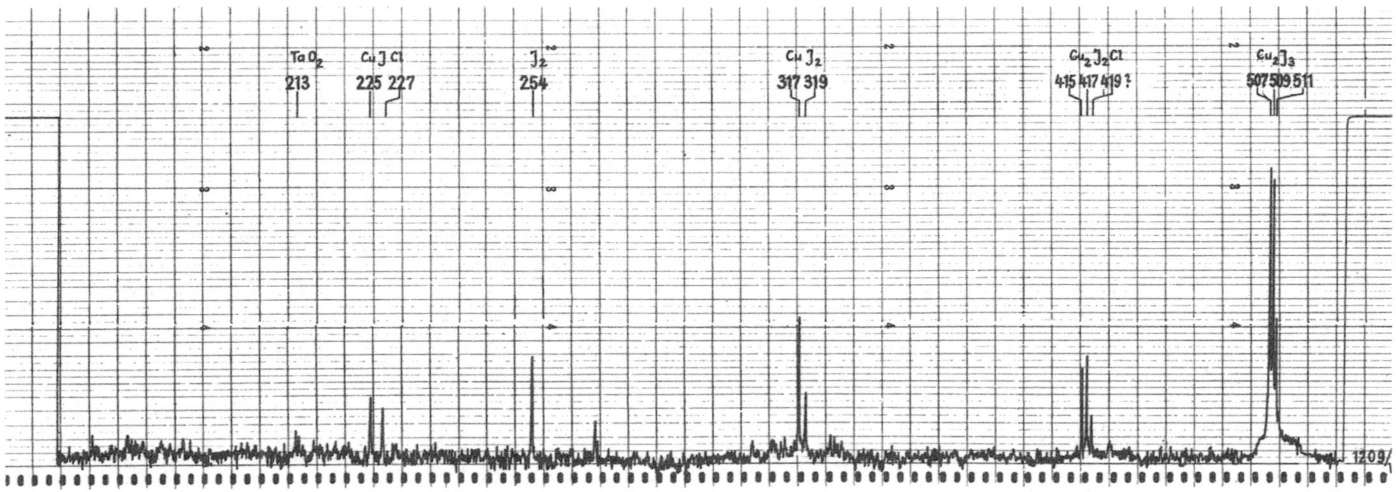

Abb. 25 Leerspektrum bei $T_V = 350^o$ C in Anwesenheit von Chlor und Jod.

In Gegenwart geringer Mengen H_2O und O_2 bilden sich an der Glühkathode negative Ionen von Wolfram-, Molybdän- und Tantaloxiden. Die beiden erstgenannten Elemente bestehen aus mehreren Isotopen, so daß Liniengruppen mit der charakteristischen Isotopenhäufigkeitsverteilung dieser Elemente auftreten. Wichtig ist bei diesen Me-Oxiden, daß sie sich nicht nur in der Zahl der Sauerstoff-Atome unterscheiden, sondern daß auch die Zahl der Me-Atome im Ion > 1 sein kann. Solche "Polymerteilchen" treten als ganze Vielfache auf, beim W oder Mo bis zum Dreifachen, beim Ta sogar bis zum 11fachen (Abb. 26, Tab. 6). Die Zuordnung beim Ta wird dadurch vereinfacht, daß es ein Reinelement ist. Die Peaks innerhalb der Gruppen Ta_1 ... Ta_{11} liegen infolge des unterschiedlichen O-Gehaltes immer um 16 ME auseinander.

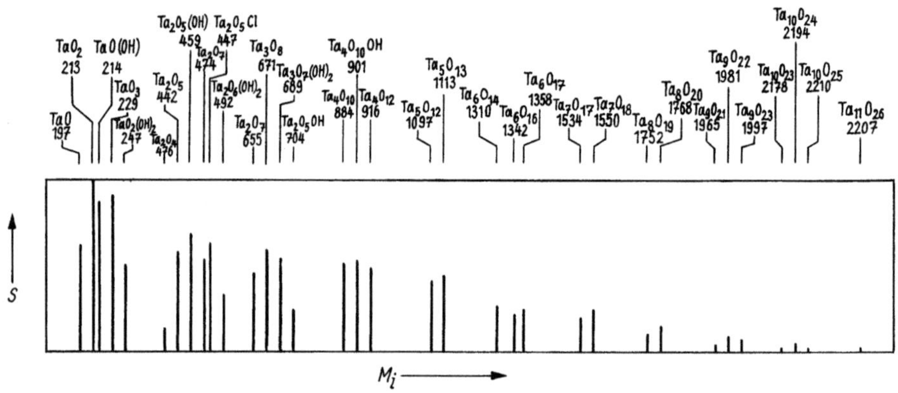

Abb. 26 EA-Massenspektrum von Ta-Oxiden und deren Polymerteilchen, das für die Masseneichung benutzt werden kann (aus Wiedergabegründen wird eine schematisierte Darstellung gewählt).

Als Element der 5. Gruppe stellt der Schwefel ebenfalls eine gute Eichsubstanz für den unteren bis mittleren Massenbereich dar. Oftmals enthalten organische Substanzen elementaren Schwefel als Verunreinigung oder die negativen Ionen des Schwefels entstehen als Fragmentierungsprodukte schwefelhaltiger Verunreinigungen. Mit fallender Intensität treten die Ionen $S_1 =$ $= 32$ bis $S_6 = 192$ auf.

Werden an der Ionenquelle Hg-Diffusionspumpen eingesetzt, so kann die charakteristische Gruppe des HgCl oder HgBr auftreten.

Die Zahl der Eichlinien wird bedeutend erweitert durch solche Linien, die sich von vorangegangenen Untersuchungen her noch längere Zeit in der Ionenquelle halten und zum sogenannten "Memory-Effekt" führen. Die atomare Zusammensetzung dieser organischen Ionen ist in vielen Fällen gesichert und ihrer Verwendung für Eichzwecke steht nichts im Wege.

Auf die Vielzahl der bisher benutzten Eichlinien organischer Ionen kann im einzelnen nicht eingegangen werden. Es soll nur ein besonderes Beispiel herausgegriffen werden, das auch in anderem Zusammenhang interessiert. In der Elektronenstoß-Massenspektrometrie werden sowohl bei Molekül- besonders aber auch bei Fragmentionen Anlagerungen oder Abspaltungen von H-Atomen beobachtet. Die Ionenbildung bei der EA-Massenspektrographie ist im Normalfall ebenfalls mit der Abspaltung eines H-Atoms verbunden. Dieser "Wasserstoff-Effekt" kann zu Ungenauigkeiten in der Massenzuordnung um $\pm$ 1 oder 2 ME führen.

Tabelle 6 "Polymerteilchen" von Ta_xO_y-Ionen im EA-Massenspektrum negativer Ionen.

m/e	Ion	m/e	Ion	m/e	Ion
197	TaO	704	Ta_3O_9OH	1555	Ta_7O_{18}
213	TaO_2	884	Ta_4O_{10}	1736	Ta_8O_{18}
229	TaO_3	901	$Ta_4O_{10}OH$	1752	Ta_8O_{19}
247	$TaO_2(OH)_2$	916	Ta_4O_{12}	1768	Ta_8O_{20}
426	Ta_2O_4	1097	Ta_5O_{12}	1784	Ta_8O_{21}
442	Ta_2O_5	1113	Ta_5O_{13}	1965	Ta_9O_{21}
459	Ta_2O_5OH	1310	Ta_6O_{14}	1981	Ta_9O_{22}
474	Ta_2O_7	1326	Ta_6O_{15}	1997	Ta_9O_{23}
492	$Ta_2O_6(OH)_2$	1343	$Ta_6O_{15}OH$	2178	$Ta_{10}O_{23}$
655	Ta_3O_7	1358	Ta_6O_{17}	2194	$Ta_{10}O_{24}$
671	Ta_3O_8	1523	Ta_7O_{16}	2210	$Ta_{10}O_{25}$
689	$Ta_3O_7(OH)_2$	1539	Ta_7O_{17}	2207	$Ta_{11}O_{26}$

Für Eichzwecke sind deshalb solche organischen Verbindungen günstig, die keinen Wasserstoff besitzen, aber trotzdem ein linienreiches Spektrum erzeugen, welches gleichmäßig über einen weiten Massenbereich verteilt ist. Zu diesen Substanzen gehören die perfluorierten Kohlenwasserstoffe, bei denen durch Abspaltung einer steigenden Zahl von F-Atomen bzw. CF_2-Gruppen Linienabstände von 19 bzw. 50 ME auftreten. Solche Substanzen werden auch bei Hochauflösungsmassenspektren positiver Ionen zur Erzeugung von Eich- bzw. Bezugslinien angewendet. Das Perfluortributylamin-Spektrum (Abb.27) gibt für den Massenbereich bis 650 eine gute Eichsubstanz ab, ohne daß eine rechnerische Zuordnung erforderlich ist.

4.4.3. Qualitative Auswertung

Wenn die Massenzuordnung durchgeführt worden ist, kann mit der qualitativen Auswertung des Spektrums begonnen werden. Obwohl hierbei die Erfahrung eine wesentliche Hilfe darstellt, lassen sich einige grundsätzliche Gesichtspunkte zusammenfassen, die dem mit der Materie weniger Vertrauten die Auswertung eines EA-Massenspektrums erleichtern.

Eine wesentliche Voraussetzung für die Auswertung besteht darin, alle verfügbaren Informationen über die untersuchte Substanz zu erfassen und zu berücksichtigen. Hierzu gehören chemische Eigenschaften, Vorgeschichte der Probe sowie spektroskopische und andere analytische Daten. Auch weniger gesicherte Annahmen und Vermutungen erleichtern dem Massenspektroskopiker die Auswertung. Bereits vor der Untersuchung muß festliegen, welche Fragen durch die Aufnahme des EA-Massenspektrums beantwortet werden sollen, weil dadurch mit bestimmt wird, wie die Untersuchung durchzuführen ist. Erste Hinweise für die Auswertung ergeben sich schon während der Untersuchung, z.B. aus der Verdampfertemperatur und dem Verhalten der Probe beim Verdampfen. Man erkennt, ob die Probe einheitlich ist und ob sie ohne Rückstand verdampft. Thermische Zersetzung der Probe führt häufig zu dunkelbraunen bis schwarzen Rückständen im Verdampferröhrchen.

Im einfachsten Fall liegt im Bereich des Molgewichts der Probe nur ein Peak bzw. eine Peakgruppe, so daß zunächst Angaben zur Molmasse M in ganzen Masseneinheiten zuverlässig möglich sind.

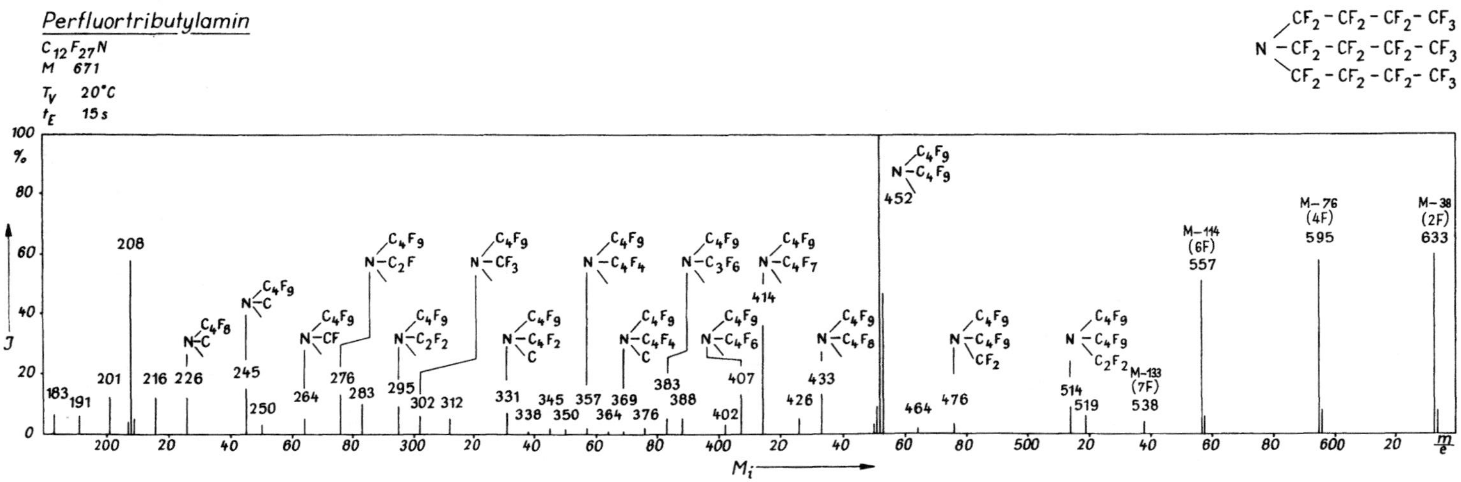

Abb. 27 EA-Massenspektrum des Perfluortributylamins, geeignet zur direkten Masseneichnung ohne rechnerisches Verfahren.

Treten Fragmentionen mit hoher Intensität auf, so wird versucht, diesen mit Hilfe der Massenzahlen entsprechende Teilstrukturen des Moleküls zuzuordnen. Besonderes Augenmerk muß den Massendifferenzen zwischen den einzelnen Peaks geschenkt werden, da diese Abstände Anhaltspunkte für die Art der abgespaltenen Atomgruppierungen geben.

Nachdem man sich einen Überblick über das Gesamtspektrum verschafft hat, werden die weniger intensiven Linien und solche mit kleinen Massenzahlen in die Betrachtung einbezogen. Sind neben C, H, O, N auch Heteroatome von Elementen im Molekül vorhanden, die aus mehreren Isotopen bestehen, so bieten diese weitere Anhaltspunkte, weil sie ein charkateristisches Linienbild ergeben. Mit verunreinigten Proben oder Gemischen wird analog verfahren. Sodann versucht man, die gefundenen Ergebnisse zu ordnen und Strukturen für Fragment- bzw. Molekülionen anzugeben. Nach Möglichkeit wird man versuchen, das Ergebnis durch ein Referenzspektrum der postulierten Substanz oder durch Spektren von Derivaten und ähnlich aufgebauten Substanzen zu bestätigen.

Zusätzliche Informationen ergibt das Spektrum der positiven Ionen, da bei Fragmentierungen häufig nur der eine Teil des Moleküls als negatives, der andere dagegen als positives Ion auftritt. Die Möglichkeit der Entstehung neutraler Bruchstücke ist einzuschließen.

Spezielle Einzelheiten werden in den folgenden Abschnitten zur Anwendung der EA-Massenspektrographie ausgeführt.

4.4.4. Quantitative Auswertung

Die integrierende Photoschicht ist ein sehr empfindlicher Detektor für beschleunigte Ionen und demzufolge wegen der geringen Bildungswahrscheinlichkeit negativer Ionen zu deren Nachweis besonders geeignet. Ein weiterer Vorteil der Photoplatte ist die Unempfindlichkeit gegenüber elektrischen Störungen. Als Nachteil steht dem die langwierige und weniger genaue Intensitätsbestimmung, sowie die geringere Anschaulichkeit des Massenspektrums gegenüber, weil zwischen Intensität bzw. Ionenzahl und der erhaltenen Schwärzung ein logarithmischer Zusammenhang besteht. Außerdem sind Schwärzungen mit dem Auge viel schwerer zu vergleichen als beispielsweise Peakhöhen, besonders wenn zwischen diesen und der Ionenzahl ein linearer Zusammenhang besteht.

Die Interpretation des aufgenommenen Massenspektrums erfordert nicht nur die Kenntnis der Massenzahlen, bei denen Ionen und demzufolge Linien auf der Photoplatte auftreten, sondern auch Angaben über die relative Häufigkeit der einzelnen Ionenarten. Weitergehende Aussagen können abgeleitet werden, wenn die Intensitätsverteilung innerhalb von Liniengruppen bekannt ist, deren Entstehung z.B. auf die Anwesenheit mehrerer Isotope im Ion zurückgeht. Die anschauliche Wiedergabe von Spektren zum Zwecke der Sammlung oder zum Vergleich mit Spektren anderer Herkunft, besonders auch solcher von positiven Ionen, setzt ebenfalls voraus, daß zumindest die relativen Intensitäten der einzelnen Ionen bekannt sind.

Die Schicht der Photoplatte besteht im Normalfall aus AgBr-Körnern, die in Gelatine eingebettet sind. An den Stellen, wo Ionen auftreffen, dringen diese je nach Energie und Größe verschieden tief in die Schicht ein und geben ihre kinetische Energie durch Stoß an die AgBr-Körner ab. Die photographische Schicht wird an diesen Stellen beim Entwickeln geschwärzt. Für den Nachweis großer Ionen sind wegen deren geringer Eindringtiefe besonders gelatinearme Photoplatten erforderlich. Die beiden wichtigsten Plattenfabrikate, die sich zu diesem Zweck einsetzen lassen, sind Orwo-UV2- und Ilford Q2-Platten.

Die besondere Problematik bei der photographischen Registrierung von Massenspektren liegt darin, daß kein allgemein gültiger mathematischer Zusammenhang zwischen der auftreffenden Ionenzahl und der Schwärzung existiert. Die Schwärzung S hängt von einer ganzen Reihe Einflüsse ab, und man kann im wesentlichen nur Relativmessungen durchführen. Zu diesen Einflüssen gehören

1. Art der Photoschicht
   (Größe und Dichte der AgBr-Körner, deren Verteilung in der Gelatine, Dicke der Gelatineschicht)
2. Eigenschaften der Ionen
   (Energie, Masse)
3. Entwicklungsbedingungen
   (Temperatur des Entwicklers und dessen chemische Zusammensetzung, Dauer der Entwicklung).

Die Gültigkeit des Reziprozitätsgesetzes

$$s = f(I \cdot t_E)$$

I = Ionenintensität

t_E = Expositionszeit

kann auf Grund der Untersuchungen von Ewald [99] sowie Franzen und Hebeda [100] als gegeben angenommen werden, da die kinetische Energie der Ionen im EA-Massenspektrographen 40 keV beträgt und damit relativ groß ist.

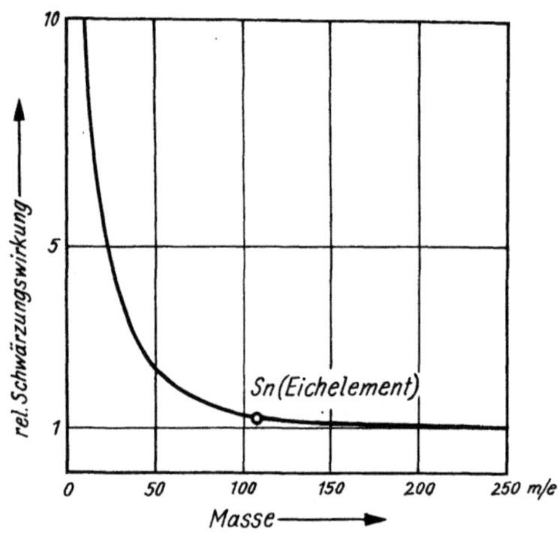

Abb. 28 Masseabhängigkeit der relat. Schwärzungswirkung nach Mai und Wagner [101].

Da stets Relativmessungen ausgeführt werden, nur Spektren einer Photoplatte verglichen und die Entwicklungsbedingungen konstant gehalten werden, treten viele Einflüsse des Plattenmaterials bei der Auswertung nicht als Fehler auf. Die Energie der Ionen beträgt 40 keV und geht ebenfalls als konstante Größe ein. Die Massenabhängigkeit der Schwärzungswirkung ist Gegenstand zahlreicher Untersuchungen anderer Autoren gewesen. In neuerer Zeit ist dieser Einfluß besonders von Mai und Wagner [101] sowohl an Ilford Q2- als auch an Orwo UV2-Platten untersucht worden. Zusammen mit den Messungen von Rudloff [102], Jansen [103], Burlefinger [104] und Wagner [105] ergibt sich übereinstimmend, daß die Massenabhängigkeit im Massenbereich $m/e > 100$ nur noch sehr gering ist. Der qualitative Zusammenhang zwischen beiden Größen ist in Abb. 28 dargestellt.

Die quantitative Auswertung der Photoplatte ist nur auf photometrischem Wege möglich. Im Falle der EA-Massenspektrographie wird das jeweilige Spektrum mit Hilfe eines Mikrophotometers, das mit einem Tintenschreiber gekoppelt ist, registriert. Dabei erhält man an den Stellen der Registrierung einen Peak, wo sich auf der Photoplatte eine Linie befindet. Die Peakhöhe ist von der Schwärzung abhängig. Der Zusammenhang zwischen beiden Größen ist durch die Schwärzungskurve gegeben.

Die Schwärzung ist definiert als

$$s = \log \frac{I_o}{I}$$

I_o = Gesamtintensität des einfallenden Lichtes

I = Intensität des Lichtes, das bei der Schwärzung S noch hindurchgelassen wird.

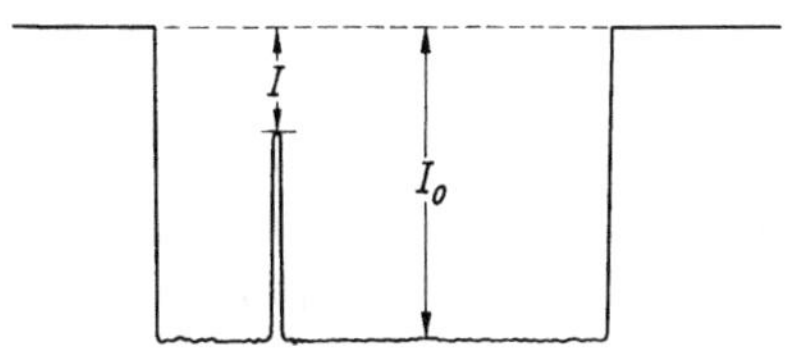

Der aufgezeichnete Peak stellt ein Maß für die absorbierte Lichtintensität dar.

Proportional der Intensität I ist im registrierten Spektrum der gemessene Abstand h zwischen Peakhöhe und Nullwert, während $I_o \sim h_o$ ist, so daß man erhält

$$S_i = \log \frac{h_o}{h_i}$$

Da die Schwärzung S_i im linearen Bereich der Schwärzungskurve proportional der auf die Photoplatte fallenden Teilchenzahl N_i ist, heißt das, daß die Schwärzung S_i auch proportional der Konzentration c_i der betreffenden Ionenart ist.

$$S_i = \log \frac{h_o}{h_i} \sim c_i$$

bzw.

$$S_i = K \cdot c_i = \log \frac{h_o}{h_i}$$

Bei der Wiedergabe von Spektren werden Relativwerte für die Intensität der einzelnen Ionenarten verwendet, die Konstante K fällt somit heraus, und man kann auf die Kenntnis von Absolutwerten verzichten. Unter bestimmten Voraussetzungen kann man näherungsweise mit dieser einfachen Beziehung die Schwärzungen für die einzelnen Peaks ermitteln. Dieses Verfahren wird in den meisten Fällen zur Wiedergabe der Spektren in der Strichform und auch für die halbquantitative Bestimmung der Zusammensetzung von Gemischen verwendet. Über die dabei gesammelten Erfahrungen bezüglich der Genauigkeit soll an Hand von Beispielen berichtet werden. Vereinfachend wird zusätzlich angenommen, daß $S_i \sim N_i$ ist, wobei N_i die Teilchenzahl der betreffenden Ionenart dargestellt. Dieses stark vereinfachte Auswerteverfahren führt im allgemeinen zu recht brauchbaren Ergebnissen, vorausgesetzt, daß es auf nicht zu intensive Spektren angewendet wird.

Auf die hohe Genauigkeit, die bei der Isotopenanalyse [106,107] oder bei der quantitativen Festkörperanalyse gefordert wird, kann verzichtet werden. Ausdrücklich sei noch einmal darauf hingewiesen, daß es bei den vorliegenden Problemen darum geht, innerhalb der Gesamtgenauigkeit des massenspektrographischen Verfahrens das Spektrum einer organischen Substanz oder eines Gemisches hinreichend genau wiederzugeben. Ein solches Spektrum besteht häufig aus einer Vielzahl von Peaks und die Auswertezeit muß in vertretbaren Grenzen gehalten werden.

Die Nachweisempfindlichkeit der Photoplatte ist gegeben durch die Zahl der für eine noch meßbare Schwärzung erforderlichen Ionen. Auf diesem Gebiet liegen zahlreiche Arbeiten vor. Die angegebenen Ionenzahlen weichen auf Grund der unterschiedlichen Versuchsanordnungen erheblich voneinander ab, lassen jedoch die Angabe eines Näherungswertes zu. Von L i c h t b l a u wurde geschätzt, daß bei einer Schwärzungsfläche von 0,001 cm^2 nur $2 \cdot 10^3$ Ionen erforderlich sind, während E w a l d und H i n t e n b e r g e r [94] Werte zwischen 10^5 bis 10^7 Ionen angeben. H a b f a s t und A u l i n g e r [108] fanden einen Wert von 10^4 Ionen. Nach eigenen Schätzungen sind für negative Ionen in guter Übereinstimmung mit den genannten Zahlen als untere Nachweisgrenze ca. 10^5 Ionen für die gleiche Schwärzungsfläche anzusetzen.

Die Bestimmung der Linienschwärzungen im Massenspektrum auf der Photoplatte kann durch direkte photometrische Messung erfolgen. Dabei wird für eine Linie jeweils der maximale Galvanometerausschlag zugrunde gelegt, der sich einstellt, wenn man die zu messende Linie in den Lichtspalt der Meßeinrichtung bringt. Einfacher ist es, die Auswertung des Spektrums auf der photometrischen Registrierung des mit einem Schreiber aufgezeichneten Gesamtspektrums vorzunehmen. Die photometrische Registrierung dient der Ermittlung des Schwärzungswertes S für die einzelnen Linien. Beim Photometrieren muß die Platte an einem sehr engen Spalt mit konstanter Geschwindigkeit vorbeiwegt und die an jeder Plattenstelle mit einer Photozelle gemessene Lichtintensität registriert werden. Entsprechend der Schwärzung an der Stelle x ergeben sich Spannungsänderungen, die nach Verstärkung von einem mechanischen Schreiber aufgezeichnet werden. Man erhält dabei Werte für I (x) bezogen auf den maximalen Wert I_o des leeren Spektrenuntergrundes. Damit eine fehlerarme Registrierung möglich ist, müssen drei wichtige Bedingungen erfüllt sein:

a) Lichtstrom und Zeiger- bzw. Schreiberausschlag der Photometriervorrichtung müssen einander proportional sein.

b) Der Photometrierspalt muß so eng sein, daß der Mittelungsfehler innerhalb der Meßgenauigkeit liegt. Hierbei ist zu berücksichtigen, daß man bei zu engem Spalt wegen der endlichen Korngröße starke Schwankungen des Meßwertes erhält.

c) Die Photometriergeschwindigkeit (Plattenvorschub) darf wegen der Trägheit des mechanischen Zeigers einen bestimmten Maximalwert nicht überschreiten.

Für die Untersuchungen wurde ein Schnellphotometer mit Kompensationsschreiber eingesetzt. An einem gleichmäßig geschwärzten Teil der Photoplatte wurde der Zeigerausschlag des Galvanometers und des Schreibers in Abhängigkeit vom Lichtstrom (Spaltbreite) gemessen. Obwohl der Lichtstrom über einen weiten Bereich verändert wurde, ergab sich eine gute Linearität mit dem Zeiger- bzw. Schreiberausschlag (Abb. 29). Größer ist der Einfluß der Spaltbreite. Bei einer inhomogenen Schwärzung über die Linienbreite ließe sich I (x) nur mit einem unendlich schmalen Spalt genau erfassen. Da stets eine endliche Spaltbreite eingestellt werden muß, wird nicht I (x), sondern ein über die Spaltbreite gemittelter Wert I (x) gemessen. Das bewirkt im wesentlichen eine Glättung der Spitzenausschläge, insbesondere werden sehr spitze Peaks niedriger. Störend wird dieser Einfluß erst dann, wenn die Spaltbreite etwa die Linienbreite erreicht. Als Beispiel ist in Abb. 30 die Schärzung für die Linie m/e = 509 eines Paraffinspektrums in Abhängigkeit von der Spaltbreite wiedergegeben. Diese Linie ist 30 µm breit, was der durchschnittlichen Linienbreite entspricht. Die Messung zeigt, daß man den Spalt bis auf etwa 20 µm öffnen kann, ohne daß ein merklicher Einfluß auftritt. Um die Kornschwankungen möglichst klein zu halten, wird mit diesem Maximalwert gearbeitet. Die Photometriergeschwindigkeiten v_1 und v_2, mit denen die Registrierungen durchgeführt werden, liegen ebenfalls im zulässigen Bereich (Abb. 30). Für die Peaks m/e = 452; 453; 576; 577 und 578 eines Perfluortributylamin-Spektrums, deren Schwärzungen zwischen 0,1 und 1 liegen, ist die Abhängigkeit von der Photometriergeschwindigkeit untersucht worden. In allen fünf Fällen bleiben die Schwärzungswerte bei den normalerweise benutzten zwei Geschwindigkeiten v_1 und v_2 annähernd konstant (eingetragene Werte). Wenn es auf eine erhöhte Meßgenauigkeit ankommt, wählt man den kleineren Wert v_1 = 0,1 U/min (U = Zahl der Umdrehungen der Abtriebswelle) oder eine noch darunter liegende Geschwindigkeit.

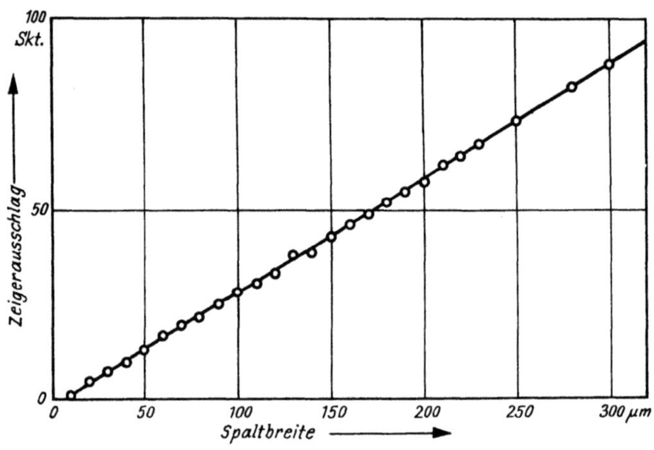

Abb. 29 Zeigerausschlag in Abhängigkeit vom Lichtstrom (Spaltbreite).

Die Ergebnisse bestätigen, daß die drei wichtigsten Bedingungen für eine fehlerarme Registrierung erfüllt werden können, und daß die zugrunde gelegten photometrischen Parameter diesen Forderungen entsprechen. Weiterhin ist zu prüfen, ob die vereinfachte Beziehung für die Berechnung der Schwärzung den Genauigkeitsforderungen genügt. Nach Mattauch und Ewald [109] kann mit Hilfe eines Eichelementes, das aus möglichst vielen verschieden häufigen Isotopen besteht, eine relative Schwärzungskurve aufgestellt werden. Der Verlauf einer solchen Kurve ist in Abb. 31 unter Verwendung der Liniengruppen der HgH^- - bzw. $HgCl^-$ - Ionen graphisch dargestellt. Für die $HgCl^-$ - Ionen wurde ein Spektrum mittlerer Intensität mit relativen Schwärzungen $S_{r_1} = 0,03$ bis 0,55 ausgewertet (a). Das Spektrum der HgH^- - Ionen dagegen ist wesentlich intensiver (b) mit $S_{r_2} = 0,1$ bis 2,2. Im ersten Fall ergibt sich ein linearer Zusammenhang, im zweiten Fall ist die Kurve für größere Schwärzungen leicht gekrümmt. Die Auswertung von Spektren soll der Einfachheit halber stets so erfolgen, daß zwi-

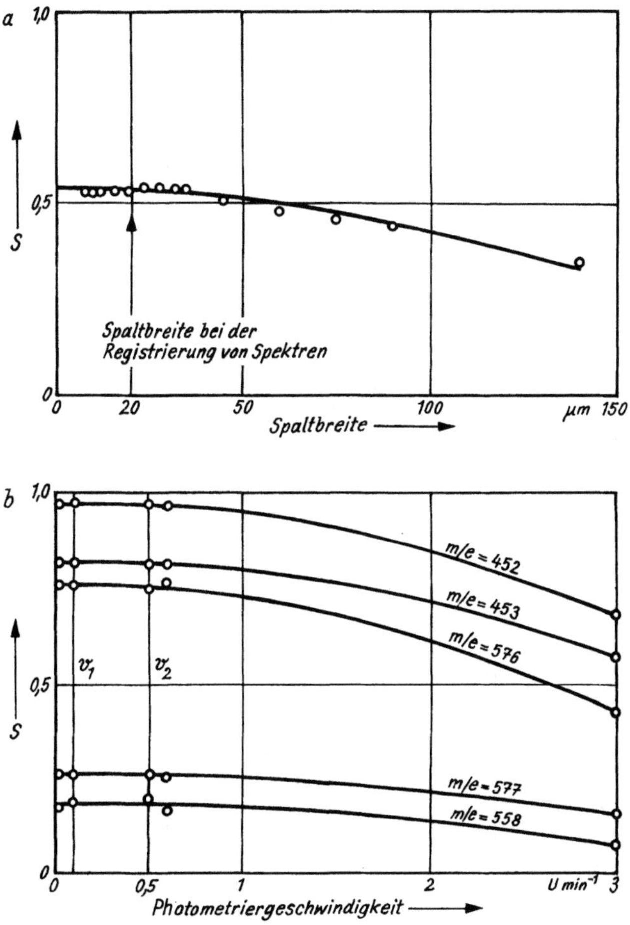

Abb. 30 Der Einfluß von Spaltbreite (a) und Photometriergeschwindigkeit (b) auf die Peakhöhe.

schen relativer Schwärzung und relativer Ionenhäufigkeit eine lineare Abhängigkeit angenommen werden kann. Aus Abb. 31 geht hervor, daß man alle Spektren auswerten kann, deren höchste Peaks Werte von $S_r = 1,0$ nicht wesentlich überschreiten. Soll ein größerer Schwärzungsbereich erfaßt werden, so müssen mehrere Spektren mit abgestufter Expositionszeit aufgenommen werden. Die Auswertung des Spektrums wird meist auf der photometrischen Registrierung vorgenommen. Für die Prüfung, ob ein Spektrum zur Auswertung geeignet ist, interessiert nicht so sehr der S_r - Wert, sondern die entsprechende maximale Peakhöhe, die noch auftreten darf, ohne daß der Fehler zu groß wird.

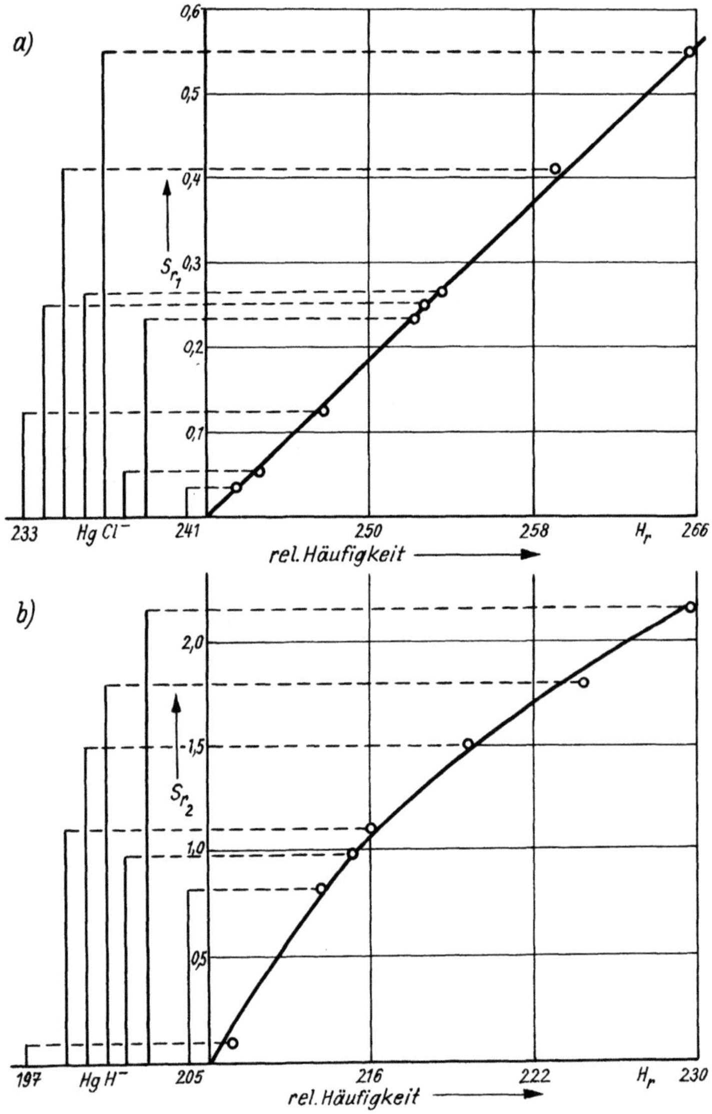

Abb. 31 Relative Schwärzungskurven (Verfahren nach Mattauch und Ewald [6]) für mittlere Schwärzungen (a), $S_{r_1} < 0,6$ und stärkere Schwärzungen (b), $S_{r_2} < 2,1$.

Die Spektrenhöhe h_o des geschriebenen Spektrums beträgt etwa 120 mm. Die Schwärzungswerte S_r = 0,6 bzw. 1,0 ergeben sich aus Peakhöhen von 90 bzw. 108 mm, d.h. alle Spektren, deren stärkste Peaks 75 - 90 % der Gesamthöhe h_o ausmachen, sind direkt auswertbar. Häufig lassen sich auch die Schwärzungen von intensiveren Peaks noch mit ausreichender Genauigkeit aus den zugehörigen kleineren Isotopenpeaks, z.b. ^{13}C, ^{37}Cl, ^{34}S usw. umrechnen. Allerdings werden ^{13}C-Peaks häufig dadurch verfälscht, daß bei Umlagerungen H-Atome übertragen werden und sich ein (M+1)-Peak überlagert. Die genauesten Resultate für ^{13}C-Peaks wurden bisher bei gesättigten KW-Stoffen erhalten, weil die Ionisierung ($M+OH^-$) ohne H-Übertragung abläuft.

Zusätzliche Fehlerquellen können entstehen, wenn die Platte verschleiert ist, eine merkliche Untergrundschwärzung vorliegt, oder wenn zwei Peaks unterschiedlicher Intensität nicht mehr ganz aufgelöst sind. In diesen Fällen sind entsprechende Korrekturen anzubringen.

Zur Kontrolle der Auswertegenauigkeit und zur Ermittlung des Einzelfehlers wurden eine Reihe beliebiger Spektren herausgegriffen, in denen Peakgruppen mit einer größeren Anzahl von Isotopen auftreten. Es sind dies folgende für negative Ionen:

> $HgCl^-$; HgH^-; WO_3^-; Cu-Phthalocyanin (CuPc) sowie chloriertes CuPc der Zusammensetzung CuClPc und $CuCl_9Pc$.

Diese Ionen verteilen sich über einen breiten Massenbereich von m/e ≈ 190 bis 900. Die gemessene Isotopenverteilung wurde mit der berechneten verglichen und die prozentuale Abweichung f (%) vom Sollwert ermittelt. Aus 20 Meßwerten ergibt sich ein Mittelwert für die absolute Abweichung von $\bar{f}$ = 9,1 %. Die einzelnen Meßwerte f streuen zwischen 0,4 und 14,3 %, je ein Wert lag bei 32,0 bzw. 48,4 %. Bei kleinen Peaks ist die Streuung am größten. Hier können durch Überlagerungen mit schwachen Peaks anderer Ionenarten sehr große Fehler (> 100 %) auftreten, so daß bei der Auswertung auch diese Fehlerquelle zu berücksichtigen ist. Die relativen Häufigkeiten der untersuchten Isotopengruppen unterscheiden sich um den Faktor 10^2. Für CuPc und chloriertes CuPc der Bruttoformel CuClPc und $CuCl_9Pc$ mit MZ von 575 bis 890 zeigt Tab. 7 Soll- und Istwerte im Bereich von 0,1 bis 65% relativer Häufigkeit. Die durch Ausmessung des Schwärzungsmaximums mit dem Galvanometer ermittelten Intensitätsverteilungen werden

Tabelle 7 Berechnete und gemessene Intensitätsverteilung des CuPc, CuClPc und $CuCl_9Pc$. Vergleich der Galvanometermessung mit der Tintenschreiber-Registrierung der drei Peakgruppen.

Galv. Messung				Registrierung			theor. Vertlg.	
MZ	S_r	H_r	%	S_r	% Ist		% Soll	
<u>CuPc</u>								
575	0,452	45,5	66,0	0,39	47,2	65,0	48,5	66,2
576	0,169	17,0		0,15	18,2		17,3	
577	0,234	23,6	34,3	0,21	25,4	35,0	24,7	33,8
578	0,082	8,3		0,06	7,3		8,04	
579	0,031	3,1		0,01	1,2		1,36	
580	0,025	2,5		0,005	0,6		0,15	
	0,993			0,825				
<u>CuClPc</u>								
609	0,341	33,2	46,3	0,33	36,3	49,3	36,49	48,0
610	0,146	14,2		0,12	13,2		12,99	
611	0,321	31,3	42,5	0,28	30,8	41,8	30,53	41,3
612	0,111	10,8		0,10	11,0		10,08	
613	0,075	7,3	9,9	0,06	6,6	9,9	7,06	10,7
614	0,031	3,0		0,02	2,2		1,91	
	1,025			0,91				

Galv. Messung				Registrierung			theor. Vertlg.	
MZ	S_r	H_r	%	S_r	% Ist		% Soll	
$CuCl_9Pc$								
881	0,066	4,8	8,2	0,04	4,0	6,2	3,81	5,2
882	0,038	2,8		0,04	4,0		1,36	
883	0,139	10,1	17,2	0,12	11,9	18,3	13,14	17,6
884	0,080	5,8		0,06	5,9		4,59	
885	0,225	16,3	27,9	0,19	18,9	29,1	21,40	28,7
886	0,086	6,2		0,08	7,9		6,99	
887	0,186	13,5	23,0	0,16	15,9	24,4	18,92	25,5
888	0,101	7,3		0,07	6,9		6,31	
889	0,119	8,6	14,7	0,10	9,9	15,2	11,54	15,5
890	0,048	3,5		0,03	3,0		3,73	
891	0,072	5,2	8,9	0,04	4,0	6,2	4,86	6,5
892	0,045	3,3		0,02	2,0		1,50	
893	0,038	2,8		0,02	2,0		1,06	1,4
894	0,035	2,5		0,01	1,0			
895	0,039	2,8		0,01	1,0			
896	0,036	2,6		0,01	1,0			
897	0,023	1,7		0,005	0,5			
	1,376			1,005				

mit den Werten der Tintenschreiberregistrierung verglichen* (Abb. 32). Die Rechnung berücksichtigt den ^{13}C-Peak. Hinter den Klammern sind die auf monoisotope Schwärzung des Kohlenstoffes bezogenen Zahlenwerte angegeben. Die Ergebnisse bestätigen, daß das vereinfachte Auswerteverfahren zur quantitativen Erfassung des EA-Massenspektrums organischer Verbindungen brauchbar ist.

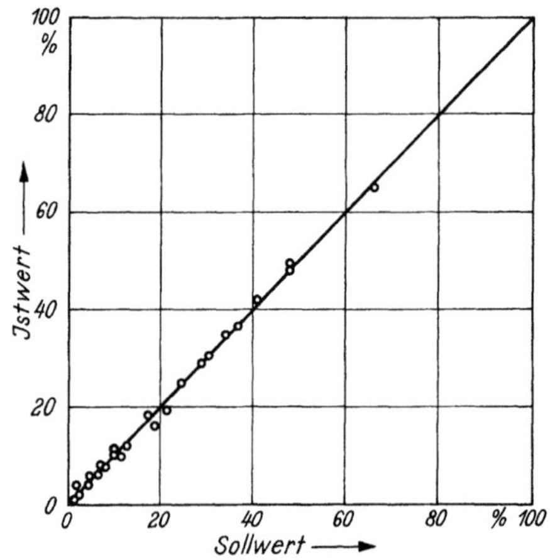

Abb. 32 Vergleich von Soll- und Istwerten der Peakgruppen des CuPc; MZ = 575-577 CuClPc; MZ = 609-614 $CuCl_9Pc$; MZ = 881-897.

Mit einer von Kinoshita [110] unter Voraussetzung der Eintrefferstatistik abgeleiteten Schwärzungskurve wurden vergleichsweise einige Spektren durchgerechnet, wobei zusätzlich eine Untergundkorrektur berücksichtigt wurde. Trotz des wesentlich höheren Arbeitsaufwandes liegen die relativen Fehler in der gleichen Größenordnung wie beim einfachen Verfahren.

Die Umzeichnung der Spektren von der photometrischen Registrierung in die Strichform oder die tabellarische Darstellung werden in großem Umfang durchgeführt. Um den Zeitaufwand zu verringern, wurden für die häufigsten h_o-Werte von h_o = 118 ... 126 mm Auswertedreiecke angefertigt. Bis zur Schwärzung S_r = 2 sind für die h-Werte die zugehörigen Schwärzungen in Abständen von ΔS_r = 0,01 berechnet worden. Die S_r-Werte werden auf der Hypotenuse eines rechtwinkligen Dreieckes in Abhängigkeit von h aufgetragen. Zur Auswertung wird die längere Kathete auf der Untergrundlinie des Massenspektrums angelegt und auf dieser nach links verschoben, bis die

---

* Zu den beiden Meßreihen wird das Schnellphotometer GII verwendet (Jenoptik).

erste Peakspitze sich mit dem Hypotenusenmaßstab schneidet (Abb.33). Der entsprechende S_r-Wert für diesen Peak wird abgelesen. Auf diese Weise wird, Peak für Peak, das gesamte Spektrum vermessen. Da die S_r-Werte den relativen Ionenintensitäten J_r proportional sind, lassen sich die Schwärzungswerte leicht umrechnen.

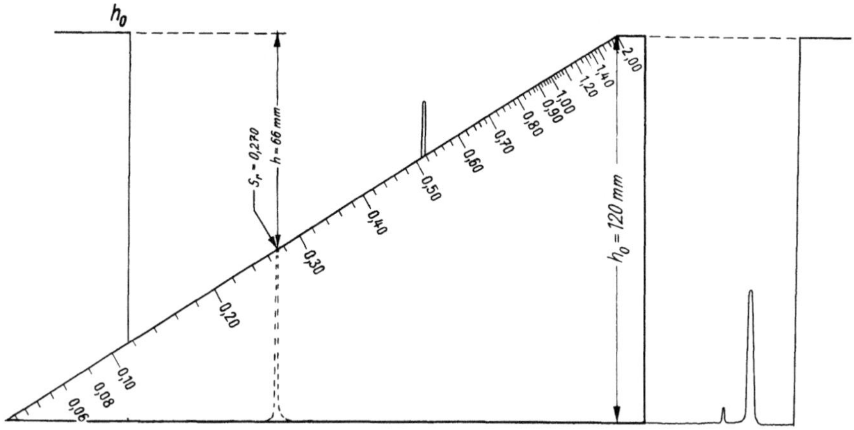

Abb. 33 Routinemäßige Ermittlung der relativen Schwärzungen aus dem registrierten EA-Massenspektrum mit Hilfe des "Auswertedreiecks".

In neuerer Zeit werden Spektrenauswertegeräte für Photoplatten beschrieben [34, 111,112], die außer diesem Teil der Auswertung gleichzeitig die Zuordnung der MZ übernehmen. Allerdings sind die Kosten für solche Einrichtungen erheblich.

4.5. Darstellung von EA-Massenspektren

Als Ergebnis der EA-massenspektrographischen Untersuchung erhält man auf der Photoplatte eine Serie von Linienspektren. Die Schwärzung der Linien und deren Lage im jeweiligen Spektrum sind die beiden Parameter, über die ein Spektrum aussagt.

Die Linien im Originalspektrum sind 2 mm hoch und 15 bis 20 μm breit. Die Abstände zweier benachbarter Linien mit $\Delta M = 1$ liegen je nach Massenzahl im Bereich von einigen mm bis herab zu 20 μm. An Hand der Photoplatte kann bereits die weitere Auswertung erfolgen. Die wichtigsten Hilfsmittel hierzu sind Spektrenbetrachter, Komparator und Mikrophotometer. Für die Massenzuordnung, Diskussion und Sammlung der Spektren ist es günstig, eine photographische Vergrößerung des Gesamtspektrums oder der interessierenden Spektrenausschnitte anzufertigen (Abb. 34/1). Wird ein Mikrophotometer zur Aufzeichnung verwendet, so kann man mit Tintenschreiber registrieren und erhält ein Spektrum, auf dem die Linien in Form von Peaks

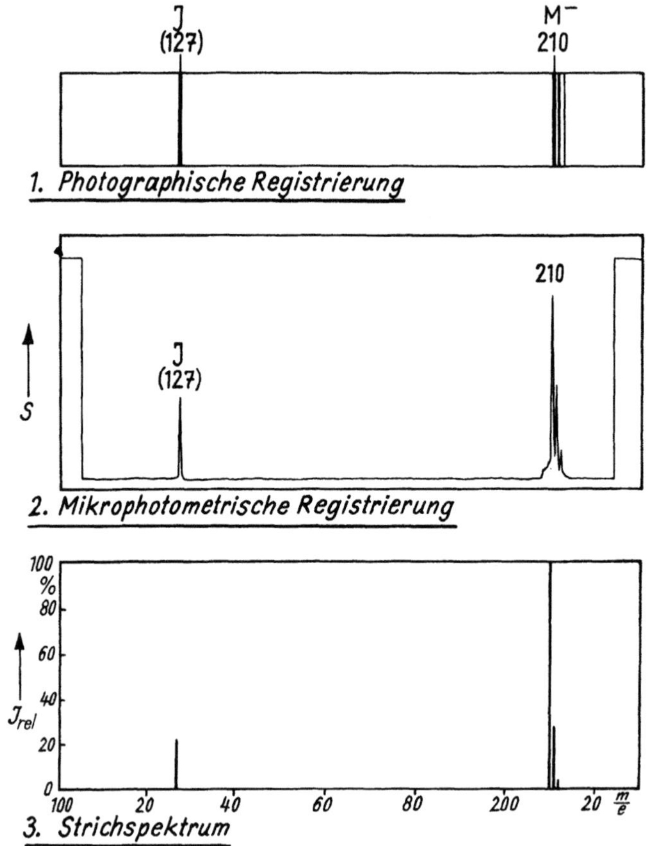

$\frac{m}{e}$	J_{rel} (%)
212	4
211	27
210	100

4. Tabellarische Wiedergabe

Abb. 34 Darstellungsmöglichkeiten eines EA-Massenspektrums (Benzil, $C_{14}H_{10}O_2$, M = 210; 1752/18).

auftreten (Abb. 34/2). Die Peakhöhe ist wiederum ein Maß für die Intensität, allerdings steht sie wegen der photographischen Schwärzung mit der Ionenzahl in einem log-Zusammenhang. Abgesehen von dem wenig anschaulichen Intensitätsmaßstab stellt diese Form der Registrierung eine übersichtliche Spektrenwiedergabe dar. Von allen bisher untersuchten Substanzen wurden solche Registrierungen angefertigt und gesammelt. In den Spektren sind außer den Peaks der Substanz auch die von Ionenquellenverunreinigungen und evtl. von Eichsubstanzen vorhanden. Zur Unterscheidung werden die Massenzahlen derjenigen Peaks, die nicht zur Probe gehören, auf der Registrierung in Klammern gesetzt.

Nach der Ausmessung und Berechnung der Schwärzung kann das Ergebnis der Untersuchung in ein Strichspektrum umgezeichnet werden (Abb. 34/3).

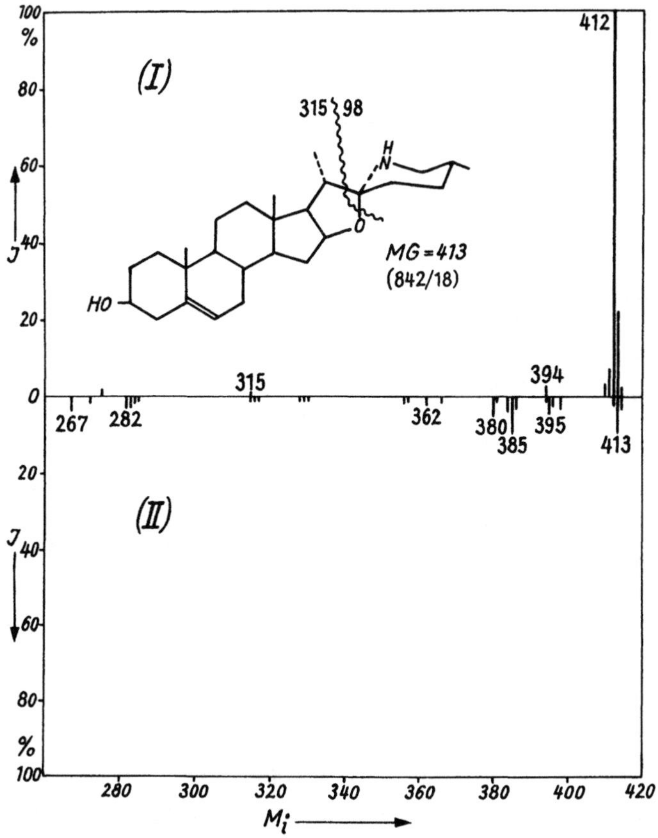

Abb. 35 Darstellung von EA-Massenspektren beider Ionenarten in der "Eiszapfenform" nach Djerassi und Mitarb. [12].

Diese Darstellungsform ist besonders für die Wiedergabe der Spektren in gedruckter Form geeignet und hat sich als die gebräuchlichste Form auch international eingeführt. Die relativen Intensitäten werden in % angegeben und auf den stärksten Peak des Spektrums bezogen, dessen Intensität mit 100 % eingetragen wird. Die Massenskala wird linear ausgeführt und alle Peaks, die nicht zur Substanz gehören, fallen bei der Umzeichnung weg.

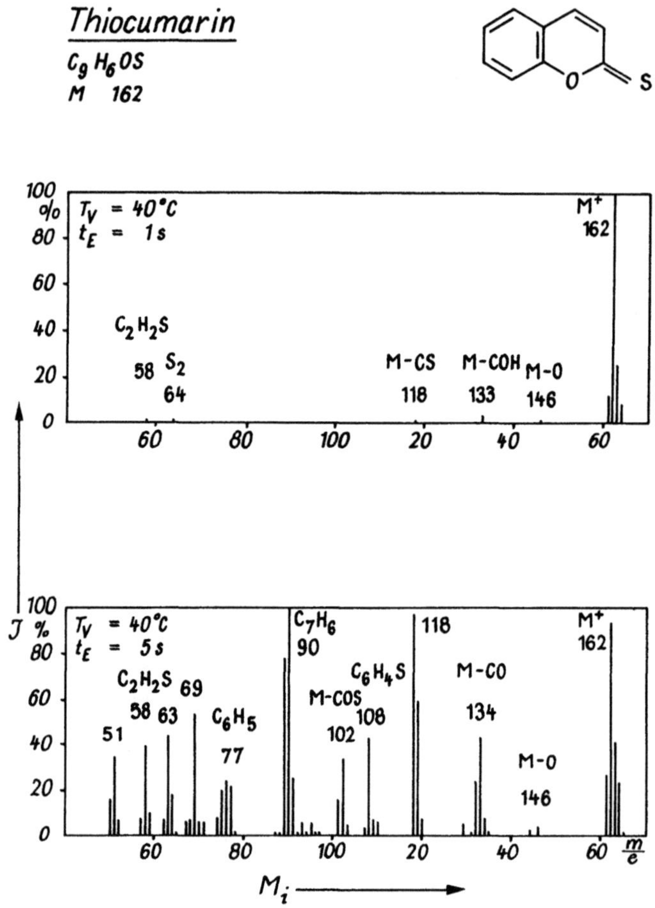

Abb. 36 Getrennte Darstellung von EA-Massenspektren beider Ionenarten untereinander.

Das Spektrum kann auch tabelliert werden (Abb. 34/4). Massenzahl und Peakintensität stellen jeweils ein zusammengehöriges Wertepaar dar. Für Dokumentationszwecke, aber auch bei der Auswertung mit elektronischen Datenverarbeitungsanlagen, wo diese Wertepaare ausgedruckt werden, bevorzugt man die Tabellenform. Gegenüber den anderen Wiedergabemöglichkeiten ist sie allerdings weniger anschaulich.

Die Verwendung von Lochkarten ist prinzipiell möglich, sei jedoch nur erwähnt, da diese nicht benutzt wurden.

Zur Vereinfachung genügt es in vielen Fällen, wenn man sich bei der Wiedergabe oder Dokumentation auf die 5 oder 10 intensivsten Peaks einer Substanz beschränkt oder Peaks geringer Intensität, $J_{rel} < 5\,\%$, wegläßt. Diese Vereinfachung kann sich bei manchen Substanzen nachteilig auswirken, weil auch Peaks mit geringer Intensität für die Struktur typisch sein können und damit hohen Informationswert besitzen.

Paraffin I/K

relative Jntensität der einzelnen Homologen unter Berücksichtigung der ^{13}C-Peaks:

$$\sum_{^{13}C_0}^{^{13}C_2} J = J_{^{12}C_n} + J_{^{12}C_{n-1}\,^{13}C} + J_{^{12}C_{n-2}\,^{13}C_2}$$

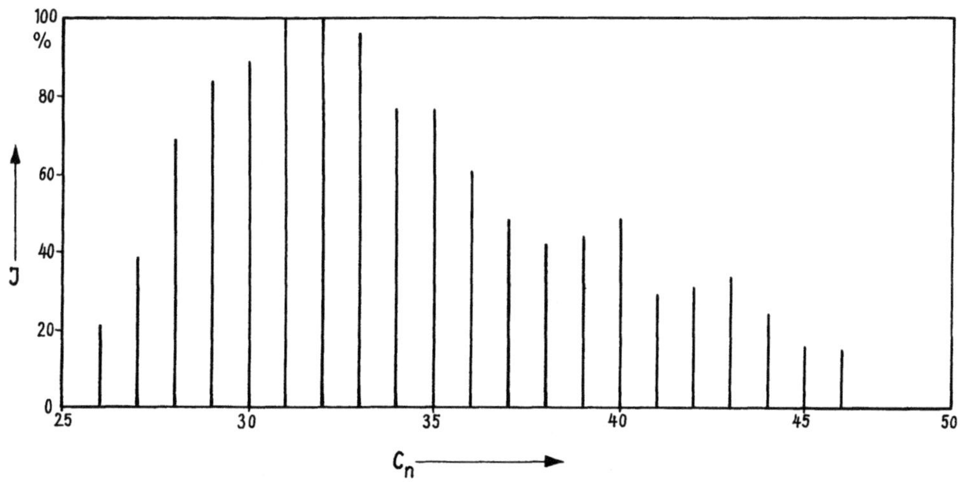

Abb. 37 Darstellung des EA-Massenspektrums bei Gemischen. An Stelle der MZ wird z.B. die C-Zahl aufgetragen.

Zum Vergleich der EA-Massenspektren negativer und positiver Ionen wurde teilweise die von Djerassi und Mitarbeitern [12] zuerst eingeführte "Eiszapfenform" zur Darstellung herangezogen (Abb. 35). Hierbei wird auf der Massenskala nach oben die Intensität der einen Ionenart aufgetragen und nach unten die der anderen. Bei der EA-Massenspektrographie werden die negativen Ionen nach oben aufgetragen, da das Interesse hauptsächlich dieser Ionenart gilt. Das nach unten aufgetragene Spektrum ist hierbei hinsichtlich der Massenskala seitenverkehrt (Spiegelbild) und erschwert dem Ungeübten den Spektrenvergleich zwischen verschiedenen Proben. Auf Grund dieser Erfahrung wird eine getrennte Spektrendarstellung untereinander vorgezogen (Abb. 36).

Bei der Wiedergabe von Gemischspektren hat es sich bewährt, die m/e-Skala gegebenenfalls durch eine andere zu ersetzen. Für Homologenreihen, z.B. von Paraffinen, Alkoholen oder Säuren eignet sich die C-Zahl der Moleküle (Abb. 37). Der Vorteil einer solchen Skala besteht darin, daß auch Gemische, die große Massenbereiche umfassen, auf einem Spektrum von normaler Länge wiedergegeben werden können. Für die Intensität kann wahlweise an Stelle von J_{max} = 100 % auch $\sum J$ = 100 % gesetzt werden, wobei der letztere Ausdruck die Summe der Intensitäten aller Komponenten darstellt und damit die Gesamtprobe erfaßt.

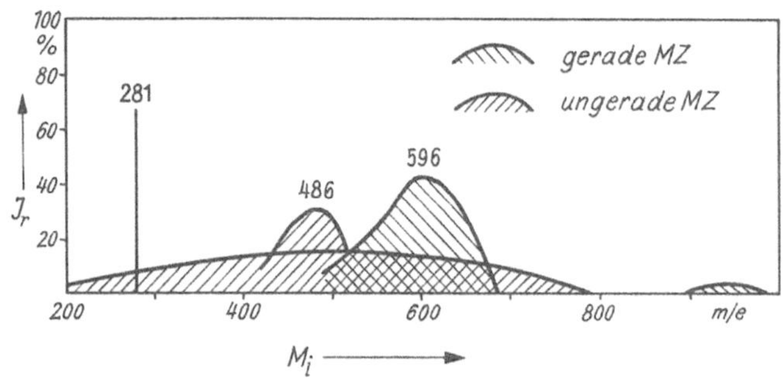

Abb. 38 Darstellung sehr komplizierter Gemische durch die Umhüllungskurven der Peakintensitäten für einzelne Fraktionen der Substanz (EA-Massenspektrum eines Gleitbahnöles).

In sehr linienreichen komplizierten Gemischspektren, z.B. von Ölen, die aus mehreren Homologenreihen bestehen, kann man die einzelnen Fraktionen bzw. Reihen flächenhaft darstellen, indem man Umhüllungskurven einträgt. Auf diese Weise gelang es, Gleitbahnöle verschiedener Hersteller zu charakterisieren und zu vergleichen (Abb. 38).

5. EA-Massenspektrum der negativen Ionen

5.1. Allgemeines

Die EA-Massenspektrographie hat sich als ein vielseitiges Verfahren für Forschung und Analytik in der organischen Chemie erwiesen. Gerade aus diesem Grund soll auf die Grenzen hingewiesen werden, die der Anwendung des Verfahrens gesteckt sind. In vielen Fällen konnte die EA-Massenspektrographie in ihrer Leistungsfähigkeit an Aufgaben getestet werden, bei denen herkömmliche Methoden zu keiner Lösung führten. Darunter befanden sich Probleme, die auch mit der EA-Massenspektrographie nicht befriedigend geklärt werden konnten. Trotz negativen Ausgangs haben sich diese Arbeiten als nützlich erwiesen, da sie die prinzipiellen Schwierigkeiten erkennen ließen, die dieser Methode ihre Grenzen setzen.

Einige Voraussetzungen ergeben sich bereits aus der experimentellen Technik. Für die Aufnahme eines auswertbaren und aussagekräftigen EA-Massenspektrums ist zunächst eine Mindestmenge an Probematerial erforderlich. Die Untersuchung einer definierten Einzelsubstanz erfordert beim jetzigen Stand Substanzmengen von 10 bis 100 µg. Der Nachweis von Verunreinigungen, die mengenmäßig ca. 10^{-7} bis 10^{-8} g der Substanz ausmachen, ist zwar möglich, doch sollten diese Zahlenwerte noch nicht als untere Grenze festgelegt werden, da sie nicht mit Sicherheit eine erfolgreiche Aufnahme gewährleisten.

Experimentell wurde nachgewiesen, daß bei normaler Verdampfungsgeschwindigkeit für eine Exposition 10^{-8} g Substanz in die Ionisierungszone eingebracht werden müssen. Die Ionenausbeute und damit auch die Ausnutzung der Substanz ist bei allen massenspektroskopischen Verfahren gegenüber dem theoretisch erreichbaren Wert noch denkbar schlecht, denn im Durchschnitt wird nur ein Molekül von 10^{8} als Ion vom Detektor registriert. Hinzu kommt, daß die verdampfte Substanzmenge verloren ist und nicht für weitere Untersuchungen verwendet werden kann.

Im allgemeinen steht die erforderliche Probenmenge zur Verfügung, aber im Bereich der Biochemie ist es oftmals sehr arbeitsaufwendig, diese Menge zu isolieren und häufig liegt dann ein verunreinigtes Produkt vor, das sich bei der Anwendung anderer Untersuchungsmethoden nicht ohne weitere Aufarbeitung oder Überführung in bestimmte Derivate einsetzen läßt. Die Innenverdampfung und das schonende Ionisierungsverfahren bei der EA-Massenspektrographie haben sich hier als vorteilhaft erwiesen. Grundsätzlich wird bei allen Untersuchungen mit der EA-Massenspektrographie auf eine besondere Probenvorbereitung verzichtet, ohne daß sich dadurch merkliche Komplikationen ergeben. Es konnte im Gegenteil festgestellt werden, daß Derivate von höheren Carbonsäuren und stark hydroxylierten Verbindungen, z.B. Ester oder Trifluoracetylderivate, die Zahl der Fragmentionen erhöhen und die Molekülionen teilweise ganz zum Verschwinden bringen. So werden beim Cholesterin außer dem (M-1) -Peak kaum Fragmentionen gebildet, beim Trifluoracetylderivat dagegen fehlt das betreffende Ion im Bereich der Molekülmasse. Statt dessen treten in hoher Ausbeute die Fragmentionen

M - 97 (Abspaltung von CF_3CO)
M - 113 (Abspaltung von CF_3COO)

auf und das Sekundärion

M + 69 (Anlagerung von CF_3^- an das Molekül)

Wird die Dünnschichtchromatographie zur Isolierung der Substanz eingesetzt, so kann mit gewissen Einschränkungen auf eine Eluierung verzichtet werden, indem man die Probe mitsamt der Trägersubstanz in den Verdampfer bringt. Zeit- und Arbeitsersparnis auf der einen Seite und Vermeidung von Substanzverlusten durch das Eluieren auf der anderen Seite sind die hervorstechenden Vorteile dieser Technik.

Jede Substanz muß unter den Versuchsbedingungen so weit verdampfbar sein, daß keine pyrolytische Zersetzung eintritt. Die bei der EA-Massenspektrographie seit zehn Jahren angewendete Methode der Innenverdampfung in einer kalten Ionenquelle hat sich gut bewährt. Durch den geringen Druck in der Ionenquelle von $p_Q \approx 10^{-2}$ Torr, kann die Verdampfertemperatur stark herabgesetzt werden. Da außerdem der erforderliche Partialdruck des Probedampfes relativ klein ist, sind so niedrige Verdampfertemperaturen erforderlich, daß man bei festen Stoffen 50 bis 100° unter der Schmelztemperatur bleibt. Von einigen Substanzen, die sich normalerweise bereits beim Schmelzpunkt zersetzen, wurden auf diese Weise fragmentfreie EA-Spektren erhalten.

Mit zunehmender Molekülgröße nimmt der Dampfdruck ab, und man kann deshalb näherungsweise ein Molgewicht als kritischen Grenzwert angeben, bis zu dem eine Substanz noch genügend Stabilität für eine zersetzungsfreie Verdampfung aufweist. Allerdings kann das nur in weiten Grenzen geschehen, da die Molekülstruktur ebenfalls einen starken Einfluß ausübt. Bis zum Molgewicht 1200 - die Mehrzahl der untersuchten Substanzen liegt weit darunter - wurde diese Grenze noch nicht erreicht. Lediglich bei Kohlenwasserstoff-Fraktionen mit Molgewicht $>$ 1500 treten in merklichem Umfang Fragmentionen auf, deren Entstehung auf thermische Spaltung zurückgeführt wird. Für andere Strukturtypen dürften die kritischen Molgewichte zwischen 1500 und 3000 liegen. Diese Grenze ist insofern bedeutungslos, als auf Grund des Auslösungsvermögens der Anlage $M/\Delta M = 1200$ (10 % - Tal-Definition) in diesem Bereich keine eindeutige Zuordnung der Massenzahlen mehr möglich ist.

Der Substanzbedarf wird außerdem durch die Ionisierungseigenschaften der Moleküle bestimmt. Die bisher durchgeführten Untersuchungen an organischen Verbindungen aus sehr vielen Stoffklassen haben zu dem Resultat geführt, daß die Ionisierungsquerschnitte, von einzelnen Ausnahmen abgesehen, stets in der gleichen Größenordnung liegen. Lediglich bei gesättigten Kohlenwasserstoffen ist der Ionisierungsquerschnitt um etwa eine Größenordnung kleiner. Größte Nachweisempfindlichkeit liegt andererseits bei den Halogenen vor, die auf Grund ihrer großen Elektronenaffinität schon in geringsten Spuren feststellbar sind. Im Leerspektrum lassen sich die Ionen der Chlorisotope stets und die der Bromisotope meist nachweisen. Die Nachweisgrenze für Verunreinigungen von ähnlicher Beschaffenheit wie die Probesubstanz, z.B. Homologe, liegt bei 0,1 bis 1% , bezogen auf die Gesamtprobe. Das entspricht einer Menge von ca. 10^{-7} g. Geringere Gehalte lassen sich erfassen, wenn man von einer größeren Substanzmenge ausgeht und hohe Verdampfungsraten sowie lange Expositionszeiten wählt.

Bei der Untersuchung von extrem reinen höheren Fettsäuren und Fettalkoholen, die für Messungen auf dem Gebiet der Grenzflächenaktivität eingesetzt werden sollten, galt es, auf Verunreinigungen zu prüfen. Eine über den

Methylester gereinigte Stearinsäure zeigte bei normalen Aufnahmebedingungen keinerlei Verunreinigungen. Das stimmte überein mit anderen physikalischen Prüfergebnissen. Von derselben Probe wurde anschließend ein zweites, sehr intensives Spektrum aufgenommen. In diesem konnten einwandfrei die Homologen

Palmitinsäure, $C_{15}H_{31}COOH$
Arachinsäure, $C_{19}H_{39}COOH$

nachgewiesen werden. Eine Abschätzung der Konzentration dieser beiden Säuren durch Intensitätsvergleich der Stearinsäurelinien in den beiden Spektren ergibt einen Anteil von $< 0,1$ %.

Die Forderung nach Verdampfbarkeit der Probe schließt nicht aus, daß die EA-Massenspektrographie auch dann eingesetzt werden kann, wenn diese Bedingung nicht erfüllt ist. In diesen Fällen werden nicht die ursprünglich vorhandenen Moleküle, sondern deren flüchtige Zersetzungsprodukte ionisiert. Dabei verzichtet man zwar auf den Molekülpeak, erhält jedoch wichtige Informationen zum strukturellen Aufbau. Solche Untersuchungen wurden vorwiegend an Hochpolymeren durchgeführt. Ein besonderes Pyrolyseverfahren liefert Fragmente mit relativ großen Massenzahlen, und man kann bei diesen Spektren mit Massenzahlen bis 1000, bei einigen Substanzen sogar bis 1500 rechnen (vgl. Abschnitt 8.5. Hochpolymere). Zu dieser Gruppe gehören auch Substanzen mit kleineren Molekülen, die sehr temperaturempfindlich sind. Während bei Einzelsubstanzen die Molgewichts- und Strukturbestimmung, Anwesenheit von Heteroatomen und bestimmten funktionellen Gruppen, gegebenenfalls Verunreinigungen, Gegenstand der Untersuchung sind, kommt es bei Substanzgemischen darauf an, die qualitative und quantitative bzw. halbquantitative Zusammensetzung zu ermitteln. Ohne besondere Schwierigkeiten ist es in kurzer Zeit möglich, Kohlenwasserstoffgemische mit mehr als 150 Komponenten qualitativ zu analysieren und die Konzentration der Einzelkomponenten halbquantitativ anzugeben. Eine genaue quantitative Bestimmung wird dann möglich sein, wenn das photographische Registrierverfahren durch die direkte elektrische Messung der Ionenströme ersetzt werden kann.

5.2. Untergrundspektrum

Wenn ein Spektrum vor dem Einschleusen der Substanzprobe in die Ionenquelle aufgenommen wird, so ergeben sich - besonders im Bereich niedriger MZ - eine Anzahl von Linien. Ein solches Spektrum bezeichnet man als "Leer" - oder "Untergrundspektrum". Die Linien im Leerspektrum sind den Ionen zuzuschreiben, die mit etwa gleichbleibender Intensität ständig in der Ionenquelle vorhanden sind und solchen, die nur vorübergehend auftreten. Hierbei handelt es sich (a) um leichtflüchtige Stoffe, die innerhalb des Gerätes ständig anwesend sind und nachgebildet bzw. eingeschleppt werden, oder (b) um Reste und Bestandteile von vorher zugeführten Substanzen. Der Fall (a) stellt das Untergrundspektrum im engeren Sinn dar, der Fall (b) dagegen wird als "Erinnerungs-" oder "Memory-Effekt" bezeichnet. Die MZ mit den zugehörigen Ionen der Gruppe (a) sind in Tab. 8 für negative und in Tab. 9 für positive Ionen angeführt.

Tabelle 8 Untergrundspektrum der EA-Ionenquelle bei der Untersuchung negativer Ionen.

m/e	Ion	Herkunft
16	O^-	Reste von Luftsauerstoff
17	OH^-	Spuren von H_2O-Dampf
24	C_2^-	Crackprodukte vom Pumpentreibmitteln, Gummidichtungen usw.
25	$C_2H_2^-$	
26	$C_2H_2^-$, CN^-	
35	$^{35}Cl^-$	Spurenverunreinigungen unterschiedlicher Herkunft
37	$^{37}Cl^-$	
42	CNO^-	

Ein Teil dieser Ionen kann auch durch Fragmentierung der zugeführten Substanzen entstehen. Sofern die Intensität der Untergrundpeaks dabei nicht wesentlich verstärkt wird, können diese Ionen leicht unerkannt bleiben und bei Strukturuntersuchungen die Auswertung erschweren. Andererseits bilden Untergrundlinien eine wertvolle Hilfe bei der Massenzuordnung, weil ihre MZ meist sehr genau bekannt sind. Sie werden oft als Eichlinien zur Massenzuordnung durch rechnerische Extrapolation herangezogen.

Der störende Einfluß der Untergrundlinien wird zum Teil dadurch verringert, daß sowohl die Molekülionen, als auch die größeren Fragmentionen der zu untersuchenden Substanz meist im Massenbereich m/e > 100 liegen. Hinzu

Tabelle 9 Untergrundspektrum der EA-Ionenquelle bei der Untersuchung positiver Ionen.

m/e	Ion	Herkunft
12	C^+	Crackprodukte von Diffusionspumpenölen, Bestandteile von Luftresten
13	CH^+	
14	CH^+; N^+	
15	CH_3^+; NH^+	
16	CH_4^+; NH_2^+; O^+	
17	OH^+; NH_3^+	Spuren von H_2O-Dampf
18	H_2O^+	
24	C_2^+	Crackprodukte von organischen Substanzen
25	C_2H^+	
26	$C_2H_2^+$	
28	$C_2H_4^+$; CO^+; N_2^+	
32	O_2^+	Luftsauerstoff
38	Ar^+	Hilfsgas für die Gasentladung
40	Ar^+	
41	ArH^+ bzw. HAr^+	IMR mit Argon
68	$C_2H_4{\cdot}Ar^+$; $CO{\cdot}Ar^+$ $N_2{\cdot}Ar^+$	
80	Ar_2^+	

kommt, daß bei Zufuhr des Probedampfes das Restgas teilweise aus dem Ionisierungsraum verdrängt wird und die Intensität der Untergrundlinien abnimmt. Aus diesem Grunde dürfen bei Überlagerungen von Substanz- und Untergrundpeaks nicht ohne weiteres die Peakintensitäten des Leerspektrums subtrahiert werden, wenn die Intensität eines Substanzpeaks ermittelt werden soll.

Tabelle 10 Zusammenstellung der negativen Ionen, die auf Grund des "Memory-Effektes" häufig auftreten können.

m/e	Ion	m/e	Ion
26	CN^-	70	$^{35}Cl_2^-$
28	CO^-	71	$H^{35}Cl_2^-$
30	NO^-	72	$^{35}Cl\,^{37}Cl^-$
31	CH_3O^-	73	$H^{35}Cl^{37}Cl^-$
32	S^-	74	$^{37}Cl_2^-$
33	HS^-; $H{\cdot}O_2^-$	77	$C_6H_5^-$ (Phenyl)
34	$^{34}S^-$	79	$^{79}Br^-$
35	$^{35}Cl^-$	81	$^{81}Br^-$
36	$H^{35}Cl^-$	93	$C_6H_5O^-$
37	$^{37}Cl^-$	96	S_3^-; SO_4^-
38	$H^{37}Cl^-$	97	CF_3CO^-
42	CNO^-	109	$C_6H_5S^-$
43	CH_3CO^-	121	$C_6H_5COO^-$
45	$HCOO^-$	127	J^-
46	NO_2^-	148	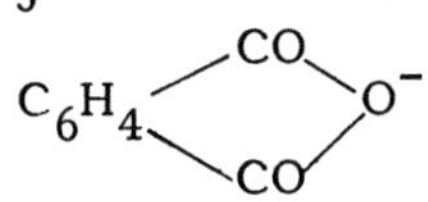
59	CH_3COO^-		
64	S_2^-; SO_2^-	165	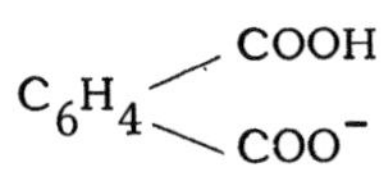

Die EA-Ionenquelle ist nicht geheizt, sondern wird im Bereich des Dampfkondensationsrohres sogar tiefgekühlt. Demzufolge werden alle leicht kondensierbaren Gase und Dämpfe ausgefroren und der "Memory-Effekt" wird auf ein Minimum reduziert. Die Kühlung ist andererseits mit ein Grund dafür, daß die Ionenquelle nicht ausgeheizt werden muß.

Die als "Memory-Effekt" häufig auftretenden Linien sind in Tab. 10 für negative und in Tab. 11 für positive Ionen zusammengestellt. Die stärksten Peaks sind die der Halogene, weil deren Elektronenaffinität am größten ist.

Aus der Intensitätszunahme der Halogenpeaks im Spektrum der Probe läßt sich bereits erkennen, ob die Probesubstanz mit halogenhaltigen Lösungsmitteln in Berührung gekommen ist. Damit die Auswertung nicht unnötig erschwert wird, empfiehlt es sich, halogenhaltige Lösungsmittel nach Möglichkeit zu vermeiden. Als Lösungsmittel eignen sich:

Äther, Methanol, Petroläther, Benzol.

Tabelle 11 Zusammenstellung der positiven Ionen, die auf Grund des "Memory-Effektes" häufig auftreten können.

m/e	Ion	m/e	Ion
16	CH_4^+; O^+; NH_2^+	44	CO_2^+
17	OH^+; NH_3^+	77	$C_6H_5^+$ (Phenyl)
18	H_2O^+		
28	CO^+; $C_2H_4^+$; N_2^+	149	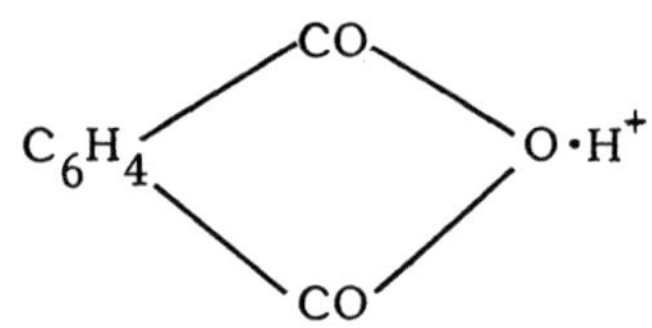
29	$C_2H_5^+$; CHO^+		
31	NOH^+; CH_3O^+		
32	S^+; O_2^+		

Um im unteren Massenbereich entscheiden zu können, welche Peaks der Substanzprobe zuzuordnen sind, muß vor Beginn der Untersuchung, ehe die Probe in die Ionenquelle eingeschleust wird, ein "Leerspektrum" exponiert werden. Die Expositionszeit wird mindestens so groß gewählt, wie sie für die späteren Aufnahmen der Probe erforderlich ist. Sollen beide Ionenarten untersucht werden, so müssen auch von beiden Ionenarten "Leerspektren" vorliegen. Es empfiehlt sich, die Aufnahme des Leerspektrums am Ende der Untersuchung, nach dem Auschleusen der Probe, zu wiederholen. Dadurch kann bei der Auswertung eindeutig entschieden werden, ob ein Peak im unteren Massenbereich der Probe oder dem Untergrundspektrum zuzuordnen ist.

5.3. Ionisierungsmechanismen

Von den in Abschn. 2.1.1. (Tab. 2) angeführten Prozessen zur Bildung negativer Ionen sind für die EA-Massenspektrographie besonders die Typen 2, 3 und 5 von Bedeutung. Auf Grund des umfangreichen Spektrenmaterials von organischen Verbindungen läßt sich ein Überblick geben, der weitgehende Verallgemeinerungen zuläßt.

Die zur Ionisierung in der Ionenquelle des EA-Massenspektrographen benutzten Elektronen der Gasentladung besitzen näherungsweise eine Energieverteilung nach Maxwell. Das Häufigkeitsmaximum dieser Elektronen liegt zwischen 2 und 4 eV. Wegen der unterschiedlichen Elektronenenergien und der spezifischen Eigenschaften der Moleküle werden negative Ionen durch Wechselwirkung zwischen Elektron und Molekül entsprechend den Prozeßtypen

Resonanzanlagerung (Typ 2)
Dissoziative Anlagerung (Typ 3)
Ionenanlagerung (Typ 5)

gebildet. Mit zunehmender Elektronenenergie steigt die Wahrscheinlichkeit für das Auftreten eines bestimmten Prozesses von Typ 2 bis Typ 5. So tritt Typ 2 bei Elektronenenergien von weniger als 6 bis 7 eV auf [113], während bei Energien über 10 bis 14 eV durch Stoßionisation vorwiegend positiv geladene Ionen entstehen. Auf Grund der Verteilungsfunktion treten die Elektronen mit höherer Energie in der EA-Ionenquelle nur mit geringer Häufigkeit auf. Die Spektren der positiven Ionen können bei entsprechender Umschaltung des Gerätes ebenfalls aufgenommen werden (vgl. 2.2. Prinzip der EA-Ionenquelle).

Bei der Entwicklung der EA-Massenspektrographie wurde von der Annahme ausgegangen [35], daß es möglich sein müßte, durch Resonanzanlagerung nach Typ 2 negative Molekülionen ohne weitergehende Fragmentierungsprozesse zu erzeugen. Der Resonanzeinfang von Elektronen findet für einen bestimmten Molekültyp jeweils nur in einem eng begrenzten Energiebereich statt, weil im Gegensatz zum Elektronenstoßverfahren die Überschußenergie, die dort durch das herausgeschlagene Elektron als kinetische Energie abgeführt wird, zusätzlich vom gebildeten Ion aufgenommen werden muß. Eine

Stabilisierung des primär gebildeten negativen Molekülions kann erfolgen, wenn die Überschußenergie innerhalb eines sehr kleinen Zeitintervalls an einen neutralen Stoßpartner abgegeben wird. Nach Prozeß Typ 3 kann die Stabilisierung auch durch dissoziative Anlagerung erfolgen, indem das negative Molekülion bei der Abspaltung eines Atoms oder einer kleinen Atomgruppe den Energieüberschuß abgibt. Wenn die Masse des abgespaltenen Molekülteils klein ist gegen die des stabilisierten negativen Fragmentions, treten die Peaks im Spektrum nahe der Molmasse der untersuchten Substanz auf. Das ist dann der Fall, wenn aus einem größeren organischen Molekül z.B. ein H-Atom, eine OH-, CH_3- oder NH_2-Gruppe bzw. ein Molekül H_2O abgespalten wird. Ist die Masse des abgespaltenen Bruchstücks wesentlich größer oder werden mehrere Bruchstücke gebildet, so erhält man ein linienreicheres Spektrum, das zur Strukturaufklärung geeignet ist.

Bei höheren Dampfdrucken im Ionisierungsraum (10^{-2} bis 10^{-3} Torr) wird die freie Weglänge kleiner als die Abmessungen des Ionisierungsraumes. Das führt zu Stößen zwischen primär gebildeten negativen Ionen und Molekülen oder Radikalen und zu Zusammenlagerungen entsprechend Typ 5. Hierdurch entstehen negativ geladene Teilchen, deren Masse über der Molmasse der Testsubstanz liegt. Dieser Prozeß, bei dem Sekundärionen durch Ionenanlagerungen an Neutralteilchen entstehen, gehört zur Gruppe der Ion-Molekül-Reaktionen (IMR). Viele der bisher veröffentlichten Arbeiten über negative Ionen befaßten sich mit solchen Prozessen [114 - 117]. Ion-Molekül-Reaktionen stellen ein umfangreiches und kompliziertes Arbeitsgebiet dar. Die im Rahmen der EA-Massenspektrographie an negativen Ionen untersuchten Zusammenlagerungs-Reaktionen lassen sich in allgemeiner Form folgendermaßen formulieren:

$AB + CD^- \rightarrow$	$AB\ CD^-$	IMR ohne Spaltung
$AB + CD^- \rightarrow$	$A\ CD^- + B$	Aufspaltung des Moleküls
$AB + CD^- \rightarrow$	$AB\ C^- + D$	Aufspaltung des Primärions

dabei ist AB das Molekül der Probesubstanz und CD^- ein beliebiges negatives Ion. Ein Sonderfall liegt vor, wenn CD = AB und das gebildete Ion im Bereich der doppelten Molekülmasse auftritt.

5.3.1. Resonanzanlagerung

Der angestrebte Idealfall bei der Ionisierung in der EA-Ionenquelle ist die Resonanzanlagerung nach Typ 2. Dieser Prozeßtyp wurde bisher bei etwa 200 Substanzen nachgewiesen. Er tritt auch bei Substanzen auf, wo man ihn auf Grund des chemischen Verhaltens im voraus nicht erwarten würde, z.B. beim Phthalimid, das in wässriger Lösung leicht das Proton am Stickstoffatom abspaltet und ein stabiles Anion bildet. Einige Verbindungen, die ausschließlich oder vorwiegend nach $M + e \rightarrow M^-$ ionisieren, sind in Tab. 12 zusammengestellt. Diesen Substanzen ist gemeinsam, daß sie aus aromatischen bzw. heterocyclischen Systemen bestehen, oder aber solche Systeme im Molekül enthalten. Meist sind mehrere funktionelle Gruppen mit Wasserstoffatomen vorhanden, so daß unter Abspaltung eines dieser H-Atome auch ein (M-1)-Ion gebildet werden könnte. Die Möglichkeit der Abspaltung ganzer Molekülgruppen, z.B. -CN, -OH, CH_3-, -COOH oder H_2O wäre bei vielen Substanzen denkbar.

Es gibt auf der anderen Seite auch Verbindungen, bei denen Fragmentierungsreaktionen vorherrschen. Eine eindeutige Einteilung nach den einzelnen Ionisierungsmechanismen ist bei organischen Substanzen nicht immer möglich, da Übergänge vorhanden sind und mehrere Mechanismen gleichzeitig auftreten können.

Die Stabilität der M^- - Ionen hängt davon ab, ob der Betrag an Anregungsenergie, den das Molekül bei der Verdampfung, bei Stößen im Ionisierungsraum und durch den bei der Elektronenanlagerung freiwerdenden Energieanteil erhält, einen molekülspezifischen kritischen Wert überschreitet oder nicht. Ist die Überschußenergie zu groß, so kann diese Energie oder ein Teil davon durch einen Dissoziationsvorgang abgeführt und ein massenmäßig kleineres aber stabiles negatives Ion gebildet werden. In allgemeiner Form läßt sich folgende Energiebilanz formulieren, die für jedes einzelne Molekül gilt

$$E_{Ü} = E_{Th} + E_{St} + E_{EA}$$

wobei

$E_{Ü}$ = Gesamtüberschußenergie eines Moleküls

E_{Th} = thermische Energie, die dem Molekül beim Verdampfungsvorgang zugeführt wird

E_{St} = Stoßenergie, die in der Gasphase durch Stöße mit Neutralteilchen zugeführt wird

E_{EA} = Elektronenanlagerungsenergie

Tabelle 12 Einige organische Substanzen, die vorwiegend nach M^- ionisieren.

Nr.	Substanz	Bruttoformel	MG	Strukturformel
1	3.4-Benzpyren	$C_{20}H_{12}$	252	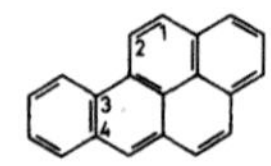
2	Benzil	$C_{14}H_{10}O_2$	210	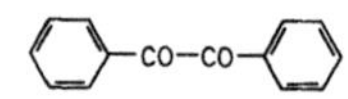
3	Benzoin	$C_{14}H_{12}O_2$	212	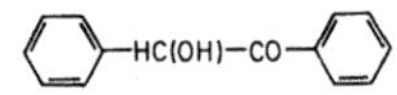
4	4-Cyanbenzoe-säure	$C_8H_5NO_2$	147	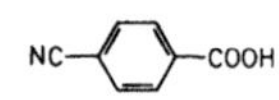
5	Phthalimid	$C_8H_5NO_2$	147 (216)	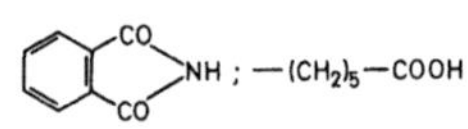
6	Orotsäure	$C_5H_4N_2O_4$	156	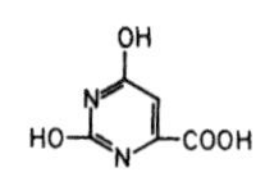
7	Cumarin	$C_9H_6O_2$	146	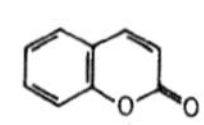
8	Europetin	$C_{16}H_{12}O_8$	332	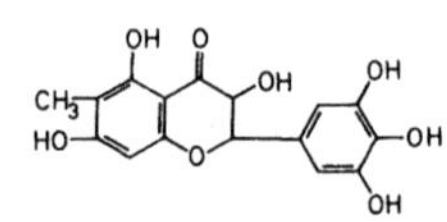
9	Pseudomorphin	$C_{34}H_{36}N_2O_6$	568	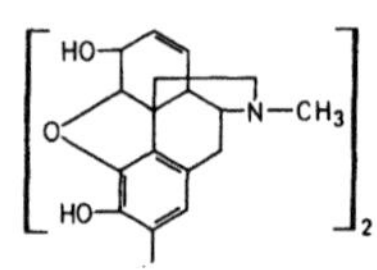
10	"Curantyl"	$C_{24}H_{40}N_8O_4$	504	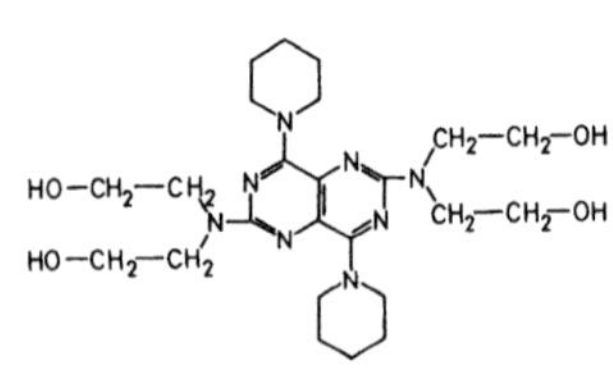

Beim Vergleich mit dem kritischen Überschußenergiebetrag E_{kr} der Moleküle gilt für die Ionenbildung

$E_{kr} > E_{Ü}$ Bildung eines stabilen M^- -Ions

$E_{kr} \cong E_{Ü}$ Bildung von M^- - und Fragmentionen

$E_{kr} < E_{Ü}$ vorwiegend Bildung von Fragmentionen.

Durch Erhöhung der Verdampfungstemperatur und / oder der Neutralgastemperatur ist es bei einigen Substanzen gelungen, entsprechend dem vorstehend geschilderten Schema für die Energieabhängigkeit, den Ionisierungsmechanismus zu verändern.

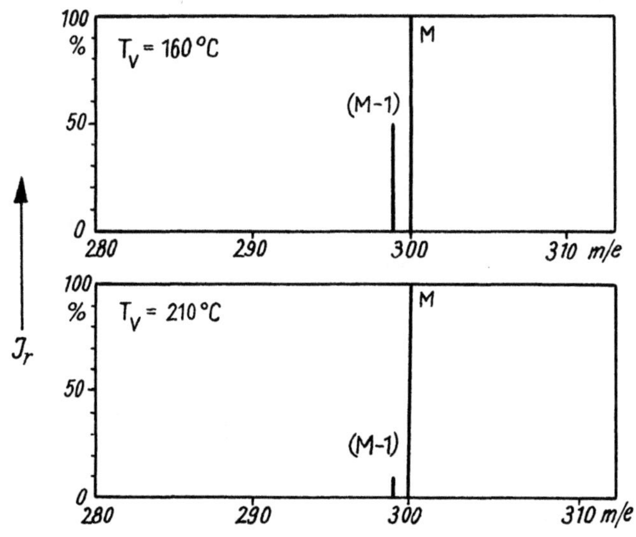

Abb. 39 Zunahme der $(M-1)^-$-Intensität beim Coronen in Abhängigkeit von T_V.

$$M + e \longrightarrow M^-$$

$$M^* + e \longrightarrow M^{-*} \longrightarrow (M-1)^- + H^*$$

Beim Coronen ist zwischen den Temperaturwerten $T_V = 160^o$ C bzw. $T_V = 210^o$ C ein deutlicher Anstieg des (M-1)-Peaks von 10 auf 50% festzustellen (Abb. 39).

5.3.2. Dissoziative Resonanzanlagerung

Der häufigste Ionisierungsprozeß in der EA-Massenspektrographie ist die Resonanzanlagerung eines Elektrons mit nachfolgender Abspaltung eines Atoms oder einer kleinen Atomgruppe. Die meisten Molekülarten spalten aus dem durch Elektronenanlagerung gebildeten negativen Molekülion ein Wasserstoffatom ab,

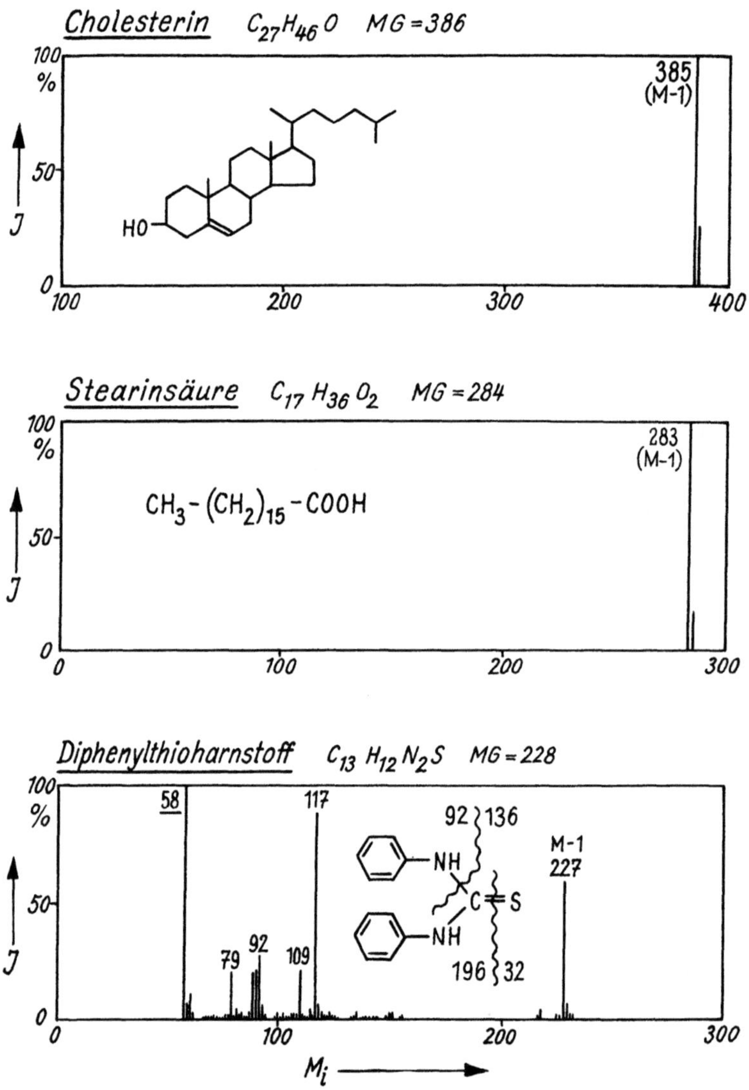

Abb. 40 EA-Massenspektrum von Cholesterin, Stearin und Diphenylthioharnstoff als Beispiel für die Ionenbildung unter Abspaltung eines Wasserstoffatoms $(M-1)^-$.

$$M + e \longrightarrow M^{-*} \longrightarrow (M-1)^- + H^*,$$

so daß die Massenzahl des gebildeten Ions 1 ME kleiner ist, als dem Zahlenwert der Molmasse (bezogen auf die häufigsten Isotope) entspricht. Hierher gehören Alkohole, Aldehyde, Ketone, Carbonsäuren, Aminosäuren, aromatische Oxy- und Hydroxyderivate und die meisten Verbindungen mit zwei oder mehr funktionellen Gruppen. Als Beispiel für diesen Prozeßtyp werden die EA-Massenspektren von drei Substanzen in Abb. 40 wiedergegeben. Es handelt sich um Cholesterin, als cyclischen Kohlenwasserstoff mit einer Doppelbindung und einer Hydroxygruppe, Stearinsäure und Diphenylthioharnstoff.

Die Frage, welches Wasserstoffatom aus dem Molekül abgespalten wird, läßt sich in vielen Fällen auf Grund der Molekülstruktur oder durch vergleichende Untersuchung von Derivaten, z.B. Ester, Amide, Äther usw. beantworten. Allerdings besteht dabei auch die Möglichkeit, daß man zu falschen Schlußfolgerungen kommt. Beim Cholesterin wäre anzunehmen, daß der (M-1)-Peak durch Abspaltung des H-Atoms der 3-Hydroxygruppe entsteht. Im EA-Massenspektrum des Acetylderivates tritt jedoch ebenfalls ein (M-1)-Peak auf. Es wird angenommen, daß im ersten Fall der Hydroxylwasserstoff, im zweiten Fall ein anderes, leicht abspaltbares H-Atom abgegeben wird.

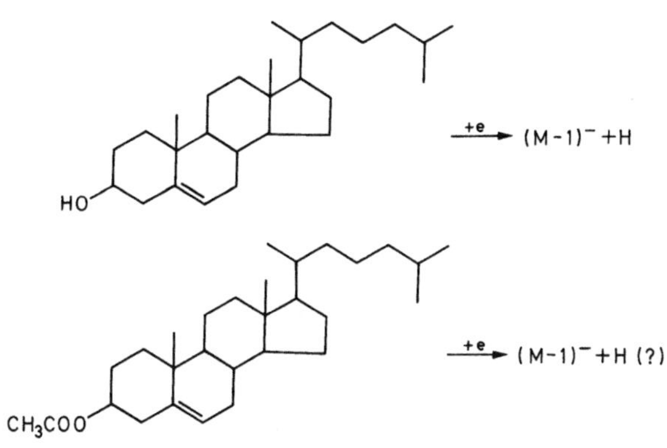

Die ähnlich gebauten Verbindungen Stigmasterin, Sitosterin und Cholestanol verhalten sich ähnlich wie das Cholesterin.

Eine direkte Methode zur Lokalisierung des H-Atoms, das bei der Ionenbildung aus dem Molekülverband austritt, stellt die Untersuchung deuterierter Verbindungen dar. So konnte durch Markierung mit Deuterium nachgewiesen werden, daß bei Carbonsäuren das Wasserstoffatom der Carboxylgruppe und bei Alkoholen das der Hydroxygruppe [118] abgespalten wird. Dieser Mechanismus wurde von Melton und Rudolph [57] für niedere Alkohole ebenfalls gefunden.

Im EA-Massenspektrum des α, α-D_2-Benzylalkohols treten im Bereich der Sollmasse bei beiden Ionenarten charakteristische MZ auf (Tab. 13). Das bei Elektronenanlagerung gebildete Molekülion stabilisiert sich durch Abspaltung des H-Atoms der OH-Gruppe. Die beiden D-Atome in α-Stellung verbleiben im Molekül, denn der (M-2)-Peak tritt nicht auf. Dagegen werden für die beobachtete Wasserabspaltung - es tritt nur der Peak m/e = 90

Tabelle 13 Charakteristische Ionen im Spektrum der negativen und positiven Ionen des α, α-D_2-Benzylalkohols.

negative Ionen		positive Ionen	
m/e	Formel	m/e	Formel
109	M - 1(H)	110	M
93	M - 17(OH)	109	M - 1(H)
90	M - 20(D_2O)	108	M - 2(D)
		107	M - 3(D,H)
		105	M - 5(D_2,H)
		93	M - 17(OH)

auf, also D_2O-Verlust - beide Wasserstoffatome vom α-C-Atom geliefert. Wesentlich unübersichtlicher verläuft die Ionisierung durch Elektronenstoß bei den positiven Ionen:

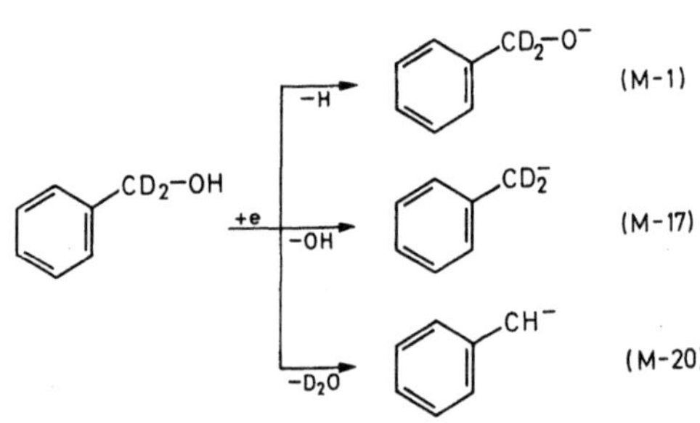

Aliphatische Ester, bei denen sowohl am Säure- als auch am Alkoholrest das aktive H-Atom fehlt, ionisieren ebenfalls unter H-Abspaltung. Diese Beobachtung wirft einige grundsätzliche Fragen der Ionenbildung auf, und erst durch weitere Markierungsversuche werden eindeutige Aussagen möglich sein. Zunächst muß festgestellt werden, daß die zur Stabilisierung des gebildeten negativen Ions beitragende H-Abspaltung nicht nur auf solche H-Atome beschränkt bleibt, die sich durch geringe Bindungsenergie gegenüber anderen H-Atomen des Moleküls auszeichnen. Wenn bei einigen Verbindungen, z.B. kondensierten Aromaten, zusätzlich (M-2)-, (M-3)-... Peaks entstehen, so spricht das für die Annahme, daß im Molekül häufig eine ganze Reihe von H-Atomen aktiviert werden können. Welches Atom dann abgespalten wird, dürfte statistischen Gesetzen unterliegen. Die Zahl der zusätzlich abspaltbaren Wasserstoffatome hängt - wenigstens zum Teil - vom Energieüberschuß ab, den das Molekül nach der Elektronenanlagerung bzw. der Abspaltung des ersten H-Atoms noch besitzt.

Einige Verbindungen, zu denen die zitierten kondensierten Aromaten, aber auch Alkohole und eine Reihe vorwiegend nach M^- ionisierender Substanzen gehören, bilden neben dem Hauptpeak (M-1) weitere Peaks geringerer Intensität bei (M-2) und (M-3). Die Abspaltung mehrerer Wasserstoffatome erfolgt bevorzugt paarweise [57, 67, 114], und der (M-3)-Peak ist intensiver als der bei (M-2). Untersuchungen an primären Alkoholen bestätigen diesen Befund. Melton und Rudolph [57] konnten zeigen, daß zwei Reaktionen parallel verlaufen:

$$R - CH_2 - OH \xrightarrow{+e} R - \underset{\bullet}{C}H_2 - O^- + H$$

$$R - CH_2 - OH \xrightarrow{+e} R - \underset{\bullet}{\dot{C}} - O^- + 3H$$

wobei das zweite und dritte Wasserstoffatom am α-Kohlenstoff abgespalten wird. Bei Versuchen mit gezielter Fragmentierung wurde beobachtet, daß alternierende Intensitäten sowohl im EA-Massenspektrum der negativen als auch der positiven Ionen auftreten.

Durch weitergehende Fragmentierung können auch Ionen gebildet werden, deren Massenzahl weiter vom Molekülion entfernt liegt. Gesättigte und ungesättigte cyclische Systeme mit einer oder mehreren OH-Gruppen, z.B. Steroide oder Alkaloide, ionisieren beispielsweise unter OH- oder H_2O-Verlust, und entsprechend spalten die Acetylderivate dieser Substanzen CH_3CO^--, CH_3COO- oder Essigsäure ab. Im Spektrum der Aminosäuren tritt außer dem Hauption mit der Masse (M-1) ein zweites bei (M-17) auf, infolge Verlust von NH_3. Ester und Äther neigen zur Abspaltung des betreffenden KW-Stoffrestes und im Falle von aromatischen Systemen zur Bildung des Phenolat-Anions. Die einzelnen Reaktionen treten oftmals unabhängig voneinander auf, es kann jedoch auch vorkommen, daß Ionen entstehen, bei denen zwei oder mehrere Atomgruppen gleichzeitig abgespalten werden.

5.3.3. Fragmentierung

Bei den im Verlauf der Bildung negativer Ionen in der EA-Ionenquelle ablaufenden Spaltungsreaktionen von organischen Molekülen soll unterschieden werden zwischen A b spaltungen und A u f spaltungen. Im ersten Fall liegt die Massenzahl des negativen Ions nahe der des Moleküls, d.h. der abgespaltene Teil ist verhältnismäßig klein. Sind beide Spaltstücke etwa gleich groß bzw. ist das negative Ion kleiner als das andere Bruchstück, so soll von Aufspaltung gesprochen werden. Je nach Lage der Fragmentierungsstelle können die unter 5.3.2. zuletzt aufgeführten Beispiele also bereits zu diesem Kapitel gerechnet werden.

Die Bildung von Fragmentionen wird bei der EA-Massenspektrographie auf vier Ursachen zurückgeführt:

1. Thermische Fragmentierung beim Verdampfungsvorgang.

2. Zerfall des Primärions infolge ungenügender Resonanzstabilisierung; Stabilisierung des gebildeten negativen Ions durch nachfolgende Spaltung einer Bindung.

3. Stoßionisierung durch den kleinen Anteil energiereicher Elektronen in der Gasentladung (positive Ionen).

4. Anwendung besonderer Versuchsbedingungen, wie Erhöhung von Entladungsstrom und Testdampfdruck.

Der wichtigste Einfluß auf die Entstehung von Fragmentionen wird Ursache 2 zugeschrieben. Dieser Einfluß geht in erster Linie auf die Molekülstruktur zurück und spielt demzufolge bei Strukturuntersuchungen eine wichtige Rolle. Durch die Wahl der Versuchsbedingungen läßt sich das Auftreten solcher

Fragmentionen oftmals stark beeinflussen. Die Frage, ob ein Fragmentierungsvorgang durch thermische Einflüsse oder auf Grund der Wechselwirkung zwischen Molekül und Elektron eingeleitet wird, läßt sich experimentell weitgehend, aber nicht vollständig beantworten. Leicht flüchtige Substanzen und solche Proben, die bei 10^{-2} Torr noch unzersetzt verdampfen, sind thermisch als stabil anzusehen. Eine Bildung von Fragmentpeaks wäre in diesem Fall durch das Ionisierungsverfahren bedingt. Die Stabilität der primär gebildeten M^-- oder (M-1)-Ionen bestimmt die Konzentration der einzelnen Bruchstücke und deren Anzahl. Die Fragmentierungsreihen lassen sich teilweise durch scheinbar geringfügige Änderungen im Molekülaufbau sehr stark beeinflussen. Zu erheblicher Fragmentierung neigen von vornherein Substanzen, die im Kohlenwasserstoffskelett Heteroatome, vor allem Schwefel- oder Sauerstoffatome aufweisen. Verstärkt wird diese Eigenschaft, wenn solche Atome, z.B. als O- oder S-Brücke zwischen Aromatensystemen oder stark hydroxylierten aliphatischen Verbindungen liegen. Typische Beispiele hierfür sind aromatische Äther, Thioäther und Ester.

Das Spektrum des Pentaphenyläthers enthält fünf intensive Peaks, die jeweils durch den Bruch der C-O-Bindung entstehen. Die Peakintensität nimmt nach kleinen Bruchstücken hin zu. Das (M-1)-Ion ist größenordnungsmäßig mit vergleichbarer Intensität vorhanden. Zur Erklärung der leichten Spaltbarkeit im Bereich des elektronegativen Heteroatoms kann dieses als Träger der negativen Ladung angesehen werden. Ähnliche Vorstellungen werden auch bei der Interpretation von Zerfallsvorgängen positiver Ionen herangezogen. Damit lassen sich sehr viele $(M-1)^-$-Ionen anschaulich erklären, jene allerdings nicht, bei denen der Wasserstoff am Heteroatom durch eine Molekülgruppe substituiert ist und die trotzdem einen (M-1)-Peak bilden. Das mit dem EA-Massenspektrographen aufgenommene Spektrum der positiven Ionen des Phenyläthers weist auf die gleichen Fragmentierungsstellen hin, allerdings tritt als Ion jeweils der zum negativen Ion komplementäre Molekülrest mit einem angelagerten H-Atom auf, sowie ein intensives Molekülion (Tab. 14). Verallgemeinernd läßt sich die Ionenbildung formulieren:

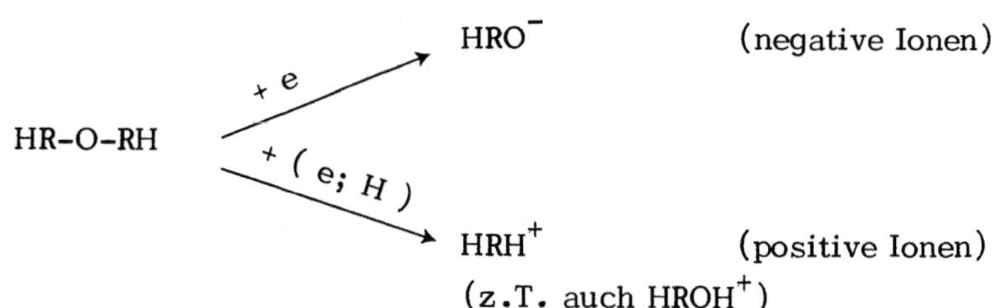

$R = C_6H_4$

und im Bereich des Molekülions gilt

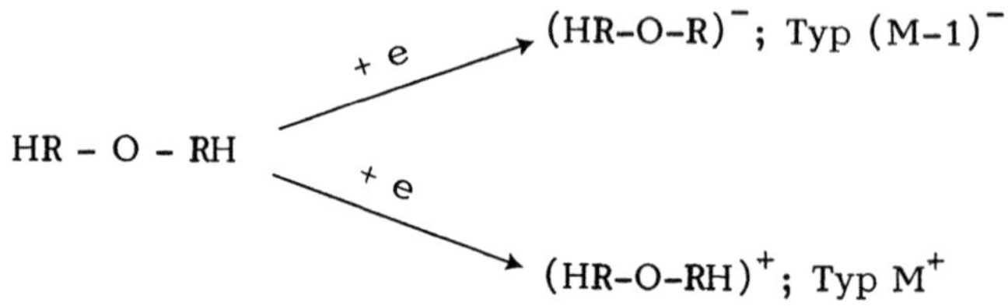

Tabelle 14 Negative und positive Ionen in den EA-Massenspektren eines Pentaphenyläthers.

m/e	negatives Ion	m/e	positives Ion
		446	$HRO(RO)_3RH$; M
445	$HRO(RO)_4$-;(M-1)		
369	$HRO(RO)_3$-		
		354	$HRO(RO)_2RH$
277	$HRO(RO)_2$-	278	HROROROH
		262	HRORORH
185	HRORO-	186	HROROH
93	HRO-		

Die Siloxankette der Silikone neigt bei dem Versuch der Elektronenanlagerung ebenfalls zur Fragmentbildung. Da das Silizium drei Isotope (^{28}Si = 92,18 %; ; ^{29}Si = 4,70 % ; ^{30}Si = 3,12 %) hat, entstehen jeweils Liniengruppen, die eine charakteristische Intensitätsverteilung aufweisen. Der Einfachheit halber wird wiederum nur das häufigste Isotop ^{28}Si berücksichtigt. In den EA-Massenspektren von Silikonölen, die als Diffusionspumpentreibmittel Verwendung finden, kehren zwei typische Fragmentreihen immer wieder, je nachdem, ob es sich um reine Methylsilikone handelt oder ob teilweise CH_3 - Gruppen durch Phenylreste ersetzt sind. Den einzelnen Massenzahlen können die in Tab. 15 angeführten negativen Ionen zugeordnet werden. Auch hier liegt, wie bei den Phenyläthern und anderen Verbindungen, eine O-Brücke vor, nur tritt an Stelle des Kohlenstoffes das Silizium. Die EA-massenspektrographischen Eigenschaften beider Verbindungstypen ähneln einander sehr stark.

Tabelle 15 Typische negative Ionen im EA-Massenspektrum zweier Silikone.

	Methylsilikon		Methyl-phenyl-silikon
m/e	negatives Ion	m/e	negatives Ion
459	CH_3A_6 [1]	499	$CH_3R_2SiO.(CH_3)_2SiO.SiR_2CH_2$-O [2]
429	CH_3-A_5-SiO	483	CH_3................SiR_2CH_2
385	CH_3-A_5	469	CH_3................SiR_2
355	CH_3-A_3SiO	405	CH_3................SiRCH
311	CH_3-A_4	392	CH_3................SiR
281	CH_3-A_3-SiO	330	CH_3............SiO. $SiCH_3$
265	CH_3-A_3-Si	287	CH_3............SiO
237	CH_3-A_3	281	CH_3............Si
207	CH_3-A_2-SiO	213	CH_3R_2SiO
163	CH_3-A_2	197	CH_3R_2Si
147	CH_3-A-$Si(CH_3)_2$		
89	CH_3-A		

[1] A = $(CH_3)_2$-SiO-   [2] R = Phenylgruppe C_6H_5-

Eine weitere Gruppe von Verbindungen mit einer Sauerstoffbrücke sind die Ester aromatischer Carbonsäuren. Der Benzoesäurephenylester als einfachster aromatischer Ester fragmentiert so stark, daß nur ein schwacher Molekülpeak auftritt. Das einzige negative Ion mit merklicher Intensität ist das Phenolatanion, dem als positives Ion das Benzoylkation gegenübersteht.

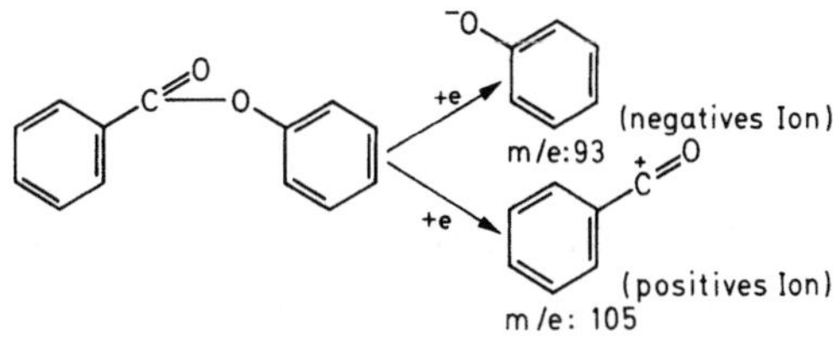

Liegt in einem aromatischen Ester gleichzeitig eine Ätherbrücke zwischen zwei Aromatensystemen vor, dann tritt keine Spaltung ein. Die Stabilität des Molekülions wird dadurch so groß, daß auch eine H-Abspaltung unterbleibt:

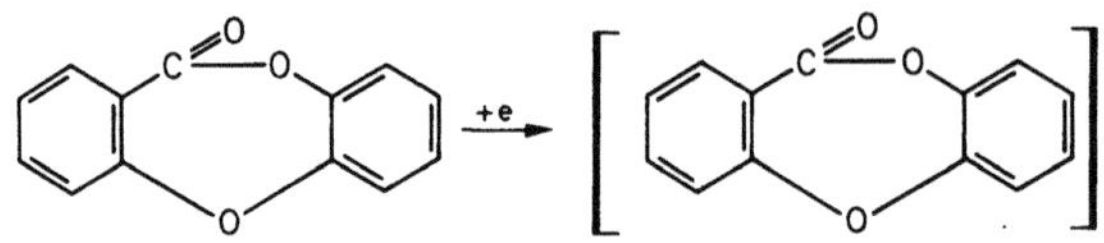

Zu den Derivaten der geschilderten drei Grundtypen (Äther, Ester, Ester-Äther) gehören viele aromatische Flechteninhaltsstoffe [119], die in größerer Anzahl untersucht wurden. Dabei konnten die typischen Fragmentierungsprozesse immer wieder bestätigt werden. So erlaubt das EA-Massenspektrum des Peltigerin [120] einen weitreichenden Einblick in den Aufbau des Moleküls. Bei einer Verdampfungstemperatur von $T_V = 190^{\circ}C$ erscheint als höchster Wert der Molekülpeak mit der Masse 496. Daraus und aus der Elementaranalyse ergibt sich für das Peltigerin die Summenformel $C_{26}H_{24}O_{10}$, womit eine Tridepsid-Struktur wahrscheinlich gemacht wird. Den intensiven Peaks können Fragmentionen zugeordnet werden, die durch Spaltung an der CO-Bindung gebildet werden. In die ermittelte Strukturformel sind die MZ der häufigsten Ionen eingetragen (s. unten). Ordnet man die MZ nach fallender Intensität, dann erhält man folgende Reihe:

m/e:	181	150	151	167	314	331	496

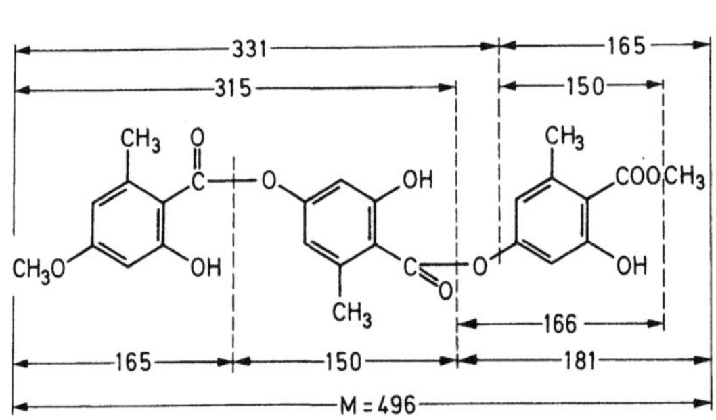

Auch viele Naturstoffe, die als Glycoside vorliegen, enthalten eine Sauerstoffbrücke und neigen demzufolge zur Abspaltung der Zuckerreste. Das geschieht umso leichter, je mehr Zuckerreste im Molekül vorhanden sind. Monoglycoside haben häufig den stärksten Peak im ganzen Spektrum bei (M-1), wogegen dieser Peak bei den Diglycosiden zwischen 10 bis 40 % relativer Intensität liegt und bei Triglycosiden noch darunter. Der Einfluß von Verdampfungstemperatur und Struktur des Aglykons kann allerdings zu Ergebnissen führen, die von dieser Regel abweichen. Das Solanum-Alkaloid-Glycosid β - Solamargin, ein Rhamnopyranosyl-D-glucopyranosylsolasodin, $C_{39}H_{63}NO_{11}$, M = 721 (Abb. 41) bildet im wesentlichen die Ionen

Ion	m/e
M - 1	720
M - Rh	574
M - (Rh+Gl)	412

und die der Zuckerreste. Ein zusätzlicher Peak im Spektrum der untersuchten Probe bei Masse 866 = 720 + 146 wird dem Solamargin, einem Bis-(Rhamnopyranosyl)-D-glucopyranosyl-solasodin, $C_{45}H_{73}NO_{15}$, M = 867

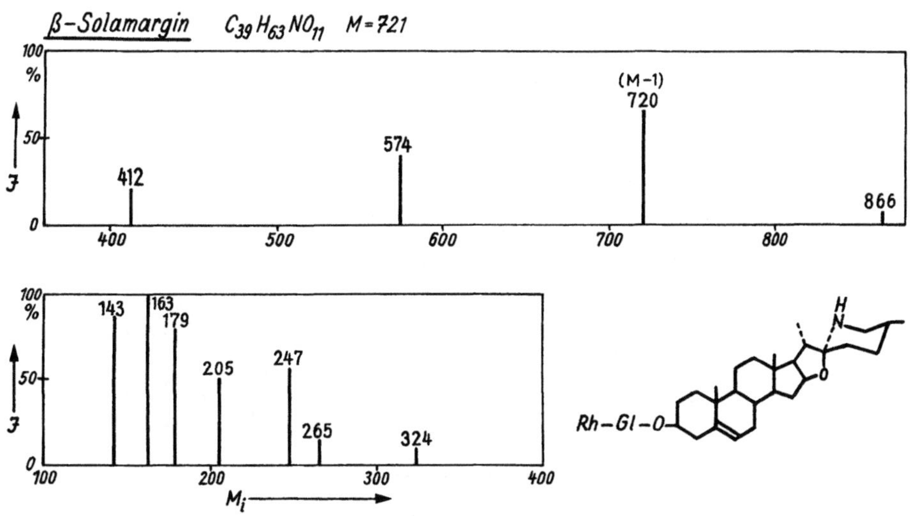

Abb. 41 β-Solamargin (= L-Rhamnosyl-D-glucosyl-solasodin) $C_{39}H_{63}NO_{11}$; M = 721 T_V = 240° C; t_E = 90 s.

zugeordnet, das sich auch dünnschichtchromatographisch als Nebenbestandteil feststellen ließ. Das Fragment M' - Rh = 720 überlagert sich dem (M-1)-Peak der Hauptkomponente und erklärt dessen relativ hohe Intensität.

Seitenketten oder größere Substituenten mit cyclischer Struktur, die an cyclischen Molekülteilen sitzen, werden häufig auch bevorzugt abgespalten, besonders dann, wenn sie nicht an Kohlenstoff, sondern an ein Heteroatom (Stickstoff, Silizium) gebunden sind. Das Lactoflavin, $C_{17}H_{20}N_4O_6$, M = 376, die chromophore Gruppe des "gelben Enzyms der Hefe" (O. Warburg) hat außer dem intensiven Molekülpeak M^- = 376 drei intensive Fragmentpeaks im EA-Massenspektrum, von denen zwei durch Übertragung eines H-Atoms auf das Ion gebildet werden. Die drei Peaks lassen sich folgenden Bruchstücken zuordnen: 241 = M - 135, Abspaltung des Ribosemoleküls führt zum 6,7-Dimethyl-isoalloxazyl-Ion: 242=241 + 1, H-Übergang zum 6,7-Dimethyl-isoalloxazin-Molekülion: 256 = M + 121 + 1, Abspaltung der Seitenkette ab C'-2 und H-Übergang (Abb. 42).

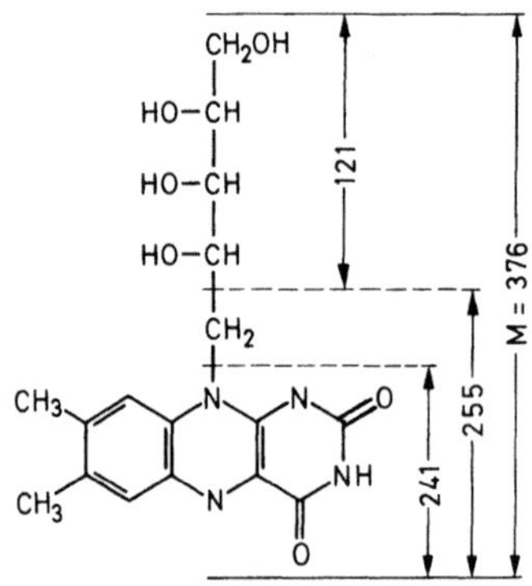

m/e	Ion	I_{rel}%
376	M	100
256	M - 120	72
242	M - 134	ca. 100
241	M - 135	ca. 100

Abb. 42
Zur Fragmentionenbildung beim Lactoflavin, $C_{17}H_{20}N_4O_6$, M = 376.

Die Abspaltung größerer Gruppierungen kann sowohl durch Einführung funktioneller Gruppen an bestimmten Stellen des ionenbildenden Molekülteils als auch durch strukturelle Änderungen im abspaltenden Rest beeinflußt werden. Als Beispiel seien die 22.26-Iminocholestan-Derivate vom Typ

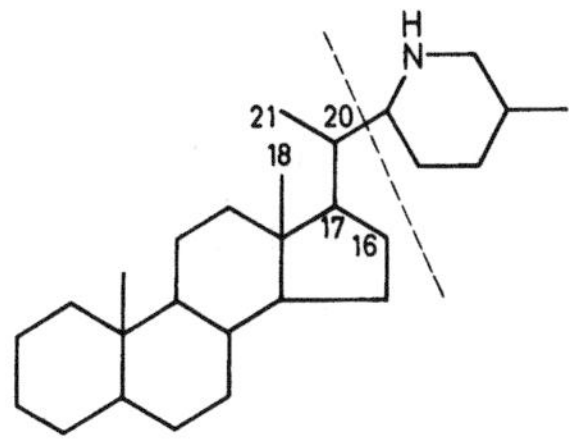

angeführt, die sich von den Spirosolan-Alkaloiden durch Öffnung des Ringes E ableiten. In einer gemeinsamen Arbeit mit K. Schreiber wurden insbesondere die an C-3 und C-16 durch O oder N substituierten Verbindungen, sowie deren Acetylderivate untersucht. Diese Substanzen ergeben im Massenspektrum nicht nur einen Hauptpeak bei M-1, sondern neigen außerdem zur Abspaltung des Piperidinringes zwischen C-20 und C-22 unter Bildung eines negativ geladenen, stickstofffreien Restions. Die Ringabspaltung kann durch O-haltige Substituenten an C-16, C-18 oder C-20 verstärkt werden.

Stellung	Substituent
C-3	-OH; $OOCCH_3$
C-16	-OH; $OOCCH_3$; NH_2
C-18	-CHO
C-20	-OH

Der Einfluß der Carbonylfunktion ist dabei größer als der einer Hydroxygruppe. N-haltige Substituenten wirken in ähnlicher Weise, jedoch viel schwächer. Während die entsprechenden O(16)-bzw. N(16)-Acetylderivate die Abspaltung verstärken, üben Acetylgruppen in 3-Stellung keinen Einfluß aus. Für den Substituenteneinfluß in C-16, C-18 oder C-20-Stellung läßt sich folgende Reihe (zunehmende Fragmentierung) aufstellen:

$$H < NH_2 < NHOCCH_3 < OH < OOCCH_3 < CO$$

Liegt im Piperidinring eine Doppelbindung zum Stickstoff vor (cyclisches Azomethin), dann tritt keine oder nur sehr geringe Abspaltung auf. Im Elektronenstoßspektrum der positiven Ionen bildet der Piperidinring das Ion mit der größten Intensität.

5.3.4. Ion-Molekül-Reaktionen (IMR)

Bei höheren Dampfdrucken im Ionisierungsraum kann die freie Weglänge der Teilchen (Moleküle, Radikale, Ionen) kleiner werden als die Abmessungen des Reaktionsraumes, so daß die Stöße zwischen primär gebildeten negativen Ionen und neutralen Molekeln oder Radikalen nach Prozeß Typ 5 zur Zusammenlagerung der Stoßpartner führen. Dabei entstehen größere negativ geladene Teilchen, deren Masse wesentlich über der Molmasse der Neutralmoleküle liegen kann. Die Bildung von Sekundärionen durch Anlagerung von Primärionen an Neutralteilchen gehört zur Gruppe der Ion-Molekül-Reaktionen (IMR). Viele der bisher veröffentlichten Arbeiten über negative Ionen befassen sich mit diesen Prozessen [115-117, 121, 122]. Seit längerer Zeit sind solche Reaktionen mit positiven Ionen bekannt [123, 124]. Eine Übersicht des umfangreichen Schrifttums auf diesem Gebiet hat Pahl [125] zusammengestellt.

Ion-Molekül-Reaktionen stellen ein weites und kompliziertes Arbeitsgebiet dar. Die im Rahmen der EA-Massenspektrographie beobachteten und untersuchten Zusammenlagerungs-Reaktionen lassen sich auf drei Grundtypen zurückführen:

(1) $AB + CD^- \rightarrow AB \cdot CD^-$

(2) $AB + CD^- \rightarrow A \cdot CD^- + B$

(3) $AB + CD^- \rightarrow AB \cdot C^- + D$

Es bedeuten:

AB : Molekül oder Radikal

CD^- : negatives Molekül- bzw. Fragment- oder Atomion (=Primärion)

$AB \cdot CD^-$:
$A \cdot CD^-$: } Sekundärion
$AB \cdot C^-$:

Dabei kann CD = AB sein , d.h. Molekül und Ion entstammen der gleichen Substanz. Unter normalen Arbeitsbedingungen liegt der Dampfdruck in der EA-Ionenquelle so niedrig, daß nur in Einzelfällen Sekundärionen durch IMR gebildet werden. Erst wenn die Verdampfungsrate der Probesubstanz erhöht oder ein zweiter Reaktant mit entsprechend hohem Partialdruck zugeführt wird, sind die Bedingungen für das Auftreten von Sekundärreaktionen gegeben. Reaktionsablauf und Ionenausbeute hängen außer vom Dampfdruck auch von den beteiligten Molekül- und Ionenarten ab.

In den EA-Massenspektren von Alkoholen, Fettsäuren und Aromaten treten bei erhöhtem Dampfdruck Ionen oberhalb der dem Molekül entsprechenden Massenzahl auf. Auf Grund der Massenzahl lassen sich diese als Sekundärionen erklären, die durch Anlagerung negativer Ionen an neutrale Testdampfmoleküle entstehen. Nachdem solche Anlagerungsprodukte anfangs zufällig und nur in geringer Intensität auftraten, wurde versucht, die Ausbeute durch geeignete Versuchsbedingungen (erhöhte Verdampfertemperatur, Wahl geeigneter Partner mit nicht zu niedrigen Dampfdrucken) in der Ionenquelle zu erhöhen und die Sekundärionen eindeutig zu identifizieren.

Besonders einfache und übersichtliche Sekundärreaktionen liegen bei den Halogenen vor, die in den Anfängen der EA-Massenspektrographie wegen ihrer hohen Elektronenaffinität und der genau bekannten MZ als Eichsubstanz eingesetzt wurden. So konnte bei ausreichender Dampfzufuhr im Falle des Jods das Auftreten von J_3^- und in Gegenwart der Halogene Chlor und Brom auch das Ion J_2Cl^- und J_2Br^- nachgewiesen werden (vgl. 4.4.2. Eichlinien).

Für die Bildung dieser Ionen werden folgende Reaktionen formuliert:

$$J_2 + e \rightarrow J_2^- \rightarrow J^- + J \qquad (m/e = 127 \text{ bzw. } 254)$$

$$J^- + J_2 \rightarrow J_3^- \qquad (m/e = 381)$$

$$Cl^- + J_2 \rightarrow J_2Cl^- \qquad (m/e = 189;\ 191)$$

$$Br^- + J_2 \rightarrow J_2Br^- \qquad (m/e = 206;\ 208)$$

Auf die Anlagerung von Halogenionen an organische Moleküle wird gesondert eingegangen (vgl. S. 127).

Der wichtigste Grundtyp einer Anlagerungsreaktion, zu dem auch die Halogenionen gehören, ist die Reaktion (1). Sie wurde zuerst bei Alkoholen und Fettsäuren beobachtet, als die Substanz durch Erhöhung der Verdampfertemperatur stärker verdampft wurde. Beide Substanzklassen bilden zusätzliche Linien im Bereich der doppelten Molekülmasse. Bei Laurylalkohol (a) und Laurinsäure (b) entstehen die Ionen

(a) $$C_{12}H_{25}OH + \underset{m/e\ 185}{C_{12}H_{25}O^-} \rightarrow \underset{m/e\ 371}{C_{12}H_{25}OH \cdot C_{12}H_{25}O^-}$$

(b) $$C_{11}H_{23}COOH + \underset{m/e\ 199}{C_{11}H_{23}COO^-} \rightarrow \underset{m/e\ 399}{C_{11}H_{23}COOH \cdot C_{11}H_{23}COO^-}$$

Für das Intensitätsverhältnis der Ionen des monomeren und des dimeren Moleküls erhält man

$$\frac{(M-1)^-}{(M_2-1)^-} \cong 10^2$$

Größenordnungsmäßig gilt dieser Wert für viele der beobachteten Reaktionen. Bei sehr großen Ionenintensitäten konnten vereinzelt noch schwache Peaks eines Dreifach-Ions festgestellt werden. Das Beispiel des Laurylalkohols bzw. der Laurinsäure trifft für die gesamte homologe Reihe zu. Diese Reaktionen sind nicht auf gleichartige Moleküle beschränkt, sondern es können auch Säureionen mit Alkoholmolekülen und umgekehrt Alkoholionen mit Säuremolekülen assoziieren. Ein merklicher Einfluß der Kettenlänge ist nicht zu beobachten. Setzt man als Zweitkomponente Halogene oder CO_2 ein, so fungiert das Halogen stets als Ion und das CO_2 als Neutralmolekül. Entsprechend reagiert die organische Komponente in Gegenwart von Halogen als Molekül und in Gegenwart von CO_2 als Ion.

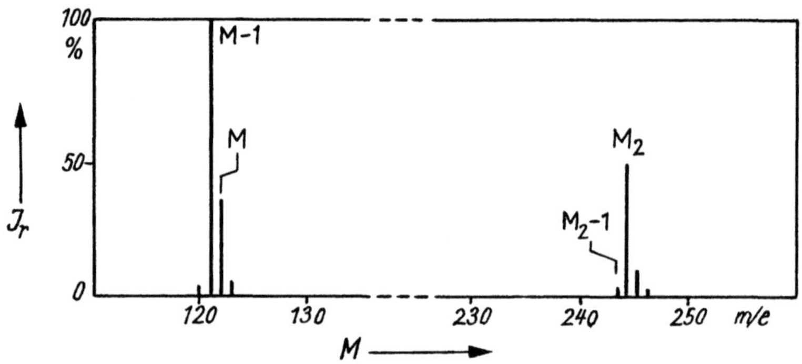

Abb. 43 Intensitätsverteilung bei der Benzoesäure C_6H_5COOH, M=122, im Bereich der einfachen und doppelten Molekülmasse (IMR).

Eine Sonderstellung im Verhalten der Carbonsäuren nimmt die Benzoesäure ein. Im Bereich der Massenzahl des Moleküls erhält man zwar bevorzugt das normale Ion (M-1), zusätzlich aber auch M^-. Unter Berücksichtigung des ^{12}C-Anteils am Peak m/e = 122 ergibt die Auswertung für den M^--Peak eine relative Intensität $I_r \approx 30$ % (bezogen auf den (M-1)-Peak). Das Doppelmolekülion dagegen tritt nur bei M_2^- auf. Das gleiche Ergebnis wurde bei der an der Carboxylgruppe deuterierten Benzoesäure gefunden. Auffallend ist die hohe Intensität des Sekundärions (Abb. 43), die ca. 50 % der des Primärions ausmacht.

Das Verhältnis $(M-1)^-/ M_2^-$ ist sehr klein, und man muß besondere Ursachen für die starke Zusammenlagerung annehmen. Obwohl keine weitergehenden Untersuchungen durchgeführt wurden, soll versucht werden, einige mögliche Ursachen für dieses außergewöhnliche Verhalten zu diskutieren. Es ist denkbar, daß sich die M^--Ionen wesentlich besser an Moleküle anlagern als die (M-1)-Ionen. In diesem Fall müßte man jedoch wenigstens einen gewissen Anteil an (M_2-1)-Ionen erwarten können [gemessener Wert für I_{rel} $(M_2-1) < 1\%$!]. Die direkte Ionisierung von Dimer-Molekeln

$$M_2 + e \rightarrow M_2^-$$

erscheint plausibler. Das gebildete M_2^--Ion ist so stabil, daß kein Wasserstoff abgespalten wird. Auch ein Einfluß der Wasserstoffbrückenbindung ist wahrscheinlich. Da solche Zusammenlagerungen bei positiven Ionen unter gleichen Ionenquellenbedingungen nicht auftreten, muß die negative Ladung als eine weitere Voraussetzung angesehen werden.

Halogene sind nicht nur zu IMR untereinander befähigt, sondern stellen auch für organische Moleküle einen guten Reaktionspartner dar. Negative Halogenionen können sich bereits in sehr geringen Konzentrationen, wie sie nach Zufuhr halogenhaltiger Moleküle noch eine Zeitlang in der Ionenquelle vorliegen, an organische Moleküle anlagern und halogenhaltige Substanzen vortäuschen. Die Intensität dieser Peaks kann sogar die der Molekülionen übertreffen. So wurde auf Grund der erhaltenen Massenspektren bei den Diterpenen S c l a r e o l , M a n o o l und L a r i x o l zunächst auf halogenhaltige Substanzen geschlossen, während tatsächlich nur eine Anlagerung von Cl^- vorlag. In dem Maße, wie die Intensität der Cl-Ionen im Leerspektrum zurückgeht, nimmt die der Cl-Anlagerungsprodukte ab und die der (M-1)-Ionen zu (Abb. 44). Die Anwesenheit von Chlorionen wirkt sich in einem solchen Fall sehr störend aus. Um derartige Komplikationen zu vermeiden, muß dem Untergrundspektrum erhöhte Aufmerksamkeit geschenkt werden, und man muß mit der Aufnahme von weiteren Spektren warten, bis der Partialdruck der störenden Komponente in der EA-Ionenquelle genügend klein geworden ist. In geringem Umfang lagern sich Halogenionen auch an Alkohol- und Fettsäure-Moleküle an.

In der präparativen organischen Chemie werden häufig Derivate von Substanzen hergestellt, um z.B. bei der Gaschromatographie genügend leicht flüchtige und temperaturbeständige Proben verfügbar zu haben. Für EA-massenspektrographische Untersuchungen haben sich solche Derivate - z.B. Ester

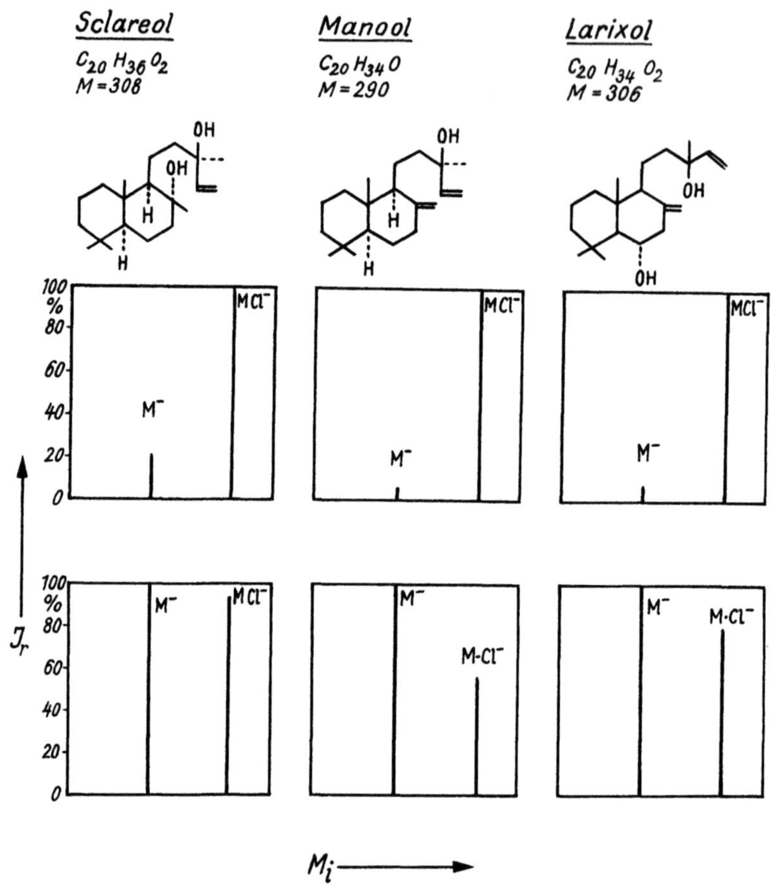

Abb. 44 Diterpene mit starker Tendenz zur Anlagerung von Cl^-. Die unteren Spektren wurden bei einem geringeren Cl^--Anteil in der Ionenquelle aufgenommen.

oder Äther - nicht bewährt, da sie meist stärker fragmentieren als die Ausgangsprodukte, und die Fragmente sich außerordentlich leicht an Moleküle anlagern können. Besonders stark ausgeprägt ist diese Tendenz bei Trifluoracetyl-Verbindungen, wo das Molekülion entweder mit sehr kleiner Intensität oder gar nicht mehr auftritt. Als Beispiele seien Demissidin, $C_{27}H_{45}NO$, M = 399 sowie dessen O-Acetyl- und O-Trifluoracetyl-Derivat betrachtet

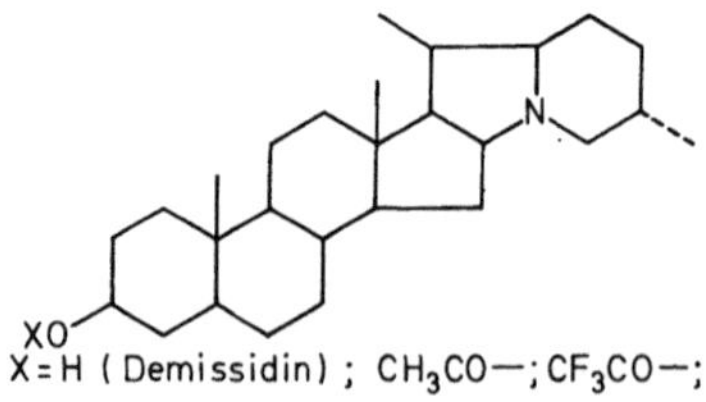

X = H (Demissidin) ; CH_3CO—; CF_3CO—;

(Tab. 16, vergl. Abb. 49). Die nicht substituierte Ausgangsverbindung bildet unter normalen Ionisierungsbedingungen (M-1)-Ionen (m/e = 398), aber keine Fragmente. Beim Acetylderivat ist zusätzlich ein Peak (M-43) vorhanden [dieser entspricht im Prinzip dem (M-1)-Peak des Demissidin], während das O-Trifluoracetylderivat starke Peaks mit den Massen 564 und 398, aber nur einen sehr schwachen Peak bei (M-1) zeigt.

Tabelle 16 Zunehmende Linienzahl im EA-Massenspektrum bei Derivaten (Demissidin, O-Acetyl- und O-Trifluoracetyl-D.).

Substanz	M	m/e	Abstand von M	negatives Ion
X = H	398	397	- 1	M - H
X = CH_3CO	441	440	- 1	M - H
		398	- 43	M - CH_3CO
X = CF_3CO	495	564	+ 69	M + CF_3^-
		494	- 1	M - H
		398	- 97	M - CF_3CO

Im unteren Massenbereich der Spektren von Trifluoracetylverbindungen treten intensive Peaks bei den Massenzahlen 69 = CF_3^- und 50 = CF_2^- auf. Die Existenz dieser Ionen ist als Beweis für den Anlagerungsprozeß anzusehen.

Die Ionenanlagerung an neutrale Moleküle ist für solche Substanzen eine wichtige Ionisierungsmethode, die auf Grund ihrer kleinen Elektronenanlagerungsquerschnitte nicht genügend negative Ionen bilden. Das trifft im Bereich der EA-Massenspektrographie für alle gesättigten Kohlenwasserstoffe zu, unabhängig davon, ob es sich um Paraffine, Naphthene oder Naphthene mit paraffinischen Seitenketten handelt. Untersucht wurden die Massenspektren einzelner Paraffine von C_8H_{18}, M = 114 bis $C_{36}H_{74}$, M = 506 [126]. Übereinstimmend ergibt sich, daß die Peaks 17 ME über den Massenzahlen der Moleküle auftreten. Aus der Massendifferenz $\Delta M = 17$ wurde auf die Anlagerung von OH^- geschlossen. Die OH^--Ionen bilden sich aus dem Restgas in der Ionenquelle (vgl. Abschnitt 7.3. Gemische). Experimentell wurde diese Annahme durch Markierung mit Deuterium bestätigt. Nach Spülung der Ionenquelle mit D_2O und weiterer D_2O-Zufuhr, zusammen mit der organischen Substanz, tritt die erwartete Peakverschiebung um 1 ME auf, entsprechend der Anlagerung von OD^-. Dieses Ergebnis deutet zwar darauf hin, daß H_2O-Moleküle als Ausgangssubstanz eine Rolle spielen, läßt jedoch offen, wieweit Reste O_2 bzw. O oder O^- an der Bildung der OH^--Ionen beteiligt sind. In Übereinstimmung mit anderen Untersuchungen [127] lassen sich für die Bildung der OH^--Ionen folgende Reaktionen formulieren:

$$H_2O + O^- \rightarrow OH^- + H$$

$$OH + e \rightarrow OH^-$$

Eine weitergehende Klärung des Mechanismus der OH^--Bildung wäre durch Ionenquellenversuche mit $^{18}O_2$ bzw. ^{18}O möglich. Neben der Anlagerung von OH^- erfolgt die Anlagerung von O^--Ionen* an Moleküle unter Abspaltung eines H'Atoms aus dem Kohlenwasserstoff-Molekül. Dieses Ion tritt bei (M+15) auf und kann in Paraffingemischen die Anwesenheit monocyclischer Naphthene vortäuschen. In ähnlicher Weise führt die Zufuhr von Schwefeldampf zur Anlagerung von S^-, wobei ebenfalls ein H-Atom abgespalten wird. Die Anlagerung anderer negativer Ionen an gesättigte Kohlenwasserstoffe, z.B. Halogene wurde bisher nicht festgestellt.

Aromatische Kohlenwasserstoffe reagieren in Anwesenheit von Sauerstoff in erheblichem Umfang mit negativ geladenen Sauerstoffionen unter Bildung von (M+15)-Ionen. So läßt sich z.B. für das Anthracen die Bruttoumsetzung

$$C_{10}H_8 + O^- \rightarrow C_{10}H_7 \cdot O^- + H$$

formulieren, die in entsprechender Weise auch beim Benzol beobachtet wurde [85]. Diese Reaktion ist für kondensierte Aromaten charakteristisch. Die Ionenausbeute steigt bei kondensierten Aromaten mit der Zahl der Ringe im Molekül an, so daß ein direkter Zusammenhang zwischen Ionenausbeute und Oxydationsverhalten besteht**.

---

* Zur Bildung von O^--Ionen vgl. Reed, R.J.; Ion-Production by Electron Impact, London: Academic Press 1962.

** vgl. Clar, E.: Aromatische Kohlenwasserstoffe, 2. Aufl., Berlin/Göttingen/Heidelberg: Springer 1952, S. 277.

Zusammenlagerungen von Ionen und Molekülen, die unter Fragmentierung des Ions verlaufen - Grundtyp (3) - konnten in der EA-Ionenquelle noch nicht mit Sicherheit nachgewiesen werden, jedoch wurden sie für positive Ionen bereits beschrieben [128]. Die bisher beobachteten Sekundärionen, die sich bei der EA-Massenspektrographie durch Anlagerung von negativen Ionen an neutrale Moleküle bilden, sind in Tab. 17, 18 und 19 für die beiden Grundtypen (1) und (2) zusammengestellt.

Tabelle 17 IMR bei negativen Ionen, nach Grundtyp (1): $AB+CD^- \rightarrow AB \cdot CD^-$; als Primärion OH^-.

Primärion	Molekül		Sekundärion
OH^-	C_nH_{2n+2}	(Paraffine)	$C_nH_{2n+2} \cdot OH^-$
	Naphthene		
	C_nH_{2n}	(monocycl.)	$C_nH_{2n} \cdot OH^-$
	C_nH_{2n-2}	(dicycl.)	$C_nH_{2n-2} \cdot OH^-$
	C_nH_{2n-4}	(tricycl.)	$C_nH_{2n-4} \cdot OH^-$
	C_nH_{2n-6}	(tetracycl.)	$C_nH_{2n-6} \cdot OH^-$
	C_nH_{2n-8}	(pentacyl.)	$C_nH_{2n-8} \cdot OH^-$
	C_nH_{2n-10}	(hexacycl.)	$C_nH_{2n-10} \cdot OH^-$
	Olefine		
	C_nH_{2n}		$C_nH_{2n} \cdot OH^-$
	C_nH_{2n-2}	(monocycl.)	$C_nH_{2n-2} \cdot OH^-$
	C_nH_{2n-4}	(dicycl.)	$C_nH_{2n-4} \cdot OH^-$
	C_nH_{2n-6}	(tricycl.)	$C_nH_{2n-6} \cdot OH^-$
	C_nH_{2n-8}	(tetracycl.)	$C_nH_{2n-8} \cdot OH^-$

Tabelle 18 IMR bei negativen Ionen, nach Grundtyp (1): $AB+CD^- \rightarrow AB\cdot CD^-$; Primärionen, außer OH^-.

Primärionen	Molekül	Sekundärion
$C_mH_{2m+1}O^-$	$C_nH_{2n+1}OH$ (auch für m = n)	$C_nH_{2n+1}OH\cdot C_mH_{2m+1}O^-$
	CO_2	$CO_2\cdot C_mH_{2m+1}O^-$
$C_mH_{2m+1}O^-$	$C_nH_{2n+1}COOH$ (auch für m = n)	$C_nH_{2n+1}COOH\cdot C_mH_{2m+1}O^-$
$C_mH_{2m+1}COO^-$	$C_nH_{2n+1}COOH$ (auch für m = n)	$C_nH_{2n+1}COOH\cdot C_mH_{2m+1}COO^-$
	CO_2	$CO_2\cdot C_mH_{2m+1}COO^-$
$C_mH_{2m+1}COO^-$	$C_nH_{2n+1}OH$ (auch für m = n)	$C_nH_{2n+1}OH\cdot C_mH_{2m+1}COO^-$
Cl^-	$C_nH_{2n+1}OH$	$C_nH_{2n+1}OH\cdot Cl^-$
	$C_nH_{2n+1}COOH$	$C_nH_{2n+1}COOH\cdot Cl^-$
OCF_3^-	Trifluoracetyl-solanidin(= TFAS)	$TFAS\cdot CF_3^-$
O^-	$C_{18}H_{12}$ (Tetracen)	$C_{18}H_{12}\cdot O^-$
$C_mH_n^-$ (m = 1....24; n = 0.... 5) (Fragmentionen des Coronen)	$C_{23}H_{22}$ (Coronen)	$C_{24}H_{12}\cdot C_mH_n^-$

Tabelle 19 IMR bei negativen Ionen, nach Grundtyp (2): $AB+CD^- \rightarrow A \cdot CD^- + B$.

Primärion	Molekül		Sekundärion	
O^-	C_nH_{2n+2}	(Paraffine)	$C_nH_{2n+1} \cdot O^-$	+H
	Naphthene			
	C_nH_{2n}	(monocycl.)	$C_nH_{2n-1} \cdot O^-$	+H
	C_nH_{2n-2}	(dicycl.)	$C_nH_{2n-3} \cdot O^-$	+H
	C_nH_{2n-4}	(tricycl.)	$C_nH_{2n-5} \cdot O^-$	+H
	C_nH_{2n-6}	(tetracycl.)	$C_nH_{2n-7} \cdot O^-$	+H
	C_nH_{2n-8}	(pentacycl.)	$C_nH_{2n-9} \cdot O^-$	+H
	C_nH_{2n-10}	(hexacycl.)	$C_nH_{2n-11} \cdot O^-$	+H
	$C_{10}H_8$	(Naphthalin)	$C_{10}H_7 \cdot O^-$	+H
	$C_{14}H_{10}$	(Anthracen)	$C_{14}H_9 \cdot O^-$	+H
	$C_{13}H_{10}$	(Fluoren)	$C_{13}H_9 \cdot O^-$	+H
	$C_{14}H_{10}$	(Phenanthren)	$C_{14}H_9O^-$	+H
	$C_{16}H_{10}$	(Pyren)	$C_{16}H_9O^-$	+H
	$C_{24}H_{12}$	(Coronen)	$C_{24}H_{11} \cdot O^-$	+H

5.4. Isotopenpeaks

Der natürliche Kohlenstoff, Bestandteil aller organischen Verbindungen, besteht aus den Isotopen ^{12}C = 98,9 % und ^{13}C = 1,1 % . Wegen der statistischen Verteilung enthält ein bestimmter Anteil der Moleküle einer organischen Verbindung außer ^{12}C-Atomen auch ein oder mehrere ^{13}C-Atome. Im Massenspektrum treten die Peaks dieser Ionen entsprechend um eine oder mehrere ME höher auf. Da die Wahrscheinlichkeit für die Anwesenheit der schweren C-Isotope mit steigender C-Zahl des Moleküls zunimmt, nimmt sowohl die Intensität als auch die Zahl der ^{13}C-Peaks zu.

Die statistische Verteilung der ^{13}C-Atome in Abhängigkeit von der Gesamtzahl der C-Atome läßt sich rechnerisch mit der Newtonschen Formel erfassen:

$$W(n') = \binom{n}{n'} \cdot p^{n'} \cdot q^{n-n'}$$

Den Symbolen dieser Formel kommt im Falle des Kohlenstoffes folgende Bedeutung zu:

W(n')	Wahrscheinlichkeit für das Auftreten von n' ^{13}C-Atomen im Molekül
n	Zahl der C-Atome im Molekül
n'	Zahl der ^{13}C-Atome im Molekül
p	rel. Häufigkeit von ^{13}C im Kohlenstoff (p = 0,011)
q	rel. Häufigkeit von ^{12}C im Kohlenstoff (q = 0,989)

In Tab. 20 ist die Verteilung der ^{13}C-Atome für Moleküle mit 1 bis 160 C-Atomen zusammengestellt, die nach der Newtonschen Formel errechnet wurde. Das Molekülion im EA-Massenspektrum führt demzufolge zu einer Liniengruppe mit der angegebenen Intensitätsverteilung. Betrachtet man z.B. ein

Tabelle 20 Bildung von Liniengruppen im EA-Massenspektrum auf Grund des Isotops ^{13}C im natürlichen Kohlenstoff und Anteile der einzelnen Linien für Moleküle mit 0 bis 5 ^{13}C-Atomen.

Zahl der C-Atome im Molekül	Anteil A der Moleküle mit n' = O bis n' = 5 ^{13}C-Atomen in %					
n	n' = 0	n' = 1	n' = 2	n' = 3	n' = 4	n' = 5
1	98.90	1.10				
2	97.81	2.17				
4	95.65	4.26	0.07	0.0005		
6	93.56	6.24	0.17	0.003		
10	89.54	9.96	0.50	0.05		
20	80.17	17.83	1.88	0.12	0.006	
30	71.78	23.95	3.86	0.40	0.03	
50	57.54	32.00	8.72	1.55	0.20	
100	33.11	36.83	20.27	7.37	1.99	0.43
160	17.06	30.36	26.84	15.72	6.86	2.31

großes Paraffin-Molekül mit 100 C- Atomen, so erhält man - unter Berücksichtigung aller Anteile A > 1 % - bei der MZ des Molekülions fünf Linien mit der in Tab. 21 angegebenen Intensitätsverteilung.

Tabelle 21 Intensitätsverteilung der Liniengruppe im Bereich des Molekülions für einen Paraffin-Kohlenwasserstoff mit 100 C-Atomen, $C_{100}H_{202}$, M = 1402.

	n'	A (%)	Bruttoformel
M	0	33.11	$^{12}C_{100}H_{202}$
M + 1	1	36.83	$^{12}C_{99}\,^{13}C\,H_{202}$
M + 2	2	20.27	$^{12}C_{98}\,^{13}C_2H_{202}$
M + 3	3	7.37	$^{12}C_{97}\,^{13}C_3H_{202}$
M + 4	4	1.99	$^{12}C_{96}\,^{13}C_4H_{202}$

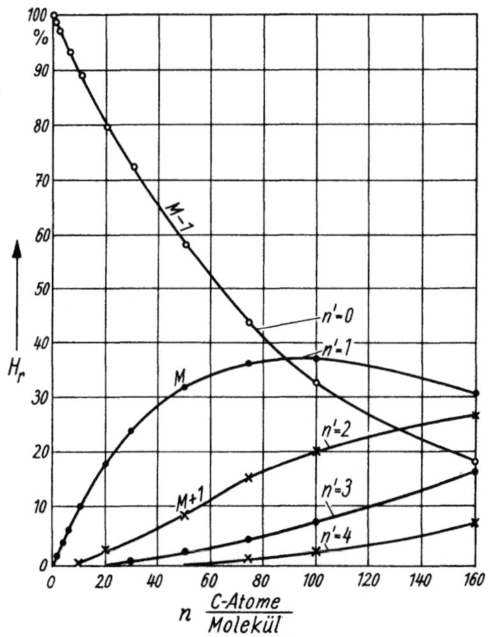

Abb. 45 Anteil H_r der Moleküle mit n' = 0 bis n' = 4 ^{13}C-Atomen in Abhängigkeit von der Zahl n der Kohlenstoffatome im Molekül.

Aus einer graph. Darstellung (Abb. 45) kann für Ionen mit bis zu 160 C-Atomen die Zahl der zu erwartenden Linien und deren relativer Intensitätsanteil entnommen werden. Die Kurven für n' = O und 1 schneiden sich bei n = 90, d.h. in einem Molekül mit 90 C-Atomen sind die Linien M und (M+1) von gleicher Intensität.

Der Zusammenhang zwischen der C-Zahl pro Molekül und dem Intensitätsverhältnis von ^{12}C- und ^{13}C-Peak kann zur Bestimmung der C-Zahl in unbekannten Molekülen ausgenutzt werden. Voraussetzung ist jedoch, daß sich keine Peaks anderer Ionen überlagern, d.h. es dürfen weder mehrere Ionisierungsprozesse, wie z.B. M^- und (M-1) noch H-Transfers stattfinden. Im Bereich der negativen Ionen ist diese Bedingung am besten bei gesättigten Kohlenwasserstoffen erfüllt, deren Ionen durch OH^- Anlagerung (M+17) gebildet werden. Beispielsweise wurde für ein Spektrum mittlerer Intensität beim n-Hexatriacontan gute Übereinstimmung zwischen den berechneten (I_{theor}) und den gemessenen (I_{gem}) Werten erhalten (Tab. 22).

Tabelle 22 Berechnete und gemessene Intensitätsverteilung der ^{13}C-Peaks beim n-Hexatriacontan.

m/e	Formel	I_{theor}	I_{gem}
523	$^{12}C_{36}H_{74}$	100	100
524	$^{12}C_{35}{}^{13}C\,H_{74}$	39.9	38.9
525	$^{12}C_{34}{}^{13}C_2H_{74}$	7.8	9.3

Die C-Zahl-Bestimmung läßt sich bei anderen Verbindungen nur mit Einschränkungen durchführen, weil wegen der unterschiedlichen Ionisierungsmechanismen in den meisten Fällen keine reinen ^{12}C-/^{13}C-Peaks vorliegen. Das gilt für beide Ionenarten, besonders aber für negative Ionen, weil diese teilweise durch Resonanzanlagerung und teilweise durch nachfolgende H-Abspaltung gebildet werden.

Organische Moleküle enthalten außer C, H und O häufig Heteroatome, die ähnlich wie der Kohlenstoff, aus mehreren Isotopen zusammengesetzt sind. Für die im Massenspektrum auftretenden Liniengruppen gilt dasselbe wie für den Kohlenstoff. In der Hauptsache kommen die Elemente der Tab. 23 in Betracht. (Isotope, deren Häufigkeit $< 0,1\,\%$ werden nicht aufgeführt).

Tabelle 23 Heteroatome mit charakteristischer Isotopenverteilung, die häufig in organischen Verbindungen auftreten.

Element	Isotope	Häufigkeit (%)
Cl	35	75.4
	37	24.6
Br	79	50.5
	81	49.5
S	32	95.1
	33	0.75
	34	4.2
Si	28	92.2
	29	4.7
	30	3.1
B	10	19.0
	11	81.0

Außerdem können in metallorganischen Verbindungen und Komplexen auch eine Reihe Metalle auftreten (Tab. 24).

Auf die für Eichzwecke herangezogenen Isotope von Zr, W und Mo soll nicht eingegangen werden.

Die Anwesenheit von Heteroatomen mit mehreren Isotopen ermöglicht wichtige Aussagen zu den untersuchten Substanzen. Aus dem Linienbild der einzelnen Gruppen kann nicht nur auf die Anwesenheit dieser Elemente, sondern auch auf die Anzahl ihrer Atome im Molekül und in den einzelnen Fragmenten geschlossen werden. Das Linienbild für Moleküle mit 1 bis 5 Cl-, Br- oder S-Atomen ist in Abb. 46 dargestellt. Dieser Intensitätsverteilung überlagern sich dann jeweils die ^{13}C-Isotopenpeaks des Moleküls. Das Isotop mit der niedrigsten Massenzahl ist bei den drei Elementen das häufigste. Sind mehrere Cl- oder Br-Atome im Molekül anwesend, so kann sich der stärkste Peak um 2 ME verschieben. Das ist der Fall, wenn $n'_{Cl} > 4$ bzw. $n'_{Br} > 1$ wird. Da diese drei Elemente aus zwei Isotopen bestehen, treten bei Anwesenheit eines Atoms im Molekül jeweils zwei Linien auf und mit jedem weiteren Atom eine zusätzliche Linie. Die Liniengruppe einer Cl-haltigen Verbindung mit 5 Cl-Atomen setzt sich somit aus 6 Linien zusammen. Man kann also aus der Zahl der Linien in einer Gruppe auch auf die

Tabelle 24 Isotopenzusammensetzung von Metallen, die häufig in organischen Verbindungen auftreten.

Metall	Isotope	Häufigkeit	Metall	Isotope	Häufigkeit
Mg	24	79.0	Ag	107	51.4
	25	10.1		109	48.6
	26	10.9			
Ti	46	8.0	Sn	112	1.0
	47	7.8		114	0.7
	48	73.4		115	0.3
	49	5.5		116	14.2
	50	5.3		117	7.6
Fe	54	5.8		118	24.0
	56	91.7		119	8.6
	57	2.2		120	33.0
	58	0.3		122	4.7
				124	6.0
Ni	58	67.8			
	60	26.1	Sb	121	57.3
	61	1.3		123	42.7
	62	3.7			
	64	1.1			
Cu	63	69.1	Hg	196	0.2
	65	30.9		198	10.0
				199	16.8
Zn	64	48.9		200	23.1
	66	27.8		201	13.2
	67	4.1		202	29.8
	68	18.6		204	6.9
	70	0.6			

Anzahl der vorhandenen Heteroatome schließen. An Hand des Fragmentierungsspektrums lassen sich z.B. bei einer Cl-haltigen Substanz sofort folgende Aussagen machen:

1. Anzahl n der Cl-Atome im Molekül
2. Anzahl der Cl-Atome in den Fragmentionen mit O bis n Cl-Atomen.
3. Abspaltung von Cl oder HCl (Änderung des Bildes der Liniengruppe, charakteristischer Wert für $\Delta M = 35$ oder 36).

In Einzelfällen kann die Anwesenheit eines Cl-Atoms vorgetäuscht werden, wenn die Substanz z.B. Cu enthält, oder wenn ein Alkoholmit (M-1)- und (M-3)-Ion vorliegt. Diese Unsicherheit läßt sich ausschließen, wenn man das Spektrum auf Cl-haltige Fragmentionen und im Bereich der Massen 70 und 35 auf die Ionen Cl_2^- und Cl^- prüft.

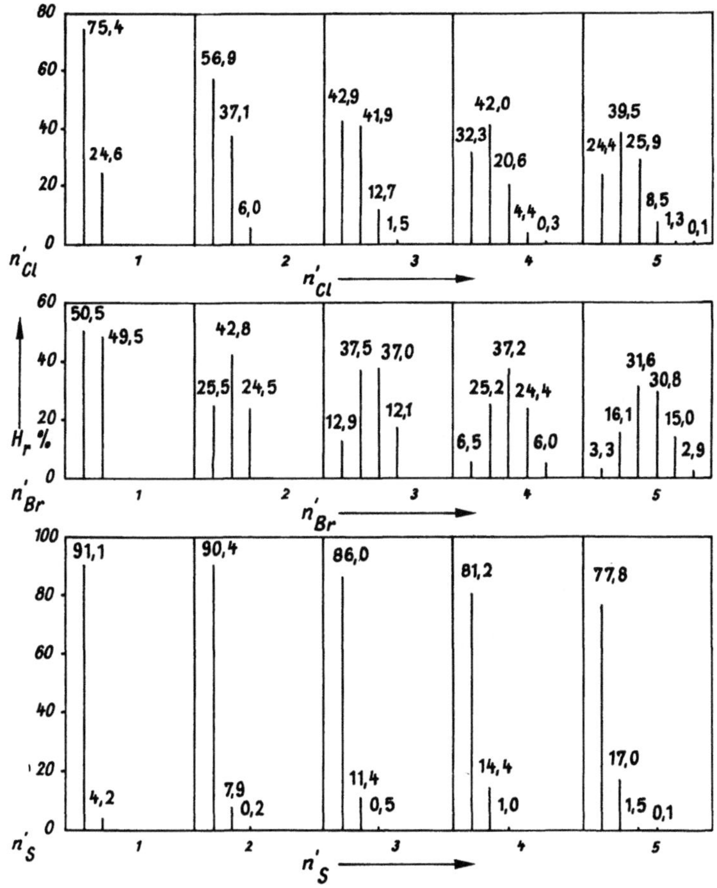

Abb. 46 Linienbild für Moleküle mit n' = 1.....5 Heteroatomen (Cl, Br, S). Beim Schwefel blieb das Isotop ^{33}S, rel. Häufigkeit 0,7 %, unberücksichtigt.

5.5. Metastabile Ionen

Ein negatives Ion, das in der Ionenquelle gebildet wird, läßt sich nur dann auf der Photoplatte nachweisen, wenn seine Lebensdauer τ größer ist als die Laufzeit im Massenspektrographen. Die Laufzeit liegt in der Größenordnung von 10^{-6} s. Viele Ionen haben eine kleinere Lebensdauer, sind also metastabil und verlieren ihre Ladung vorher oder zerfallen entsprechend dem Schema

$$m_1^- \rightarrow m_2^- + m_3$$

in ein kleineres negatives Ion und ein neutrales Bruchstück ($m_1 > m_2$). Tritt dieser Zerfall ein, solange noch Kräfte auf das Ion einwirken, d.h. vor dem Verlassen des Magnetfeldes, so treffen die gebildeten Sekundärionen bei Massenzahlen $< m_1$ auf der Photoplatte auf. Der Zerfall eines metastabilen Ions kann in der Zeit zwischen der Bildung des Ions in der Ionenquelle, dem Eintritt in die Beschleunigungsstrecke und dem Austritt aus dem Magnetfeld erfolgen. Je nach Zerfallsort treten die beim Zerfall gebildeten Ionen irgendwo im Spektrenbereich unterhalb der Massenzahl des Ions m_1 auf, und es entsteht keine definierte Linie. Solche instabilen Ionen leisten deshalb einen Beitrag zur Untergrundschwärzung des Massenspektrums in diesem Bereich. Nur die Ionen m_2, die im feldfreien Raum zwischen Beschleunigungsstrecke und Magnetfeld entstehen, erreichen die Photoplatte an einer definierten Stelle und bilden dort eine mehr oder weniger diffus geschwärzte Linie. Ihre Lebensdauer ist gerade so groß, daß sie als Ion mit der Masse m_1 beschleunigt und im Magnetfeld als Ion mit der kleineren Masse m_2 ausgelenkt werden. Daraus leitet sich für die Massenzahl m^+, bei der das Ion m_2 im Spektrum auftritt, folgende Beziehung ab:

Im elektrischen Feld nimmt das Ion m_1 die kinetische Energie

(1) $$eU = \frac{m_1 v^2}{2}$$ auf. Da der Zerfall

$m_1^- \rightarrow m_2^- + m_3$ ohne nennenswerten Verlust an kinetischer Energie erfolgt, bleibt die Geschwindigkeit des Ions konstant. Für den Ablenkradius im Magnetfeld gilt

(2) $$r = \frac{m_2 v}{e\,B}$$

so daß

(3) $$r = \frac{m_2}{\sqrt{m_1}} \cdot \sqrt{\frac{2U}{B}}$$

Dieser Radius r entspräche andererseits dem eines stabilen Ions mit der Masse m*

(4) $$r = \sqrt{m^*} \cdot \sqrt{\frac{2U}{B}}$$

Vergleich von (3) und (4) führt zu der Beziehung

$$(5) \qquad m^* = \frac{m_2^2}{m_1}$$

aus der zu erkennen ist, daß sich für m* meist keine ganze Massenzahl ergibt. Das Ion mit der scheinbaren Masse m* bezeichnet man als "metastabiles Ion" und seinen Peak als "metastabilen Peak".

Wenn man Gl. (5) nach m_2 oder m_1 auflöst

$$m_2 = \sqrt{m^* \cdot m_1}$$

$$m_1 = \frac{m_2^2}{m^*}$$

kann man auf Grund der Massenzahlen in den meisten Fällen den Zerfallsprozeß ermitteln. Die Genauigkeit des Rechenschiebers reicht hierzu im allgemeinen aus. Man geht so vor, daß man die MZ eines intensiven Peaks, der im Spektrum oberhalb von m* liegt (m_1 oder m_2), und die MZ von m^* in die Gleichung einsetzt und prüft, ob sich für die dritte MZ (m_2 oder m_1) ein plausibler Wert ergibt, bei dem ebenfalls ein Peak zu finden ist.

Metastabile Ionen sind beim Studium von Zerfallsprozessen und auch für die Strukturbestimmung ein wertvolles Hilfsmittel. Mit ihrer Hilfe läßt sich der Aufbau von Fragmentionen, sowie die Masse der abgespaltenen ungeladenen Teilchen ermitteln und beweisen. Wenn der Zerfall des Primärions unimolekular ist, ändert sich die Intensität des metastabilen Ions linear mit dem Dampfdruck der Probesubstanz.

Wegen der Bedeutung, die solchen metastabilen Übergängen in den Elektronenstoß-Massenspektren organischer Verbindungen zukommt, wurden mit Hilfe von Elektronenrechnern für eine große Anzahl von m* - Werten die zugehörigen Wertepaare m_1 und m_2 ermittelt und tabelliert. Um den Umfang der Tabellen zu begrenzen, fanden nur solche metastabilen Übergänge Berücksichtigung für die gilt $m_1 \leqslant 500$ und $500 \geqslant m^* \geqslant 1$. Die Werte für m* sind in Abständen von 0.01 ME angegeben. Die in Buchform herausgegebenen Tabellen [129] ermöglichen, schnell den Zerfallsvorgang zu ermitteln, der einem metastabilen Peak im Spektrum zuzuordnen ist.

Metastabile Linien bzw. Peaks treten nicht nur in den Spektren der positiven Ionen auf, sondern auch in den EA-Massenspektren negativer Ionen. Bei beiden Ionenarten sind die metastabilen Peaks etwa um den Faktor 10^2 weniger intensiv als die der entsprechenden Primärionen. Zur Untersuchung metastabiler Übergänge muß man möglichst intensive Spektren aufnehmen, weil der metastabile Peak sich sonst nicht aus dem Spektrenuntergrund hervorhebt und demzufolge unerkannt bleibt [130].

Tabelle 25 Metastabile Übergänge in den EA-Massenspektren negativer Ionen.

Neutrales Fragment	Primärion	Beispiele
H	Nitroverbindungen	2 - Nitrobenzoesäure 3 - Nitrobenzoesäure
	Verbindungen vom Typ des Benzoin	Piperoin
H_2	Alkohole	Stearylalkohol
	Verbindungen mit Keto- bzw. Enolgruppierung	Cyanbrenztraubensäure
H_2O	Steroidalkaloide	Nitroso-keto-soladulcidin
	Nitrosonaphthole	1-Nitroso-2-naphthol
CH_3COOH	Acetylderivate	Chlormadinonacetat
NO	Nitrophenole	Pikrinsäure, Nitrophenol 2- und 3-Nitrobenzoesäure
HCl	Cl-Aromaten	

Metastabile Übergänge negativer Ionen lassen sich hinsichtlich der abgespaltenen Neutralfragmente in Gruppen zusammenfassen (Tab. 25). Die Abspaltung eines H-Atoms führt bei der 2- und 3- Nitrobenzoesäure, die beide ein intensives M^--Ion bilden, zum Übergang

$$165^{-*} = 167^- \rightarrow 166^- + 1(H).$$

Im Spektrum des Piperoin sind M^- - und $(M-1)^-$-Ion nebeneinander vorhanden. Ein metastabiler Peak $(M-2)^{-*}$ beweist die Reaktion

$$M + e \rightarrow M^- \rightarrow (M-1)^-$$

$$280^{-*} = 282^- \rightarrow 281^- + 1$$

und damit die Annahme, daß das (M-1)-Ion aus dem primär durch Resonanzanlagerung gebildeten M^- - Ion hervorgeht. Von der Lebensdauer des Primärions hängt es ab, ob und in welchem Umfang dieses selbst im Spektrum auftritt.

Der S t e a r y l a l k o h o l bildet neben dem (M-1)- auch ein (M-3)-Ion, spaltet also ein Molekül Wasserstoff ab

$$265^{-*} = 269^- \rightarrow 267^- + 2(H_2).$$
$$\quad (M-1) \qquad (M-3)$$

Charakteristisch für Steroidalkaloide ist die Abspaltung von H_2O. Der metastabile Peak deutet auf eine Doppelbindung im Ring A oder B hin und begünstigt die Wasserabspaltung unter Bildung einer konjugierten Doppelbindung. Dieser Vorgang, der bei einigen Steroiden und Steroidalkaloiden durch die Anwesenheit eines (M-18) -Peaks bereits früher angenommen wurde, findet durch die beobachteten metastabilen Peaks seine Bestätigung.

Dagegen läuft die Abspaltung eines Moleküls H_2O beim 1 - N i t r o s o - 2 - n a p h t h o l wahrscheinlich unter Bildung einer 3-fach-Bindung im aromatischen System ab

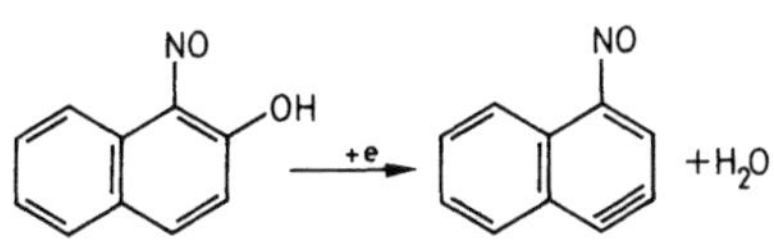

$$138{,}87^{-*} = 173^- \rightarrow 155^- + 18(H_2O)$$
$$M^-$$

Ein zur Wasserabspaltung analoger Vorgang ist der Austritt von Essigsäure aus Acetylderivaten, wie er bei C h l o r m a d i n o n a c e t a t beobachtet wurde:

$$295^{-*} = 404^- \rightarrow 344^- + 60$$

Der Verlust einer NO-Gruppe konnte bisher nur bei Nitrophenolen als metastabiler Übergang nachgewiesen werden. Der Zerfall geht hierbei von einem negativen Ion aus, dem bereits ein Sauerstoff- und Wasserstoffatom fehlen

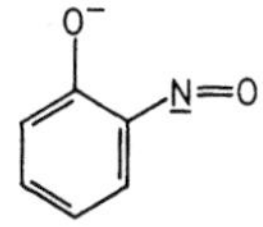

Das Auftreten des metastabilen Peaks läßt die Schlußfolgerung zu, daß der vom Ausgangsion abgespaltene Sauerstoff aus der Nitrogruppe und nicht von der phenolischen OH-Gruppe stammt. Es wird angenommen, daß die Reaktion wegen der intramolekularen Wasserstoffbrücke

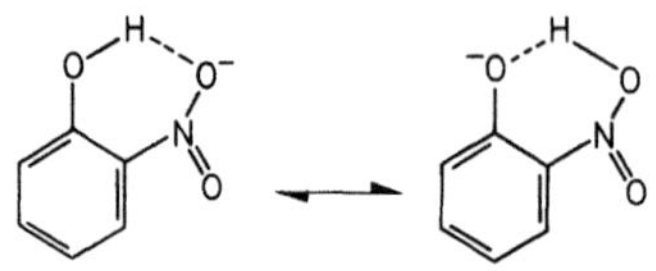

über die Acoform der Nitrogruppe verläuft. Primär entsteht durch Verlust der OH-Gruppe ein Anion $(M-17)^-$, welches sich durch Abspaltung der NO-Gruppe stabilisiert. Der Reaktionsablauf läßt sich folgendermaßen formulieren:

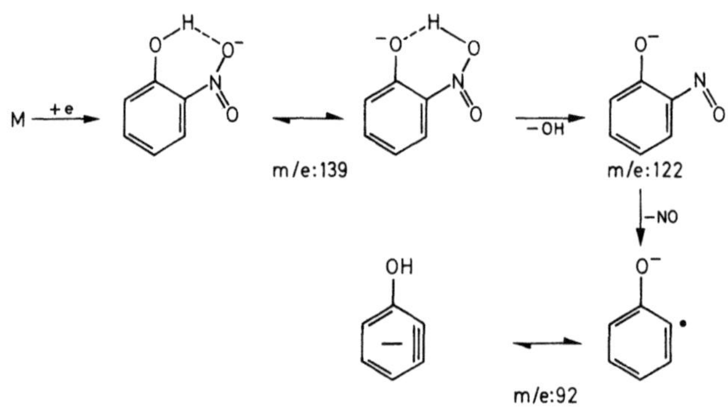

$$68^{-*} = 122^- \rightarrow 92^- + 30\ (NO)$$

Tabelle 26 Metastabile Übergänge in den EA-Massenspektren positiver Ionen.

Neutrales Fragment	Primärion	Beispiel
H	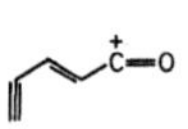 ; Aldehyd	Mandelsäure Zimtaldehyd
H_2	aromat. α-OH-Säure	Mandelsäure
OH	aromat. Carbonsäure	Benzoesäure
H_2O	substit. aromat. Carbonsäure	N-Phenylanthranilsäure
NH_2	aromat. Amine	1,2-Anisidin

Tabelle 27 Metastabile Peaks und deren Entstehung in den EA-Massenspektren negativer Ionen.

m*	$m_1^- \rightarrow m_2^- + m_3$	Substanz	m_1^-	m_2^-
68	$122^- \rightarrow 92^- + 30$ (NO)	2-Nitrophenol	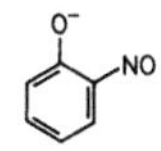	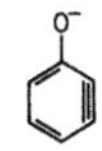
135	$167^- \rightarrow 150^- + 17$ (OH)	2-Nitrobenzoesäure 3-Nitrobenzoesäure	M^-	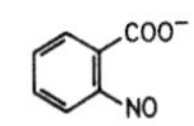
138,9	$173^- \rightarrow 155^- + 18$ (H_2O)	1-Nitroso-2-naphthol	M^-	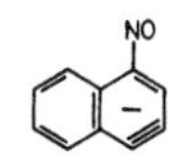
156,3	$212^- \rightarrow 182^- + 30$ (NO)	Pikrinsäure Pikrate: β-Pipecolin-pikrat (S)-2,3-(3'-Methyltetramethylen-1,2-dihydro-chinazolinium-pikrat	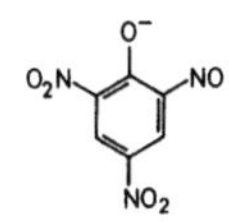	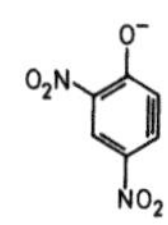
165	$167^- \rightarrow 166^- + 1$ (H)	2-Nitrobenzoesäure 3-Nitrobenzoesäure	M^-	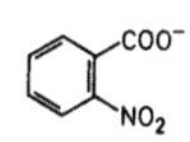
196	$161^- \rightarrow 226^- + 36$ (HCl)	N-4-Cl-Phenyl-N'-phenyl-thioharnstoff	M^-	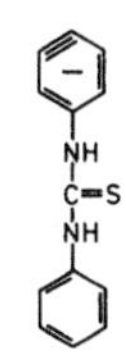
265	$269^- \rightarrow 267^- + 2$ (H_2)	Stearylalkohol	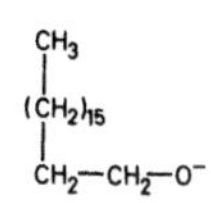	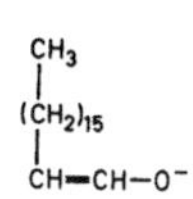
390	$426^- \rightarrow 408^- + 18$ (H_2O)	(25R)-N-Nitroso-14β, 22α-N-spirosol-4(?)-en-3β-ol-15-on	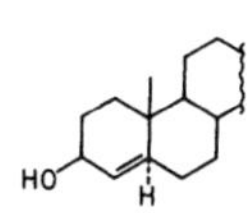	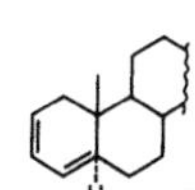
392	$428^- \rightarrow 410^- + 18$ (H_2O)	N-Nitroso-15-keto-14β-soladulcidin	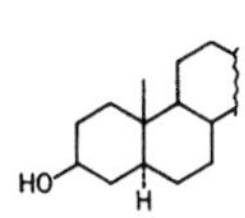	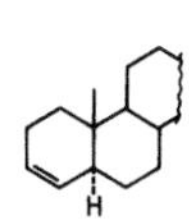

Dieser metastabile Übergang tritt verstärkt bei Pikraten auf, während er bei der Pikrinsäure selbst kaum zu beobachten ist. Das metastabile Ion entsteht auch hier durch Abspaltung von OH bzw. O:

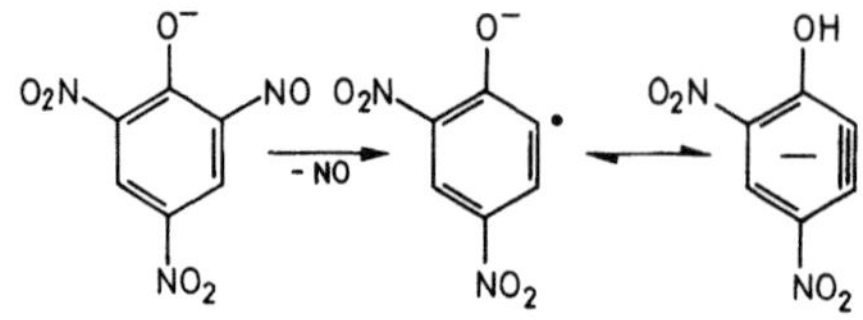

$$156{,}3^{-}* = 212^{-} \rightarrow 182^{-} + 30\ (NO)$$

Zahlreiche metastabile Peaks in den EA-Massenspektren positiver Ionen werden in der Hauptsache durch die Abspaltung von H; H_2; OH; H_2O oder NH_2 gebildet. Einige Beispiele sind in Tab. 26 zusammengestellt.

Tabelle 28 Metastabile Peaks und deren Entstehung in den EA-Massenspektren positiver Ionen.

m*	$m_1^+ \rightarrow m_2^+ + m_3$	Substanz	m_1^+	m_2^+
75	$79^+ \rightarrow 77^+ + 2$ (H_2)	Mandelsäure	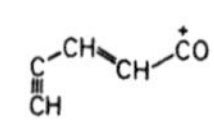	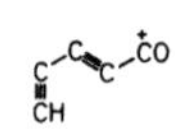
88	$90^+ \rightarrow 89^+ + 1$ (H)		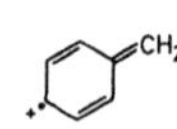	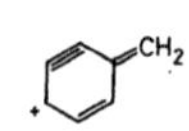
90	$122^+ \rightarrow 105^+ + 17$ (OH)	Benzoesäure	M^+	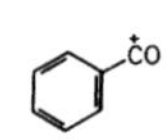
96	$123^+ \rightarrow 109^+ + 14$ (NH_2)	1,2-Anisidin	M^+	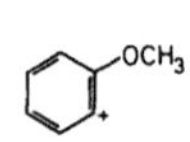
104	$107^+ \rightarrow 105^+ + 2$ (H_2)	Mandelsäure	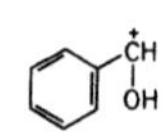	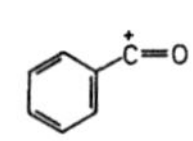
130	$132^+ \rightarrow 131^+ + 1$ (H)	Zimtaldehyd	M^+	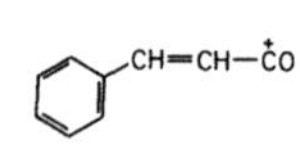
178,5	$213^+ \rightarrow 195^+ + 18$ (H_2O)	N-Phenylanthranilsäure	M^+	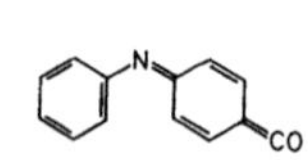

Die in den EA-Massenspektren beider Ionenarten beobachteten metastabilen Peaks sind in Tab. 27 und 28, nach steigender MZ von m* geordnet, zusammengestellt. Aus den Tabellen wird ersichtlich, daß die meisten metastabilen Übergänge bei beiden Ionenarten vom Molekülion M^- bzw. M^+ ausgehen. Die Bildung der Molekülionen darf somit als primärer Ionisierungsakt in der EA-Ionenquelle angesehen werden. Es sei betont, daß das Molekülion selbst nicht im Spektrum auftreten muß. Ob ein Molekülion nachzuweisen ist, hängt von seiner Stabilität bzw. Lebensdauer und diese von den energetischen Verhältnissen im Molekül und somit auch von der Molekülstruktur ab.

6. Vergleich von EA-Massenspektren negativer und positiver Ionen

Das umfangreiche Spektrenmaterial der positiven Ionen, das in der Hauptsache durch Elektronenstoßionisierung erhalten wurde, liegt bereits in mehreren Dokumentationszentren [131 - 134] gesammelt vor und ist für jeden Interessenten greifbar. Hierzu kommen die laufenden Veröffentlichungen in der Fachliteratur und zahlreiche Monographien. Obwohl im Vergleich dazu der Umfang des Spektrenmaterials negativer Ionen noch gering ist, fordern die mit der EA-Massenspektrographie erstmals in größerer Zahl aufgenommenen, aussagekräftigen Spektren negativer Ionen immer wieder zum Vergleich der Massenspektren beider Ionenarten heraus. Zusätzlich lassen sich mit dem EA-Massenspektrographen ebenfalls Spektren positiver Ionen aufnehmen, die den Elektronenstoßspektren weitgehend entsprechen. Durch einfaches Umschalten des Gerätes können von der gleichen Substanz in unmittelbarer Folge Spektren beider Ionenarten auf einer Fotoplatte erhalten werden.

Über die vergleichende Massenspektrometrie beider Ionenarten liegen bisher nur sehr wenig Untersuchungen vor. Die erste umfangreiche vergleichende Zusammenstellung stammt von Aplin et al. [55]. Insgesamt entsprach diese Gegenüberstellung nicht den Erwartungen, weil die mit einer Elektronenstoßquelle erzeugten Spektren negativer Ionen nur geringe Aussagekraft besitzen. Bei der vergleichenden Untersuchung von Flechteninhaltsstoffen [119], vorwiegend Depsiden, Depsidonen, Depsonen, Dibenzofuranen und Diphenylbutadienen wurden erstmals EA-Massenspektren negativer Ionen herangezogen.

Da es sich bei solchen Vergleichsuntersuchungen der Spektren beider Ionenarten um ein neuartiges Verfahren innerhalb der Massenspektroskopie handelt, das in Zukunft verstärkte Anwendung finden dürfte, sollen einige begriffliche Festlegungen getroffen werden. Für dieses Verfahren wird die

Bezeichnung "Negativ-Positiv-Massenspektrenvergleich" bzw. "(-) (+) Massenspektrenvergleich" verwendet, mit der abgekürzten Schreibweise "NP-Spektrenvergleich". In dieser Arbeit werden die Spektren der negativen Ionen den positiven vorangestellt, weil die ersteren bei der EA-Massenspektrographie Hauptgegenstand der Untersuchung sind. Anstelle der exakten Formulierungen "Massenspektren negativer (bzw. positiver) Ionen" haben sich im Sprachgebrauch die Kurzformen "negative Massenspektren" bzw. "positive Massenspektren" eingeführt. Die Kurzbezeichnung "Spektrenvergleichsverfahren" darf nur im Zusammenhang gebraucht werden, da sie bereits anderweitig vergeben ist *.

6.1. Bildung positiver Ionen in der EA-Ionenquelle

Die Aufnahme der Spektren positiver Ionen erfolgt in der EA-Massenspektrographie unter den gleichen Ionenquellenbedingungen wie die der negativen Ionen. Zur Aufnahme des Massenspektrums einer Ionenart werden entweder die negativen oder die positiven Ionen aus der Ionenquelle abgesaugt. Die Umschaltung erfolgt durch Umpolen von Zieh-, Beschleunigungs- und Linsenspannung, sowie der Erregerspannung des Magnetfeldes.

Die gleichzeitige Bildung von negativen und positiven Ionen in der EA-Ionenquelle und die Möglichkeit der Aufnahme von aussagekräftigen Massenspektren beider Ionenarten stellen besonders günstige Voraussetzungen für vergleichende Untersuchungen mit Hilfe der EA-Massenspektrographie dar. Der Primärschritt für die Bildung negativer Ionen ist die Anlagerung eines energiearmen Elektrons, während die positiven Ionen durch Stoßionisierung mit den energiereichen Elektronen ($E_e > 6$ eV) der Gasentladung entstehen. Die Ähnlichkeit des Aufbaues der EA-Spektren positiver Ionen mit den normalen Elektronenstoß-Massenspektren ist trotz der Unterschiede in den Elektronenenergien groß. In einer Elektronenstoßionenquelle werden zur Erzielung guter Reproduzierbarkeit und hoher Ionenausbeuten Elektronenenergien zwischen 50 bis 100 eV bevorzugt. Im Gegensatz dazu sinkt die Elek-

* Unter "Spektrenvergleich" versteht man den Identitätsnachweis durch Vergleich des Spektrums einer unbekannten Probe mit dem der vermuteten bekannten Substanz.

tronendichte in der EA-Ionenquelle bereits bei Energien > 15 eV auf einen sehr kleinen Wert ab, wenn man für die Berechnung eine Elektronentemperatur von $3 \cdot 10^4$ °K zugrunde legt und für die Energieverteilung eine Maxwell-Verteilung annimmt (vgl. 2.2. Prinzip der EA-Ionenquelle). Diese Unterschiede lassen für die EA-Ionenquelle einen Spektren aufbau bei den positiven Ionen erwarten, der zwischen dem des normalen Elektronenstoß- und dem des "Low-Voltage"-Spektrums liegt. Eine Folge der kleineren Stoßenergien sind geringere Fragmentierungen und höhere Molekülionenausbeuten bei den positiven Ionen. Andere Bildungsmöglichkeiten für positive Ionen, z.B. Ionenpaarbildung oder Stoß gebildeter Radikale mit Elektronen, sind prinzipiell denkbar, aber auf Grund der geringen Elektronenenergien und der hohen Intensitäten, vor allem an Molekülionen, wenig wahrscheinlich.

6.2. Ergebnisse des Spektrenvergleiches

Verglichen werden vorwiegend solche Spektren beider Ionenarten, die mit dem EA-Massenspektrographen unter möglichst gleichen Ionenquellenbedingungen aufgenommen wurden. Nur in Ausnahmefällen werden auch Elektronenstoßspektren positiver Ionen aus der Literautr herangezogen. Die Intensitäten der zu vergleichenden Spektren sollen nicht zu sehr voneinander abweichen. Das erreicht man durch die Aufnahme mehrerer Spektren mit abgestuften Expositionszeiten. Bei einigen Substanzen muß zusätzlich die Verdampfungstemperatur in geringem Umfang variiert werden.

Beim Vergleich beider Spektrenarten stellt man fest, daß häufig das Spektrum der einen Ionenart einer Substanz linienarm, das der anderen dagegen linienreich ist. In den meisten Fällen ist das Spektrum der negativen Ionen linienarm und dadurch übersichtlicher. Es gibt eine Anzahl Substanzen, bei denen beide Spektren linienreich sind, während der umgekehrte Fall, daß beide Spektren linienarm sind, bisher kaum festgestellt wurde. Ionen, deren MZ größer ist als die des parent-peak, die also durch Zusammenlagerungen entstehen, sind charakteristisch für negative Ionen, werden jedoch bei einigen Substanzen auch in den Spektren der positiven Ionen beobachtet, z.B. bei Benzylalkohol, Benzaldehyd und Isatin. Das Auftreten dieser Peaks ist mehr eine Frage der Versuchsbedingungen als der Substanzeigenschaften, da solche IMR sehr vom Partialdruck der Substanz abhängen.

Charakteristische Fragmentionen, die nach Spiteller als "Schlüsselbruchstücke" bezeichnet werden [135], weil sie eine Art Schlüssel zur Strukturaufklärung darstellen, sind in wechselnder Zahl bei beiden Ionenarten, jedoch häufig bei unterschiedlichen MZ zu finden. Im Bereich der Molekülmasse entspricht der (M-1)-Peak der negativen Ionen dem M-Peak der positiven Ionen. Wegen der niedrigen Elektronenenergien in der EA-Ionenquelle fällt der M^+-Peak im Vergleich zum normalen Elektronenstoßverfahren relativ groß aus. Das Auftreten dieses Peaks ist eine Bestätigung für das bereits aus dem Spektrum der negativen Ionen ermittelte Molgewicht. Mit Hilfe von M^+ kann in Zweifelsfällen entschieden werden, ob ein M^--oder ein $(M-1)^-$-Ion vorliegt. Eine ungerade MZ für das Molekülion M^+ deutet auf die Anwesenheit einer ungeraden Anzahl von Stickstoffatomen hin.

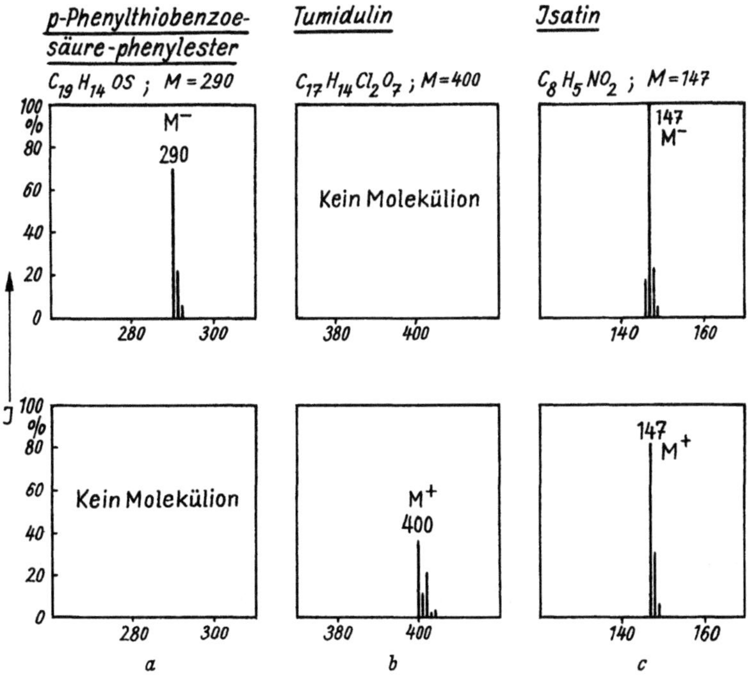

Abb. 47 Vertreter der drei Gruppen organischer Verbindungen, geordnet nach der Molekülionenbildung der (-) und (+) Ionen.
a) 1. Gruppe (Anionenbildner); b) 2. Gruppe (Kationenbildner);
c) 3. Gruppe (Anionen- und Kationenbildner).

Verallgemeinernd lassen sich organische Substanzen auf Grund ihrer molekülionenbildenden Eigenschaften in zwei Gruppen einteilen. Zur ersten Gruppe gehören alle Substanzen, die nur vorwiegend stabile negative Ionen bilden. Zur zweiten Gruppe solche, die nur oder vorwiegend positive Ionen bilden. Zwischen diesen beiden Grenzfällen gibt es alle möglichen Übergänge. Wie kompliziert die Verhältnisse im einzelnen liegen, geht daraus hervor, daß schon geringfügige Unterschiede in der Molekülstruktur den Spektrenaufbau erheblich verändern können. Darüber hinaus können zu einer dritten Gruppe solche Substanzen zusammengefaßt werden, die sowohl negative als auch positive Molekülionen in hoher Ausbeute liefern. Von je einem Vertreter dieser drei Gruppen sind in Abb. 47 für beide Ionenarten die Peaks im Bereich der Molekülionen zusammengestellt. In entsprechender Weise lassen sich auch die Fragmente organischer Moleküle einordnen. Wenn gleiche Bruchstücke bei beiden Ionenarten auftreten (Gruppe 3), zeigen die Spektrenpaare große Ähnlichkeit. Das gilt auch noch, wenn Wasserstoffumlagerungen zu Massendifferenzen bei vergleichbaren Peaks von $\Delta M = 1$ oder 2 ME führen. Der Phenylcyanbrenztraubensäure-äthylester (Abb. 48) ist ein typischer Vertreter dieser Gruppe. Die Schlüsselbruchstücke lassen sich nach folgendem Schema zuordnen:

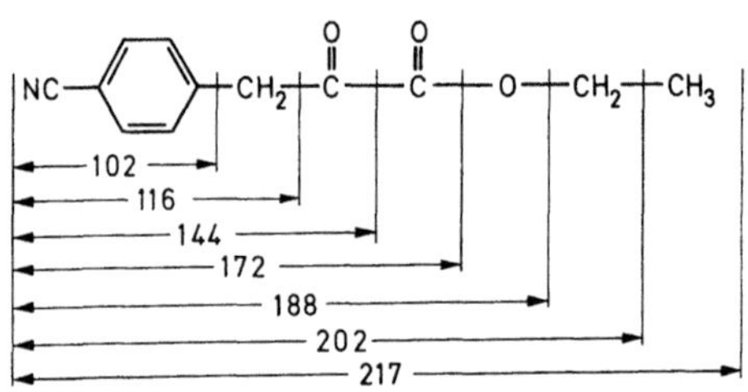

Die Spektrenpaare zeigen im allgemeinen mehr oder weniger stark ausgeprägte Unterschiede. Meist erscheint bei der Fragmentierung ein Bruchstück als negatives, das andere dagegen als positives Ion, und es gilt

$$AB \longrightarrow A^- + B^+$$

allerdings nicht im Sinne der Ionenpaarbildung. Vielmehr ist anzunehmen, daß zwei getrennte Zerfallsreihen vorliegen, die von den betreffenden Molekülionen ausgehen:

$$AB^{(\mp)} \begin{cases} \longrightarrow A^- + B\cdot \\ \longrightarrow B^+ + A\cdot \end{cases}$$

Nicht auszuschließen ist die Entstehung von Fragmentionen durch Wechselwirkung zwischen Elektronen und Radikalen.

Der NP-Spektrenvergleich ist wegen seiner hohen Aussagekraft für Strukturuntersuchungen besonders geeignet. Wenn im EA-Massenspektrum der

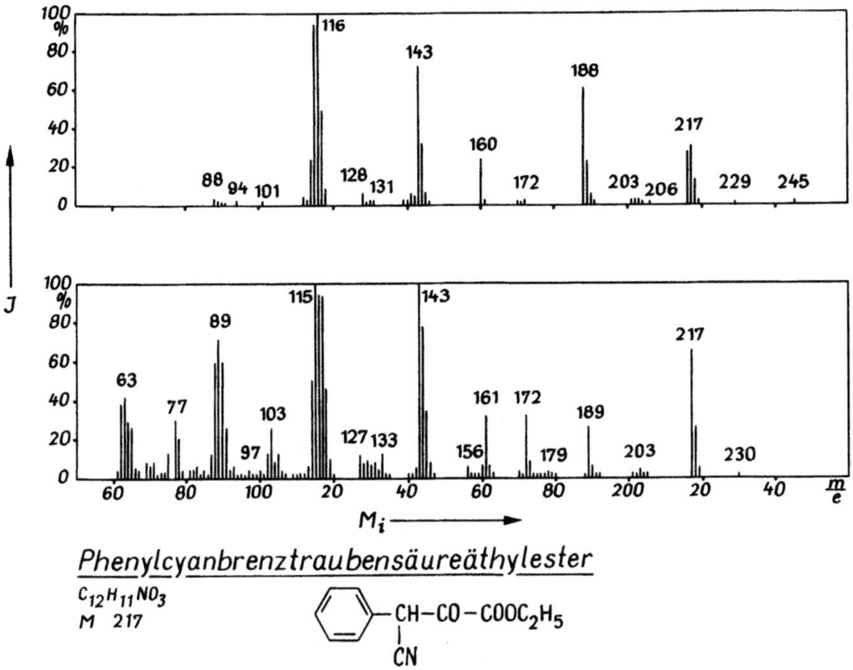

Abb. 48 NP-Spektrenvergleich beim Phenylcyanbrenztraubensäure-äthylester als Beispiel für das Auftreten gleicher Fragmente bei beiden Ionenarten.

negativen Ionen bei einer erwarteten Spaltung des Moleküls nur das eine Bruchstück als Ion auftritt, so ist das andere mit großer Wahrscheinlichkeit im Spektrum der positiven Ionen vorhanden. Dieser Fall verdeutlicht besonders anschaulich, wie sich beide Spektrenarten ergänzen. Beim Benzoesäurephenylester (I), M = 198, entstehen neben den Molekülionen M^-, $(M-1)^-$ und M^+ vor allem Fragmentionen durch Öffnung der beiden C-O-Bindungen (a) und (b). Addiert man die MZ zusammengehöriger Ionenpaare, so erhält man die MZ des Moleküls:

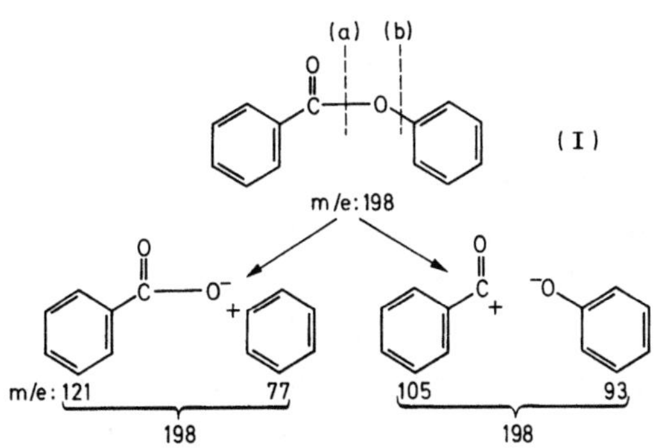

Die stärksten Peaks in den beiden Spektren liegen bei m/e 93(-) und m/e 105 (+). Viele Verbindungen, die sich vom Grundtyp (I) ableiten, verhalten sich entsprechend. Die jeweiligen Schlüsselbruchstücke der negativen und positiven Ionen lassen sich zum Molekül zusammenfügen, wie beispielsweise beim Evernsäuremethylester (II), die beiden intensivsten Peaks m/e 181(-) und 165(+):

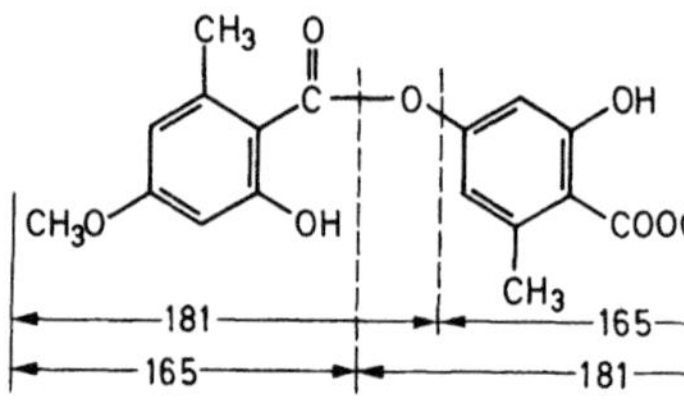

(II)

Die auffallend hohen Intensitäten der Peaks 181(-) und 165(+) resultieren aus der Massengleichheit der bei beiden Fragmentierungsprozessen entstehenden Ionen. Das Molekül(II) ist so aufgebaut, daß mehrere unterschiedliche Fragmentionenarten mit gleicher MZ auftreten bzw. durch H-Übertragung gebildet werden. Selbst wenn sich diese Ionen gleicher MZ in ihrer Bruttozusammensetzung unterscheiden, ist die Trennung eines solchen Dubletts nicht ohne weiteres möglich, weil das Auflösungsvermögen des EA-Massenspektrographen zu klein ist. Man muß deshalb bei der Interpretation auf die gesammelten Erfahrungen zurückgreifen oder zusätzlich Derivate der betreffenden Substanz untersuchen. So spricht das Spektrum von (I) dafür, daß bei (II) der intensive Peak m/e 181 im Spektrum der negativen Ionen auf die beiden Ionenarten

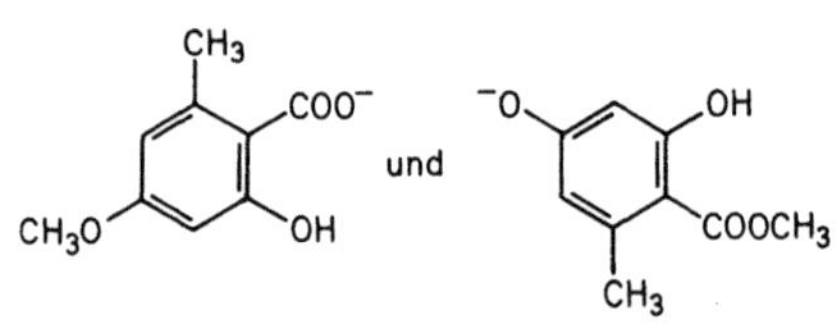

zurückgeht, welche gleiche Bruttoformeln und somit gleiche Werte für m/e aufweisen. Wenn sich zwei Ionenarten gleicher MZ in ihrer Bruttozusammensetzung unterscheiden, ermöglicht die Aufnahme eines hochaufgelösten Spektrums eine eindeutige Aussage. Immer wenn eine Substanz negative und positive Ionen mit gleicher MZ ergibt, oder entsprechende Ionen sich nur um 1 bis 3 ME unterscheiden, ist zu prüfen, ob nur eine Ionenart vorliegt bzw. solche Ionen, die nur um einzelne H-Atome differieren oder ob sich trotz gleicher MZ die Bruttozusammensetzung unterscheidet.

Der Sekikasäuremethylester (III), M = 432, ein Depsid vom Sekikasäure-Typ, ergibt bei beiden Ionenarten sehr ähnliche Spektren, mit deren Hilfe umfassende Aussagen über den Aufbau beider Molekülhälften möglich sind. Im Vergleich zur freien Säure, wo nur das (-) Spektrum einen Molekülpeak M^- = 418 zeigt, treten beim Methylester beide Molekülionenarten auf. Die sechs stärksten Peaks der beiden Spektren haben entweder gleiche MZ oder sind um 1 bis 2 ME gegeneinander verschoben:

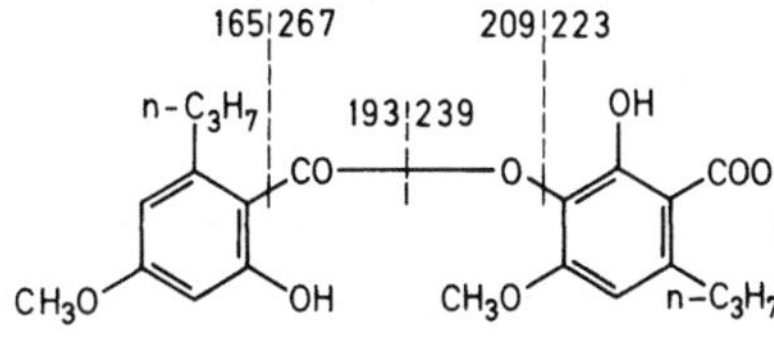

(III)

$C_{23}H_{23}O_8$; M = 432

Tabelle 29 NP-Spektrenvergleich beim Sekikasäuremethylester. Der intensivste Peak des Spektrums ist unterstrichen.

m/e (neg. Ion)	m/e (pos. Ion)
432	432
<u>239</u>	240
209	208
192	<u>193</u>
177	179
165	162
152	151

In der vorstehenden Tab. 29 ist der intensivste Peak unterstrichen. In zwei Fällen liegen die Fragmentpeaks der negativen Ionen 1 ME niedriger (239; 192) bzw. 1 ME höher (209; 152) als die der positiven Ionen. Es handelt sich dabei um Ionen mit gleicher Struktur, die sich um ± 1 H-Atom unterscheiden. Andererseits werden den Peaks 165(-) und 162(+) verschiedene Strukturen zugeordnet:

m/e 165(-)

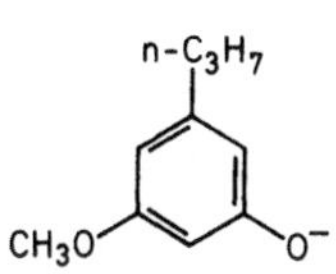

m/e 162(+)

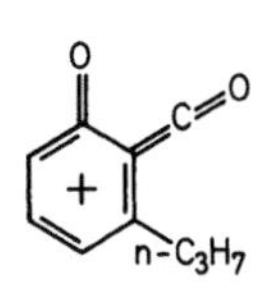

Auch bei dieser Substanz entsteht das häufigste Ion jeder Ionenart, Phenolatanionen und Carbonylkation, durch direkte Spaltung der Esterbrücke (vgl. Benzoesäurephenylester).

Zum EA-Spektrenvergleich werden bevorzugt solche Spektrenpaare herangezogen, die unter weitgehend gleichen Versuchsbedingungen aufgenommen wurden. Vor allem wird die Verdampfungstemperatur T_V konstant gehalten, um zusätzliche thermische Fragmentierungen zu vermeiden. Außerdem wird die EA-Ionenquelle nicht geheizt (Betriebstemperatur 30 bis 40^oC).

Die beobachteten Zusammenlagerungen von negativen Ionen und Neutralmolekülen können mit dem Verhalten der positiven Ionen verglichen werden. Peaks oberhalb der MZ des Moleküls ($m/e > M$) treten bei negativen Ionen viel häufiger auf. Das steht in Einklang mit früheren Beobachtungen, wo bei einigen Substanzen schon im Bereich relativ kleiner Dampfdrucke bzw. bei niedrigen Ionenströmen Zusammenlagerungen nachgewiesen werden konnten. Es handelt sich hierbei um Reaktionen mit großen Anlagerungsquerschnitten. Einige Vertreter dieser Substanzen für beide Ionenarten sind in Tab. 30 angeführt.

Tabelle 30 Einige Verbindungen, bei denen entweder im Spektrum der negativen oder der positiven Ionen Peaks oberhalb der MZ des Moleküls auftreten.

(-) Ionen	(+) Ionen
Barbitursäure	Isatin
1,10-Phenanthrolin	Phthalsäureanhydrid
Diphenylamin	Phthalsäure
Phenylessigsäure	Benzylalkohol

In der Tabelle sind die Substanzen jeweils bei der Ionenart eingereiht, wo sie allein oder bevorzugt Addukte bilden. Die Ursache für diese Erscheinung wird in einer besonders günstigen Struktur (z.B. Bildung von Wasserstoff-Brücken) der Moleküle bzw. Ionen und in der großen Stabilität (lange Lebensdauer) der gebildeten Addukte gesehen.

In der EA-Ionenquelle, ablaufende Spaltungsreaktionen, bei denen Bruchstücke mit sehr unterschiedlichen Massen entstehen, lassen sich durch NP-Spektrenvergleich auch dann gut erkennen, wenn das eine der beiden zusammengehörigen Bruchstücke klein ist im Vergleich zum anderen. Das gilt besonders, wenn m/e < 50, weil ein Ion im unteren Massenbereich wegen der Untergrundpeaks weniger deutlich in Erscheinung tritt. So neigen z.B. Diphenylcyclopropenon (IV) und Diphenylcyclopropenthion (V) sehr stark zur Abspaltung von CO bzw. CS unter Bildung desselben positiv geladenen Ions $C_6H_5-\overset{+}{C} = \overset{\bullet}{C}-C_6H_5$. Diese Reaktion verläuft bei (IV) so bevorzugt, daß im (+) Spektrum überhaupt kein Molekülion-Peak auftritt. Würde man bei der Molgewichtsbestimmung nur das Spektrum der positiven Ionen heranziehen, so erhielte man einen um 28 ME zu kleinen Wert. Auch das γ - Dithiopyron (VI), ein 6-Ringsystem, unterliegt der gleichen Spaltungsreaktion, so daß man für alle drei Substanzen analoge Fragmentierungsreaktionen formulieren kann:

(IV)

(V)

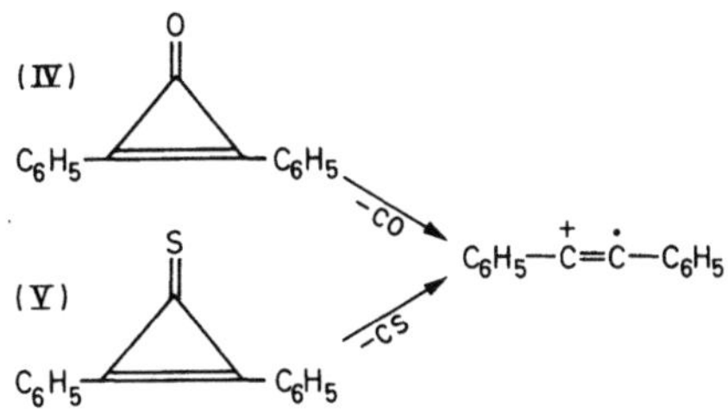

(VI)

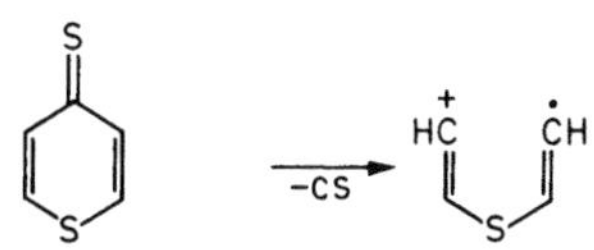

Treten solche Fragmentierungen bei großen Molekülen auf, so führt das zumindest bei einer Ionenart zu charakteristischen Peaks im höheren Massenbereich, und es ergeben sich wertvolle Hinweise für die Strukturaufklärung. Das Solasodin (VII) spaltet einen ungesättigten Methyl-piperidinring ab, der im (+) Spektrum das häufigste Ion bei m/e = 113 bildet. Das andere Bruchstück tritt im (-) Spektrum als schwacher Peak bei m/e = 315 auf, und der intensivste Peak ist der des Molekülions $(M-1)^-$ = 412.

Ähnlich wie (VI) verhalten sich eine Reihe von Steroidalkoloiden und 22.26-Iminocholestanderivaten.

Diesen Spaltungen wird der früher erwähnte Bildungsmechanismus für Fragmentionen zugrunde gelegt. Es wird angenommen, daß die negativen bzw. positiven Fragmentionen vom jeweiligen Molekülion gebildet werden. Eine

Ionenpaarbildung ist wenig wahrscheinlich. Erstens sind die Elektronenenergien zu klein, und zweitens müßten zusammengehörige Fragmentionen beider Ionenarten in annähernd gleicher Ausbeute auftreten, was bisher in keinem Fall beobachtet werden konnte.

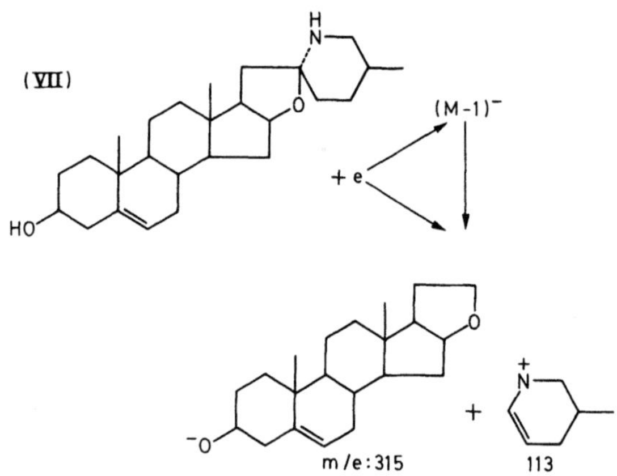

In den vorstehenden vier Beispielen tritt das massenmäßig größere Fragment bei den Substanzen (IV) bis (VI) als positives, bei (VII) dagegen als negatives Ion auf. Für das Intensitätsverhältnis von Molekülion I_M zu Fragmention I_F gelten für die bisher untersuchten Substanzen in Abhängigkeit vom Ladungsvorzeichen die Beziehungen

$I_M / I_F \gg 1$ bei negativen Ionen

$I_M / I_F \leqslant 1$ bei positiven Ionen

Diese Regel ermöglicht bei Strukturanalysen eindeutigere Aussagen und trifft in gleicher Weise für An- bzw. Umlagerungsprozesse zu. Solche Prozesse werden bei verschiedenen Verbindungstypen beobachtet. So können z.B. zusätzlich zum Molekülion in geringem Umfang durch Anlagerung eines Sauerstoffatoms negative Ionen entstehen, besonders wenn der O_2-Partialdruck in der Ionenquelle nicht genügend klein gehalten wird. Auch sauerstofferzeugende Reaktionen und erhöhter H_2O-Dampfdruck begünstigen die Bildung dieser Ionen.

Einzelheiten über den Bildungsmechanismus sind nicht bekannt. Die Anlagerung von Sauerstoff an organische Moleküle ist in den meisten Fällen mit der Abspaltung von 1 oder 2 Wasserstoffatomen verbunden, denn die Peaks oberhalb der MZ des Moleküls liegen bei M + 14; M + 15; M + 16. Zu den

Substanzen mit dieser Eigenschaft gehören kondensierte Aromaten, N-haltige Aromaten und Heterocyclen, Ketosteroide sowie Triterpene [136]. Unter Umständen lagern sich auch zwei, drei oder gar vier O-Atome an ein Molekül an. Dadurch können Unsicherheiten bei der Molgewichtsbestimmung entstehen. Man vermeidet diese Komplikationen, indem man den Sauerstoff- bzw. Wasserdampf-Partialdruck in der EA-Ionenquelle klein hält bzw. Vergleiche mit dem Spektrum der anderen Ionenart vornimmt. Auch bei positiven Ionen muß mit der Bildung von Peaks oberhalb der MZ des Moleküls gerechnet werden. Als einschränkende Regel gilt jedoch:

Zusammenlagerungen treten jeweils nur im EA-Massenspektrum einer Ionenart auf. Das Spektrum der anderen Ionenart endet bei der MZ des Molekülpeaks oder darunter.

Für beide Fälle wird in Tab. 31 ein Beispiel gegeben, wobei außer dem Molgewicht für jede Ionenart der Peak mit der höchsten MZ eingetragen ist. Die Zuverlässigkeit der Molgewichtsbestimmung wird bei der Anwesenheit von Peaks oberhalb der Molekülmasse dadurch gewährleistet, daß der Molekülpeak mit wesentlich stärkerer Intensität auftritt.

Tabelle 31 Molgewichtsbestimmung durch NP-Spektrenvergleich beim Auftreten von Ionen, deren MZ über der der Moleküle liegt.

Substanz	MG	m/e (-) Ion	m/e (+) Ion
Isatin	147,13	147	182
Diphenylamin	169,23	182	169

Als Beispiel für eine EA-massenspektrographisch untersuchte Umlagerungsreaktion sei die Thion-Thiol-Umlagerung

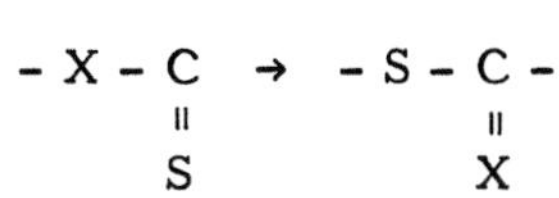

von Thioncarbonaten und Thioharnstoffen erwähnt. Die Massenspektren der negativen [137] und positiven Ionen ergänzen sich insofern, als jeweils schwache Peaks der einen Ionenart bei der anderen sehr intensiv auftreten. Im (-) Spektrum der Diarylverbindungen mit X = O oder NH tritt ein intensiver Peak bei m/e = 109 auf. Es handelt sich um das bei der Umlagerung gebildete Thiophenolatanion, das als massenspektrographischer Beweis für diese Reaktion herangezogen werden kann. Im (+) Spektrum ist der Peak m/e = 109 klein, sofern er überhaupt auftritt. Diese Umlagerung wurde auch von Djerassi untersucht und diskutiert [138].

Zusammenfassend kann festgestellt werden, daß der NP-Spektrenvergleich die Aussagekraft EA-massenspektrographischer Untersuchungen erhöht und bestimmte Interpretationen des Spektrums der negativen Ionen sichert. Wegen dieser Vorteile wird das Verfahren des Spektrenvergleichs häufig zur Ergänzung eingesetzt. Die Aussagekraft eines Spektrums der positiven Ionen kann durch ein zusätzlich aufgenommenes EA-Spektrum der negativen Ionen in gleicher Weise verstärkt werden. Das zum Vergleich herangezogene Spektrum der anderen Ionenart kann in seiner Bedeutung etwa der zusätzlichen Untersuchung eines Derivates der Probesubstanz gleichgestellt werden. Im Ergebnis kann es diese auf Grund der geschilderten charakteristischen Unterschiede bei der Ionenbildung sogar übertreffen. Ein weiterer Vorteil besteht darin, daß die Notwendigkeit der Herstellung des benötigten Derivates entfällt.

Schon jetzt liegen von mehreren hundert Einzelsubstanzen entsprechende Spektrenpaare vor, die mit dem EA-Massenspektrographen aufgenommen wurden. Es ist damit zu rechnen, daß dieses Verfahren zur Molgewichts- und Strukturbestimmung einen festen Platz in der EA-Massenspektrographie und darüber hinaus zum Vergleich von Massenspektren, die mit anderen Ionisierungsverfahren aufgenommen wurden, einnehmen wird.

In Tab. 32 sind von einer Anzahl organischer Substanzen für beide Ionenarten die MZ der Molekülpeaks und der intensivsten Fragmentpeaks (nach fallender Häufigkeit geordnet) zusammengestellt.

Tabelle 32 Zusammenstellung der Spektren beider Ionenarten von 30 organischen Substanzen. In den beiden letzten Spalten sind die MZ der Molekülpeaks und der fünf häufigsten Fragmentpeaks (nach fallender Häufigkeit geordnet) angegeben. Die obere Reihe enthält die MZ der negativen, die untere die der positiven Ionen.

Substanz	Formel	MG	Molekülpeak (MZ)	Fragmentpeaks (MZ)				
1,2 Anisidin	C_7H_9NO	123	122	66	90	107	122	78
			123	80	108	123	65	92
Barbitursäure	$C_4H_4N_2O_3$	128	127	127	85	67	71	100
			128	128	85	68	57	100
1-Benzaldimino-2-aza-benzimidazol	$C_{13}H_{10}N_4$	222	222	118	91	193	165	222
			222	165	90	77	222	103
Benzil	$C_{14}H_{10}O_2$	210	210	210	46	77	66	50
			210	105	77	51	210	91
Benzoesäure	$C_7H_6O_2$	122	121	121	77	244	93	137
			122	77	105	122	51	66
Benzoesäure-phenylester	$C_{13}H_{10}O_2$	198	198	93	121	198	197	78
			198	105	77	198	51	115
Bernsteinsäure	$C_4H_6O_4$	118	117	117	73	46	58	99
				74	55	45	100	73
3,4,3',4'-Bis-methylendioxy-benzoin (Piperoin)	$C_{16}H_{12}O_6$	300	298	198	300	121	281	91
			300	149	93	151	65	121

Tabelle 32 (Fortsetzung)

Substanz	Formel	MG	Molekülpeak (MZ)	Fragmentpeaks (MZ)				
Cu-α-Formyl-octaäthylporphin	$C_{37}H_{44}CuN_4O$	623	623	623	625	609	595	580
			623	623	625	594	608	537
Cyclopentaphenyl	$C_{30}H_{20}$	380	379	379	378	376	374	395
			380	380	363	190	302	226
2,4-Dimethoxy-thiobenzoesäure-phenylester	$C_{15}H_{14}O_3S$	274	274	274	93	109	259	197
				165	181	94	137	109
Diphenylamin	$C_{12}H_{11}N$	169	168	168	182	166	106	117
			169	169	168	66	77	141
Diphenylcyclopropenon	$C_{15}H_{10}O$	206	206	206	66			
				68	178	152	76	139
Diphenylcyclopropenthion	$C_{15}H_{10}S$	222	222	222	66	58	75	90
			222	178	222	84	221	145
n-Heptylalkohol	$C_7H_{16}O$	116	115	113	42	46	56	99
				56	55	43	69	98
14-Hydroxydihydrocodeinon (Eukodal)	$C_{18}H_{21}NO_4$	315	315	315	97	313	255	300
			315	315	230	140	201	258
Indolyl-3-acetamid	$C_{10}H_{10}N_2O$	174	173	173	129	83	101	172
			174	130	174	77	103	117

Substanz	Formel	MG	Molekül-peak (MZ)	Fragmentpeaks (MZ)				
Isatin	$C_8H_5NO_2$	147	147	147	90	66	146	119
			147	92	64	119	77	147
Ninhydrin	$C_9H_6O_4$	178	178	160	76	148	178	166
			180	76	104	50	132	122
2-Nitranilin	$C_6H_6N_2O_2$	138	138	46	138	121	108	91
			138	65	138	92	108	53
3-Nitrobenz-aldehyd	$C_7H_5NO_3$	151	151	46	151	121	93	105
			151	77	105	151	150	65
4-Nitrobenz-aldehyd	$C_7H_5NO_3$	151	151	151	121	46	135	92
			150	77	149	150	51	105
4-Nitrobenzol-azo-1-naphthol	$C_{16}H_{11}N_3O_3$	293	293	293	137	276	116	265
			293	144	138	115	265	108
1,10-Phenan-throlin	$C_{12}H_8N_2$	180	178	178	154	50	180	163
			180	180	179	154	153	129
4-Phenylthio-benzoesäure-phenylester	$C_{19}H_{14}OS$	290	290	93	109	290	213	197
				197	181	94	153	110
i-Phthalsäure	$C_8H_6O_4$	166	165	165	166	121	148	76
			166	166	149	121	65	77

Tabelle 32 (Fortsetzung)

Substanz	Formel	MG	Molekül-peak(MZ)	Fragmentpeaks (MZ)				
Phthalsäure-anhydrid	$C_8H_4O_3$	148	148	148	76	120	92	75
			148	148	76	120	73	92
Tetrathio-tetracen	$C_{18}H_8S_4$	352	352	352	290	414	322	305
			352	352	290	320	307	264
Thiobenzoe-säurephenyl-ester	$C_{13}H_{10}OS$	214	214	93	109	214	137	77
			214	105	121	77	94	214
Vanillin-oxim	$C_8H_9NO_3$	167	166	134	105	148	166	118
			167	167	124	106	109	79

7. Anwendung der EA-Massenspektrographie

Die Aufgabenstellung bei EA-massenspektrographischen Untersuchungen organischer Substanzen ist sehr vielseitig. Ein wichtiges Problem stellt die Molgewichtsbestimmung dar. Hinzu kommt die Strukturaufklärung, meist in Verbindung mit den Ergebnissen, die nach anderen Untersuchungsverfahren erhalten werden. Bei verunreinigten Substanzen, beispielsweise Naturstoffen, müssen Art und Menge der Nebenbestandteile erfaßt werden. In engem Zusammenhang damit steht die Bestimmung der Reinheit und der Effektivität von Reinigungsoperationen. Einen breiten Raum nimmt die Untersuchung von Substanzgemischen ein, vor allem auf dem Gebiet der Erdölkohlenwasserstoffe.

Nur in wenigen Fällen liegen ganz spezielle Aufgabenstellungen vor, wie z.B. die Frage nach der Anwesenheit von Chloratomen und deren Anzahl in einem Molekül. Zur Lösung der einzelnen Probleme im Bereich der organisch-chemischen Analytik ist die systematische Untersuchung ganzer Stoffgruppen eine wesentliche Voraussetzung für die Interpretation des Spektrums einer unbekannten Probe. Die Kenntnis der Ionisierungs- und Fragmentierungsprozesse, sowie der Vergleich von EA-Massenspektren beider Ionenarten, ermöglichen, den Informationsgehalt von EA-Massenspektren weitgehend auszunutzen.

7.1. Molgewichtsbestimmung

Bei der Auswertung eines EA-Massenspektrums versucht man als erstes das Molgewicht zu ermitteln. Zur Feststellung des Molgewichts wird auch die Massenspektrographie mit positiven Ionen eingesetzt, besonders wenn sie zur Strukturaufklärung mit anderen physikalischen Analysenmethoden kombiniert werden kann [139].

Die Untersuchung der EA-Ionisierungsmechanismen hat ergeben, daß in nahezu allen Fällen Peaks mit der Massenzahl des jeweiligen Moleküls oder 1 ME darunter auftreten. Bei ca. 90 % der bisher untersuchten Substanzen kann der Ionisierungsmechanismus (M-1) zugrunde gelegt werden. Daraus resultiert für alle Moleküle, die nur aus C, H und O, aufgebaut sind, wegen der 4-Wertigkeit des Kohlenstoffes und der 2-Wertigkeit des Sauerstoffes sowie der geraden MZ beider Elemente, stets eine gerade MZ für das Molekül. Im EA-Massenspektrum hat demzufolge der "Molekülpeak" (M-1) eine ungerade MZ. Oberhalb des Hauptpeaks sind, wegen des Gehaltes von ca. 1 % ^{13}C-Isotop im natürlichen Kohlenstoff, im Abstand von 1 ME zwei oder drei weitere Peaks mit stark abfallender Intensität vorhanden (vgl. 5.4. Isotopenpeaks).

Wenn im Molekül Atome von Mischelementen vertreten sind, überlagern sich die dadurch entstehenden Peaks denen des ^{13}C-Isotops und die Auswertung wird komplizierter. Andererseits kann man aus der charakteristischen Intensitätsverteilung innerhalb der Peak-Gruppe leicht und schnell die Anwesenheit und auch die Art solcher Elemente erkennen. Ein Sonderfall liegt vor, wenn ein Molekül Stickstoffatome enthält. Das N-Atom hat eine gerade MZ, aber eine ungerade Wertigkeit. Bei einer ungeraden Zahl von N-Atomen im Molekül ergibt sich demzufolge eine ungerade MZ für das Molekül und eine gerade MZ für den (M-1)-Peak. Umgekehrt liegen die Verhältnisse bei den Massenspektren positiver Ionen, wo im Normalfall ein vorhandener Molekülpeak bei Abwesenheit von N-Atomen zu einer geraden und in Anwesenheit einer ungeraden Zahl N-Atome zu einer ungeraden MZ führt. Unterhalb des (M-1)-Peaks treten, bevorzugt im Abstand von 1 oder 2 ME, zusätzliche Peaks auf, wenn das Molekül oder das negativ geladene Molekülion leicht Wasserstoff abspalten. Da die H-Abspaltung häufig paarweise (z.B. Alkohole) erfolgt, kann der Peak (M-3) intensiver sein als der bei (M-2).

Vorausgesetzt, daß im Molekül keine Heteroatome anwesend sind (am charakteristischen Linienbild erkennbar), läßt sich folgende Regel für die Molgewichtsbestimmung aufstellen:

1. Im EA-Massenspektrum liegt die Gruppe von Linien oder Peaks mit der höchsten MZ im Bereich der Molekülmasse.
2. Der intensivste Peak dieser Gruppe tritt bei (M-1) auf. Seine MZ kann sowohl gerade als auch ungerade sein.

a) ungerade MZ: Wenn das Molekül nur aus CHO-Atomen besteht oder zusätzlich noch eine gerade Zahl von N-Atomen enthält.

b) gerade MZ: Wenn das Molekül außer CHO eine ungerade Zahl N-Atome enthält.

Bei der Anwendung dieser Regel sind drei Ausnahmen zu beachten:

1. Resonanzanlagerung ohne H-Abspaltung führt zu einem M^--Ion.

2. Das Molekülion spaltet nicht nur ein H-Atom, sondern eine Atomgruppe, z.B. CH_3 ab, und für M wird ein zu kleiner Wert erhalten. Meist ist jedoch auch dann im Bereich der Molekülmasse ein kleiner Peak vorhanden.

3. Es liegt ein Ion- oder Molekültyp vor, der stark zur Zusammenlagerung neigt und zusätzliche Peaks bei höheren MZ bildet (vgl. 5.3.4. Ion-Molekül-Reaktionen). Tritt im Bereich der halben MZ der höchstgelegenen Peakgruppe ein intensiver Peak auf, so ist mit der Möglichkeit der Zusammenlagerung von Molekül und Molekülion zu rechnen, besonders dann, wenn für zwei vergleichbare Peaks m_1 und m_2 (wobei $m_1 > m_2$) dieser beiden Gruppen gilt

$$m_2 = \frac{m_1 - 1}{2}$$

Für den allgemeinen Fall der IMR, wo das Ion eine ganz andere Spezies darstellen kann als das Molekül und meist viel kleiner ist, muß der untere Massenbereich des Spektrums auf intensive Peaks geprüft werden. In der Hauptsache ist auf die Peaks 35; 37(Cl^-), 69(CF_3^-), 79; 81(Br^-) und 127 (J^-) zu achten. Diese Ionen können entweder als Verunreinigungen in der Ionenquelle vorliegen oder durch eine bevorzugt Fragmentierung aus den Molekülen der Probe entstehen. Beispielsweise bilden Trifluoracetylderivate CF_3^--Ionen nach der Reaktion

$$CF_3COOX + e \rightarrow CF_3CO\cdot + XO^-$$

$$CF_3CO\cdot \rightarrow CF_3^- + CO^+$$

(X = beliebig zusammengesetzter Molekülrest)

Entsprechend dieser Reaktion erhält man meist kein Ion im Bereich der Molmassenzahl, sondern 97 ME darunter und zufolge der IMR

$$CF_3COOX + CF_3^- \rightarrow CF_3COOX \cdot CF_3^-$$

69 ME darüber, so daß ein um diesen Betrag zu hohes Molgewicht gefunden wird. Im Spektrum des O-Trifluoracetylsolanidin (Abb. 49) entstehen auf diese Weise die Peaks m/e = 562 und 396. Charakteristisch sind für solche Verbindungen im oberen Massenbereich zwei intensive Peaks mit einem Abstand von ΔM = 166 ME und im unteren Bereich der Peak m/e = 69 (CF_3^-). Das normale O-Acetylderivat neigt kaum zu CH_3CO-Abspaltung, sondern bildet (M-1)-Ionen. Das besondere Verhalten der Trifluoracetylverbindungen wird auf den Einfluß der elektronegativen F-Atome zurückgeführt.

Eine wichtige Ausnahme der "(M-1)-Regel" für die Molgewichtsbestimmung bilden die gesättigten Kohlenwasserstoffe. Deren "Molekülpeaks" liegen 17 ME über der dem Molgewicht entsprechenden MZ. Dieser Ionisierungsmechanismus hat den Vorteil, daß jegliche H-Abspaltungen oder H-Anlagerungen unterbleiben und sich den ^{13}C-Peaks keine Peaks anderer Herkunft überlagern. Eine Bestimmung der C-Zahl des Moleküls aus den Intensitätsverhältnissen der ^{13}C-Peaks ist somit ohne Einschränkungen möglich. Die aufgestellte Regel für die Molgewichtsbestimmung soll durch einige typische Beispiele (Abb. 50) veranschaulicht werden. In der Abbildung ist jeweils nur die Liniengruppe

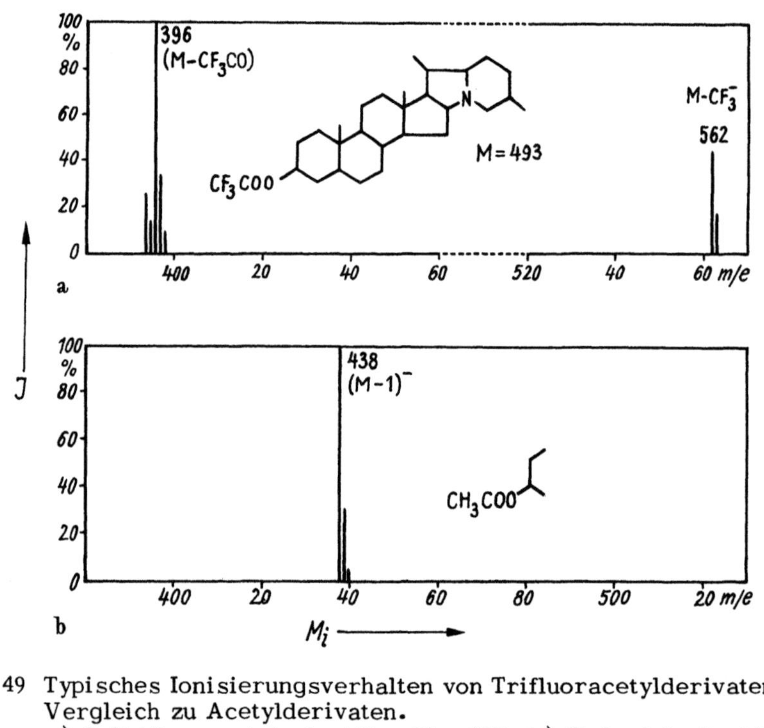

Abb. 49 Typisches Ionisierungsverhalten von Trifluoracetylderivaten im Vergleich zu Acetylderivaten.
a) O-Trifluoracetylsolanidin, M = 493; b) O-Acetylsolanidin, M = 439.

bei der höchsten MZ wiedergegeben. Für die Diskussion wird jedoch das Gesamtspektrum berücksichtigt. In vier von den sechs angeführten Beispielen liegt der intensive Peak bei einer ungeraden MZ, obwohl es sich tatsächlich nur in zwei Fällen um einen (M-1)-Peak handelt.

Die Bernsteinsäure (a), $C_4H_6O_4$, enthält außer Sauerstoff keine Heteroatome. Im Spektrum tritt infolge Überlagerung von M^--Ionen ein schwach verstärkter ^{13}C-Peak bei m/e = 118 auf, ansonsten aber ist diese Peak-Gruppe sehr klar aufgebaut.

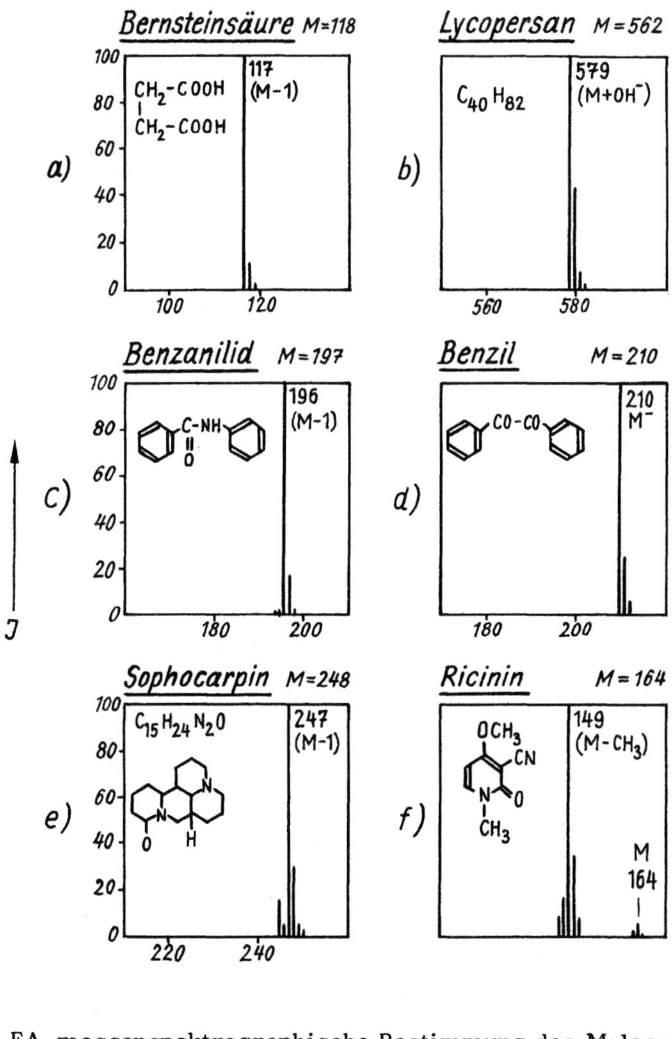

Abb. 50 EA-massenspektrographische Bestimmung des Molgewichts aus der Liniengruppe bei der höchsten Massenzahl.

Ähnliche Verhältnisse liegen beim Sophocarpin (e) vor, welches zusätzlich bei (M-2) und (M-3) schwache Peaks aufweist. Das Molekül enthält eine gerade Zahl (zwei) N-Atome, auf deren Anwesenheit nicht geschlossen werden kann. Mit der Annahme 247 = M-1 wird das richtige Molgewicht gefunden.

Auch die Peakgruppe des Lycopersan (b) ist sehr einfach aufgebaut. Die relative Intensität des ^{13}C-Peak m/e = 580 entspricht einer C-Zahl n $\approx$ 40 pro Molekül. Da außer dieser Gruppe keine weiteren Peaks im Spektrum auftreten, ist die Möglichkeit zu erwägen, ob es sich um einen KW-Stoff handeln kann. Als C_{40}-Molekül käme ein Ketten-KW-Stoff $C_{40}H_{82}$, M = 562 = 579 - 17 in Frage. Selbstverständlich reichen diese "Merkmale" allein nicht aus, um aus dem Spektrum die Bruttoformel oder gar die Struktur mit absoluter Sicherheit herauszulesen. Man wird jedoch bei einiger Erfahrung nicht schematisch den Peak m/e = 579 als (M-1)-Ion interpretieren, sondern der Möglichkeit 579 = M + 17, d.h. M = 562, die größere Wahrscheinlichkeit zuordnen.

Der aufmerksame Betrachter wird die kleinen Peaks 164 und 163 im Spektrum des Ricinin (f) nicht übersehen und erwägen, ob der Peak 149 als (M-1)-Ion oder Fragment zu deuten ist. Die Differenz ΔM = 15 ME spricht für die Abspaltung einer CH_3-Gruppe. Weitere Fragmentionen mit kleinerer MZ stützen diese Annahme.

Das Benzil - Spektrum (d) kann nicht mit dem eines KW-Stoffes verwechselt werden, da der Hauptpeak bei einer geraden MZ liegt. Die Unterscheidung zwischen M^- einer N-freien Substanz und $(M-1)^-$ einer N-haltigen Substanz ist nicht möglich. Das Fehlen von Fragmentpeaks, vor allem solcher mit gerader MZ, wie sie für Ionen, die ein N-Atom enthalten, typisch wären, gibt den Ausschlag zugunsten der Zuordnung 210 = M^-, d.h. MG = 210.

Im Gegensatz zum Benzil sindbeim Benzanilid (c) eine Reihe von Fragmentpeaks vorhanden, darunter auch solche mit gerader MZ, z.B. 92 = 77 + 15 (C_6H_5NH-), die auf N-Atome hinweisen.

Die EA-massenspektrographische Molgewichtsbestimmung ist von besonderem Wert, wenn andere Bestimmungsmethoden versagen, weil die Substanzen keine ausreichende Löslichkeit haben, stark assoziieren oder Lösungsmittelreste hartnäckig festhalten oder thermisch so labil sind, daß sie sich bereits bei der Schmelztemperatur in merklichem Umfang zersetzen.

In Abb. 51 sind drei EA-Massenspektren solcher Sonderfälle wiedergegeben. Das Spektrum (a) wurde von einem Umwandlungsprodukt mit Triterpenstruktur aufgenommen, einer reinen Substanz, die bei 367°C unter Zersetzung schmilzt und sehr schwer löslich ist. Eine exakte MG-Bestimmung mit kryoskopischen oder ebullioskopischen Methoden läßt sich nicht ausführen. Bei der erforderlichen Verdampfertemperatur T_V = 300°C wurde während der EA-massenspektrographischen Untersuchung keinerlei thermische Zersetzung beobachtet. Das gebildete negative Ion zeichnet sich sogar durch eine hohe Stabilität aus, denn außer der Peakgruppe bei m/e = 876 treten keinerlei Fragmentionen auf. Für diese Substanz, die nur aus C,

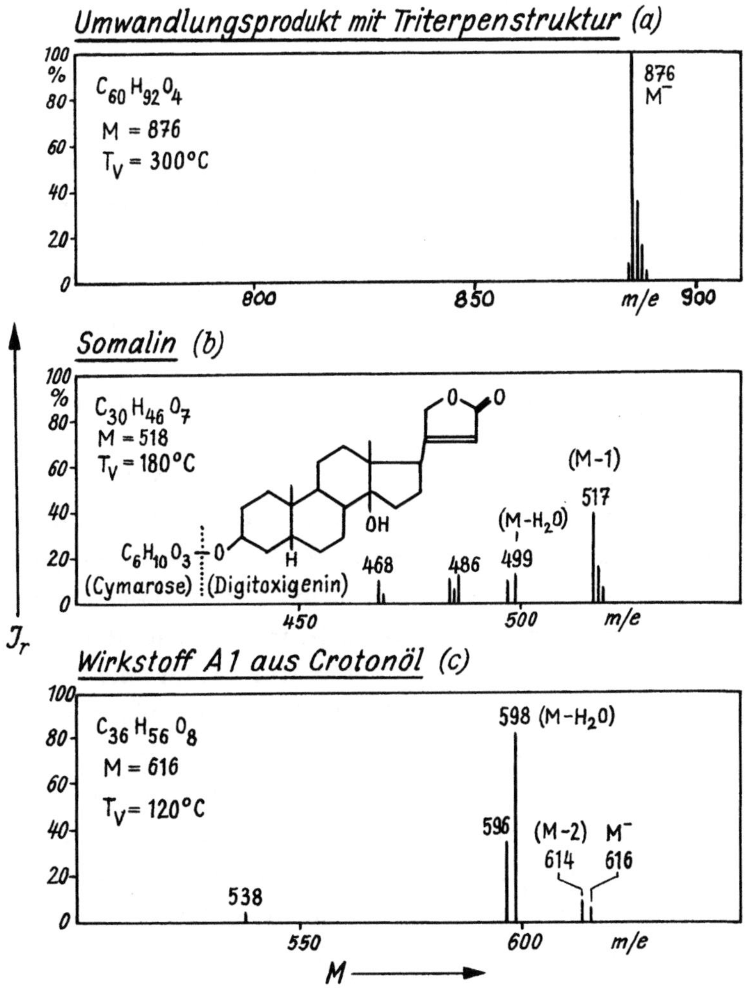

Abb. 51 Beispiele für die EA-massenspektrographische MG-Bestimmung, bei denen mit anderen Methoden Schwierigkeiten auftreten.

H und O besteht, ergibt sich MG = 876 (also M^--Peak) und eine wahrscheinliche Bruttoformel $C_{60}H_{92}O_4$. Cardenolid-glykoside und andere stark hydroxylierte Substanzen neigen sehr zur thermischen Zersetzung (z.B. Abspaltung von H_2O), so daß die MG-Bestimmung mit Hilfe des Elektronenstoßspektrums zuweilen unsicher ist. Die Untersuchung einer Reihe von Modellsubstanzen ergab [140], daß im EA-Massenspektrum solcher Verbindungen stets ein Molekülpeak mit hoher Intensität vorhanden ist. Das trifft auch für das herzaktive C_{23}-Steroid Somalin (Spektrum b) zu, dessen ß-ständige Seitenkette aus einem ungesättigten fünfgliedrigen Lactonring besteht. Ein intensiver Peak, I_{rel} = 40 %, tritt bei m/e = 517 auf. Das Molgewicht liegt entsprechend der Bruttozusammensetzung $C_{30}H_{46}O_7$ bei 518, so daß dem Peak 517 das Ion (M-1) zuzuordnen ist.

Von Hecker [141, 142, 143] wurden in den Jahren 1962 bis 1965 aus dem Crotonöl, dem wirksamsten bisher bekannten Cocarcinogen, durch Anwendung multiplikativer Verteilungsverfahren die Substanzgruppen A und B isoliert. Diese Fraktionen konnten durch Craig-Verteilung in eine Reihe Einzelsubstanzen aufgetrennt werden. Von einigen dieser Substanzen und deren Derivaten wurden zur Identifizierung auch EA-Massenspektren aufgenommen. Eine dieser Verbindungen ist der Wirkstoff A 1, der in Wasser unlöslich ist, sich jedoch gut in organischen Lösungsmitteln löst. Aus der Elementaranalyse ging hervor, daß dieser Wirkstoff zur Assoziation neigt und hartnäckig Lösungsmittelreste festhält, weshalb eine genaue MG-Bestimmung nicht möglich ist [144]. Das EA-Massenspektrum weist den Peak mit der größten MZ bei m/e = 616 auf. In Übereinstimmung mit den anderen Analysenwerten ergibt sich daraus die Bruttozusammensetzung $C_{36}H_{56}O_8$ und MG = 616. Im ES-Massenspektrum liegt der höchste Peak mit m/e = 389 weit unter dem zu erwartenden Molgewicht. Der intensive Peak 598 im EA-Spektrum weist darauf hin, daß sehr leicht ein Molekül H_2O abgespalten wird. Der NABS-Ester* des Wirkstoffes A 1 neigt ebenfalls zum Lösungsmitteleinschluß. Aus der Mikroanalyse nach Pregl wurde die Bruttoformel $C_{50}H_{62-63}O_{11}N_3$ ermittelt, und daraus ein Molgewicht von 881 - 882, das zu hoch liegt. Die 10-malige Ultramikroanalyse nach Walisch [145] ergibt Mittelwerte mit kleineren Streuungen und führt zu der Bruttoformel $C_{48}H_{61}O_{11}N_3$, MG = 856 für den Ester bzw. $C_{35}H_{54}O_8$ für den Wirkstoff A 1. Der Peak 869 im EA-Spektrum des NABS-Esters entspricht der Formel $C_{49}H_{63}O_{11}N_3$, was für den Naturstoff selbst wieder-

* NABS=4-Nitrophenylazobenzoesäure

um zu der Bruttoformel $C_{36}H_{56}O_8$ führt. Unter Berücksichtigung der Fehlergrenzen stimmt dieser Wert sowohl mit den nach Pregl als auch Walisch erhaltenen Ergebnissen überein.

Die Zuverlässigkeit der Aussage bei einer MG-Bestimmung aus dem EA-Massenspektrum der negativen Ionen kann bedeutend erhöht werden, wenn zum Vergleich zusätzlich das Spektrum der positiven Ionen herangezogen wird. Systematische Untersuchungen der positiven Ionen, die in der EA-Ionenquelle zusammen mit den negativen Ionen gebildet werden, haben hierzu

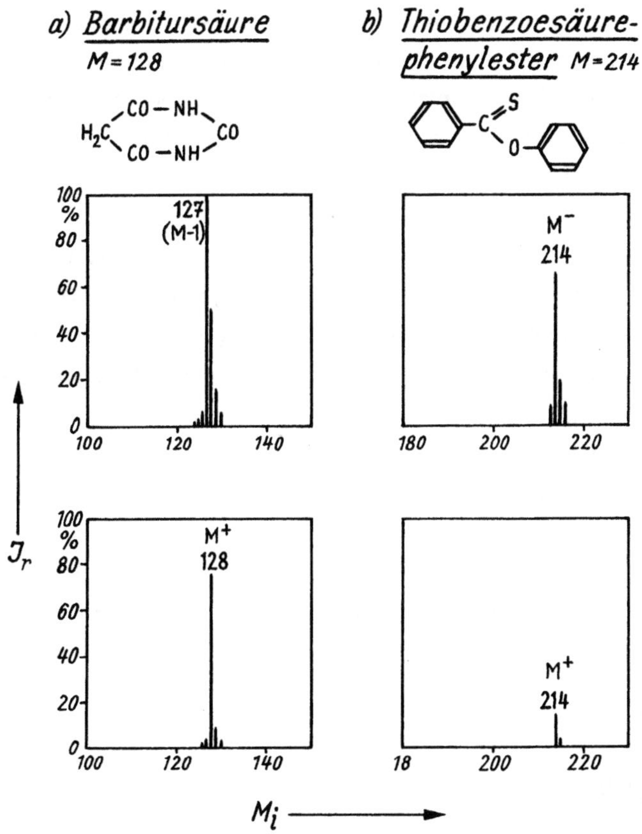

Abb. 52 Molgewichts-Bestimmung unter Zuhilfenahme des Spektrums der positiven Ionen.

eine gute Möglichkeit eröffnet (vgl. 6. NP-Spektrenvergleich). Tritt dort im Spektrum der positiven Ionen - und sei es nur mit geringer Intensität - ein M^+-Peak auf, so ist der Zahlenwert für das Molgewicht als gesichert anzusehen. Die Kombination beider Ionenarten ermöglicht dann eine zuverlässige MG-Bestimmung (Abb. 52), wenn für die Peaks mit der größten Massenzahl Z folgende Bedingungen erfüllt sind:

	negatives Ion	positives Ion
a	$Z = (M-1)^-$	$Z + 1 = M^+$
b	$Z = M^-$	$Z = M^+$

Eine ganze Reihe von Problemen können nur unter Heranziehung des Spektrums der positiven Ionen gelöst werden.

Die Bestimmung des Molgewichts reiner Substanzen setzt die Kenntnis des EA-massenspektrographischen Verhaltens der organischen Verbindungen voraus. Wenn verunreinigte Substanzen oder Gemische vorliegen, wird diese Aufgabe im allgemeinen schwieriger. In vielen Fällen sind die EA-Massenspektren negativer Ionen einfacher und übersichtlicher gebaut als die von positiven Ionen und der Peak im Bereich der MZ des Moleküls ist intensiver. Fragmentionen im oberen Massenbereich treten bei negativen Ionen im allgemeinen nur mit geringen Intensitäten auf. Bei gesättigten KW-Stoffen und einer Reihe anderer Substanzen fehlen sie unter geeigneten Versuchsbedingungen ganz. In Gemischen, die zum Teil aus über 100 Komponenten zusammengesetzt sind, lassen sich die Molgewichte aller Komponenten aus einem einzigen Massenspektrum ermitteln, ohne daß ein anderes Verfahren (z.B. Gas- oder Dünnschichtchromatographie) zur Vortrennung herangezogen werden muß. Der geringe Substanzbedarf, die Einsparung an Arbeitszeit und die zusätzliche Möglichkeit zur Bestimmung der halbquantitativen bis quantitativen Zusammensetzung sind wichtige Voteile bei Gemischanalysen (vgl. 7.3. Stoffgemischuntersuchungen).

7.2. Strukturuntersuchung

Das EA-Massenspektrum hat sich als wichtiges Hilfsmittel zur Aufklärung von Strukturen bzw. Strukturelementen unbekannter Substanzen erwiesen. Wenn die Zahl der Bruchstückionen im normalen Spektrum sehr klein ist im Vergleich zum Elektronenstoßspektrum, verstärkt man die Fragmentierung durch Erhöhung der Neutralgastemperatur in der Ionenquelle oder nimmt besonders intensive Spektren auf. Die Aussagekraft kann zusätzlich gesteigert werden, wenn zum Vergleich auch das EA-Spektrum der positiven Ionen herangezogen wird.

Im Prinzip geht man in gleicher Weise vor, wie das von den positiven Ionen der Elektronenstoßmassenspektrometrie her bekannt ist. Zuerst ermittelt man die MZ des Molekülpeaks und aller vorhandenen Fragmentpeaks. Dabei werden auch die Peaks berücksichtigt, die nur mit geringer Intensität auftreten. Aus den Massendifferenzen ΔM zum Molekülpeak und denen der Fragmentpeaks untereinander ergeben sich wichtige Anhaltspunkte bei der Interpretation. Weitere Rückschlüsse sind möglich, wenn charakteristische Isotopenverteilungen bestimmter Heteroatome, z.B. Cl, Br, S, Si, Metalle, im Molekülion und einzelnen Fragmenten vorhanden sind. Auf diese Möglichkeiten wurde bereits in den vorangegangenen Abschnitten über Ionisierungsmechanismen und Molgewichtsbestimmungen eingegangen. Häufig in Erscheinung tretende Massendifferenzen ΔM, die diesen entsprechenden Atomgruppen und Hinweise auf die Molekülstrukturen sind in Tab.33 für negative Ionen zusammengestellt. Beim Vergleich mit den Massenspektren von Derivaten der Probe wird zur Identifizierung der einzelnen Fragmente die "Verschiebungsregel" von Biemann [8] angewendet.

An einigen Beispielen aus dem Bereich der Naturstoffe soll angedeutet werden, wie vielfältig die Anwendungsmöglichkeiten der EA-Massenspektrographie sind.

Im EA-Massenspektrum des Lactoflavins, der chromophoren Gruppe des "gelben Enzyms der Hefe" (O. Warburg), lassen sich die Peaks sinnvoll der Strukturformel zuordnen (Abb. 53). Ein intensiver Peak bei Masse 376 entspricht dem Molekülion und ergibt das Molgewicht dieser Substanz, 256 = M-120, Abspaltung der Ribose ab C-2' und Übertragung eines H-Atoms, 241 = M-135 bzw. 256-15 dem 6,7-Dimethyl-isoalloxazinrest und 242 = 241 + 1 bzw. 265-14 demselben Rest, wobei wiederum ein H-Atom übertragen wird.

An einer Reihe bekannter Modellsubstanzen wurde das Verhalten von Cardenolid-glykosiden geprüft [140]. Hierbei konnte auch mit Elektronenstoß-Massenspektren verglichen werden. Beispielsweise ist beim Somalin (Abb. 54) die Stabilität des positiven Molekülions wegen der drei Äther- bzw. Acetalgruppen gering. Es tritt nur ein schwacher Molekülpeak (M+1) auf, der schon nach kurzer Verdampfungszeit verschwindet. Die Grenze der Nachweisbarkeit für den Molekülpeak wird bei dieser Substanz erreicht. Dagegen hat der Molekülpeak im EA-Massenspektrum der negativen Ionen, mit der Masse

Tabelle 33 Häufig auftretende Massendifferenzen ΔM, zugehörige Atomgruppen und Hinweise auf Molekülstrukturen.

ΔM	Atomgruppe	Molekülstruktur
2	H_2	Hydroaromaten
16	NH_2	Amide, Amine
17	OH	hydroxylhaltige Verbindungen
18	NH_3	Aminosäuren
	H_2O	cycl. Alkohole, bes. mit Doppelbindungen
19	F	perfluorierte KW-Stoffe
26	CN	Nitrile
28	CO	cyclische Ketone, Ester
29	CHO	Aldehyde
	CH_3N	N-Heterocyclen
30	NO	Nitro- u. Nitrosoverbindungen
31	CH_3O	Methoxyverbindungen
33	HS	Thioalkohole, Thiophenole
35	Cl	Verbindungen mit ein oder mehreren Cl
36	HCl	Hydrochloride, Hydroaromaten (chloriert)
42	NCO	N-Heterocyclen mit Ketogruppen
43	CH_3CO	Acetoxyverb., N-Acetylderivate
44	CO_2	substit. Carbonsäuren
46	NO_2	Nitroverbindungen
50	CF_2	perfluorierte KW-Stoffe
59	CH_3COO	Acetoxyderivate
64	S_2	Polysulfide
	SO_2	Sulfone
69	CF_3	perfluorierte KW-Stoffe, Trifluoracetyl-Der.
77	C_6H_5(aromat.)	Phenylgruppen
79	Br	viele Br-haltige Verbindungen
80	HBr	Hydrobromide, hydroaromat. Br-Verb.
93	C_6H_5O	Phenole, Phenyläther, Phenylester
97	CF_3CO	Trifluoracetoxy-Verb.
105	C_6H_5CO	Benzoesäure-ester und andere Derivate
109	C_6H_5S	Thiophenole, Thioäther, Thiosäuren
121	C_6H_5COO	Benzoesäure-Derivate

ΔM	Atomgruppe	Molekülstruktur
127	J	J-haltige Verb., Hydrojodide
148	$C_6H_4\langle{}^{CO}_{CO}\rangle O$	Phthalsäure-Derivate
165	$C_6H_4\langle{}^{COO}_{COOH}$	Phthalsäureester
166	$CF_3CO + CF_3$	Trifluoracetyl-Derivate

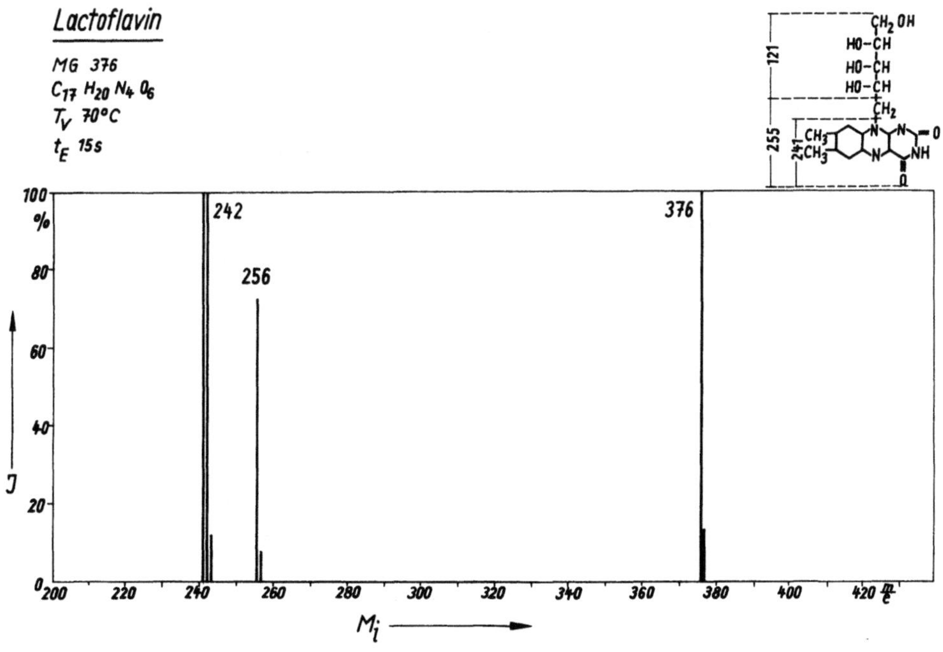

Abb. 53 EA-Massenspektrum des Lactoflavins.

517 = M-1, eine relative Intensität von 40 %. Zusätzlich auftretende Peaks lassen sich folgenden Fragmenten zuordnen: 499 = 517-18 (H_2O), 373 = Digitoxigenin - 1, 355 = 373-18 (H_2O), 337 = 355-18 (H_2O). Ähnliche Verhältnisse ergaben sich auch beim Cymarin, Helveticosid, Sarcostin und Utendin. Ausgehend von diesen Vorversuchen konnten bei einer Reihe unbekannter Stoffe dieses Typs Molgewichte und wahrscheinliche Strukturformeln angegeben werden. Für das Bullosid erhält man das EA-Spektrum Abb. 55. Auffallend ist, daß trotz der beiden Zuckerreste ein starker Molekülpeak (M-1) = 665 mit einer relativen Intensität von ca. 95 % auftritt. Häufigstes negatives Ion ist

das Aglykon Digitoxigenin, mit der Masse 373. Sowohl das Molekülion als auch die beiden durch Abspaltung eines bzw. zweier Zuckerreste gebildeten Ionen neigen zur Abspaltung von Wasser:

$$665 - 18 = 647$$
$$503 - 18 = 485$$
$$373 - 18 = 355.$$

Wahrscheinlich ist diese Fragmentierungsreaktion mit der Bildung einer Doppelbildung zwischen C - 14 und C - 8 oder C - 15 verbunden. Der Verlust des Lactonringes ist nur beim Aglykon zu beobachten. Zusätzliche Abspaltung bzw. Anlagerung eines H-Atoms führt zu den beiden Peaks

$$289 = 373 - 83 - 1 \quad (I_r \approx 95\%)$$
$$291 = 373 - 83 + 1 \quad (I_r \approx 55\%)$$

Wenn das Glykosid mehrere Zuckerreste enthält, die sich in der MZ unterscheiden, kann deren Anordnung aus dem Spektrum abgelesen werden.

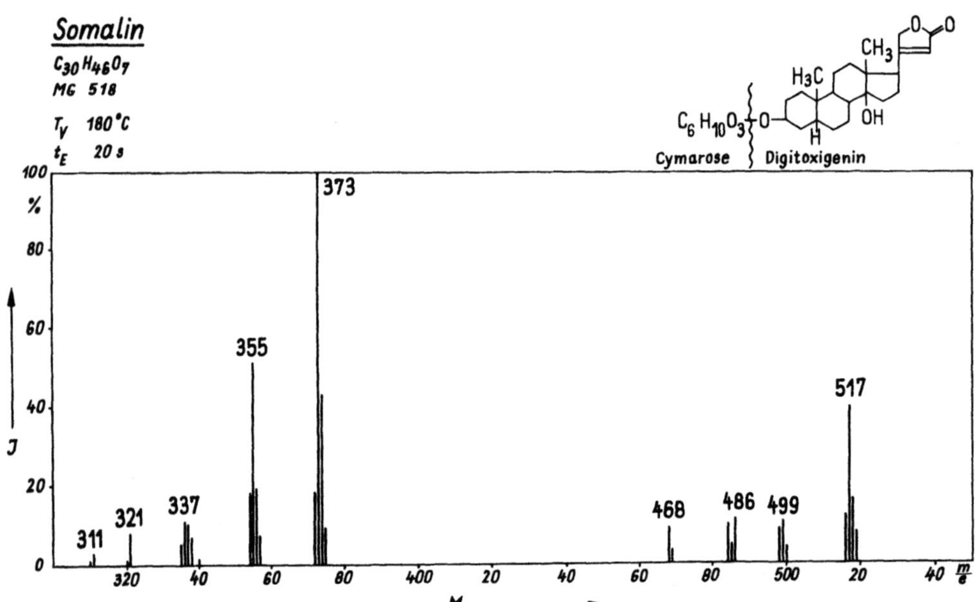

Abb. 54 EA-Massenspektrum des Somalins.

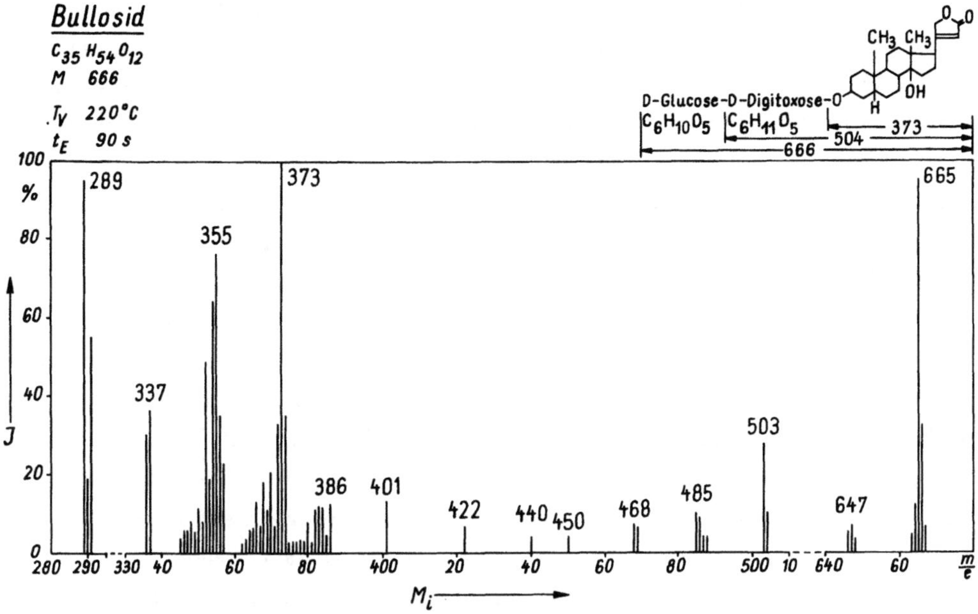

Abb. 55 EA-Massenspektrum des Bullosids.

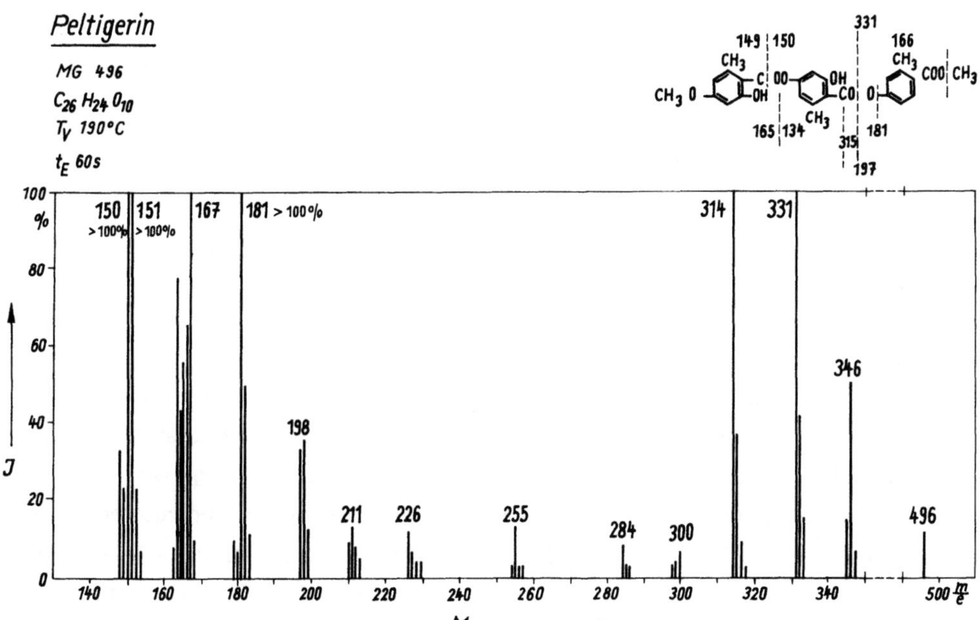

Abb. 56 EA-Massenspektrum des Peltigerins.

Die Möglichkeit, Molgewicht und strukturelle Hinweise aus dem EA-Massenspektrum zu entnehmen, gelang bei dem Flechteninhaltsstoff Peltigerin [120], MG = 496, Bruttoformel $C_{26}H_{24}O_{10}$. Zusammen mit den bereits vorliegenden Kenntnissen über den Aufbau dieser Substanz konnte eine Tridepsid-Struktur bestätigt werden (Abb. 56). Die Verteilung der Substituenten auf die drei Benzolringe läßt sich aus den MZ der Fragmentionen feststellen. Strukturelle und stereochemische Probleme zahlreicher Flechteninhaltsstoffe aus der Reihe der Depside, Depsidone, Depsone, Dibenzofurane und Diphenylbutadiene waren Gegenstand weiterer Untersuchungen [119]. Dabei wurden ebenfalls Vergleiche mit Elektronenstoß-Massenspektren positiver Ionen angestellt. Bei beiden Ionenarten tritt in den meisten Fällen der Molekülpeak auf, insbesondere dann, wenn freie Carboxyl- oder phenolische Hydroxyl-Gruppen vorhanden sind. Aus der Massenzunahme bei der Derivatbildung (Methylester, Methyläther, Acetylverbindung) kann auf die Anzahl der Carboxyl- und Hydroxyl-Gruppen geschlossen werden. Erhöht man die Verdampfungstemperatur, so entstehen infolge thermischer Fragmentierung neue Bruchstücke, deren Massenverteilung weitere Rückschlüsse auf die Struktur zuläßt. Neigung zur Spaltung einer C-O-Bindung bei Elektronenanlagerung zeigen Substanzen, in denen größere Molekülteile, besonders aromatische Systeme, über eine Sauerstoffbrücke verbunden sind. Die Mehrzahl der untersuchten Flechteninhaltsstoffe gehört zu diesem Typ. Eine Ausnahme bilden die Depsidone. Durch die zusätzlich vorhandene Ätherbrücke zwischen den aromatischen Ringsystemen wird das Molekülion stabilisiert:

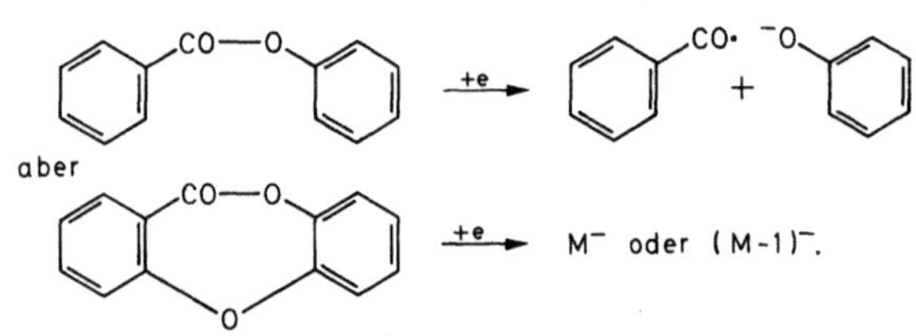

Bei den Depsiden ergänzen sich die Spektren beider Ionenarten besonders gut. Die Bildung des Phenolations wird bei EA begünstigt, die des entsprechenden Carboxyliumions dagegen bei Elektronenstoß. Neuerdings werden für Strukturaufklärungen stets die EA-Massenspektren beider Ionenarten herangezogen. In Abb. 57 sind die beiden EA-Massenspektren des 2,4-Dimethoxythiobenzoesäureesters gegenübergestellt. Nur die negativen Ionen bilden einen starken Molekülpeak. Zusätzlich treten auf: das Phenolation, sowie die schwachen Peaks (M-17) und (M-77). Bei den positiven Ionen liegt das Thiocarbonylkation vor und außerdem eine Anzahl weiterer

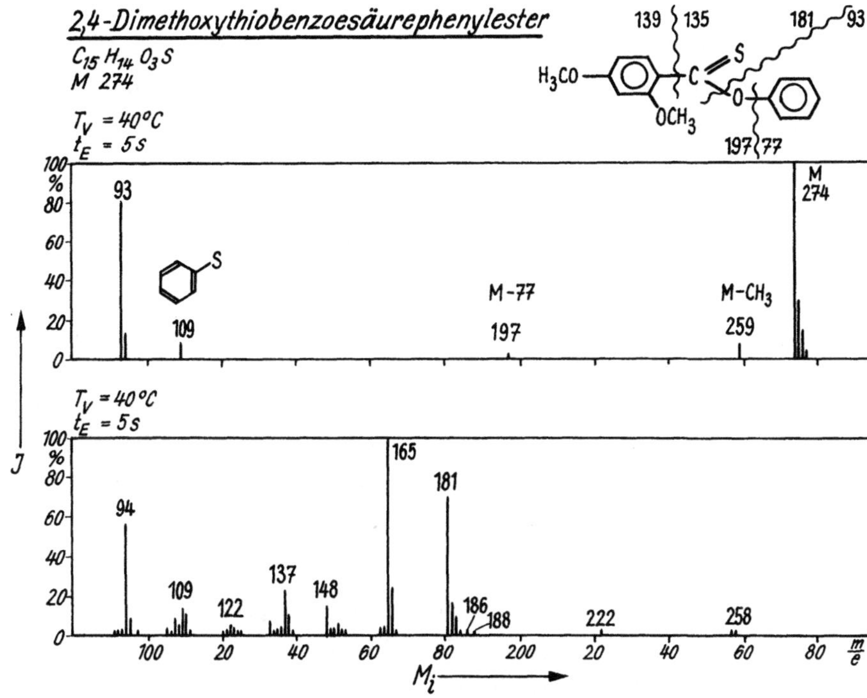

Abb. 57 Gegenüberstellung der EA-Massenspektren beider Ionenarten von 2.4- Dimethoxy-thiobenzoesäureester.

Fragmentionen mit geringer Intensität. Das Ionenpaar 109(-) und 165(+) geht aus einer Thion-Thiol-Umlagerung in der EA-Ionenquelle hervor [137]. Diese Reaktion stimmt mit den präparativen Ergebnissen der thermischen Schönberg-Umlagerung in der Gasphase überein [146]. Die beiden Fragmente, des Umlagerungsproduktes lassen sich auf Grund der leicht spaltbaren C-S-Bindung (in Analogie zur C-O-bindung) EA-massenspektrographisch erfassen:

Umlagerungsprodukt:

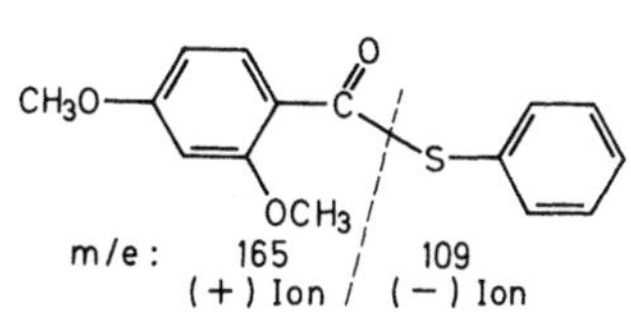

Strukturuntersuchungen lassen sich auch an nicht verdampfbaren Polymeren durchführen, wenn man diese Substanzen einer schonenden Pyrolyse bei Temperaturen bis 450°C unterwirft und das Spektrum der flüchtigen Abbauprodukte auswertet. In diesen Spektren treten Peaks bis zur MZ 1500 auf, die sich meist einem mehrfachen des Grundbausteines A des Hochpolymeren zuordnen lassen. Zusätzliche Fragmentionen, besonders im unteren Massenbereich geben Hinweise zum Aufbau des Monomeren (= Grundbaustein A). Typisch ist die Spaltung von Sauerstoffbrücken für Polyester, Polyamide und besonders für Polycarbonate. Da die Pyrolysereaktionen stark von der Temperatur abhängig sind, nimmt man stets Serien von Spektren in Abhängigkeit von der Pyrolysetemperatur auf. Der Spektrenaufbau der einzelnen Polymertypen ist so charakteristisch, daß sich auch Polymergemische untersuchen lassen.

Niedermolekulare Zusätze werden beim Erwärmen der Polymerprobe ausgetrieben. Auf diese Weise wurden in verschiedenen PVC-Typen die Weichmacher Dioctylphthalat, Dibutylphthalat, Trikresylphosphat und Paraffinsulfosäure-phenylester ("Mesamoll") leicht und eindeutig nachgewiesen.

Die bisher untersuchten Hochpolymere und deren günstigste Pyrolysetemperaturen sind in Tab. 34 wiedergegeben. Die EA-Massenspektren dieser Substanzen lassen eine sichere Identifizierung zu. So findet man beispielsweise bei einem Polyamid neben dem Grundbaustein A

$$\ldots\ldots \underbrace{|\,CO - (CH_2)_5 - NH\,|}_{A\,=\,113} \ldots\ldots$$

Tabelle 34 Polymertypen, die stark differenzierte EA-Massenspektren ergeben.

Polymertyp	Pyrolysetemperatur (°C)
Polyterephthalsäureester	160 - 450
Polyamid	150 - 450
Zelluloseacetat	200 - 300
Polycarbonat	120 - 450
Polystyrol	150 - 300
PVC - hart	160 - 300
PVC - weich	80 - 250
Polymethacrylat	250 - 370

die Vielfachen bis zum A_6 und einige Fragmente, die jeweils durch Abspaltung von H_2O bzw. CO_2 gebildet werden. Der Peak mit der Masse 112 = A-1 läßt sich möglicherweise auf die Anwesenheit geringer Mengen des Monomeren, ε-Caprolactam (MG = 113) zurückführen (Tab. 35).

Tabelle 35 EA-Massenspektrum einer Polyamidprobe.

m/e	negatives Ion	von A abgespaltener Molekülteil
677	$A_6 - 1$	H
564	$A_5 - 1$	H
503	?	?
494	?	?
451	$A_4 - 1$	H
433	$A_4 - 1 - 18$	H, H_2O
407	$A_4 - 1 - 44$	H, CO_2
338	$A_3 - 1$	H
320	$A_3 - 1 - 18$	H, H_2O
294	$A_3 - 1 - 44$	H, CO_2
225	$A_2 - 1$	H
207	$A_2 - 1 - 18$	H, H_2O
181	$A_2 - 1 - 44$	H, CO_2
112	$A - 1$	H

7.3. Stoffgemisch-Untersuchungen

Bei vielen Substanzklassen ist das EA-Massenspektrum der negativen Ionen fragmentarm. Häufig tritt nur ein Peak im Bereich des Molgewichts auf. In diesem Fall eignet sich das Verfahren besonders gut zur Untersuchung von Gemischen. Als "Gemisch" gelten alle Substanzen, die aus zwei oder mehr Komponenten unterschiedlichen Molgewichts bestehen und sich unter den Versuchsbedingungen ohne merkliche thermische Zersetzung hinreichend verdampfen lassen. Günstig liegen die Verhältnisse, wenn die physikalischen Eigenschaften, wie z.B. Dampfdruck und Massenzahl, für die einzelnen Komponenten ähnlich liegen und diese dem gleichen Verbindungstyp angehören. Ionisierungsverhalten und Fraktioniereffekt beeinflussen dann das Ergebnis nicht störend. Dieser Fall liegt vor bei eng geschnittenen Fraktionen homologer Reihen (Kohlenwasserstoffe, Fettsäuren, Alkohole). Eine wichtige Rolle spielt die Verteilung der Komponenten im Gemisch. So können Haupt- und Nebenbestandteile vorliegen oder mehrere Komponenten mit annähernd gleichem Molenbruch. Im ersten Fall handelt es sich meist um verunreinigte Substanzen, im zweiten beispielsweise um technische Fraktionen.

Vereinfacht wird die Untersuchung, wenn nur nach der qualitativen Zusammensetzung der Probe gefragt ist oder wenn entschieden werden muß, ob ein bestimmter Nebenbestandteil vorliegt. Die Genauigkeit bei halbquantitativen oder quantitativen Gemischanalysen wird wesentlich bestimmt von der Gemischart und dem experimentellen Aufwand. Bei sehr unterschiedlichen Dampfdrücken können die Analysenfehler 100 % erreichen. Aus diesem Grunde sind bei Gemischanalysen ohne zusätzlichen Aufwand allgemein nur halbquantitative Ergebnisse zu erwarten. Der Wert der EA-massenspektrographischen Gemischanalyse wird dadurch nicht geschmälert, weil in vielen Fällen so komplizierte Gemische untersucht werden, daß mit anderen Analysenverfahren noch ungenauere Aussagen erhalten werden.

7.3.1. Versuchstechnik bei Gemischanalysen

Entsprechend den vorangegangenen Ausführungen muß die Versuchstechnik der jeweiligen Gemischart angepaßt werden. Die erforderliche Probenmenge ist grundsätzlich größer als bei Einzelsubstanzen. Das trifft sowohl bei der Erfassung geringfügiger Nebenbestandteile zu als auch bei der Analyse von Vielkomponentensystemen. Wenn beispielsweise angenommen wird, daß in einem Kohlenwasserstoffgemisch mit 100 Komponenten diese alle in gleichen Konzentrationen vorliegen, so setzt das für die Untersuchung die 100-fache Probenmenge voraus, d.h. es wären ca. $5 \cdot 10^{-3}$ g Probematerial erforderlich. Bei gesättigten Kohlenwasserstoffen erhöht sich dieser Wert noch um etwa das 10-fache, weil die Ionenausbeuten niedriger liegen als bei allen anderen Substanzklassen. Für solche Untersuchungen mit Substanzmengen von 10^{-2} bis 10^{-1} g wird ein besonderes Verdampfernäpfchen mit großem Volumen eingesetzt. Verunreinigte Substanzen oder Gemische mit wenig Komponenten können aus der üblichen Glaskapillare verdampft werden.

Leichtflüchtige Gemische werden in üblicher Weise außerhalb der Ionenquelle in einem Vorratsgefäß verdampft und der Dampfstrom über eine Drosselstelle eingeleitet. Schwerflüchtige Gemische dagegen werden in der Ionenquelle verdampft ("Innenverdampfung"). In einigen ungünstigen Fällen liegt der Dampfdruck in einem Bereich der für Außenverdampfung zu niedrig und für Innenverdampfung noch zu hoch ist. Solche Gemische können nur qualitativ untersucht werden, wenn man nicht über ein heizbares Einlaßsystem oder einen kühlbaren Innenverdampfer verfügt.

Nebenbestandteile geringer Konzentration lassen sich mit höheren Verdampfungsraten und / oder längeren Expositionszeiten erfassen. Zu große Verdampfungsraten müssen vermieden werden, weil sonst störende IM-Reaktionen auftreten. Die Linienschwärzung der Hauptkomponente läßt sich bei der Analyse von Nebenbestandteilen nicht mehr messen, weil sie im Sättigungsbereich liegt. Zur quantitativen Analyse muß man deshalb mehrere Spektren mit abgestuften Expositionszeiten aufnehmen. Eine andere Möglichkeit besteht darin, daß man nicht den Hauptpeak der Hauptkomponente mißt, sondern den ersten oder zweiten ^{13}C-Peak. Zuvor muß man sich vergewissern, daß sich diesem ^{13}C-Peak keine anderen Ionen überlagern.

Wenn Art und Zahl der Gemischbestandteile bekannt sind, läßt sich die Meßgenauigkeit durch Eichgemischspektren verbessern. Besonderes Augenmerk ist stets darauf zu richten, daß die Versuchsbedingungen, wie Probebeschaffenheit (kristallin, gepulvert, eingeschmolzen), Probemenge, Verdampfungs-, Aufheiz- und Expositionszeit sowie Verdampfertemperatur übereinstimmen.

7.3.2. Spezielle Anwendungen

7.3.2.1. Steroidgemische. Die Identifizierung von Naturstoffgemischen oder verunreinigten Rohprodukten ist ein vielseitiges Anwendungsgebiet. Die Schwierigkeiten bei der Isolierung solcher Substanzen sind bekannt. Meist müssen viele Kilogramm des Ausgangsmaterials aufgearbeitet werden, damit man einige Milligramm des gewünschten Stoffes in die Hand bekommt. Ein solches Produkt ist häufig nicht einheitlich und enthält zumeist Verunreinigungen. Eine weitergehende Auftrennung oder Reinigung ist aufwendig und mit unerwünschten Substanzverlusten verbunden. Wenn es genügt, von diesen Substanzen nur das Molgewicht zu ermitteln, setzt man sie direkt in der anfallenden Form für die EA-massenspektrographische Untersuchung ein.

Von einem solchen Rohprodukt, einem kristallinen Sterinkörper, Fp. 133 bis 135° C, aus Escherichia Coli sollte die Zusammensetzung ermittelt werden [147]. Die Ergebnisse der Auswertung des EA-Massenspektrums zeigt Tab. 36. Durch Vergleich mit entsprechenden Testgemischen konnten die Hauptkomponenten gaschromatographisch als Cholesterin, Campesterin, Stigmasterin und β - Sitosterin bestätigt werden. Eine Trennung des Campesterins vom Dehydrocampesterin war gaschromatographisch unter den gegebenen Bedingungen nicht möglich. Mit Hilfe des EA-Massenspektrums konnte im Verein mit anderen Methoden, die umstrittene Frage eines Vorkommens von Sterinen in Bakterien zumindest für E. Coli positiv beantwortet werden.

Tabelle 36 Zusammensetzung eines Steringemisches aus Escherichia Coli auf Grund der EA-massenspektrographischen Analyse.

m/e	Sterin	Bruttoformel	%
427	?	$C_{30}H_{52}O$(?)	4
413	Sitosterin	$C_{29}H_{50}O$	23
411	Stigmasterin	$C_{29}H_{48}O$	18
399	Campesterin	$C_{28}H_{48}O$	21
397	Dehydrocampesterin	$C_{28}H_{46}O$	8
385	Cholesterin	$C_{27}H_{46}O$	26

Eine abgetrennte Phytosterinfraktion aus Solanum tuberosum L., die etwa 0,05% des Blatt-Trockengewichtes ausmachte, schien ursprünglich mit dem weitverbreiteten β-Sitosterin identisch [148]. Dies ergaben Elementaranalysen, IR-Spektren, Schmelz- und Mischschmelzpunkte sowie die spezifischen Drehungen des Sterins und seiner Derivate und deren Vergleich mit den entsprechenden Literaturangaben. Weiterhin besitzt die bei der katalytischen Hydrierung entstandene Substanz die für Stigmastanol-acetat in der Literatur angeführten Konstanten.

Das EA-Massenspektrum der zwar chromatographisch gereinigten, aber nicht umkristallisierten Fraktion zeigt jedoch, daß hier nicht einheitlich β-Sitosterin, sondern ein Steringemisch vorliegt. Hauptkomponente mit 49 %

ist allerdings β-Sitosterin, neben Stigmasterin (36%), Cholesterin (12%) und Campesterin (3%). Bei der Umkristallisation dieses Gemisches bzw. der entsprechenden Acetate oder Benzoate wird, wie das Massenspektrum ergab, das β-Sitosterin wesentlich angereichert, während der Cholesterinanteil weitgehend zurückgeht. Über die stickstofffreien Steroide der Kartoffelpflanze lagen zu Beginn der durchgeführten Untersuchungen nur wenig Angaben vor. So stellte Völksen fest, daß im unverseifbaren Anteil des Knollenfettes neben Cerylalkohol und einigen weiteren Stoffen ein stickstofffreies, vermutlich glykosidisch gebundenes Steroid vom Fp. 282° C vorkommt. Von Schwartz und Wall konnte gleichfalls aus Knollen sowohl β-Sitosterin als auch Stigmasterin in geringen Ausbeuten isoliert werden. Auf den wechselnden Campesteringehalt verschiedener β-Sitosterin-Präparate wurde u.a. von Thompson und Mitarbeitern hingewiesen. So ist die bisher als "γ-Sitosterin" bezeichnete Substanz ein Gemisch von β-Sitosterin und Campesterin.

Das Vorkommen von Cholesterin in Sol.tub. wurde EA-massenspektrographisch festgestellt und fast gleichzeitig durch Johnson und Mitarb. bestätigt. Damit wurde dieses typische C_{27}-Zoosterin erstmals auch in höheren Pflanzen nachgewiesen.

In den Blättern der mexikanischen Wildkartoffel Sol. demissum Lindl. und Sol. polyadenium Greenm. konnten insbesondere mit Hilfe der EA-Massenspektrographie folgende Triterpenoide und Sterine nachgewiesen werden: Cycloartenol, 24-Methylen-cycloartenol (?), β-Sitosterin, Stigmasterin, Campesterin und Cholesterin, in Sol. demissum außerdem geringe Mengen Lophenol, 24-Methylen- und 24-Äthyliden-lophenol [149].

Nach bisher vorliegenden Befunden sind Insekten sicht zur Biosynthese von Steroiden aus einfachen Zellbestandteilen befähigt. Zur Aufrechterhaltung ihrer Lebensfunktionen sind sie auf die Zufuhr von Nahrungssterinen angewiesen. Die EA-Massenspektren der Sterine des Kartoffelkäfers [150] bestätigten den grundsätzlichen Befund, daß Körper- und Nahrungssterine bei phytophagen Insekten identisch sein können (Tab. 37). Die starken Unterschiede in der Zusammensetzung, besonders bei Cholesterin und Stigmasterin könnten durch eine selektive Aufnahme aus der Nahrung bedingt sein.

Tabelle 37 Zusammensetzung der Steringemische aus Kartoffelkäfern und aus den Blättern der Kartoffelpflanze (Sol. tub.L.) auf Grund der EA-massenspektrographischen Analyse.

m/e	Sterin	Gehalt (%) Insekt	Pflanze
385	Cholesterin	45 - 60	12
399	Campesterin (?)	4 - 6	3
411	Stigmasterin (?)	5 - 11	36
413	β-Sitosterin	25 - 40	49

7.3.2.2. Körperflüssigkeiten und deren Inhaltsstoffe. Vielseitige Anwendungsmöglichkeiten zeichnen sich für die EA-Massenspektrographie auf dem Gebiet der Körperflüssigkeiten ab. Die ersten Untersuchungen befaßten sich mit Steroidanalysen im Harn, in der Gallenflüssigkeit und in Faeces, sowie mit proteingebundenen Blutlipiden.

Das EA-Massenspektrum von Steroidproben aus dem Harn verschiedener Tiere weist auf deutliche Unterschiede in der Zusammensetzung der Proben hin. Die Abtrennung der Steroide aus dem Harn erfolgt in der üblichen Weise. Zur weiteren Trennung und Reinigung wurden Chromatographie und thermomikroanalytische Verfahren eingesetzt. In Abb. 58 werden die Spektren einer Oestronprobe aus dem Harn einer hochträchtigen Stute und eines Ebers verglichen *. In beiden Proben ist der Peak (M-1) = 269 des Oestron am stärksten, die Zusammensetzung der Begleitsubstanzen weicht jedoch sowohl in der Konzentration als auch im Molgewicht voneinander ab. Die charakteristischen Massenabstände zwischen den einzelnen Peaks im Spektrum z.B. 16 ME = CH_2 oder O, geben Hinweise auf die Bruttoformeln, wenn Substanzen des gleichen Grundtyps vorliegen. Bei kompliziert aufgebauten Spektren muß nicht in allen Fällen jeder Peak eine Zuordnung finden, da für Vergleiche und zur Beantwortung medizinisch interessierender Fragen häufig eine Gesamtbetrachtung des Spektrums ausreichend ist. Voraussetzung dazu wäre allerdings umfangreiches Spektrenmaterial.

Ähnlich wie beim Harn lassen sich Steroidproben aus Gallenflüssigkeit oder Faeces isolieren. Je nach Herkunft zeigen solche Proben ebenfalls Unterschiede im Massenspektrum. Als Beispiel ist in Abb. 59 das EA-Massenspek-

---

* Zusammenarbeit mit Dr. P. Rommel, Karl-Marx-Universität Leipzig.

trum einer Oestradiolprobe aus der Gallenflüssigkeit des Kalbes dargestellt. Zusätzlich zum Molekülpeak 271 = M-1 treten Nebenkomponenten bei 302 und 318 auf. Der schwache Peak 253 = 271-18 kann durch Abspaltung von H_2O aus dem Molekül erklärt werden. Im Vergleichsspektrum eines reinen Handelspräparates treten mit Ausnahme des Molekülpeaks nur sehr schwache Peaks auf.

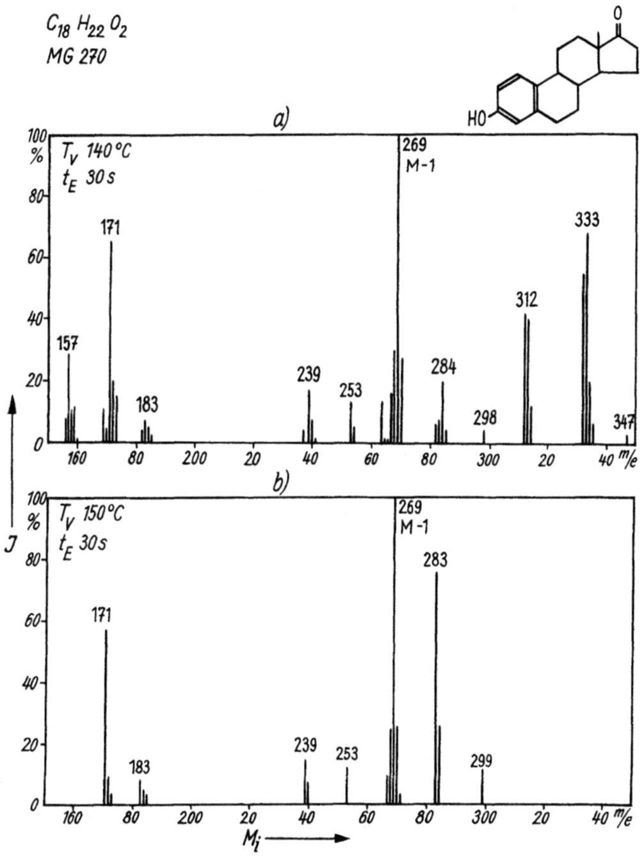

Abb. 58 Vergleich der EA-Massenspektren einer Oestronprobe aus dem Harn einer hochträchtigen Stute (a) und eines Ebers (b).

Die Bedeutung der Lipide für die Membranstrukturen der tierischen Zelle ist in den letzten Jahren in zunehmendem Maße in den Blickpunkt der biochemischen Forschung gerückt. Trotz großer Fortschritte gehört die Lipidanalyse heute noch zu den schwierigsten biochemischen Analysenverfahren. Im Rahmen der im Forschungsinstitut M. von Ardenne laufenden Arbeiten zur Krebsproblematik ergab sich die Notwendigkeit, Lipide von Krebszellen und ihre möglichen Veränderungen zu untersuchen. Dabei wurde auch die

EA-Massenspektrographie eingesetzt. Es kam hierbei weniger darauf an, jeden einzelnen Peak in den aufgenommenen, sehr kompliziert aufgebauten Spektren zuzuordnen, als vielmehr das Auftreten oder Verschwinden bestimmter Peakgruppen zu beobachten, markante Veränderungen in der Verteilung von Fettsäuren festzustellen oder auch Übersichtsspektren der betreffenden Lipidgemische zu erhalten. Die durch Extraktion abgetrennten und

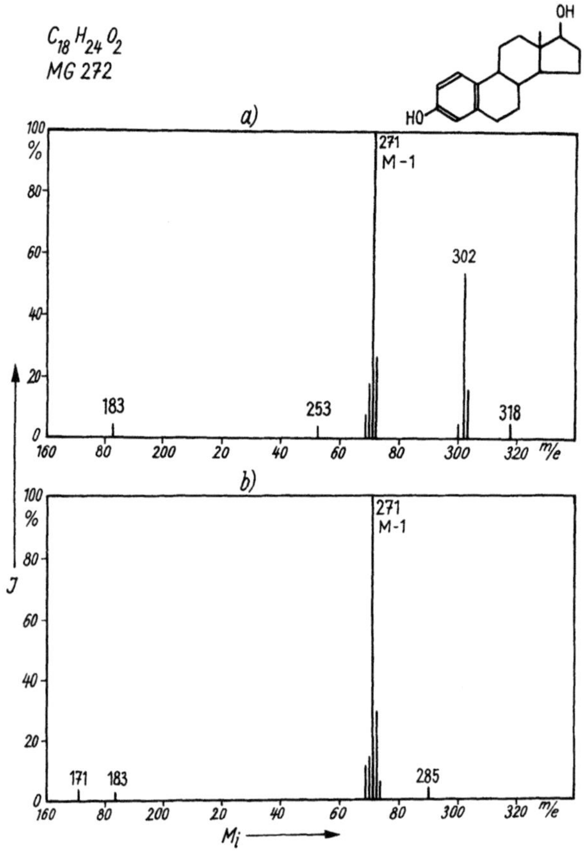

Abb. 59 EA-Massenspektrum einer Oestradiol-probe aus der Gallenflüssigkeit eines Kalbes (a), verglichen mit einem reinen Handelsprodukt (b).

durch Phasenverteilung gereinigten proteingebundenen Lipide aus Humanblut wurden direkt für die EA-Massenspektrographie verwendet. Nach dünnschichtchromatographischer Vortrennung wird das Spektrum übersichtlicher und es tritt eine Konzentrierung von Peakgruppen in bestimmten Massenbereichen ein. Die in den einzelnen Flecken der Dünnschichtchromatogramme lokalisierten Substanzmengen reichen für eine Untersuchung aus, wobei sich sogar eine Elution der Substanzen aus dem Trägermaterial erübrigt. Im Vergleich hierzu erhält man ein qualitativ und quantitativ anderes Spektrum für die Gesamtlipide aus EMAC-Zellen. Die Peakgruppen der gesättigten und ungesättigten Fettsäuren im Massenbereich von 250 bis 300, Diglyceride im Bereich von 550 bis 620 und auch Triglyceride sind gut zu erkennen. Mit Vitamin K_3 behandelte EMAC-Zellen zeigen im Lipid-Spektrum zusätzliche Peaks, die sich mit hoher Wahrscheinlichkeit den Peroxyden von ungesättigten Fettsäuren zuordnen lassen. Die weitere Erschließung dieses Gebietes durch Aufnahme und Speicherung einer Vielzahl von Modellspektren dürfte in Zukunft bei Gemischen biologischer Herkunft eine exaktere Peakzuordnung ermöglichen und in der medizinischen Diagnostik Anwendungsmöglichkeiten finden.

<u>7.3.2.3. Chlorverteilung in Metall-Phthalocyaninen.</u> Die EA-Massenspektren von Metall-Phthalocyaninen, die durch Sublimation [151] oder mehrmalige Umkristallisation in organischen Lösungsmitteln gereinigt wurden, sowie deren Chlorderivate zeigen nur jeweils eine Peakgruppe (entsprechend der Isotopenverteilung) im Bereich der Molekülmassenzahl [152]. Als Metall Me wurden eingesetzt: Ni, Fe, Co, VO, Al, Zn und Cu, bei den chlorierten Produkten vor allem Cu und Co. Zur Herstellung der Cl-haltigen Substanzen wird Phthalodinitril mit Cu Cl_2 bzw. 2-Cyanbenzamid umgesetzt. Bei den Versuchen mit Cu Cl_2 entstehen Produkte mit 5,4 bis 10,5 % Chlorgehalt. Die EA-Spektren zeigen, daß keine einheitlichen Produkte vorliegen, sondern Gemische von Cu Pc und Cu-Cl_{1-5}-Pc. Beim Co-Cl-Pc, dessen Chlorgehalt nach zweimaliger Sublimation bei 5,82 % liegt (berechneter Wert für $C_{32}H_{15}N_8ClO$: 5,86 %), treten im Spektrum die Massen 571 (CoPc), 605 (Co-Cl-Pc), 639 (Co-Cl_2-Pc) und 675 (Co-Cl_3-Pc) auf. Setzt man $CuCl_2$ nach der Kondensationsmethode mit 4-Monochlor-phthalsäureanhydrid um, so erhält man entsprechend der Reinheit des Anhydrids ein 4-Tetrachlor-Cu-Pc, das mit CuPc, Cu-Cl_{1-3}-Pc und Cu-Cl_5-Pc "verunreinigt" ist. Das EA-Massenspektrum zeigt sehr deutlich, daß mit zunehmender Reinheit des Ausgangsproduktes die "Verunreinigungen" stark abnehmen. In den höherchlorierten Produkten läßt sich mit dem EA-Massenspektrum (Abb. 60) CuPc und Cu-Cl_{1-13}-Pc nachweisen. Ein sehr hochchloriertes CuPc ($\approx$ 50 %) besteht erwartungsgemäß nur noch aus Cu-Cl_{14-16}-Pc, denn der hohe Chlorgehalt setzt diesen hohen Anteil von Chloratomen pro Molekül voraus. Wegen der Isotope des Cu, Cl und C treten bei den einzelnen Komponenten der Gemische keine Einzelpeaks, sondern Peakgruppen auf. Berechnet man aus

der Bruttozusammensetzung und Isotopenhäufigkeit die Intensitätsverteilung innerhalb der Gruppen, so kann diese mit den gemessenen Werten verglichen werden (Tab. 38). Nach Umrechnung der einzelnen Peakgruppen auf monoisotope Schwärzung läßt sich der Anteil der einzelnen Komponenten im Gemisch angeben.

Tabelle 38 Gemessene und berechnete Peakintensitäten und Peakverteilung beim Cu-Cl-Pc, unter Berücksichtigung der Isotope von C, Cl und Cu.

m/e	$I_{r,gem}$ (%)	$I_{r,ber}$ (%)
609	36.3	36.49
610	13.2	12.99
611	30.8	30.53
612	11.0	10.08
613	6.6	7.06
614	2.2	1.91

Die Übereinstimmung zwischen den gemessenen und berechneten Werten innerhalb einer Peakgruppe ist gut. Der Einfluß der Verdampfungstemperatur auf die quantitative Zusammensetzung von Gemischen ist umso geringer, je höher der Schmelzpunkt einer Probe liegt. In einem Vierkomponentengemisch, bestehend aus CuPc und Cu-Cl-Pc konnte im Temperaturbereich von 160 bis 260°C keine Änderung der Zusammensetzung (Fraktioniereffekt) nachgewiesen werden (Abb. 61). Bei diesen Untersuchungen wurde für jede Verdampfertemperatur eine neue Substanzprobe in die Ionenquelle eingeschleust. Unter sonst gleichen Versuchsbedingungen wurde die Verdampfertemperatur jeweils um 20° erhöht und mit abgestuften Expositionszeiten eine Reihe von Spektren aufgenommen. Die Auswertung erfolgt so, daß die Summe der auf monoisotope Schwärzungen umgerechneten relativen Intensitäten für das gesamte Spektrum mit 100 % angesetzt wird.

7.3.2.4. Fettsäuregemische. Die Voraussetzungen für die EA-massenspektrographische Untersuchung von Fettsäuregemischen sind sehr günstig. Unabhängig von der Kettenlänge des Kohlenwasserstoffrestes liegt bis zur C_{30}-Säure (höhere Säuren wurden nicht untersucht) einheitliches Ionisierungsver-

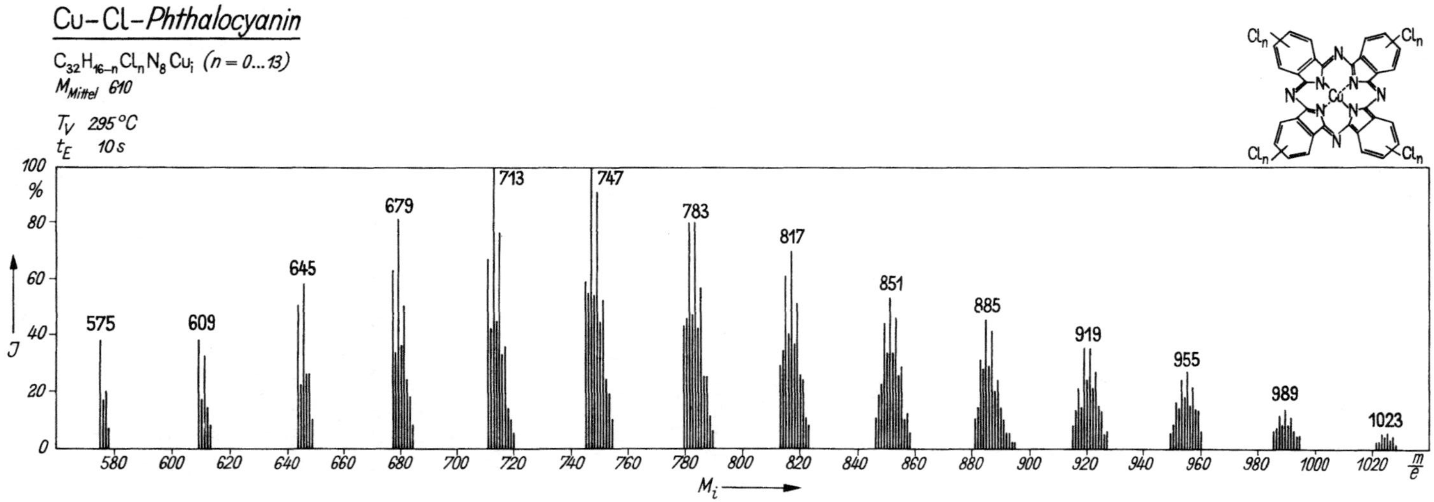

Abb. 60 EA-Massenspektrum einer chlorierten CuPc-Probe mit 32,5% Chlorgehalt.

halten vor. Das EA-Massenspektrum einer Fettsäure besteht aus einem intensiven (M-1)- und einem schwachen (M-3)-Peak. Im Homologengemisch erhält man demzufolge einzelne Peaks im Abstand von $\Delta M = 14$ ME, entsprechend einer CH_2-Gruppe. Auch ungesättigte Säuren lassen sich erfassen, da durch jede Doppelbindung die Massenzahl um 2 ME verkleinert wird.

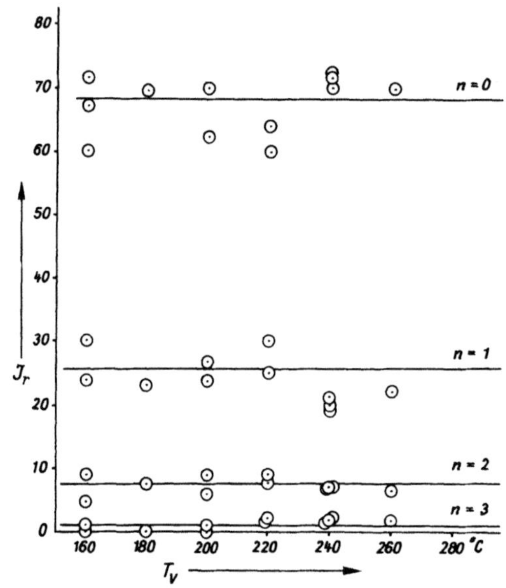

Abb. 61 Abhängigkeit der Zusammensetzung eines Gemisches von CuPc und Cu-Cl_{1-3} im Temperaturbereich von 160 bis 260^0 C.

Bei technischen Fraktionen von natürlichen und synthetischen Fettsäuren wird meist nach der quantitativen oder wenigstens halbquantitativen Zusammensetzung gefragt. In Einzelfällen genügen qualitative Aussagen, wie beispielsweise bei der Kontrolle des Reinheitsgrades oder des Effektes von Reinigungsoperationen einzelner höherer Fettsäuren (C_{16} bis C_{20}). Sollen Verunreinigungen nachgewiesen werden, die nur in kleinen Konzentrationen vorliegen ($< 1\%$), so müssen Spektren mit langen Expositionszeiten aufgenommen werden. Das normal exponierte Spektrum einer besonders reinen Stearinsäure, $C_{17}H_{35}COOH$, ließ zunächst keinerlei Verunreinigungen erkennen. Bei einer Verlängerung der Expositionszeit um den Faktor 10 und 100 waren schwache Peaks im Abstand von 28 ME über und unter der Stearinsäure zu erkennen, die auf Arachin- und Pakmitinsäure hindeuteten. In solchen Spektren ist eine quantitative Auswertung nicht ohne weiteres möglich, weil die Intensität des Peaks der Hauptkomponente viel zu groß ist. Mit Hilfe von weniger intensiven ^{13}C-Peaks, abgestuften Expositionszeiten und Eichgemischen konnte abgeschätzt werden, daß die Verunreinigungen ca. 0,1 % ausmachten.

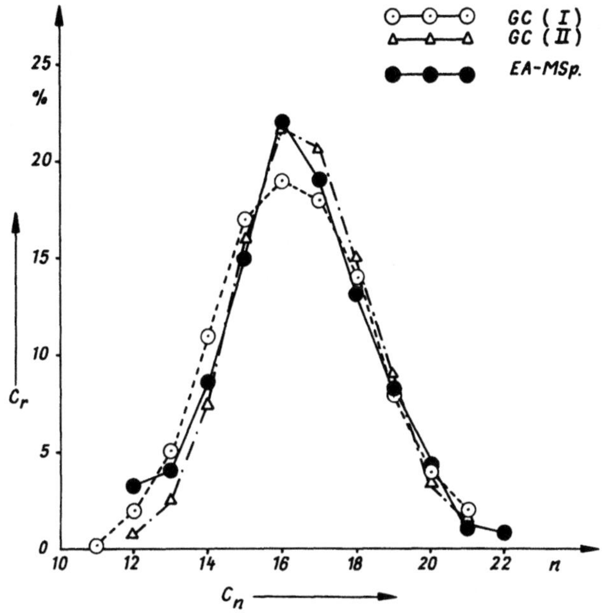

Abb. 62 Quantitative Zusammensetzung einer Fettsäurefraktion (C_{11} bis C_{21}). Die gleiche Probe wurde zur Kontrolle in zwei Labors mit dem GC untersucht.

Die Kenntnis der Zusammensetzung von Fettsäurefraktionen ist technisch in doppelter Hinsicht wichtig. Man kann damit den Trenneffekt bei der Zerlegung von Rohprodukten - z.B. die Wirksamkeit von Destillationskolonnen - und die Qualität der für die Weiterverarbeitung gewonnenen Fraktionen überwachen. Die Zuverlässigkeit der EA-massenspektrographischen Analysenwerte wurde durch Vergleich mit gaschromatographischen Messungen untersucht. Für eine relativ breite Fraktion (C_{11} bis C_{21}) sind die Abweichungen zwischen beiden Verfahren nicht größer als zwischen den GC-Ergebnissen, die an der gleichen Probe in zwei verschiedenen Labors gemessen wurden (Abb. 62). Das EA-Massenspektrum dieses Gemisches läßt einige typische Eigenheiten erkennen. Im unteren Molgewichtsbereich (C_{12}-Säure) wird wegen des höheren Dampfdruckes eine zu hohe Konzentration vorgetäuscht, im oberen Molgewichtsbereich (C_{21}-, C_{22}-Säure) eine zu niedrige im Vergleich zu den GC-Werten. Ein solcher Einfluß ist umso stärker ausgeprägt, je niedrigsiedender eine Fraktion und je breiter ihr Siedebereich ist. Dieses am Beispiel von Fettsäuren beschriebene Verhalten gilt ganz allgemein für alle Arten von Gemischen.

Die Analysenwerte von drei aus einer Rohfettsäure geschnittenen Fraktionen sind in Abb. 63 dargestellt. Auch hier sind zum Vergleich die GC-Werte eingetragen. Die leichteste Fraktion (C_{10}-bis C_{14}-Säure) zeigt einen deutlich erkennbaren Fraktioniereffekt. In Übereinstimmung mit dem zu erwartenden Verhalten unterscheidet sich die mit beiden Verfahren gemessene Zusammensetzung bei dieser Fraktion am stärksten. Von der mittleren (C_{14}-bis C_{16}-Säure) zur höchsten Fraktion (C_{17}-bis C_{21}-Säure) wird die Übereinstimmung der beiden Kurvenverläufe besser.

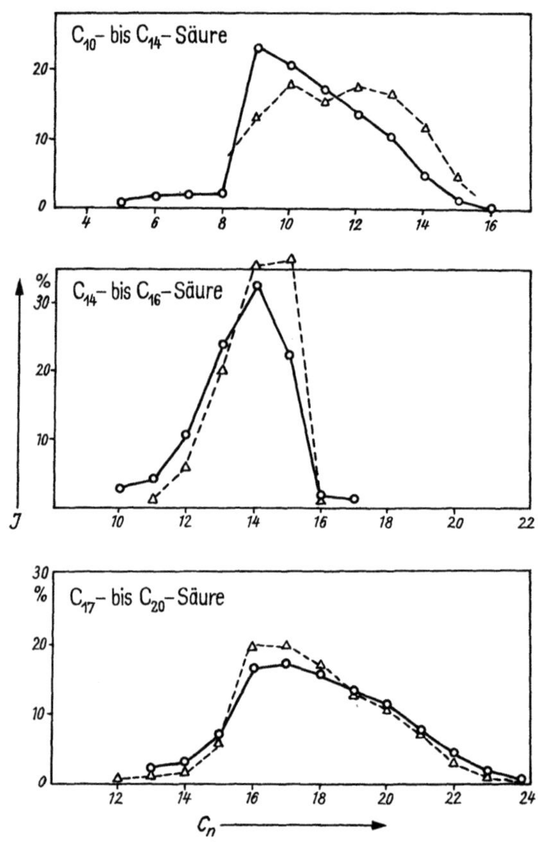

Abb. 63 Vergleich der Analysenwerte von EA-MS (O) und GC (Δ) an drei Fettsäurefraktionen.

Wie der Vergleich der gaschromatographisch in verschiedenen Labors gemessenen Werte (Abb. 62) zeigt, müssen auch dem GC-Verfahren breite Fehlergrenzen eingeräumt werden. Zumindest bei der Untersuchung höherer Fettsäurefraktionen kann die Meßgenauigkeit der EA-Massenspektrographie der der GC gleichgesetzt werden. Bei der Entwicklung eines Verfahrens zur weitgehenden Rückgewinnung von synthetischen Fettsäuren aus Abwässern kann die EA-Massenspektrographie zur Analyse der im Wasser gelösten Fettsäuren eingesetzt werden (153). Die Abtrennung der Säuren erfolgt durch mehrmaliges Ausschütteln mit Äther. Die vereinigten Ätherauszüge werden getrocknet und der Äther abgedampft. Durch Wägung wird der Fettsäureanteil bestimmt. Die untersuchten Wasserproben enthielten ca. 10 % Fettsäuren. Zur massenspektrographischen Untersuchung werden etwa 20 bis 30 mg des extrahierten Anteils eingesetzt. In der Hauptsache handelt es sich um C_5- bis C_7-Säuren, die zusammen etwa 70 % ausmachen. Die Zusammensetzung der im Wasser gelösten Fettsäuren ist aus Tab. 39 zu entnehmen. Außerdem wurde festgestellt, daß die Gegenwart anorganischer Säuren und Salze in synthetischen Fettsäuren zu Spaltprodukten führt, sobald die Säuren entwässert und anschließend thermisch behandelt werden. Bei den Spaltprodukten handelt es sich hauptsächlich um Ketone.

Tabelle 39 EA-massenspektrographisch ermittelte Zusammensetzung der aus einem Abwasser extrahierten Fettsäuren.

m/e	Fettsäure	I_{rel} (%)
143	C_8	2
129	C_7	34
115	C_6	23
101	C_5	13
87	C_4	6
73	C_3	3
59	C_2	19
		$\sum$ = 100 %

Die Verteilung der Fettsäuren in einem Standöl zeigt das Spektrum Abb.64. Neben den beiden gesättigten Säuren (Palmitin- und Stearinsäure) liegen folgende ungesättigten Fettsäuren vor: Olein-, Linol- und Linolensäure. Außerdem erkennt man am Peak m/e = 208 das zugesetzte Anthrachinon.

Leinöl (Standöl)

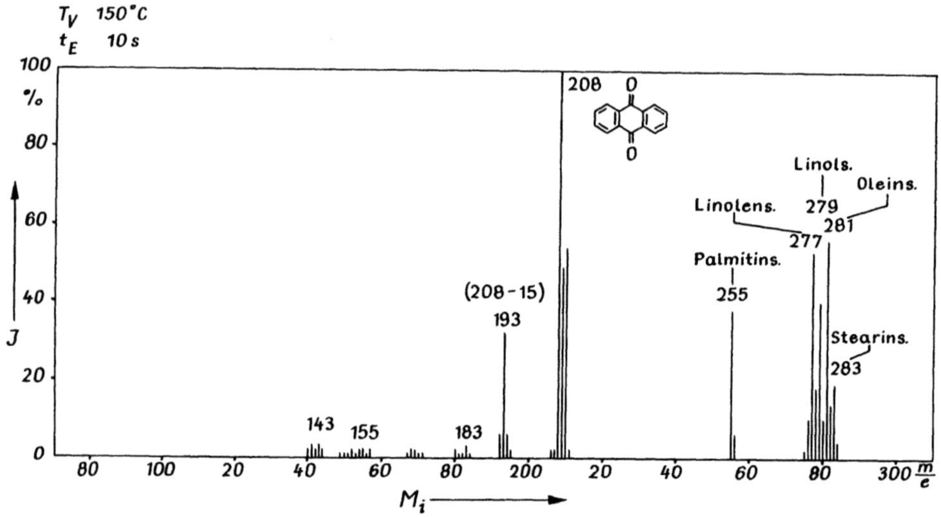

Abb. 64 Ausschnitt aus dem EA-Massenspektrum eines Standöls mit Anthrachinonzusatz.

7.3.2.5. Kohlenwasserstoffgemische. Entsprechend ihrer technischen Bedeutung nehmen Kohlenwasserstoffgemische auch in der EA-Massenspektrographie einen wichtigen Platz ein. Die Komponenten in solchen Gemischen können hinsichtlich Art und Zahl sehr unterschiedlich sein. Wegen des einfachen Ionisierungsverhaltens konnten besonders die Gemische gesättigter Kohlenwasserstoffe (Paraffine und Naphthene) erfolgreich analysiert werden. Während man n- und i-Paraffine wegen der gleichen MZ nicht unterscheiden kann, ist das bei Gemischen von Ketten-KW-Stoffen und cyclischen KW-Stoffen möglich. Jeder Ringschluß ist mit der Abspaltung von zwei Wasserstoffatomen verbunden und führt somit zu einer Peakverschiebung von 2 ME. Die Massendifferenz ΔM zwischen zwei aufeinanderfolgenden Homologen entspricht 14 ME, d.h. daß die Peaks der Heptacyclen mit denen der nächstniederen Paraffinhomologen zusammenfallen. Eine Gemischanalyse in Gegenwart von Paraffinen ist also nur möglich, wenn maximal hexacyclische Naphtene vorliegen.

Ein sehr einfaches Spektrum (Abb. 65) erhält man von einem n-Paraffin, das aus Erdölparaffingatsch isoliert wurde. Es besteht aus den Paraffinen C_{27} bis C_{44}, deren Peaks im Massenbereich 397 bis 635 liegen. Wesentlich komplizierter fällt das Spektrum eines Weißöls aus (Abb. 66), das deshalb

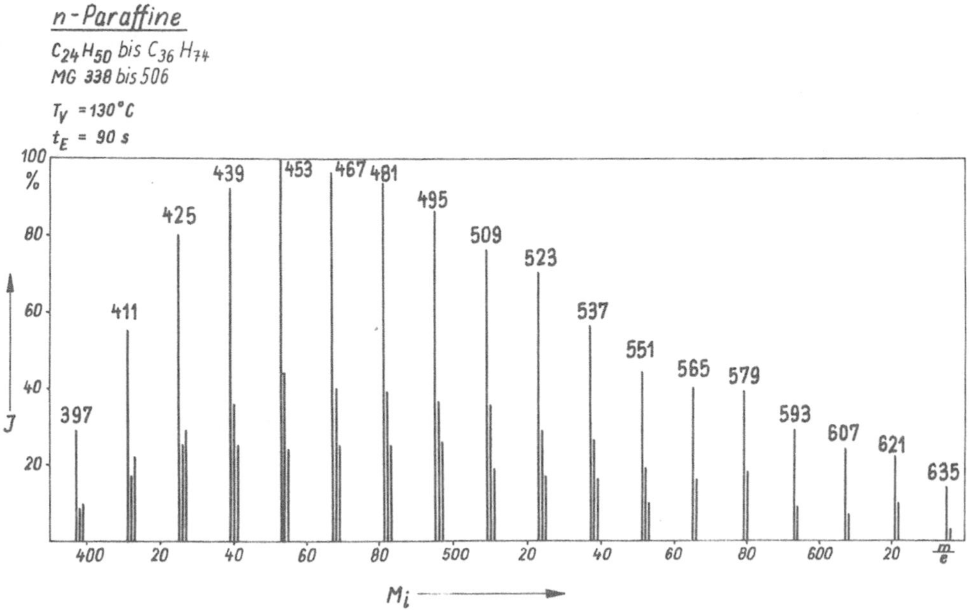

Abb. 65 EA-Massenspektrum der n-Paraffine aus einem Erdölparaffingatsch.

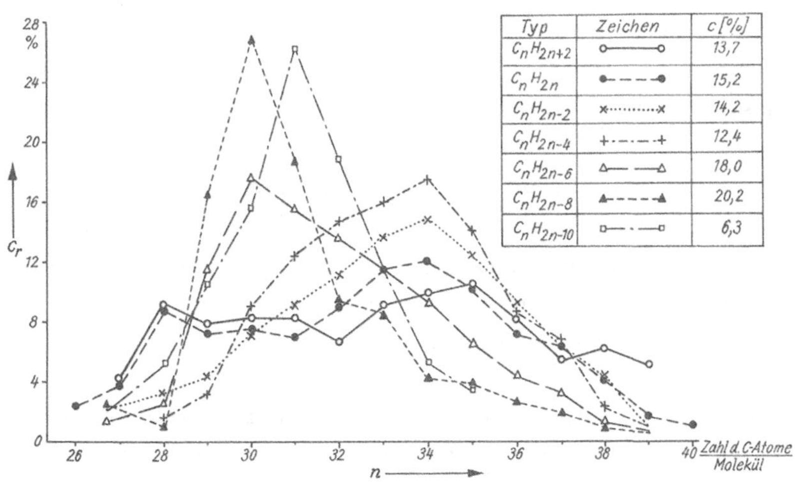

Abb. 66 Auswertung des Molekül-Massenspektrums eines Weißöls (Paraffine und Naphtene). $T_V = 160^{\circ}$ C; $t_E = 90$ s.

in einer etwas abgeänderten Darstellung wiedergegeben wird. Die Intensitäten der einzelnen Komponenten werden nach ^{13}C-Korrektur über der C-Zahl der Moleküle für jede Homologenreihe getrennt aufgetragen. Die Summe der Peakintensitäten wird für jede Reihe gleich 100 % gesetzt. Durch diese Art der Darstellung wird die Spektrenbreite reduziert und die Hauptkomponenten sowie deren Verteilung innerhalb der Reihen lassen sich besonders gut erkennen. Die Zusammensetzung der Probe bezüglich der einzelnen Strukturtypen läßt sich leicht ermitteln (Tab. 40).

Tabelle 40 Anteil der einzelnen Homologenreihen in einem Weißöl.

Bruttoformel	Zahl der Ringschlüsse	Anteil im Weißöl (%)
C_nH_{2n+2}	0	14
C_nH_{2n}	1	15
C_nH_{2n-2}	2	14
C_nH_{2n-4}	3	13
C_nH_{2n-6}	4	18
C_nH_{2n-8}	5	20
C_nH_{2n-10}	6	6

Die prozentuale Zusammensetzung kann auch für jede einzelne Komponente ausgerechnet werden. In einem anderen Weißöl, dessen Spektrum 99 Komponenten auswies, war beispielsweise das C_{43}-Paraffin mit nur ca. 3% der häufigste Bestandteil. Die Konzentration nimmt bei dieser Probe mit steigendem Cyclisierungsgrad deutlich ab, und die Pentacyclen machen lediglich 1% aus. Eine Schwierigkeit besteht bei der Untersuchung dieser Vielkomponentengemische darin, daß der prozentuale Anteil auch bei den häufigsten Komponenten sehr klein ist. Das setzt, wie bereits erläutert, für die Untersuchung eine größere Probenmenge voraus.

Die festen Kohlenwasserstoffe der Paraffine und mikrokristallinen Wachse haben in der Industrie als Rohstoffe für chemische Synthesen und als Bestandteile wichtiger Kompositionen eine breite Anwendung gefunden. Bei diesen festen Erdöl-Kohlenwasserstoffen handelt es sich um komplizierte Gemische vornehmlich gesättigter Individuen, deren Zusammensetzung außerdem von der Herkunft des Erdöles abhängt. Es wurde versucht, die vorgetrennten

Gruppen eines Paraffingatsches EA-massenspektrographisch zu analysieren [154]. Das Spektrum ergab, daß Homologenreihen von Mono- bis Hexacyclen vorliegen, außerdem n- und i-Paraffine mit 30 bis 50 C-Atomen. Die einzelnen Gruppen der gesättigten Gatsch-Kohlenwasserstoffe lassen sich auf Grund des Trennverfahrens, der physikalisch-chemischen Kennzahlen und der EA-Spektren folgendermaßen charakterisieren:

Die durch mehrmalige Adduktfällung bei Harnstoffüberschuß gewonnenen n- Paraffine machen etwa 16 % aus und bestehen aus unverzweigten Molekülen mit 27 bis 44 C-Atomen. EA-massenspektrographisch konnte bestätigt werden, daß durch fünf- bis sechsmalige Fraktionierung mit Harnstoff eine vollständige Abtrennung von den cyclischen Verbindungen zu erreichen ist. Von den beiden Alkylnaphthen - Fraktionen besteht die erstere, die die Hauptkomponente des Gatsches darstellt, aus höhercyclischen Naphthenen und i-Paraffinen im Molgewichtsbereich 400 bis 800. Das Intensitätsmaximum bilden die C_{38}- und C_{39}-Moleküle. Der Gehalt an Alicyclen fällt mit zunehmendem Cyclisierungsgrad von 19 % (Bicyclen) auf 5% (Hexacyclen) ab. Auch die zweite Fraktion enthält i-Paraffine und Mono- bis Tetracyclen, im Molgewichtsbereich 400 bis 700, jedoch kaum Penta- und Hexacyclen. Zum Vergleich wird die Zusammensetzung beider Fraktionen angegeben (Tab. 41).

Tabelle 41 Zusammensetzung der beiden Alkylnaphthenfraktionen eines Paraffingatsches.

Homologenreihe	Alkylnaphthene (%) Fraktion I	Fraktion II
C_nH_{2n+2}	19,7	39,6
C_nH_{2n}	23,3	27,6
C_nH_{2n-2}	19,1	15,5
C_nH_{2n-4}	16,1	11,3
C_nH_{2n-6}	9,5	4,8
C_nH_{2n-8}	7,0	1,2
C_nH_{2n-10}	5,2	-

Ebenfalls komplizierte Kohlenwasserstoffgemische stellen die Diffusionspumpenöle dar. Meist liegen in einer Probe weit über 100 Komponenten unterschiedlichen Molgewichts vor. Auf die Ermittlung der Einzelbestandteile, wie sie für einfache Paraffine und feste Kohlenwasserstoffe beschrieben wurde, kann gewöhnlich verzeichtet werden. Bei solchen Gemischen interessiert besonders die Molgewichtsverteilung, die Fraktionsbreite und die Anwesenheit von Zusätzen. Die Aufnahme zahlreicher EA-Spektren hat ergeben, daß durch Spektrenvergleiche thermische und mechanische Einflüsse zu erfassen sind. Setzt man beispielsweise ein Diffusionspumpenöl bei Betriebstemperatur Lufteinbrüchen aus, so lassen sich sehr leicht die eingetretenen Veränderungen der Probe im Spektrum erkennen. Durch thermisch-oxidativen Molekülabbau werden kleinere Moleküle gebildet, die auf Grund ihres hohen Dampfdruckes in der Praxis die Pumpleistung herabsetzen. Ein ungebrauchtes Treibmittel (Abb. 67) ergibt im Spektrum ein ausgeprägtes

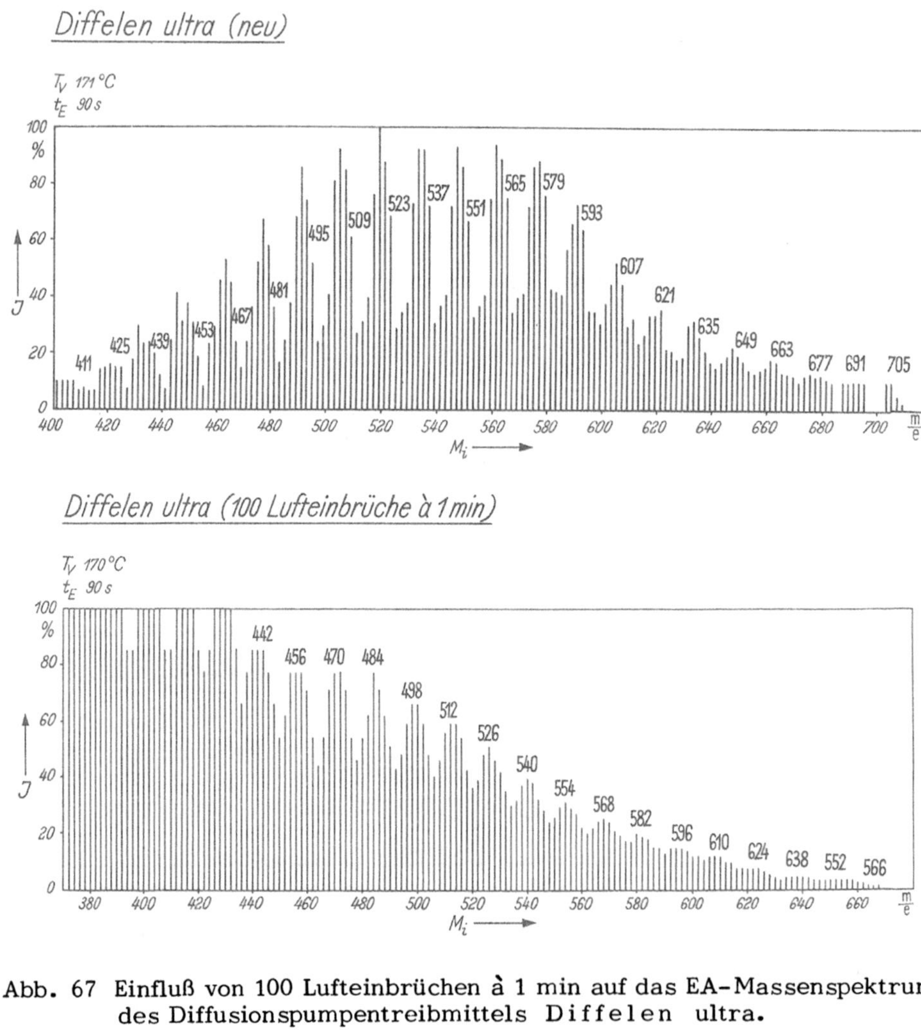

Abb. 67 Einfluß von 100 Lufteinbrüchen à 1 min auf das EA-Massenspektrum des Diffusionspumpentreibmittels D i f f e l e n ultra.

Intensitätsmaximum im Massenbereich 500 bis 600. Das Spektrum derselben Probe nach 100 Lufteinbrüchen á 1 min sieht völlig anders aus: Das Maximum fehlt und unterhalb Masse 440 treten eine Vielzahl sehr intensiver Peaks auf. Nach höheren Massen zu nimmt die Peakintensität schnell ab.

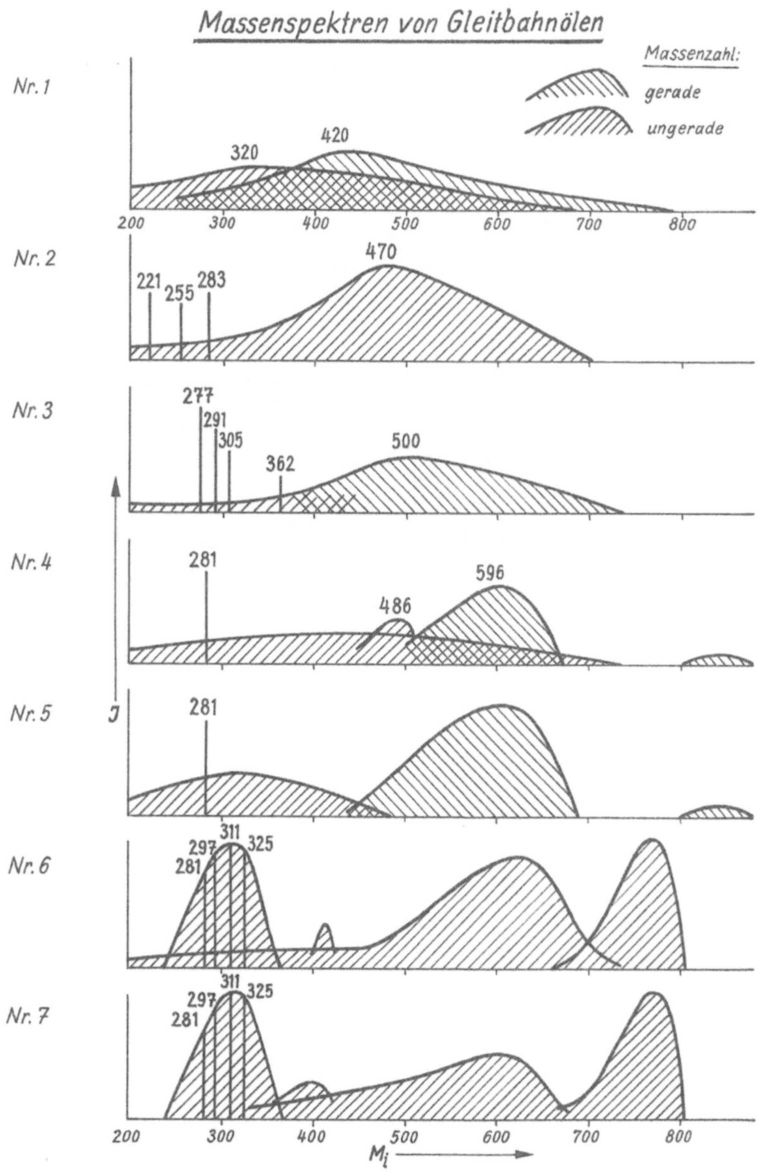

Abb. 68 EA-Massenspektren von sechs verschiedenen Gleitbahnölen. Das letzte Spektrum wurde von einer gebrauchten Probe des Öles Nr. 6 erhalten.

Die EA-massenspektrographische Untersuchung und vor allem die Interpretation der Spektren gestaltet sich noch schwieriger, wenn eine Probe aus verschiedenartigen Stoffen zusammengesetzt ist, die ihrerseits selbst Gemische darstellen. Noch weniger als bei den Diffusionspumpenölen ist es hier sinnvoll, Individuen zu erfassen.

Am Beispiel von Gleitbahnölen verschiedener Herkunft soll gezeigt werden, wie man vorgeht und welche Aussagen möglich sind (Abb. 68). Wegen des komplizierten Spektrenaufbaues werden keine Einzelpeaks wiedergegeben. Charakteristisch besetzte Massenbereiche werden durch die Umhüllungskurve der Peakintensitäten über der MZ dargestellt. Dabei wird zwischen Peakgruppen mit gerader und ungerader MZ unterschieden. Die Spektren der sechs Proben (das letzte Spektrum wurde von dem gebrauchten Öl der Probe 6 aufgenommen) lassen deutliche Unterschiede im Aufbau der einzelnen Produkte erkennen, so daß man beispielsweise bei unbekannten Proben Aussagen über die Herkunft und den Zustand des Öles aus dem Spektrum ablesen kann. Weitergehende Aussagen dürften, ähnlich wie bei Körperflüssigkeiten, möglich sein, wenn man über entsprechende Erfahrungen und einen Spektrenspeicher verfügt. Trotz dieser Einschränkungen kann ein solches "fingerprint-Spektrum" dem Fachmann wertvolle Hinweise geben.

8. Systematik der untersuchten Substanzen

Die Anwendung der EA-Massenspektrographie auf Probleme der organischen Chemie setzt die Kenntnis des Verhaltens der einzelnen Substanzgruppen und und Verbindungstypen voraus. Da entsprechende Massenspektren negativer Ionen bislang nicht existierten, mußten systematische Untersuchungen der wichtigsten Stoffgruppen vorgenommen werden (vgl. Kapitel 5., 6., 7., 8.) Auch bei der Bearbeitung spezieller Probleme, z.B. auf dem Gebiet der Naturstoffe, wurden zum Vergleich oder zur Ergänzung häufig EA-Massenspektren von einfacher aufgebauten oder verwandten Substanzen aufgenommen.

Die gesammelten Erfahrungen und das umfangreiche Spektrenmaterial bilden eine wesentliche Voraussetzung für die Molgewichts- und Strukturbestimmung von unbekannten Substanzen sowie bei der Analyse von Stoffgemischen.

Das Spektrenmaterial, einschließlich der vergleichsweise aufgenommenen Massenspektren positiver Ionen ist zum großen Teil im Anhang wiedergegeben. Einen Überblick in Tabellenform gibt Tab. 42 für die einzelnen Substanzgruppen und Tab. 43 für die untersuchten Naturstoffe. Da vielfach Substanzen mit mehreren funktionellen Gruppen bzw. Heteroatomen vorliegen und vom gleichen Grundtyp auch Derivate und Homologe untersucht wurden, erfolgt die Einteilung teilweise unter Berücksichtigung EA-massenspektrographischer Gesichtspunkte.

Einige Substanzgruppen, von denen ausreichendes Spektrenmaterial vorliegt, werden in den nachfolgenden Abschnitten zusammenfassend dargestellt. Es handelt sich hierbei um die Kohlenwasserstoffe, unter denen die gesättigten Verbindungen auf Grund ihres Ionisierungsmechanismus eine Sonderstellung einnehmen. Als größte Gruppe der sauerstoffhaltigen Verbindungen folgen die Carbonsäuren und deren Derivate. In diesem Abschnitt sind alle Ver-

Tabelle 42 Zusammenstellung der wichtigsten Verbindungstypen, von denen EA-Massenspektren vorliegen.

Substanzgruppe	Verbindungstyp
Kohlenwasserstoffe	Paraffine, Naphthene, Olefine, Diolefine, Acetylene, einfache Aromaten, Aromaten mit paraffinischen und naphthenischen Seitenketten, linear und angular annellierte Aromaten
Sauerstoffhaltige Verbindungen	Alkohole (ein- und mehrwertig) Aldehyde Ketone Mono- und Di-carbonsäuren Säureanhydride Aminosäuren Carbonsäureamide Ester, Diester Äther Kohlensäurederivate O-Heterocyclen (5- und 6-Ringe)
Schwefelhaltige Verbindungen	Thiolalkohole Thioäther Thioester Thiokohlensäurederivate S-Heterocyclen (5- und 6-Ringe)
Stickstoffhaltige Verbindungen	Nitroverbindungen Amine (primär, sekundär, tertiär) Azoxyverbindungen Azoverbindungen N-Heterocyclen (5- und 6-Ringe)
Halogen-verbindungen	Substitutionsprodukte von gesättigten und ungesättigten Aliphaten, Alicyclen, Aromaten (außer perhalogenierten Verbindungen) Halogenderivate von O-, N- und/ oder S-haltigen Verbindungen
Siliziumorganische Verbindungen	Silanole Siloxane Methyl- und Phenylsilikone Siloxazolidine
Metallorganische Verbindungen	Phthalocyanine des Cu, Zn, Sn, Al, Pt, Fe, Co, Ni, VO sowie der Halogenierungsprodukte

bindungen zusammengefaßt, die eine Carboxylfunktion besitzen. Selbstverständlich gehören dazu auch Moleküle, die zusätzlich andere funktionelle Gruppen und Heteroatome enthalten. Einige Substanzgruppen, von denen wenig Spektren vorliegen, werden in einem dritten Abschnitt zusammenge-

Tabelle 43 Zusammenstellung der EA-massenspektrographisch untersuchten Naturstoffe.

Substanzgruppe	Verbindungstyp
Isoprenoide Verbindungen	Terpene Sesquiterpene Diterpene Triterpene Carotinoide
Steroide	Sterine Gallensäuren Sexualhormone (Oestrogene, Androgene, Progesterone) Nebennierenrindenhormone Herzglykoside Saponine und Sapogenine
Steroidalkaloide	Solanum-, Kurchi-, Veratrum- } steroidalkaloide
Alkaloide	Pyridin-, Pyrrolidin-, Piperidin-, Chinolin-, Isochinolin- } alkaloide (Di- und Tetrahydroverbindungen)
Peptide	Aminosäuren, sowie Di- und Tripeptide
Vitamine	Aneurin, Lactoflavin Pyridoxin, Vitamin B_{12}, Vitamin D, Tocopherol, Vitamin K
Antibiotika	Oligomycin Flavofungin Dermostatin Polyenantibiotika Griseorhodin
Wachstumsstoffe	Gibberelline, deren Derivate und Abbauprodukte

faßt. Als letzte Stoffgruppe folgen die Hochpolymere, die wegen ihrer physikalischen Eigenschaften eine besondere Untersuchungstechnik erfordern.

Viele der erwähnten und diskutierten EA-Massenspektren sind in der Spektrentabelle zu finden.

Eine Auswertung der Spektren von über 900 definierten Einzelsubstanzen (Abb. 69) veranschaulicht die Verteilung auf die einzelnen Molgewichte. Da die Substanzen vielen Bereichen der organischen Chemie angehören und auch zahlreiche Naturstoffe verschiedener Gebiete berücksichtigt wurden, ist das Ergebnis verallgemeinerungsfähig. Ein ausgeprägstes Maximum im

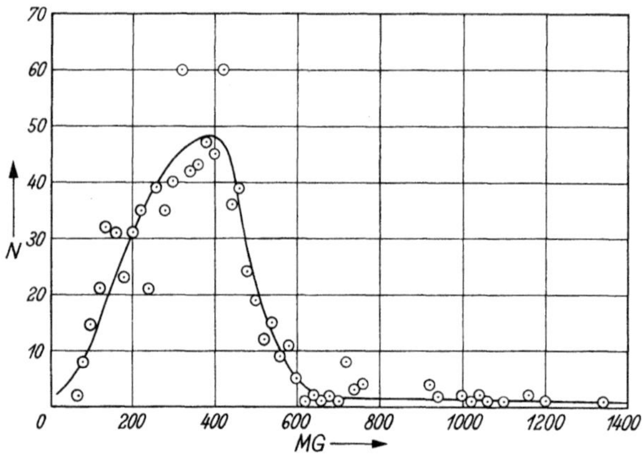

Abb. 69 Molgewichtsverteilung von ca. 900 EA-massenspektrographisch untersuchten organischen Substanzen (N = Zahl der Substanzen mit dem Molgewicht MG).

Massenbereich 300 bis 400 zeigt, daß die meisten Substanzen, die der massenspektroskopischen Untersuchung zugeführt wurden, in diesem Molgewichtsbereich lagen. Der Abfall der Kurve ist sowohl nach kleineren als auch größeren Molgewichten hin ziemlich steil. Der Anwendungsbereich des Massenspektrographen erstreckt sich vor allem auf Molgewichte von 100 bis 600. Zwar wurden auch Substanzen mit wesentlich höheren Molgewichten - bis M $\approx$ 1500 - untersucht, doch ist deren Zahl gering.

8.1. Kohlenwasserstoffe

8.1.1. Gesättigte aliphatische und alicyclische Kohlenwasserstoffe

Die Elektronenanlagerungsquerschnitte von gesättigten aliphatischen Kohlenwasserstoffen mit gerader und verzweigter Kohlenstoffkette, sowie von alicyclischen Kohlenwasserstoffen sind so klein, daß diese Verbindungsklassen nicht in der üblichen Weise EA-massenspektrographisch untersucht werden können. Negative Molekülionen ohne merkliche Fragmentierung und somit auswertbare Spektren entstehen bei diesen Verbindungen durch Ionenanlagerung [126]. Der wichtigste Ionisierungsvorgang für gesättigte Kohlenwasserstoffe ist die Anlagerung von OH^-:

$$M + OH^- \rightarrow M \cdot OH^- .$$

Die MZ des Peaks liegt 17 ME über dem Zahlenwert des Molgewichts. Da alle gesättigten Kohlenwasserstoffe das gleiche Verhalten zeigen, können auch Stoffgemische ohne Störungen und ohne Schwierigkeiten analysiert werden.

Die zur Anlagerung benötigten OH^--Ionen sind unter normalen Versuchsbedingungen in der EA-Ionenquelle vorhanden und werden aus Spuren von Wasserdampf gemäß

$$H_2O \xrightarrow{+e} H^+ + OH^- + e$$

gebildet. Die Entstehung aus O_2 oder aus Fragmenten sauerstoffhaltiger Moleküle ist ebenfalls möglich, doch konnte experimentell durch Zufuhr von Luft oder einfachen Alkoholen eine wesentliche Intensitätssteigerung erreicht werden.

Die beschriebene Ionisierung durch OH^--Anlagerung läßt sich beweisen, wenn man die Ionenquelle mit D_2O spült. Der ursprünglich vorhandene H_2O-Dampf wird weitgehend verdrängt und an Stelle von OH^- tritt OD^-. Bei der Zusammenlagerung mit Kohlenwasserstoff-Molekülen liegen die MZ der gebildeten Ionen

$$M + OD^- \rightarrow M \cdot OD^-$$

1 ME höher. Vom Hexatriacontan, $C_{36}H_{74}$, M = 506 werden nach Zufuhr von H_2O bzw. D_2O die in Abb. 70 wiedergegebenen EA-Massenspektren erhalten. Im ersten Spektrum ist der Peak 523 = M + OH^- am intensivsten, im zweiten dagegen der bei 524 = M + OD^-. Durch noch vorhandene OH^--Ionen tritt gleichzeitig der Peak 523 auf. Aus der Zahl der C-Atome im Molekül und dem ^{13}C-Gehalt des natürlichen Kohlenwasserstoffes kann die theoretische Intensitätsverteilung, im Falle des Hexatriacontans für die Peaks 523, 524 und 525, berechnet und mit den Meßwerten verglichen werden:

M	$I_{theor.}$	$I_{gem.}$
523	100	100
524	39.9	38.9
525	7.8	9.3

Die Übereinstimmung zwischen berechneten und gemessenen Werten ist so gut, daß ein einheitlicher Ionierungsmechanismus vorliegen muß. Zusätzliche Nebenreaktionen, wie die Abspaltung oder Anlagerung von H-Atomen können ausgeschlossen werden. Die Übereinstimmung zwischen beiden Wertereihen wurde bei anderen Kohlenwasserstoffen ebenfalls erhalten.

Zu der Vielzahl von untersuchten Kohlenwasserstoffen, bei denen OH^--Anlagerung festgestellt wurde, gehören technische Paraffinfraktionen. Im TTH-Paraffin des VEB Deutsche Hydrierwerke Rodleben konnten die Komponenten $C_{19}H_{40}$ bis $C_{32}H_{66}$ nachgewiesen werden, die in annähernd gleicher Verteilung auch in handelsüblichen Weichparaffinen enthalten sind. In Abb. 71 ist

$C_{36}H_{74}$
M 506

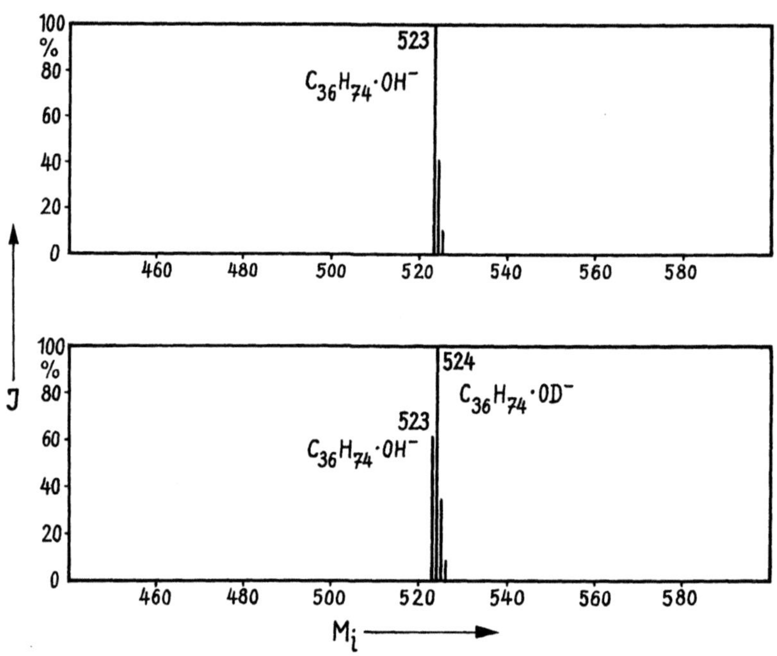

Abb. 70 Beweis für die Anlagerung von OH^- bei n-Hexatriacontan durch Einleiten von H_2O - bzw. D_2O-Dampf in die Ionenquelle.

das Spektrum eines Weichparaffins, Fp. 52 bis 54°C, wiedergegeben. Auch Einzelsubstanzen mit verzweigter Kette wurden untersucht. In Abb. 72 wird das EA-Massenspektrum des 2 - Methyldotriacontan (synthet.) mit denen der beiden mehrfach verzweigten gesättigten Kohlenwasserstoffe Squalan und Lycopersan verglichen. Das Ionisierungsverhalten aller drei Kohlenwasserstoffe ist gleich und entspricht dem der geradkettigen Verbindungen. Dasselbe gilt für cyclische gesättigte KW-Stoffe mit und ohne Seitenketten. So ergab die Analyse einer Weißöl-Fraktion, daß diese ganz vorwiegend aus Tetra-, Penta- und Hexacyclen mit 27 bis 40 C-Atomen besteht. Das einheitliche Verhalten gesättigter Cycloparaffine ist eine wesentliche Voraussetzung für die Anwendung der EA-Massenspektrographie bei der Untersuchung von Gemischen gesättigter Kohlenwasserstoffe. Jeder Ringschluß erniedrigt die MZ der betreffenden Verbindung um 2 ME, d.h. man kann im EA-Massenspektrum unterscheiden zwischen Paraffinen und mono- bis hexacyclischen Verbindungen. Die Massenzahlen der Moleküle mit sieben und mehr Ringschlüssen fallen wegen ihrer Massendifferenz $\Delta M = 14; 16; \ldots$ mit denen der nächstniederen homologen Paraffine bzw. Cycloparaffine zusammen. So entspricht z.B. die MZ einer heptacyclischen Verbindung (Massendifferenz zum Paraffin mit gleicher C-Zahl ist 7x2 = 14ME) dem um eine CH_2-Gruppe kleineren Paraffin.

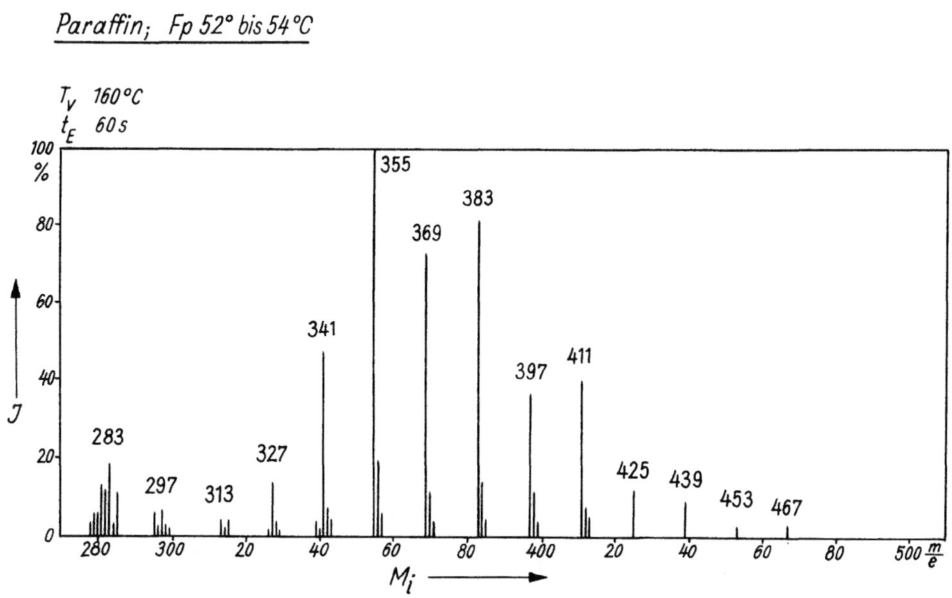

Abb. 71 EA-Massenspektrum eines handelsüblichen Weichparaffins, Fp. 52 bis 54^{0} C.

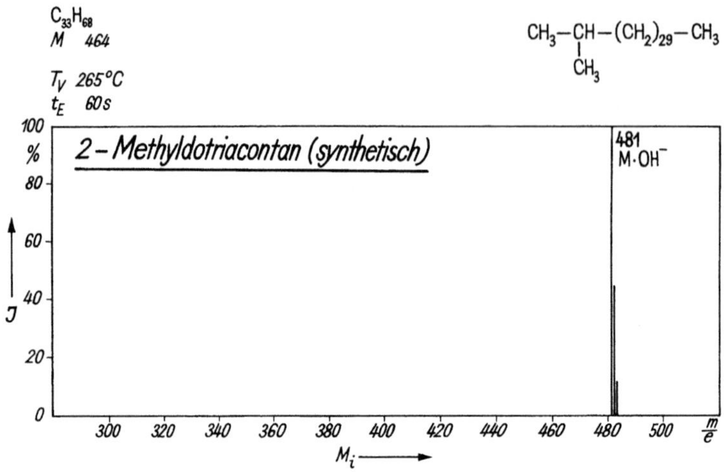

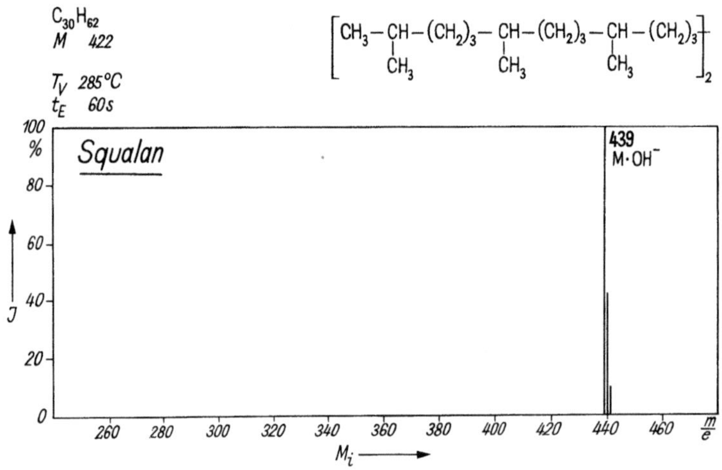

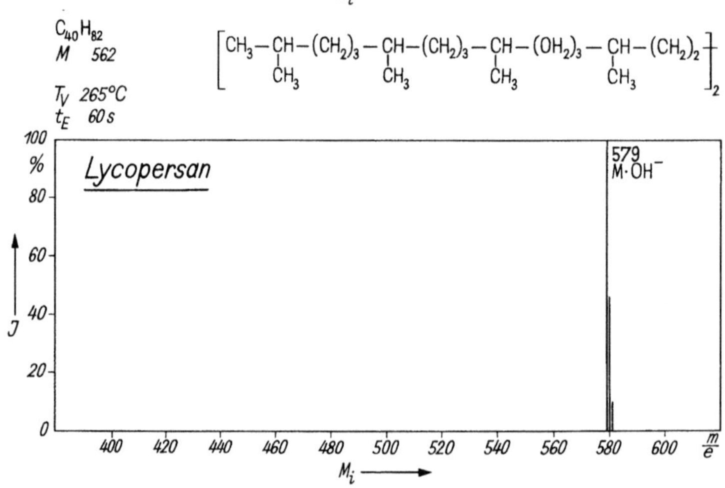

Abb. 72 EA-Massenspektren von verzweigten Paraffinen: 2-Methyldotriacontan (synth.), Squalan, ←—— Lycopersan.

Das **Cholestan**, der gesättigte Grund-Kohlenwasserstoff des Cholesterins, bildet ausschließlich durch OH^--Anlagerung negative Ionen. Sogar das **Solanidan**, mit einem tertiären Stickstoff-Atom, verhält sich wie ein gesättigter Kohlenwasserstoff:

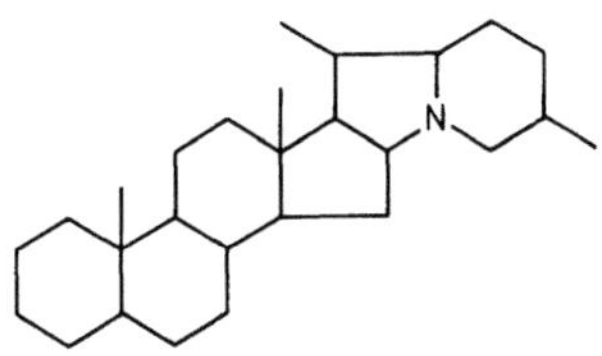

Ein analoger Ionisierungsvorgang findet statt, wenn man an Stelle von Sauerstoff bzw. H_2O-Dampf einen genügend hohen Partialdruck von Schwefeldampf in der Ionenquelle erzeugt. Im Versuch wurde n-Octadecan zusammen mit Schwefelblüte in der Ionenquelle verdampft. Neben den zu erwartenden

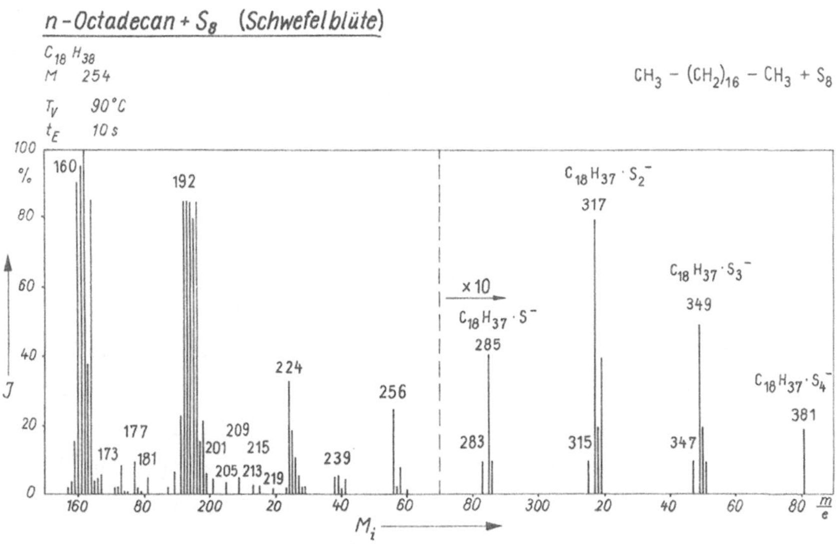

Abb. 73 EA-Massenspektrum bei der Verdampfung von n-Octadecan und Schwefel.

Schwefelpeaks von S^- bis S_8^- treten im Bereich oberhalb 256 = S_8^- weitere Peakgruppen auf (Abb. 73) durch Anlagerung von Schwefelionen an die Kohlenwasserstoff-Moleküle (für den Schwefel wird nur das Hauptisotop ^{32}S ≈ 96% eingesetzt, Tab. 44).

Tabelle 44 Anlagerung von negativen Ionen des Schwefels an n-Octadecan.

m/e	negatives Ion	$I_{rel.}$	$I_{rel.}$ (S_8)
285	$(M-1) \cdot S^-$	50	25 (S_2^-)
317	$(M-1) \cdot S_2^-$	100	100 (S_3^-)
349	$(M-1) \cdot S_3^-$	62	50 (S_4^-)
381	$(M-1) \cdot S_4^-$	23	15 (S_5^-)

Die relativen Peakintensitäten I_{rel} sind mit denen der Schwefelionen bei der Untersuchung von reinem S_8 vergleichbar. Unter Berücksichtigung der unterschiedlichen Versuchsbedingungen ergibt sich ein paralleler Gang in den Intensitäten, wenn man das durch IM-Reaktion gebildete organische Ion mit dem Schwefelion vergleicht, das ein Schwefelatom mehr enthält. Die Verdampfungstemperatur T_V für reinen Schwefel (S_8) beträgt nur 40°C, während sie für das Gemisch Kohlenwasserstoff/Schwefel bei 90°C liegt. Der höhere T_V-Wert dürfte zu einem stärkeren Abbau der größeren Schwefel-Ionen führen.

Zusammenlagerungen von Molekülen gesättigter Kohlenwasserstoffe mit anderen Ionen außer OH^- bzw. O^- und S^- wurden bisher nicht beobachtet.

8.1.2. Ungesättigte Kohlenwasserstoffe

Ungesättigte Kohlenwasserstoffe mit einer Doppelbindung nehmen im Ionisierungsverhalten eine Mittelstellung zwischen gesättigten und mehrfach ungesättigten ein. Im Gegensatz zu den gesättigten Verbindungen ionisieren die mehrfach ungesättigten durch dissoziative Elektronenanlagerung. Wie bei den meisten organischen Molekülen wird dabei ein Wasserstoffatom abgespalten und es tritt ein Peak M-1 auf. Die Sonderstellung der einfach ungesättigten KW-Stoffe besteht darin, daß beide Mechanismen (a, b) nebeneinander auftreten, wobei das Verhältnis der Ionenarten von Molekülart zu Molekülart sehr unterschiedlich sein kann:

$$M + e \rightarrow M^- \rightarrow (M-1)^- + H \qquad a)$$

$$M + OH^- \rightarrow \underbrace{M \cdot OH^-}_{M + 17} \qquad b)$$

In Abb. 74 ist das Ionisierungsverhalten in Abhängigkeit vom Sättigungsgrad für gesättigte, sowie einfach- und doppelt-ungesättigte Verbindungen dargestellt (Cholestan, Cholest-5-en und Cholesta-3,5-dien, sowie Solanidan, Solanid-2-en und Solanida-3,5-dien).

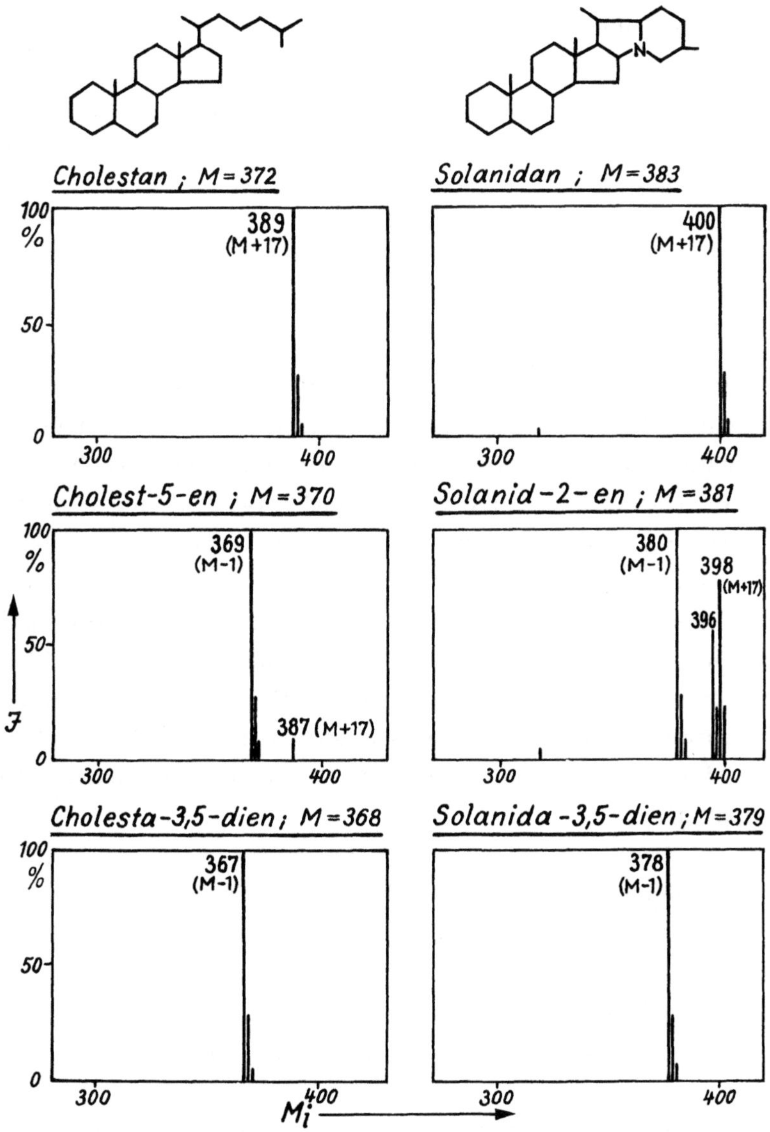

Abb. 74 Ionisierungsverhalten in Abhängigkeit vom Sättigungsgrad bei Cholestan; Cholest-5-en; Cholesta-3,5-dien und Solanidan; Solanid-2-en; Solanida-3,5-dien.

Die Peaks des Cholestan und Solanidan treten bei M + 17 auf, während Cholestan und Solanidan zusätzlich (M-1)-Peaks aufweisen. Die Intensitätsunterschiede zwischen den beiden (M+17)-Peaks dieser zwei Verbindungen sind beträchtlich. Wenn das Molekül mehr als eine Doppelbindung hat, ist der Ionisierungsmechanismus einheitlich (M-1), wie das Beispiel des Cholestadien bzw. Solanida-dien zeigt.

Die praktische Bedeutung der EA-Massenspektrographie von Kohlenwasserstoffen liegt auf dem Gebiet der Vielkomponentengemische im Bereich der Petrochemie und Kohleveredlung. Die Möglichkeiten und Probleme bei der Analyse solcher Gemische wurden in Abschnitt 7.3. Stoffgemisch-Untersuchungen behandelt.

8.1.3. Aromaten

Die einfachsten Vertreter dieser Gruppe, Benzol und Naphthalin, ionisieren vorwiegend durch Elektronenanlagerung mit nachfolgender H-Abspaltung, höher kondensierte Systeme dagegen durch Resonanzanlagerung ohne H-Abspaltung. Schwache Peaks treten bei (M-3) und (M-2) auf. Außer diesen Peaks ist häufig ein weiterer bei M + 15 zu finden. Der genaue Bildungsmechanismus für dieses negative Ion ist nicht bekannt, jedoch spielen hierbei die in der Ionenquelle vorhandenen Restsauerstoffmoleküle bzw. deren negative Ionen eine Rolle. Hält man den O_2 - Partialdruck genügend klein, so tritt der (M + 15) - Peak nicht mehr auf. Im Gegensatz zu den gesättigten Kohlenwasserstoffen, wo sich ein Hydroxylion an das Molekül anlagert, wird bei den Aromaten ein Sauerstoffion angelagert und ein Wasserstoffatom abgespalten.

Für diesen Prozeß lassen sich mehrere Bildungsmechanismen formulieren:

$$M + O + e \rightarrow [M \cdot O]^- \rightarrow [(M-1) \cdot O]^- + H$$

oder $M + O^- \nearrow$ (→ $[M \cdot O]^-$)

oder $M + e \rightarrow [M-1]^- + H \xrightarrow{+O} [(M-1) \cdot O]^- + H$

Die Tendenz zur Sauerstoffanlagerung ist bei den einzelnen Aromaten unterschiedlich stark ausgeprägt. Sie nimmt in der Reihe

Naphthalin → Anthracen → Tetracen

stark zu. Beim Tetracen treten sogar Peaks bei 258 und 274 auf, die durch Anlagerung von zwei bzw. drei Sauerstoff-Atomen bzw. einem Atom und einem Molekül Sauerstoff erklärt werden können (Peroxidbildung ?). In der angegebenen Reihenfolge nimmt auch die Oxydierbarkeit dieser Substanzen zu. Beim Pentacen ist sie bereits so groß, daß Autoxydation eintritt [156], wobei sich chinon- und hydrochinonartige Körper bilden dürften. Diese Analogie führt zu dem Schluß, daß in Gegenwart von Sauerstoff in der EA-Ionenquelle aus den Aromaten Oxydationsprodukte oder deren Vorstufen gebildet werden. Bei der Untersuchung von Aromaten ist deshalb besondere Sorgfalt darauf zu verwenden, daß der Sauerstoffpartialdruck in der Ionenquelle sehr klein ist, damit das Spektrum nicht unnötig kompliziert wird.

In aromatisch-aliphatischen Kohlenwasserstoffmolekülen bestimmt das aromatische System das Ionisierungsverhalten. Wenn am aromatischen Ring eine oder mehrere Seitenketten vorhanden sind, treten (M-1)-Ionen und keine (M+17)-Ionen auf. Ein aromatisches System begünstigt stets die Elektronenanlagerung und trägt zur Stabilisierung des gebildeten Molekülions bei. Kondensierte Aromatensysteme verstärken diesen Einfluß, so daß Resonanzanlagerung ohne H-Abspaltung überwiegt. Ein Unterschied zwischen linear und angular annellierten Verbindungen ist nicht festzustellen (Abb. 75). In Tab. 45 sind die Untersuchungsergebnisse einer Reihe kondensierter aromatischer Verbindungen zusammengestellt. Die MZ der auftretenden Peaks sind nach fallender Intensität geordnet. Zusätzliche Peaks im Spektrum, die durch Sauerstoff-Anlagerung oder ^{13}C-Isotope hervorgerufen werden, sowie Peaks von Verunreinigungen blieben hierbei unberücksichtigt. Abgesehen von den Anfangsgliedern Benzol und Naphthalin herrscht bei linear annellierten Verbindungen und größeren Molekülen der Molekülpeak vor.

In einigen Fällen konnte beobachtet werden, daß die Liniengruppen aromatischer Kohlenwasserstoff-Moleküle einen Zweier-Rhythmus der Linienintensität aufweisen, der auf eine begünstigte paarweise Abspaltung von H-Atomen zurückzuführen ist. Dieser Effekt läßt sich verstärken, wenn man die Neutralgastemperatur steigert. Dabei wird die innere Energie der Moleküle durch Stöße mit Neutralgasatomen erhöht und die Abspaltung von Wasserstoffmolekülen unter Bildung von Doppelbindungen setzt ein. Auf diese Weise konnte beim Coronen, $C_{24}H_{12}$, ein EA-Massenspektrum erhalten werden [85], das im Bereich der Molekülmasse eine Gruppe von 12 Linien mit den Massenzahlen 288 bis 300 aufweist, die sich folgenden Ionen zuordnen lassen:

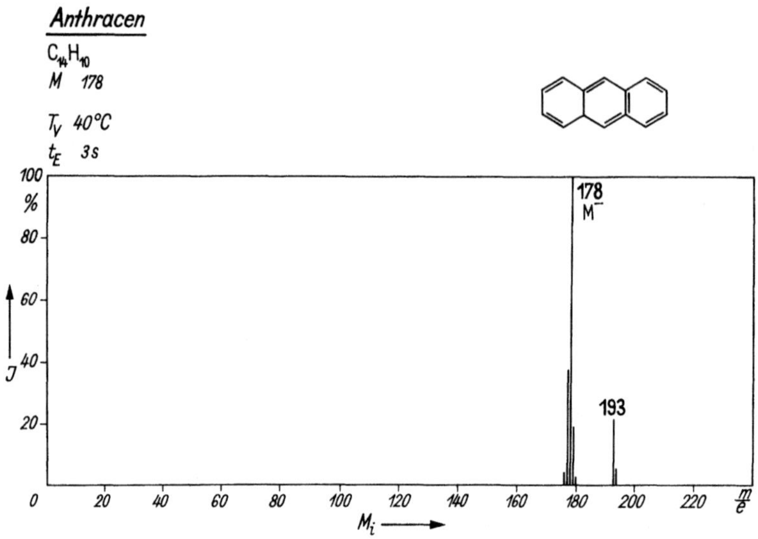

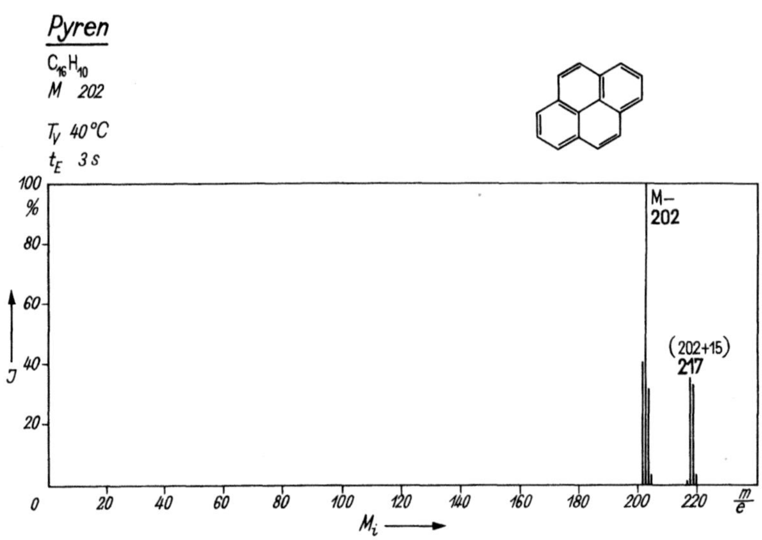

Abb. 75 Ionisierungsverhalten von linear und

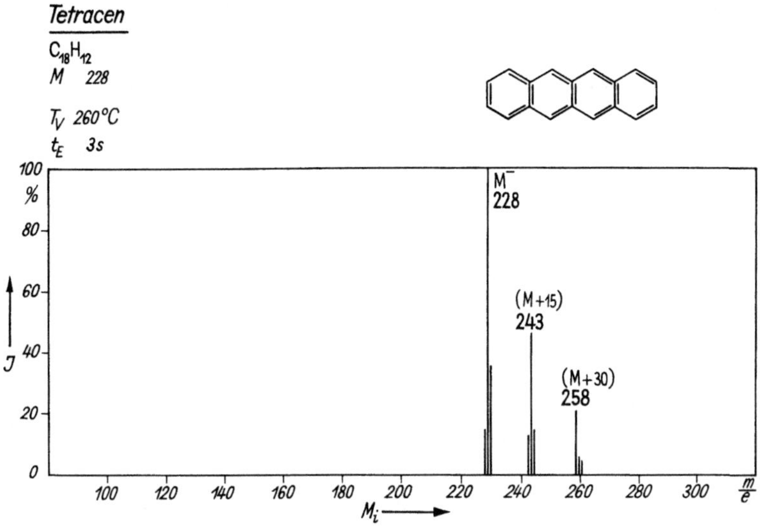

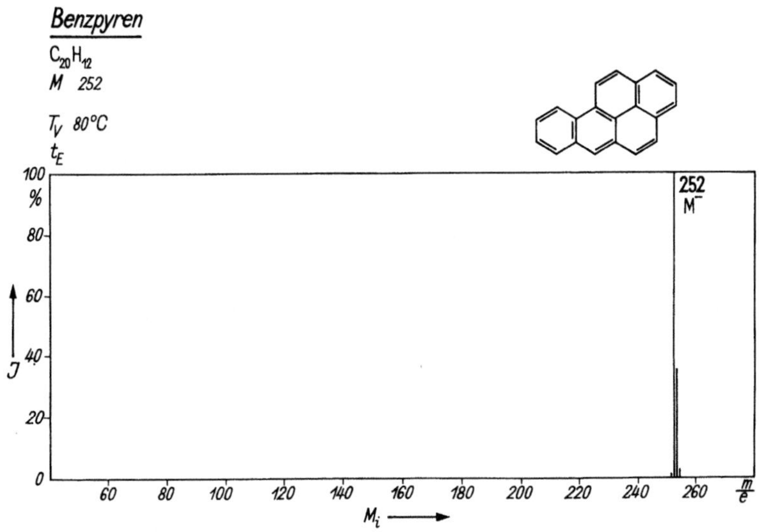

angular annellierten aromatischen Verbindungen.

Tabelle 45 EA-massenspektrographisches Verhalten aromatischer Kohlenwasserstoffe.

Substanz	Formel	Struktur	Kp (°C)	MG	Peaks im EA-MSp.	Hauptpeak
Benzol	C_6H_6		80	78.2	77; 75;	M-1
Naphthalin	$C_{10}H_8$	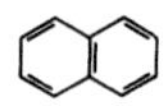	217,9	128.2	127; 125 126	M-1
Fluoren	$C_{13}H_{10}$	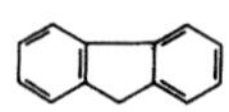	298	166.2	165; 166	M-1
Anthracen	$C_{14}H_{10}$	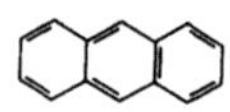	351	178.2	178; 177	M
Phenanthren	$C_{14}H_{10}$	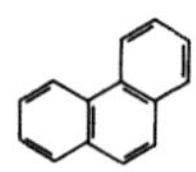	340	178.2	177; 176; 178; 175	M-1
Pyren	$C_{16}H_{10}$	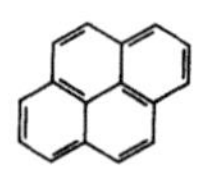	394	202.2	202; 201	M
Fluoranthen	$C_{16}H_{10}$	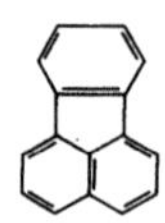	110 (subl.)	202.2	202; 201; 200	M
Tetracen	$C_{18}H_{12}$	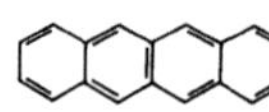	≈450	228.3	228; 227	M
Chrysen	$C_{18}H_{12}$	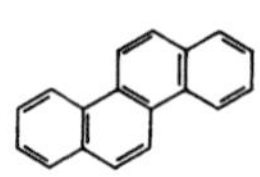	448	228.3	226; 225; 224	M
3,4-Benzpyren	$C_{20}H_{12}$	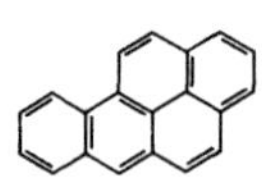	310	252.3	252; 251	M
20-Methylcholanthren	$C_{21}H_{16}$	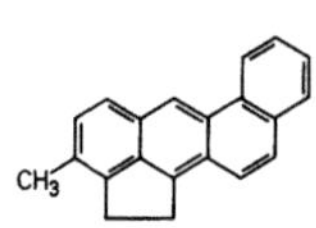		266.3	266; 265	M
Coronen	$C_{24}H_{12}$		(Z.) Fp. 440	300.3	300; 299	M

$C_{24}H_{12}^-$
$C_{24}H_{11}^-$
$C_{24}H_{10}^-$
.
.
.
.
$C_{24}H^-$
C_{24}^-

Damit ist ein Beweis erbracht, daß aus einem großen Aromaten-Molekül alle H-Atome ohne Fragmentierung des Kohlenstoffgerüstes abgestreift wer-

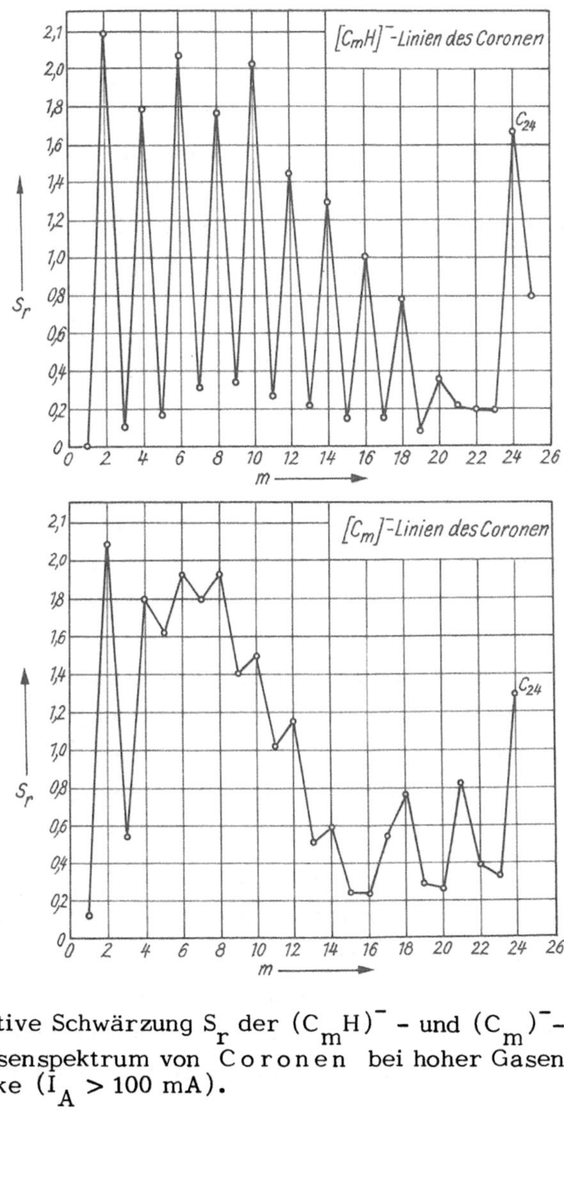

Abb. 76 Relative Schwärzung S_r der $(C_mH)^-$ - und $(C_m)^-$-Linien im EA-Massenspektrum von Coronen bei hoher Gasentladungsstromstärke ($I_A > 100$ mA).

den können. Vom chemischen Standpunkt aus betrachtet ist das kondensierte aromatische Kohlenwasserstoff-Molekül in ein winziges Stück Kohlenstoff mit Graphitstruktur umgewandelt worden. Diese Umwandlung verläuft in der EA-Ionenquelle als Gasphasenreaktion. Mit Hilfe eines solchen Massenspektrums läßt sich für aromatische Kohlenwasserstoffe die Zahl der Wasserstoffatome im Molekül ermitteln. Die Stromstärke der Gasentladung beträgt bei dieser Reaktion etwa 80 mA. Parallel zur Wasserstoffabspaltung wird besonders bei noch höheren Stromstärken (I_A > 100 mA), immer stärker auch das Kohlenstoffgerüst abgebaut. Bis herab zum C_2 treten im Abstand von 12 ME Liniengruppen mit alternierenden Intensitäten ebenfalls auf. In der graphischen Darstellung (Abb. 76) wurde die Schwärzung der $[C_mH]^-$- und $[C_m]^-$- Linien vom Coronen über der C-Zahl m für m = 1 bis 24 aufgetragen. Diese Ergenisse werden durch Untersuchungen von Dörnenburg und Hintenberger [157] gestützt, die im Hochfrequenzfunken ebenfalls vielatomige Kohlenstoffmolekül-Ionen mit positiver Ladung fanden. Bemerkenswert ist, daß die positiven Ionen mit gerader C-Zahl weniger intensiv auftreten als die mit ungerader. Auch von anderen Autoren wurden komplexe Kohlenstoff-Ionen mit positiver Ladung beobachtet [158, 159].

8.2. Carbonsäuren

Dieses Kapitel umfaßt gesättigte und ungesättigte aliphatische Mono- und Dicarbonsäuren, aromatische und heterocyclische Säuren sowie Verbindungen, die außer der Carboxylgruppe noch andere Substituenten enthalten. Die breite Auswahl der Verbindungen mit der COOH-Gruppierung soll erkennen lassen, welche allgemeinen Folgerungen aus dem EA-massenspektrographischen Verhalten gezogen werden können. Bei diesen Verbindungen handelt es sich um leicht-flüchtige flüssige Komponenten und auch um solche, deren Schmelzpunkt so hoch liegt, daß sie ohne thermische Zersetzung nur unter vermindertem Druck verdampfbar sind, z.B. Ameisensäure Fp = 8,4°C, Kp = 100,5°C, Arachinsäure, Kp = 205°C oder Fluorescein Fp = 314°C (unter Zersetzung). Entsprechend dieser großen Dampfdruckunterschiede werden die Substanzen entweder aus einem Vorratsgefäß von außerhalb der Ionenquelle über ein Nadelventil dampfförmig eingelassen oder aus dem heizbaren Innenverdampfer in den Anlagerungsraum verdampft. Die Probemengen liegen bei 10^{-4} bis 10^{-5}g, wenn es sich um Einzelsubstanzen handelt, oder um solche, die

$< 10\,\%$ Nebenbestandteile enthalten. Bei Gemischen muß entsprechend der Komponentenzahl mehr eingesetzt werden. Liegt z.B. eine Säurefraktion C_{16} bis C_{20} vor, so wird man - unter der Annahme einer gleichmäßigen Verteilung der Homologen - ungefähr die fünffache Substanzmenge benötigen.

Die Untersuchung von Fettsäurefraktionen, die erhebliche technische Bedeutung besitzt, wurde im Abschnitt 7.3. Stoffgemischuntersuchungen besprochen.

8.2.1. Aliphatische Carbonsäuren

Die Homologen der Ameisensäure bis zu einer Kettenlänge von 25 C-Atomen zeigen, mit Ausnahme der beiden ersten Glieder der Reihe, die eine gewisse Sonderstellung einnehmen, gleiches Verhalten bei der Ionisierung. Die Ionenbildung erfolgt nach dem Mechanismus

$$M + e \rightarrow (M-1)^- + H$$
$$(M-1)^- \rightarrow (M-3)^- + 2H \text{ (in sehr geringem Umfang)}$$

Auf einem zweistufigen Ionisierungsmechanismus für den schächeren Peak (M-3) wird auf Grund der bei aliphatischen Alkoholen beobachteten metastabilen Ionen aus dem Übergang

$$(M-1) \rightarrow (M-3) + 2H \text{ (bzw. } H_2\text{)}$$

geschlossen. Die Annahme, daß es sich beim Ion (M-1) um das Säureanion handelt, konnte durch Untersuchungen von deuterierten Säuren bestätigt werden. Der Hauptpeak der deuterierten Säure liegt bei M-2, d.h. es wird stets das D der Carboxylgruppe abgespalten. Säuren mit mehr als zwei C-Atomen liefern - ähnlich wie die Alkohole - zusätzlich einen zweiten Peak bei M-3, jedoch nur mit geringer Intensität. Ähnlich wie bei den Alkoholen konnte der von Melton und Rudolph [57] für positive Ionen bewiesene Ionisierungsmechanismus auch für negative Ionen wahrscheinlich gemacht werden, so daß sich im einzelnen folgende Ionisierungsprozesse abspielen dürften:

$$R - CH_2 - COOH + e \rightarrow R - CH_2 - COOH^{\overset{*}{-}}$$

$$R - CH_2 - COOH^- \rightleftarrows R\,CH_2COO^- + H* \qquad (a)$$

$$\searrow R - \overset{\cdot}{\underset{\cdot}{C}} - COO^- + 3H*$$

$$\text{bzw. } RCH_2COO^{+-} \rightarrow R - \overset{\cdot}{\underset{\cdot}{C}} - COO^- + H_2* \qquad (b)$$

Das als Zwischenprodukt angenommene Molekülion ist auf Grund seines Energieüberschusses nicht existenzfähig und stabilisiert sich zu etwa 95% durch H-Abspaltung. Die Abspaltung eines weiteren Moleküls H_2 wird vom Energieinhalt des Moleküls bestimmt und macht bei Kettenlängen zwischen 3 und 15 C-Atomen 6 bis 7% aus. Für einige Fettsäuren ist die prozentuale Verteilung der Intensitäten, unter Berücksichtigung der Isotopenpeaks des ^{13}C, in Tab. 46 zusammengestellt. Die Abb. 77 zeigt EA-Massenspektren von diesen Säuren. Die in allen Spektren vorhandene Eichlinie ^{127}J wird durch Zugabe von Jodspuren erzeugt. Bei den Säuren ist der (M-1) Peak intensiver als bei den Alkoholen. Zur Erklärung dieser Intensitätsverschiebung wird die geringe Bindungsenergie des Wasserstoffes an der Carboxylgruppe herangezogen. Trotz der durch die photographische Registrierung bedingten Auswertefehler ist die Übereinstimmung in diesem Kettenlängenbereich recht gut. Die beobachtete Abnahme des (M-3)-Peak mit steigender Kettenlänge ist in der Tabelle weniger gut zu erkennen. Bei der Ameisen- und Essigsäure fehlen die beiden aktiven α-H-Atome und demzufolge auch die (M-3)-Peaks, die erst ab Propionsäure auftreten. Auch bei diesen beiden Säuren wird nur der Carboxylwasserstoff abgespalten, wie Deuterierungsversuche ergaben (HCOOD, CH_3 COOD).

Tabelle 46 Peakintensitäten von höheren Fettsäuren.

Säure	Formel	Peakintensität in %			
		M + 1	M	M - 1	M - 3
Laurinsäure	$C_{11}H_{23}COOH$	1.9	20.1	100	6.8
Myristinsäure	$C_{13}H_{27}COOH$	1.6	13.3	100	3.4
Palmitinsäure	$C_{15}H_{31}COOH$	3.0	18.5	100	5.5
Stearinsäure	$C_{17}H_{35}COOH$	6.0	25.5	100	5.5
Arachinsäure	$C_{19}H_{39}COOH$	5.0	22.1	100	4.0

Peaks von geringer Intensität, in Abständen von 14 ME über und unter der MZ der untersuchten Säure, deuten auf die Anwesenheit von Homologen hin. Ein

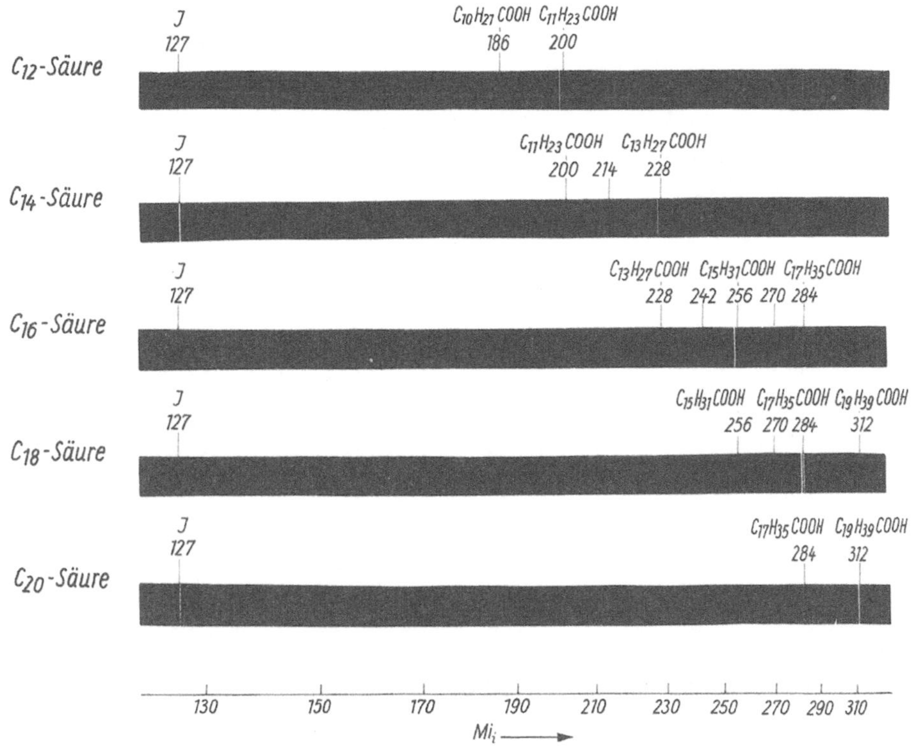

Abb. 77 EA-Massenspektren höherer Fettsäuren mit der Eichlinie von ^{127}J.

verstärkter (M-3)-Peak kann durch die entsprechende ungesättigte Säure oder ein Keton mit diesem Molgewicht hervorgerufen werden.

Das typische Bild der im Bereich des Molgewichts auftretenden Liniengruppe bei Fettsäuren wird in Abb. 78 für die Myristinsäure wiedergegeben. Bei M-1 tritt der starke Hauptpeak auf, 1 ME darüber der schwächere ^{13}C-Peak, der bei der Myristinsäure etwa 15% der Gesamtintensität dieser Liniengruppe ausmacht und 2 ME darunter der (M-3)-Peak, mit ca. 2% Intensität. Das Spektrum von aliphatischen Alkoholen und Säuren ist wegen des (M-3)-Peaks im Bereich des Molgewichts etwas komplizierter als bei vielen anderen Substanzen, doch können dadurch diese beiden Stoffklassen sehr deutlich erkannt und auch voneinander unterschieden werden (Abb. 79). Bei Gemischen von Säuren oder Alkoholen stören die (M-3)-Linien nicht, da zwischen zwei aufeinander folgenden Substanzen ein Abstand von 14 ME liegt. Schwieriger werden die Verhältnisse, wenn neben gesättigten Säuren ungesättigte vorliegen, weil sich dann die Linien überlagern. Im Spektrum

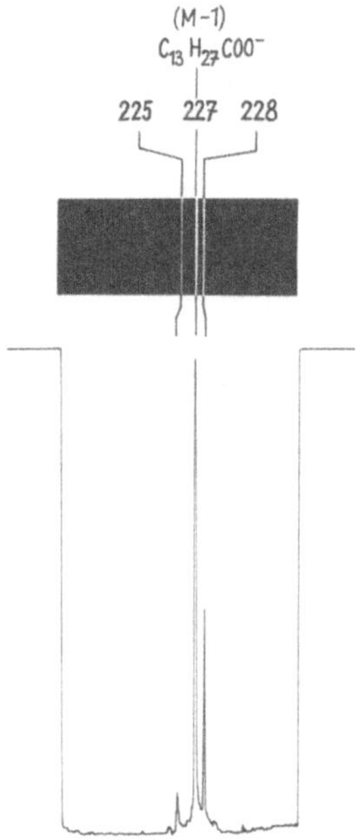

Abb. 78 EA-Massenspektrum der Myristinsäure M = 228. Es tritt das für Fettsäuren typische Linienbild auf.

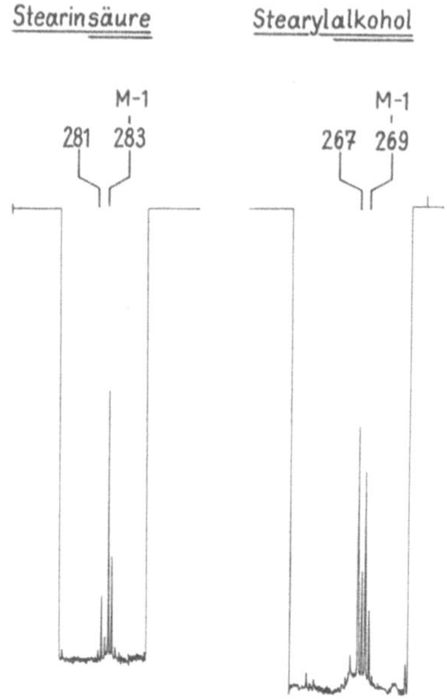

Abb. 79 Vergleich des EA-Massenspektrums einer Fettsäure und eines Fettalkohols.

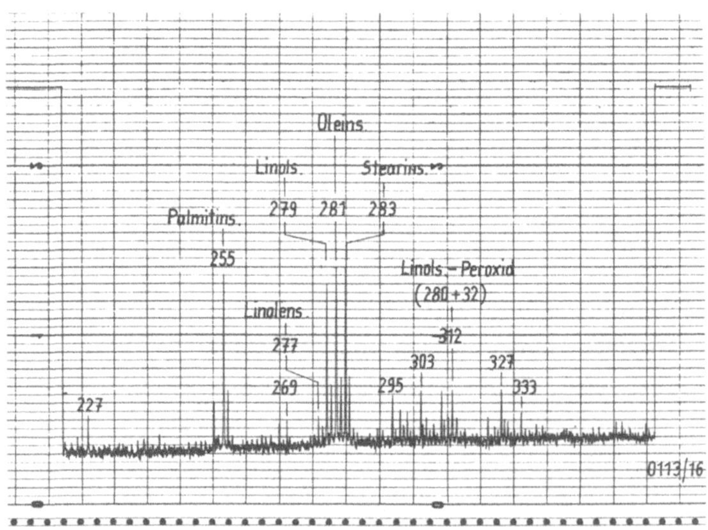

Abb. 80 Ausschnitt aus dem EA-Massenspektrum eines Leinöls.

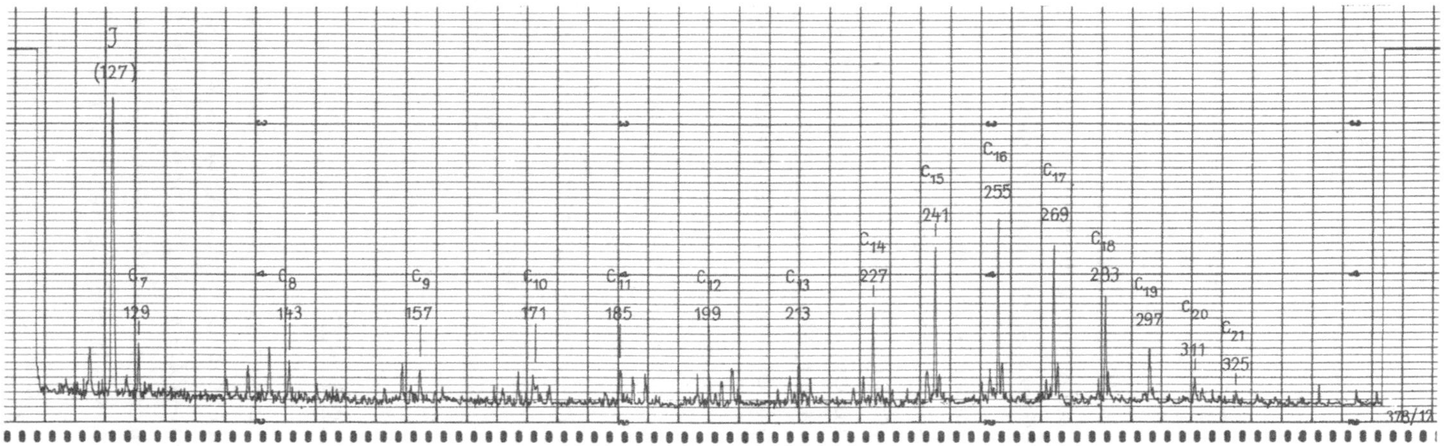

Abb. 81 EA-Massenspektrum eines Fettsäuregemisches.

eines Leinöls (Abb. 80) sind beispielsweise neben der Stearinsäure die ungesättigten Säuren

Oleinsäure	(1 Doppelbindung)
Linolsäure	(2 Doppelbindungen)
Linolensäure	(3 Doppelbindungen)

vorhanden. Man kann diesen Peakgruppen mit alternierenden Intensitäten nicht mehr ansehen, daß es sich um Fettsäuren handelt, wie das selbst bei einem Gemisch mit einer größeren Zahl von gesättigten Säuren durchaus möglich ist (Abb. 81). Die Untersuchung von Säuregemischen und die Möglichkeit der Eichung für halbquantitative bzw. quantitative Auswertung wurde im Abschnitt 7.3. Stoffgemisch-Untersuchungen besprochen.

Ungesättigte Fettsäuren ionisieren in der gleichen Weise wie gesättigte. Zusätzlich können in geringem Umfang negative Ionen auftreten, die durch Spaltung der Doppelbindung bzw. der benachbarten C-C-Bindung entstehen. Ein negatives Ion bildet nur das Bruchstück, welches die Carboxylgruppe enthält, während das Ion des Kohlenwasserstoff-Restes fehlt. Als Beispiel sei die Fragmentierung der Ölsäure bzw. der Elaidinsäure (trans- Ölsäure) angeführt

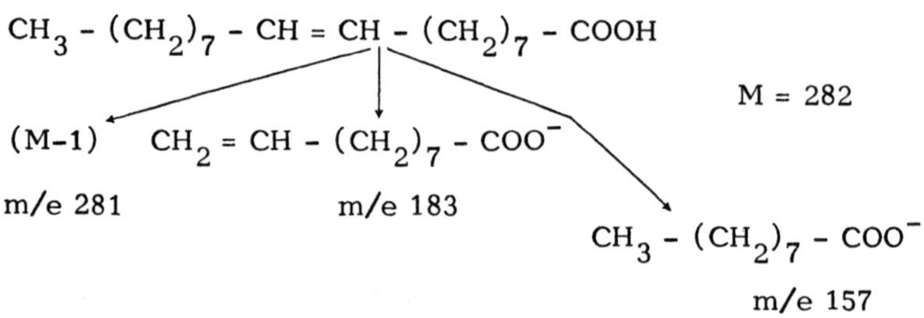

8.2.2. Aromatische Carbonsäuren

Bei allen aromatischen Carbonsäuren, deren Carboxylgruppe direkt oder über eine CH_2-Gruppe am aromatischen Ring sitzt, wird das gebildete negative Molekülion durch H-Ablösung stabilisiert. Ein (M-3)-Peak tritt nicht auf. Auch bei diesen Säuren wird das Wasserstoffatom der Carboxylgruppe abgespalten, wie durch D-Markierung bewiesen werden konnte:

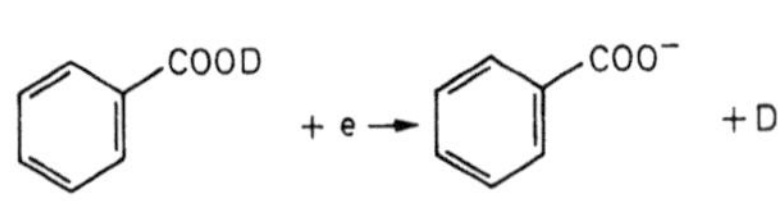

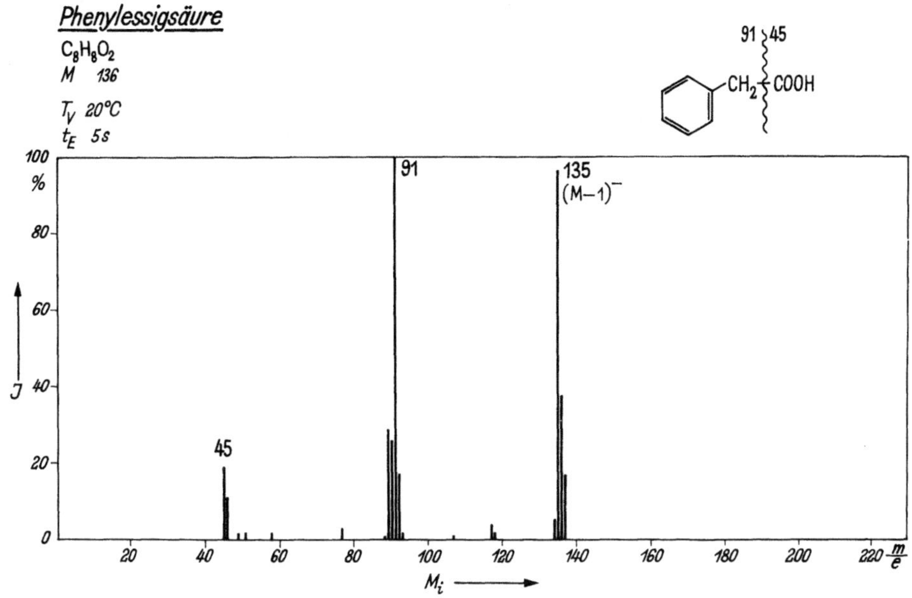

Abb. 82 EA-Massenspektrum der Phenylessigsäure.

In Abhängigkeit von den Versuchsbedingungen können zusätzliche Peaks - meist in geringer Intensität - bei M^- und $(M-2)^-$ beobachtet werden. Das Auftreten eines starken Molekülpeaks wird dem stabilisierenden Einfluß des aromatischen Systems zugeschrieben. Das wird besonders deutlich, wenn man die zwischen Essigsäure und Benzoesäure stehende Phenylessigsäure betrachtet (Abb. 82):

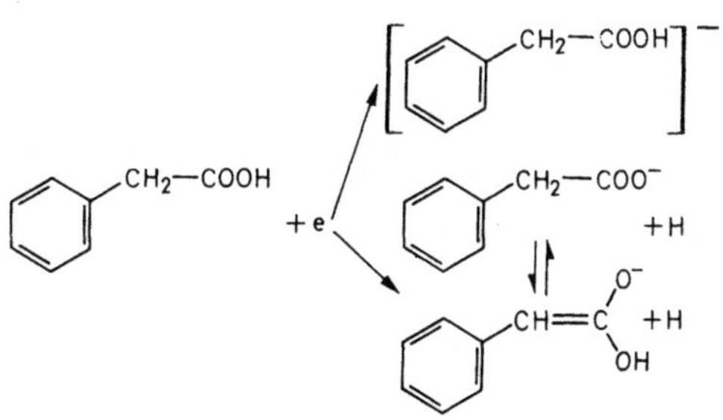

Die Bildung von (M-1) ist bei dieser Säure nur in einem begrenzten Bereich der Elektroenenergie möglich. Liegt die Energie des Elektrons darunter, so findet Resonanzanlagerung statt und bei höheren Energien stabilisiert sich das Ion durch Abspaltung von zwei Wasserstoffatomen. Außerdem wird der

Phenylrest abgespalten, besonders bei der Diphenylessigsäure. Zum Vergleich werden die Fragmentierungsschemata von diesen beiden Säuren angeführt:

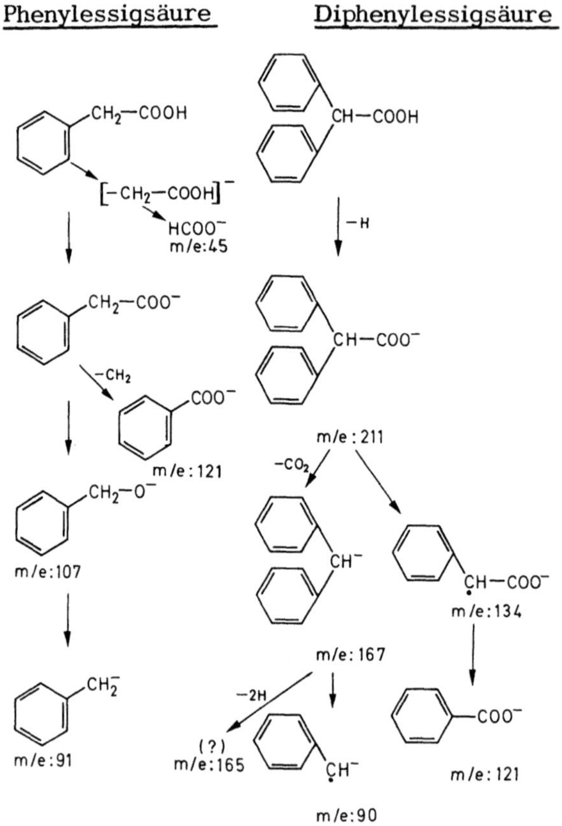

Eine Besonderheit der Benzoesäure besteht in der Bildung eines Doppelmolekül-Ions vom Typ M_2^-. Dieses Ion ist schon bei der niedrigen Verdampfertemperatur von 70°C sowohl bei der normalen Säure als auch bei der deuterierten Benzoesäure mit ca. 50% der Intensität des $(M-1)^-$ - bzw. $(M-2)^-$-Ions im Spektrum vorhanden. Dies ist insofern ein Sonderfall, als bei allen anderen bisher untersuchten Säuren stets das dimere Ion vom Typ $(M_2-1)^-$ gefunden wurde.

8.2.3. Dicarbonsäuren

Sowohl bei gesättigten und ungesättigten aliphatischen Dicarbonsäuren als auch bei aromatischen herrscht das $(M-1)^-$-Ion vor. Darüber hinaus können weitere Fragmentierungsprozesse zu Peaks mit kleineren Massenzahlen führen.

Malonsäure: M = 104

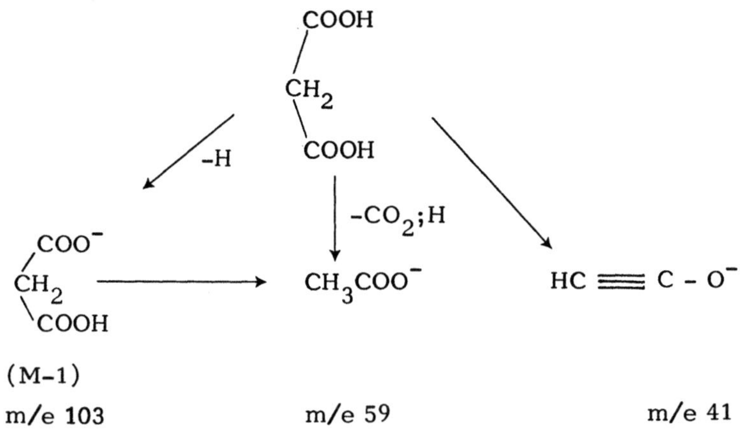

Der Peak 59 entspricht der thermischen CO_2-Abspaltung, die bereits wenig oberhalb des Fp = 134°C eintritt. Ein Peak bei m/e = 88 läßt sich nicht zuordnen.

Bernsteinsäure: M = 118; Fp 183°C

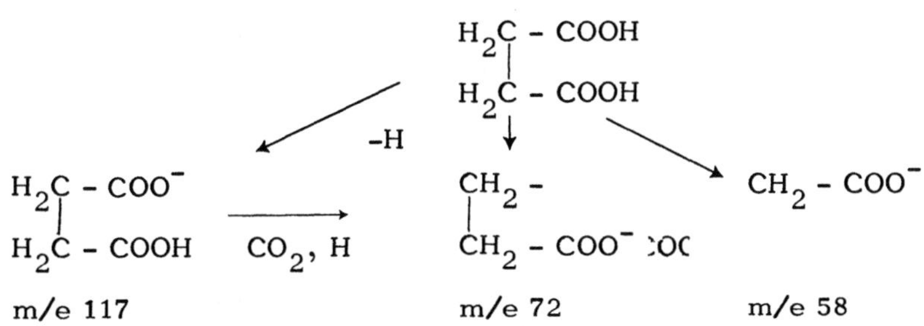

Ein negatives Ion, das dem Anhydrid entspricht (M-18), konnte nicht festgestellt werden, jedoch kann der schwache Peak 99 einem Ion zugeordnet werden, das aus (M-1) durch H_2O-Abspaltung entsteht:

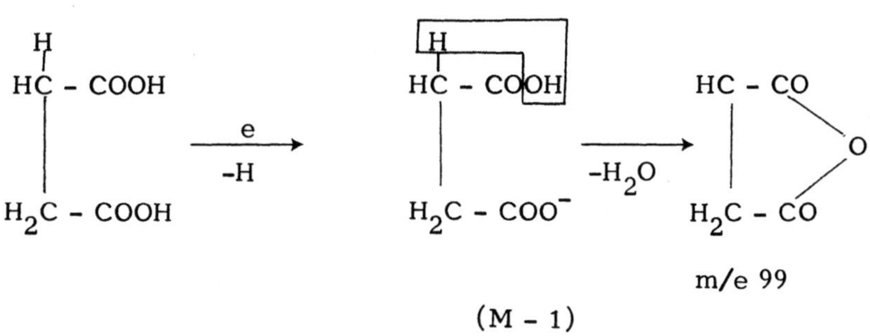

Der Peak m/e = 102 entspricht dem Peak m/e = 88 der Malonsäure. Im Spektrum der positiven Ionen, das unter vergleichbaren Bedingungen aufgenommen wurde, tritt das Anhydridkation relativ intensiv auf und ist gleichzeitig der Peak mit der größten MZ.

Maleinsäure: M = 116

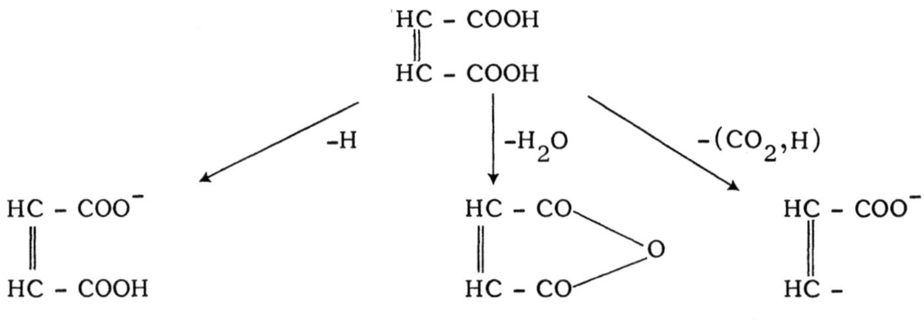

m/e 115 m/e 98 m/e 71

Im Gegensatz zur Bernsteinsäure tritt das Anhydridion der Maleinsäure sehr intensiv auf.

Das EA-Massenspektrum der Sebazinsäure entspricht den beiden vorangegangenen Säuren. Eine analoge Fragmentierung führt zu folgenden Ionen:

Sebazinsäure:

M = 202
Fp = 134°C

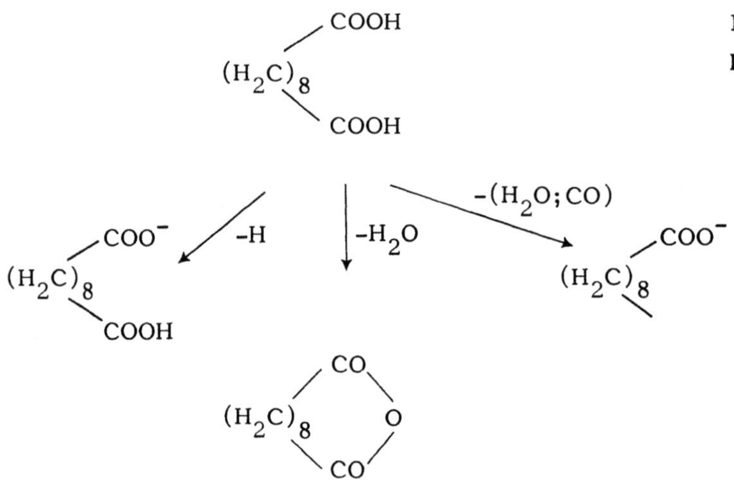

m/e 201 m/e 184 m/e 156

Die Anhydridbildung bei der Sebazinsäure ist trotz der Kettenlänge ein bevorzugter Prozeß in der EA-Ionenquelle, ohne daß sich höhermolekulare Kondensationsprodukte bilden, wie das in der kondensierten Phase der Fall ist. Die Ursache wird darin gesehen, daß die große Verdünnung in der Gasphase keine Gelegenheit zur intermolekularen H_2O-Abspaltung bietet [160]. Die Wahrscheinlichkeit, daß sich beide Enden eines Moleküls annähern und das Anhydrid bilden, ist bei kleinen Volumenkonzentrationen viel größer als die Wahrscheinlichkeit, daß eine intermolekulare H_2O-Abspaltung eintritt.

Von den Benzoldicarbonsäuren zeigt die 1,2- Phthalsäure starke Resonanzanlagerung. Die Intensität des $(M-1)^-$-Peaks macht ca. 10 % des M^--Peaks aus und entspricht damit etwa dem ^{13}C-Peak.

Die Anhydridbildung wird sehr begünstigt, denn die Probe wurde durch Umkristallisation aus Wasser anhydridfrei hergestellt. Ein schwacher Peak bei 120 entsteht durch H_2O- und CO-Abspaltung. Durch CO_2-Verlust geht das Ion mit der Masse 120 in ein solches mit der Masse 76 über, das mit einer 3-fachen Bindung formuliert werden kann.

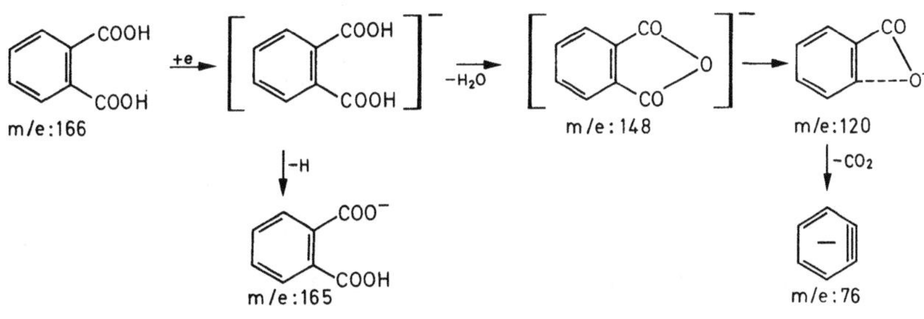

Das Phtalsäureanhydrid bildet einen intensiven M^--Peak und einen zweiten, der ebenfalls bei 120 liegt, so daß nach erfolgter H_2O-Abspaltung derselbe Ionisierungsmechanismus wie bei der 1,2-Phtalsäure angenommen werden kann. Die CO-Abspaltung erfolgt bei der Säure im Anschluß an die Anhydridbildung und nicht direkt von der Säure aus. Für das Ion 92 ist die Wanderung eines Sauerstoffatoms von der Carboxylgruppe zum Ring wahrscheinlich. Bei höheren Dampfdrucken entsteht durch IM-Reaktion ein negatives Ion bei der doppelten Massenzahl 296. 4- Chlorphthalsäureanhydrid und Dichlorphthalsäureanhydrid fragmentieren sehr viel schwächer. Das

Auftreten der Peaks 110 bzw. 144 spricht wieder für die Formulierung der Dreifachbindung im Benzolring:

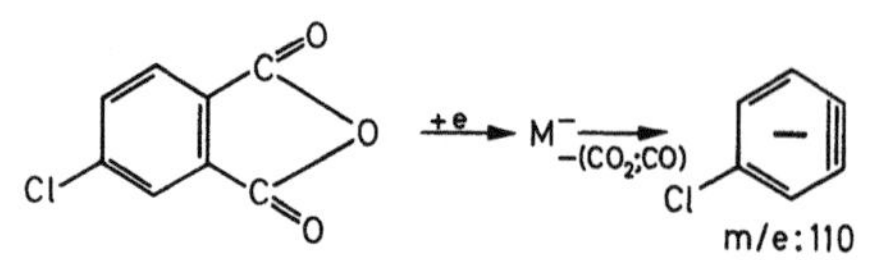

Bei der Isophthalsäure ist das Verhältnis $M^-/(M-1)^-$ sehr labil und kann Werte annehmen, die unter und über 1 liegen. Abspaltung von COOH (m/e 121) und CO + H_2O (m/e 120) findet statt:

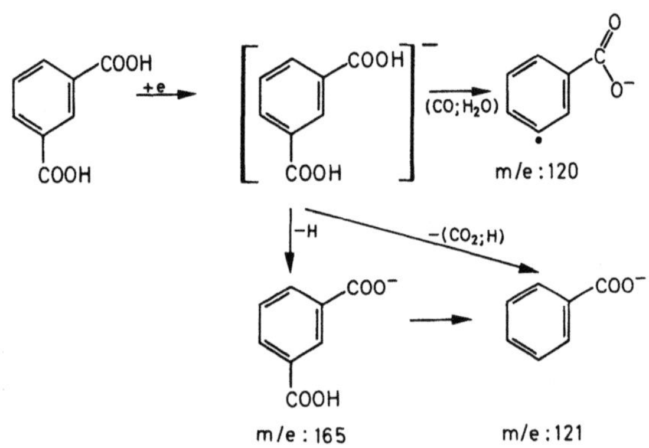

Die Terephthalsäure verhält sich ähnlich. Bei T_V = 100°C macht die Intensität des Peaks $(M-1)^-$ nur 26 % von der des Molekülpeaks aus. Ähnlich wie bei der Isophthalsäure tritt das Ion 121 durch Abspaltung von COOH auf. Die Intensitäten der Peaks $(M-1)^-$ und 121 sind nahezu gleich. Ein Ion mit der Masse 120 ist nicht mit nennenswerter Intensität vertreten.

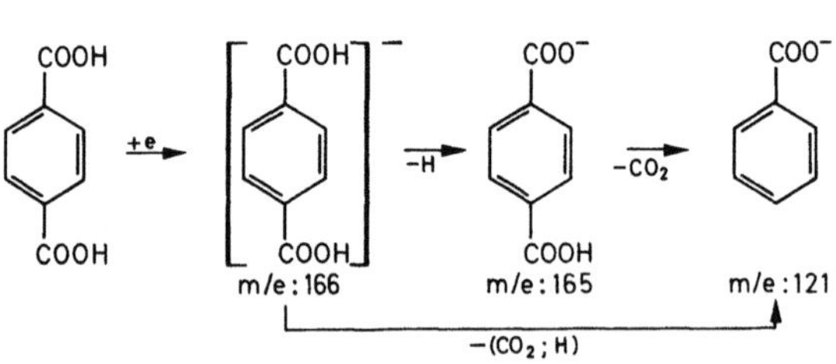

8.3. Säurederivate

8.3.1. Ester

Auf Grund des Ionisierungs- und Fragmentierungsverhaltens können alle Ester, die außer der funktionellen Gruppe nur einen Kohlenwasserstoffrest besitzen, in folgende vier Gruppen eingeteilt werden:

Gruppe I	$S_{al} - A_{al}$	S	= Säurerest
Gruppe II	$S_{al} - A_{ar}$	A	= Alkoholrest
Gruppe III	$S_{ar} - A_{al}$	al	= aliphatisch
Gruppe IV	$S_{ar} - A_{ar}$	ar	= aromatisch

Die Gruppen I - III bilden ein stabiles $(M-1)^-$-Ion, bei IV dagegen tritt das Molekülion M^- auf, und es ist eine starke Neigung zur Abspaltung des Phenolatrestes festzustellen. Das Molekülion erhält man auch bei den Estern der 1,2-Phthalsäure. Befinden sich zwischen Säuregruppe und aromatischem Kern eine oder mehrere CH_2-Gruppen, wie im Falle der Phenylessigsäure, so verschiebt sich das Ionisierungsverhalten des Esters nach Gruppe I hin. Enthält der Ester weitere funktionelle Gruppen, so wird dadurch die Fragmentierung an der Estergruppe zumindest soweit reduziert, daß ein deutlicher, zum Teil sogar starker M^-- bzw. $(M-1)^-$-Peak auftritt.

Die aufgezeigten Gesetzmäßigkeiten sollen an Hand von Beispielen für die einzelnen Gruppen veranschaulicht werden. Dabei wird zugleich auf typische Fragmentierungen eingegangen.

Gruppe I

Butylbutyrat: Dieser geradkettige, rein aliphatische Ester (Abb. 83) bildet ein intensives $(M-1)^-$-Ion und spaltet im Bereich der Estergruppe auf, wobei ausschließlich negative Ionen mit wenigstens einem Sauerstoffatom gebildet werden. Das Fragment mit der größten Intensität ist der Säurerest. Auch Alkohol- und Carbonylrest treten im Spektrum auf. Eine Erklärung für die geringere Intensität des Alkoholatanions könnte das unterschiedliche Ionisierungsverhalten beider Molekülteile sein. Auch die zusätzliche Bildung des carbonylhaltigen Ions aus dem Fragment der Masse 87 wäre denk-

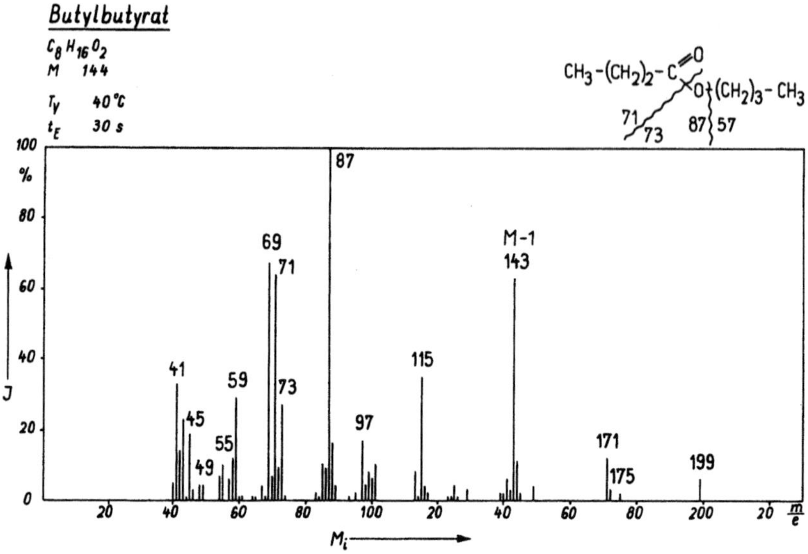

Abb. 83 EA-Massenspektrum von Butylbutyrat (Ester der Gruppe I).

bar, ist allerdings weniger wahrscheinlich, weil bei der Ionisierung freier Fettsäuren kein negativ geladenes (M-17)-Ion auftritt.

Butylbutyrat, M = 144

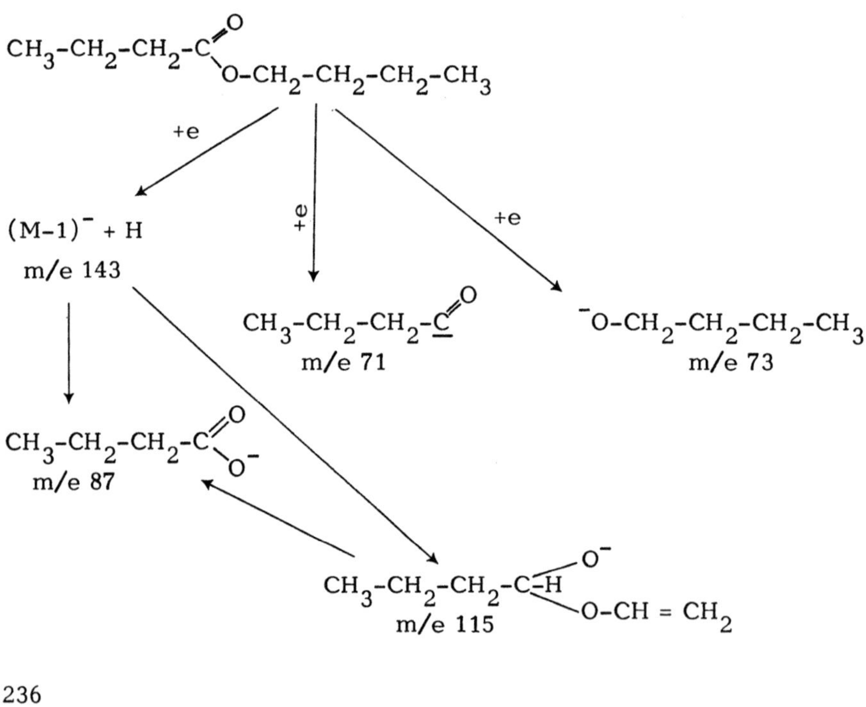

Wenn die Fettsäure eine verzweigte Kohlenstoffkette hat, ergeben sich ähnliche Spektrenmuster.

Isovaleriansäureäthylester: Hauptpeaks sind das $(M-1)^-$-Ion und das Säureanion, während das Alkohol- und Carbonylanion nur schwach auftreten.

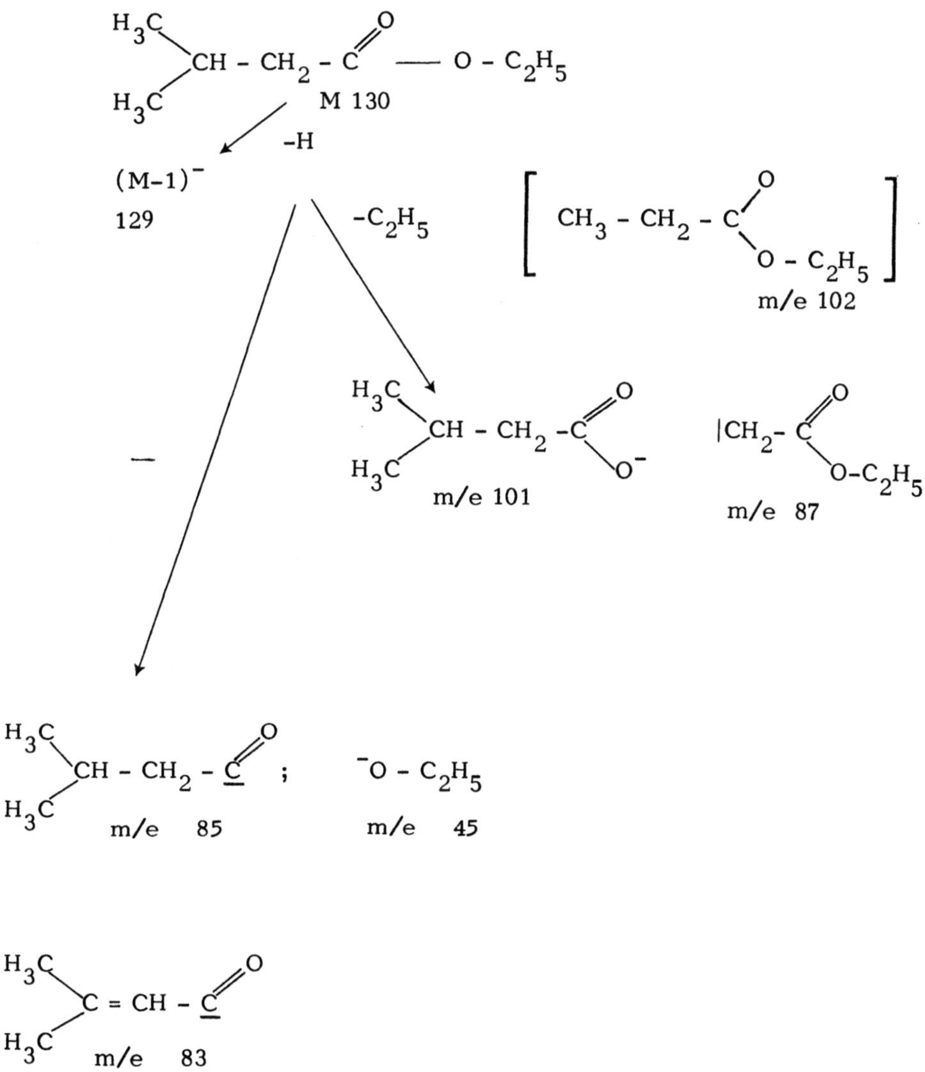

Ein Einfluß der Kettenlänge auf die Fragmentierung ist bis zum Stearinsäure-ester nicht festzustellen.

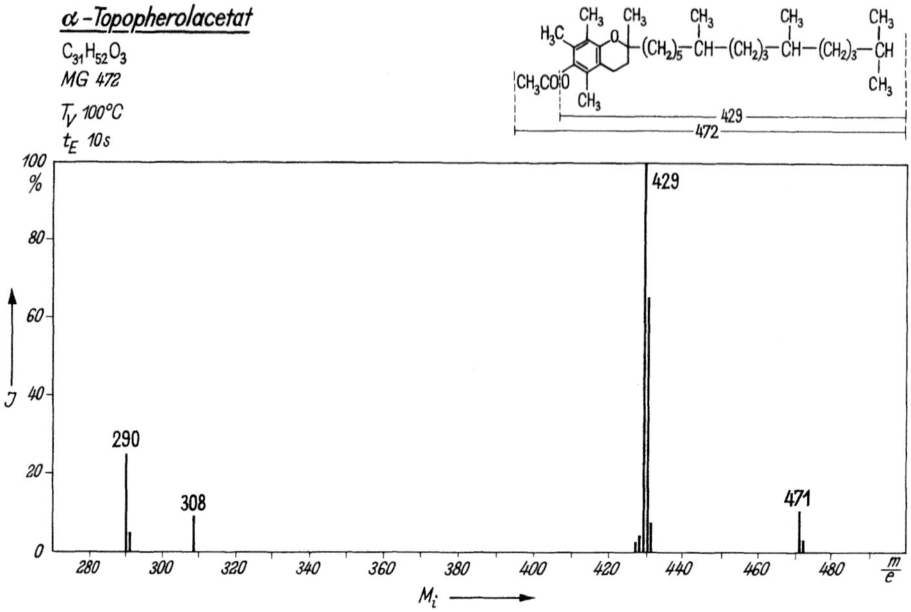

Abb. 84 EA-Massenspektrum von α-Tocopherolacetat (Ester der Gruppe II).

Gruppe II

α - Tocopherolacetat: Das relativ kompliziert aufgebaute Molekül (Abb. 84) läßt einige typische Eigenschaften der Estergruppe S_{al} - S_{Ar} erkennen. Während das Ion $(M-1)^-$ schwach vorhanden ist, bildet das Alkoholation den stärksten Peak des ganzen Spektrums. Die Tendenz zur Bildung eines Pheno-

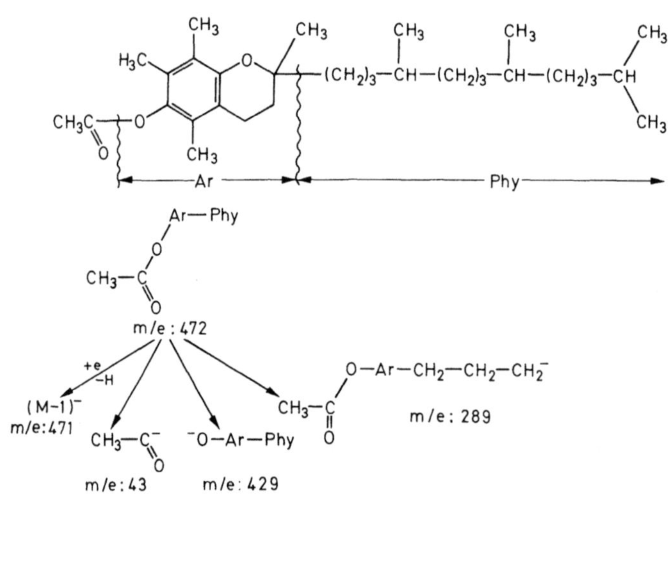

lations ist bei allen Molekülen mit dieser Gruppierung sehr ausgeprägt. Wie bereits gezeigt wurde, tritt ein Elektronenübergang auf die Acetylgruppierung kaum oder nur wenig ein. Der Elektronenübergang wird begünstigt, wenn ein Benzoylrest vorliegt. Weitere Fragmentierungen, z.B. Abspaltung eines Teiles des Phytylrestes, finden nur in geringem Umfang statt.

Ähnliches Ionisierungsverhalten zeigt die Acetylsalicylsäure, in deren Spektrum das Acetylsalicylation zum stärksten Peak führt. Die freie Carboxylgruppe führt zu weiteren negativen Fragmentionen.

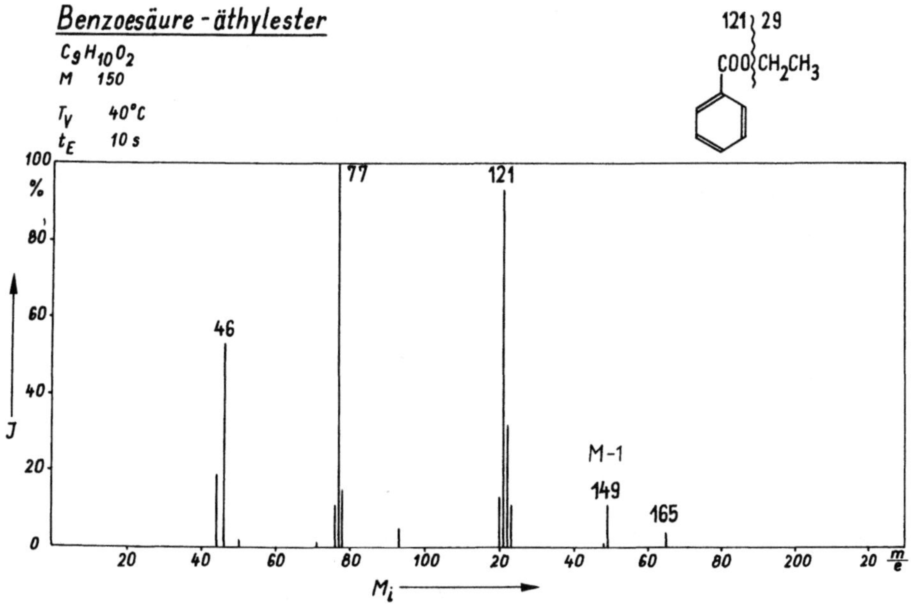

Abb. 85 EA-Massenspektrum von Benzoesäureäthylester (Ester der Gruppe III).

Gruppe III

Benzoesäure - äthylester: Der $(M-1)^-$-Peak (Abb. 85) ist relativ klein. Die beiden häufigsten Fragmente sind der Phenylrest und das Säureanion. Abspaltung des Alkoholrestes wird durch die Peaks 45 und 46 (H-Anlagerung?) bestätigt, jedoch bildet der dabei entstehende Benzoylrest kein negatives Ion. Das Phenylanion geht wahrscheinlich durch CO_2-Abspaltung aus dem Säureanion hervor.

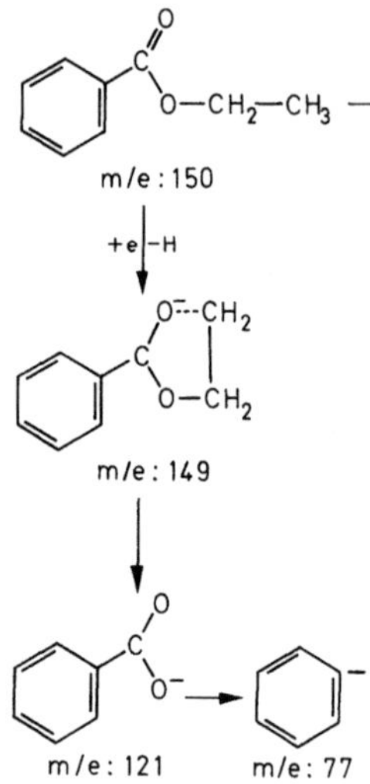

β-Resorcylsäuremethylester

$C_8H_8O_4$
M 168

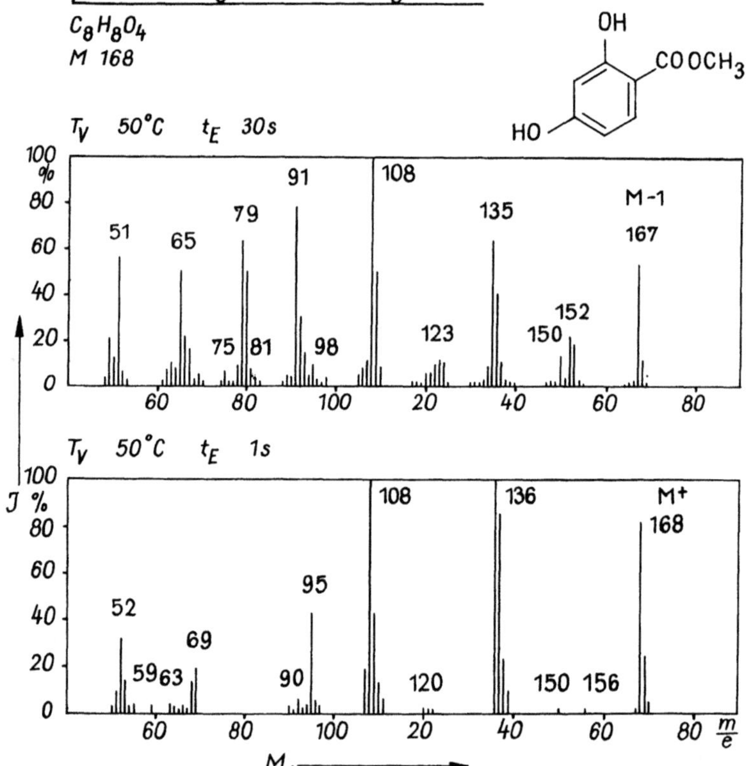

Abb. 86 EA-Massenspektrum von β-Resorcylsäure-methylester.

Wesentlich intensiver wird der $(M-1)^-$-Peak, wenn weitere Sauerstoffunktionen am aromatischen Kern vorhanden sind. Das ist der Fall beim β - Resorcylsäuremethylester (Abb. 86), und dessen höheren Homologen, z.B. dem Orsellinsäure-methylester, die auch bei der Fragmentierung in wesentlich stärkerem Maße negative Ionen bilden.

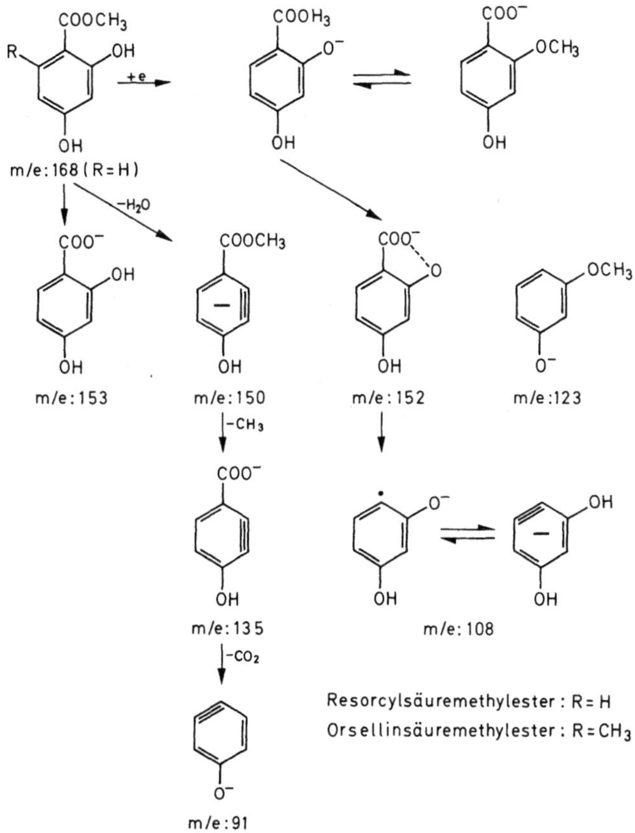

Vergleicht man das Spektrum des Orsellinsäureesters mit dem des Resorcylsäureesters, so stellt man fest, daß alle wesentlichen Peaks 14 ME nach höheren MZ verschoben auftreten. Eine Ausnahme bilden die Fragmentionen, bei denen auch die CH_3-Gruppe der Orsellinsäure mit abgespalten wird.

Wenn zwischen den aromatischen Ring und die Carboxylfunktion CH_2-Gruppen treten, wie z.B. beim Phenylessigsäureäthylester, so wird das $(M-1)^-$-Ion stabilisiert und die Fragmentierung zeigt im Vergleich zum Benzoesäureester einige Besonderheiten. Die Intensität des Säureanions nimmt stark ab und unter CO_2-Verlust bildet sich ein negativ geladener

Tolylrest (analog dem Phenylrest). Die Zuordnung des zweitstärksten Peaks im Spektrum (m/e = 117) bereitet einige Schwierigkeiten. Er könnte einem Carboniation mit 6- oder 7-gliedrigem Ring zugeordnet werden:

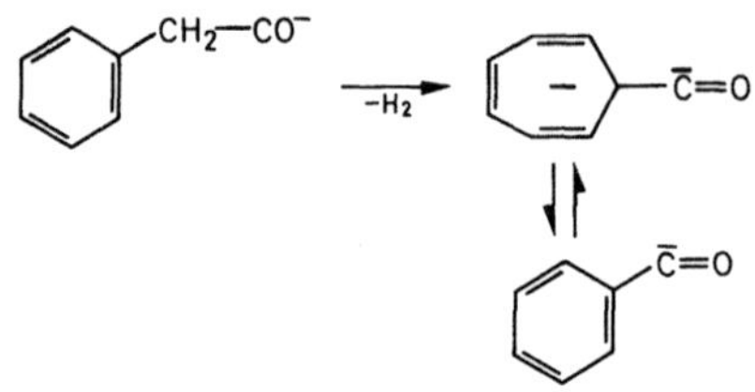

Umgekehrt wird beim Salicylsäurebenzylester, wo sich die CH_2-Gruppe zwischen aromatischem Ring und der alkoholischen OH-Gruppe befindet, am stärksten das Salicylation gebildet und das Ion des Benzylalkohols fehlt. Die beiden schwächeren Peaks 92 und 93 machen einen Weiterzerfall des Ions 137 durch CO_2-Abspaltung, sowie den zusätzlichen Verlust eines H-Atoms wahrscheinlich. Für den Peak 93 ist die innermolekulare Wanderung eines Sauerstoffatoms im Verlauf der Fragmentierung zu erwägen, wie sie bei entsprechenden Thioestern nachgewiesen werden konnte [137].

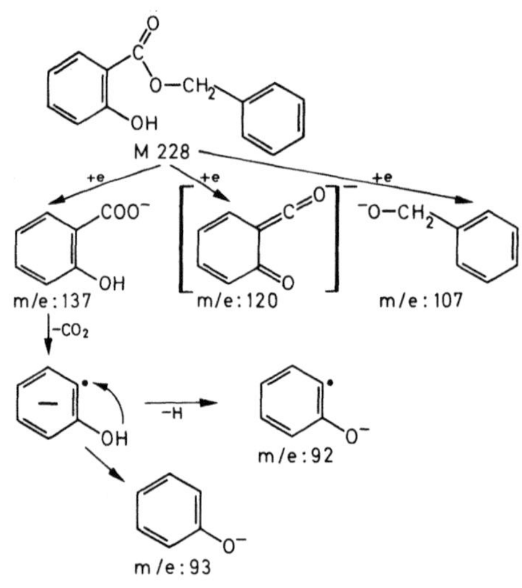

Gruppe IV

Benzoesäurephenylester: Die beiden Ionenarten M^- und $(M-1)^-$ treten mit gleicher Intensität auf. Die hohe Intensität des Phenolations erklärt auch hier das Fehlen eines negativ geladenen Benzylrestes und die geringe Intensität des Säureanions. Als Ursache dafür wird die große Elektronegativität des Radikals

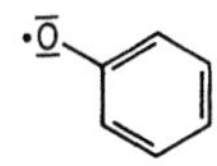

angesehen, die zur Folge hat, daß bei der Bindungsspaltung das Überschußelektron am phenolischen Rest gebunden wird (Abb. 87).

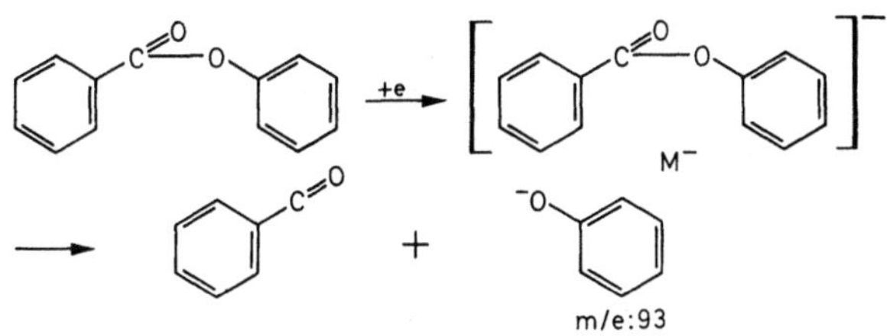

An dieser Stelle sei nochmals an das unterschiedliche Verhalten des Salicylsäure - b e n z y l - esters erinnert, bei dem das Alkoholation fehlt.

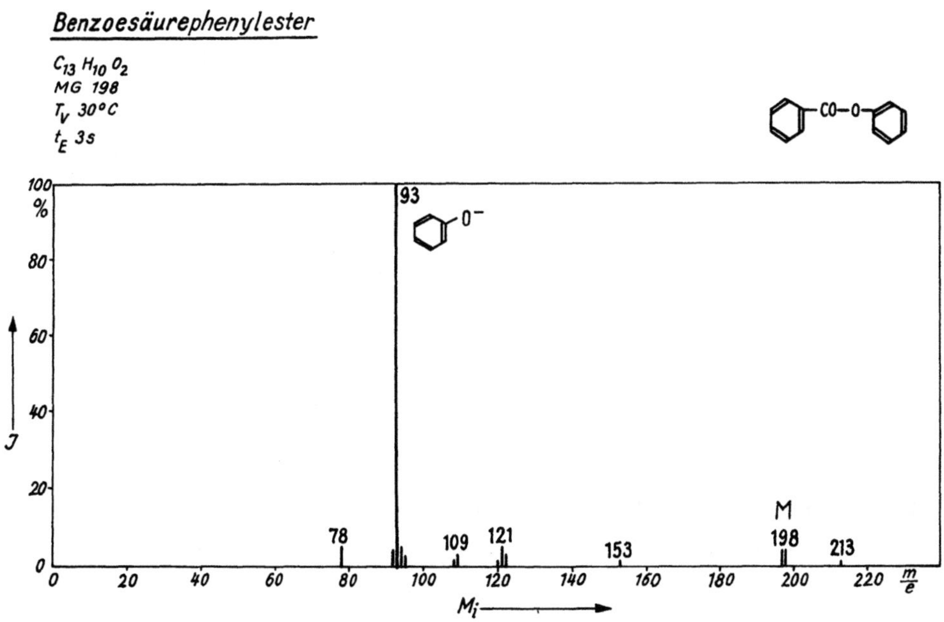

Abb. 87 EA-Massenspektrum von B e n z o e s ä u r e p h e n y l e s t e r (Ester der Gruppe IV).

Als Derivate des Benzoesäurephenylesters können viele Flechteninhaltsstoffe angesehen werden, die als Ester aromatischer Oxysäuren vorliegen und in größerer Zahl EA-massenspektrographisch untersucht wurden [119, 120]. Im Fragmentierungsverhalten entsprechen sie dem Grundtyp des rein aromatischen Esters (Abb. 88). Die starke Spaltung zwischen Carbonylrest und Phenolrest dieser als "Depside" bekannten Verbindungen kann durch eine zusätzliche Ätherbrücke zwischen den aromatischen Ringen (Abb. 89) aufgehoben werden (vgl. 5.3. Ionisierungsmechanismen).

Die Diester der Phthalsäure (Abb. 90) zeichnen sich durch ein stabiles Molekülion aus. Dieses Ion ist das häufigste im Spektrum. Hauptfragmente entstehen durch die Abspaltung eines bzw. beider Kohlenwasserstoffreste des Alkohols. Aus dem Ester der 1,2-Phthalsäure entsteht auch das Säureanhydrid. Die Fragmentierung ist im untersuchten Bereich (für C_1 - bis C_8-Alkohole) von der Kettenlänge des alkoholischen Kohlenwasserstoffrestes unabhängig.

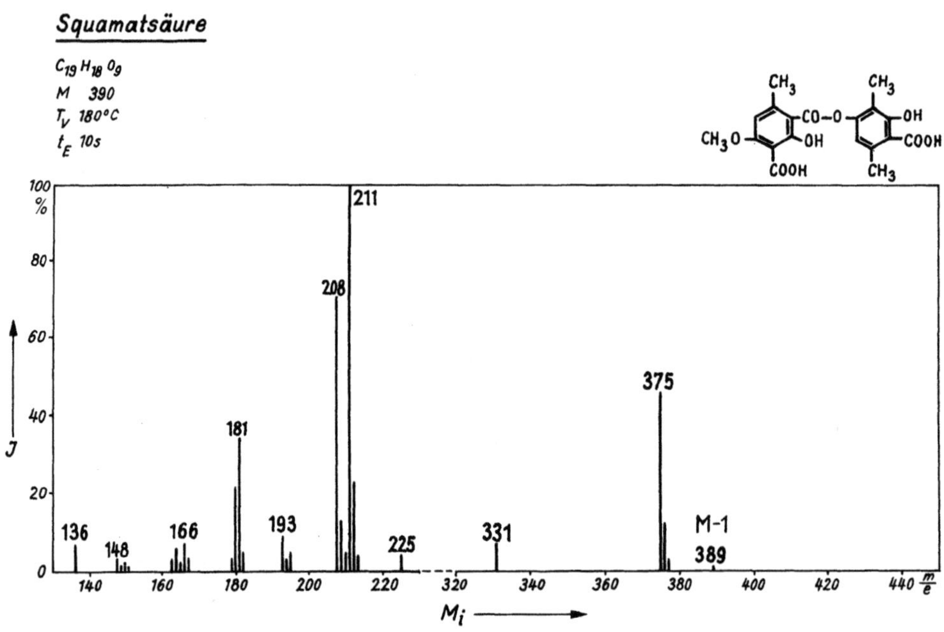

Abb. 88 EA-Massenspektrum des Flechteninhaltsstoffes Squamatsäure, M = 390.

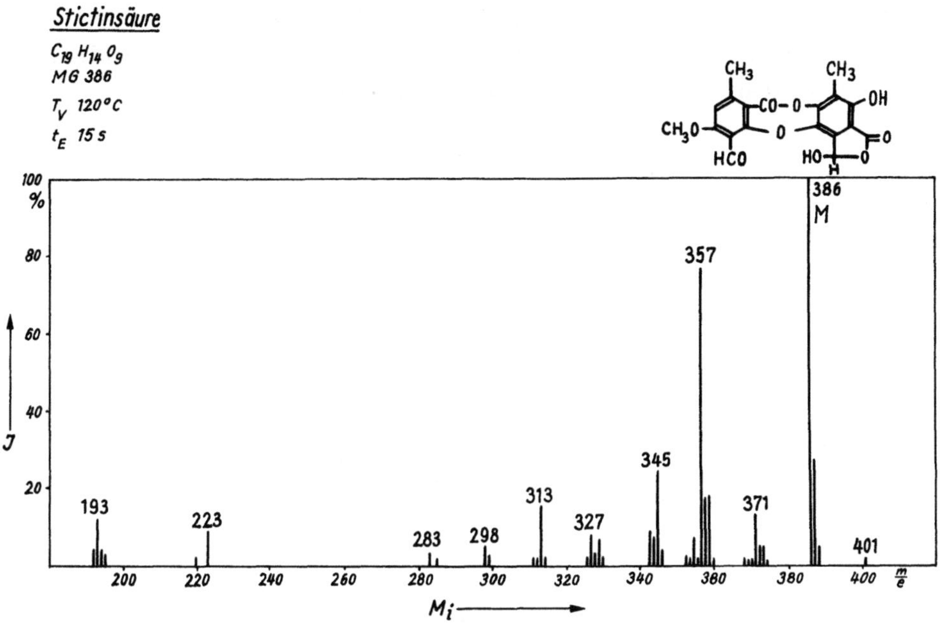

Abb. 89 EA-Massenspektrum des Tetraacetats der Stictinsäure, M = 572.

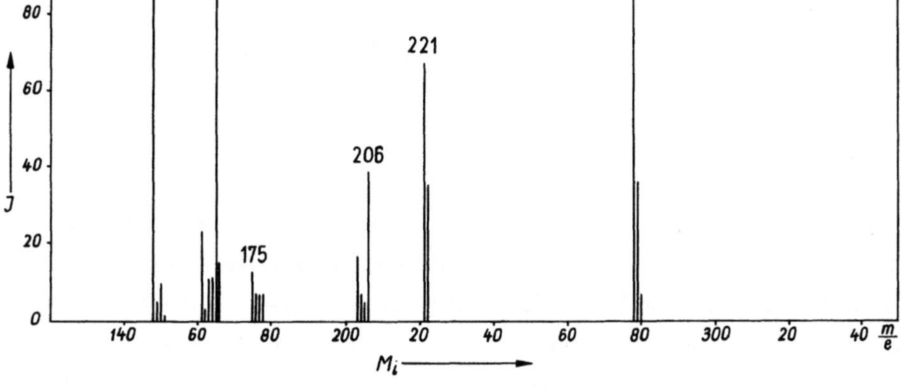

Abb. 90 EA-Massenspektrum von Phthalsäuredibutylester, M = 278.

Bis - (benzoyloxyäthyl) - terephthalat: Bei diesem Ester mit einem zweiwertigen Alkohol ist die relative Intensität des Molekülions noch erheblich größer als bei den Diestern mit einwertigen Alkoholen.

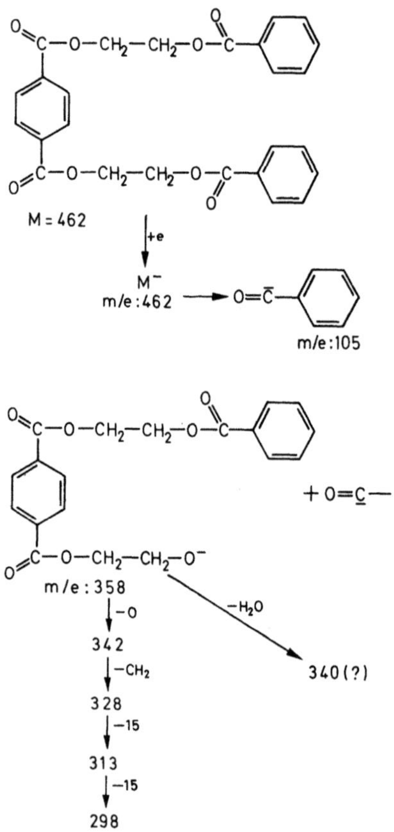

8.3.2. Aminosäuren

Einfache Aminosäuren (Abb. 91) bilden ebenfalls ein stabiles $(M-1)^-$-Ion, das infolge der ungeraden Massenzahl der Aminosäuren bei einer geraden MZ auftritt, z.B. Glykokoll M = 75, häufigstes negatives Ion bei M-1 = 74. Daneben wird stets die Abspaltung der NH_2-Gruppe (M-16) beobachtet. Wenn diese, wie beim Sarcosin, methyliert ist, so wird CH_3NH - abgespalten. Dieses Verhalten gilt auch, wenn aromatische Ringe im Molekül vorliegen, z.B. beim Oxyphenylglycin.

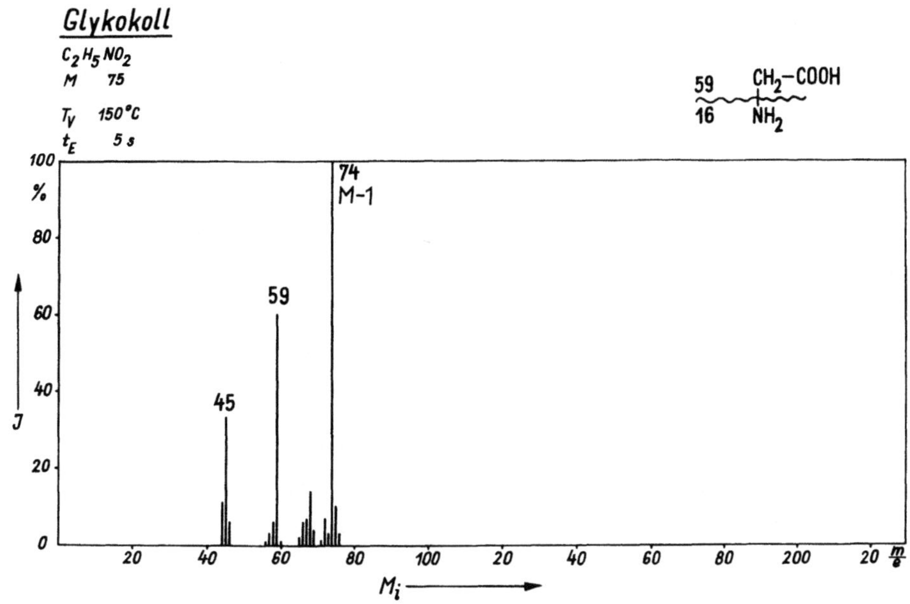

Abb. 91 EA-Massenspektrum von Glykokoll.

Glykokoll: M = 75

$$NH_2 - CH_2 - COOH \xrightarrow[-\,H]{+\,e} NH_2 - CH_2 - COO^- \quad (m/e\ 74)$$

$$\downarrow -NH_2$$

$$[CH_2 - COOH]^- \rightleftarrows CH_3 - COO^- \quad (m/e\ 59)$$

$$\searrow$$

$$COOH^- \rightleftarrows HCOO^- \quad (m/e\ 45)$$

Sarcosin: M = 89

$$CH_3 - NH - CH_2 - COOH \xrightarrow[-\,H]{+\,e} CH_3 - NH - CH_2 - COO^- \quad (m/e\ 88)$$

$$\downarrow -CH_3NH$$

$$-CH_2 - COOH^- \rightleftarrows CH_3COO^- \quad (m/e\ 59)$$

$$\downarrow$$

$$COOH^- \rightleftarrows HCOO^- \quad (m/e\ 45)$$

8.3.3. Säureamide

Unabhängig vom Molekülbau stabilisiert sich das negative Molekülion eines Säureamids durch Abspaltung eines Wasserstoffatoms. Aromatische Säureamide lassen im EA-Massenspektrum in geringem Umfang die Abspaltung einer Gruppe von 18 ME = H_2O (?) erkennen, wenn die Wasserstoffatome der Aminogruppe substituiert sind. Abweichendes Verhalten zeigt das Phthalimid, dessen Molekülion so große Stabilität besitzt, daß keine Wasserstoffabspaltung eintritt. Gleiches wurde auch bei der Phthalylaminocapronsäure beobachtet. Durch Erhöhung der Energiezufuhr im Molekül läßt sich jedoch ein kritischer Wert erreichen, von dem an Wasserstoffabspaltung einsetzt.

Dimethylformamid: Außer dem (M-1)-Peak sind Ionen mit den Massen 62 und 31 vorhanden, die sich nicht ohne weiteres zuordnen lassen. Wahrscheinlich handelt es sich bei diesen Ionen um Umlagerungsprodukte. So läßt sich die Masse 31 beispielsweise dem Ion NOH^- zuordnen.

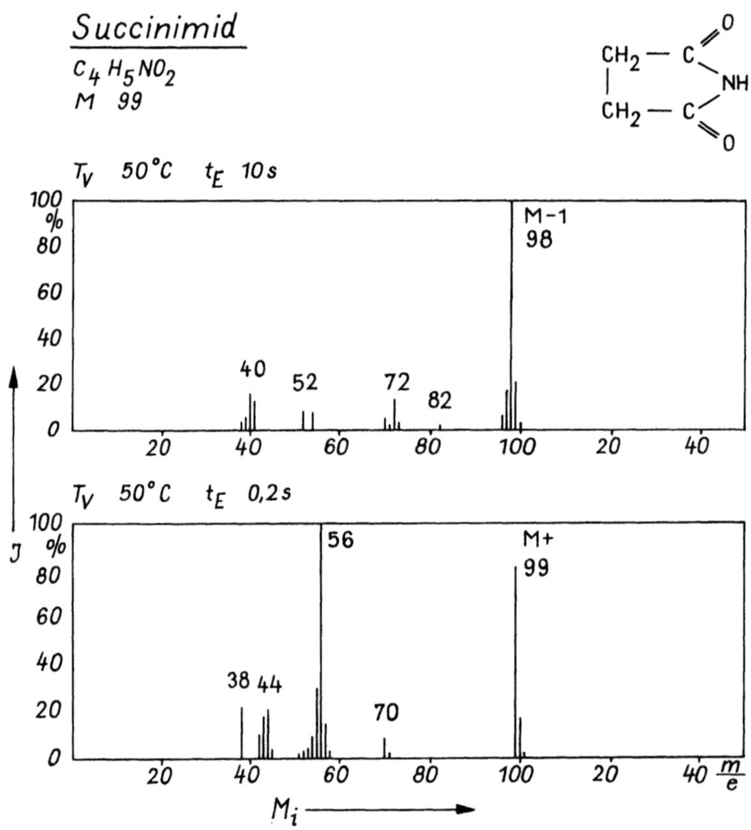

Abb. 92 EA-Massenspektrum von Succinimid.

Succinimid: M = 99: Der Hauptpeak tritt bei (M-1) auf, schwächere Peaks bei (M-2) und (M-3) entstehen durch Wasserstoffabspaltung (Abb. 92).

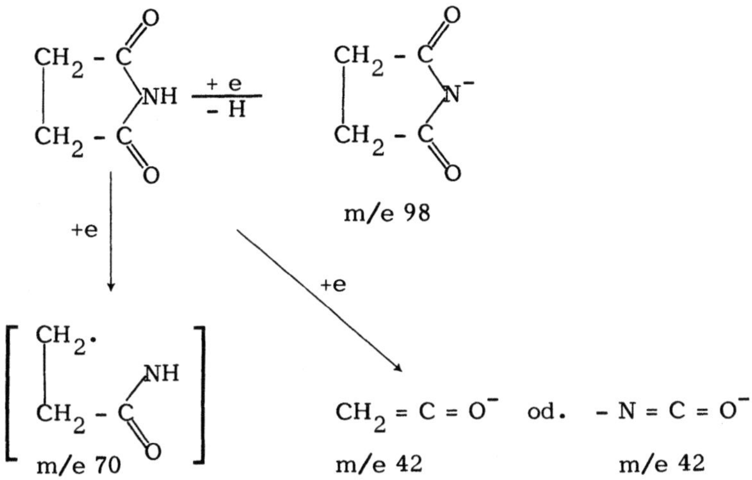

Benzamid: Das Spektrum dieser Verbindung (Abb. 93) wird durch die zwei Peaks 120 = M-1 und 77 = C_6H_5 bestimmt. Die untersuchten Derivate verhalten sich ähnlich.

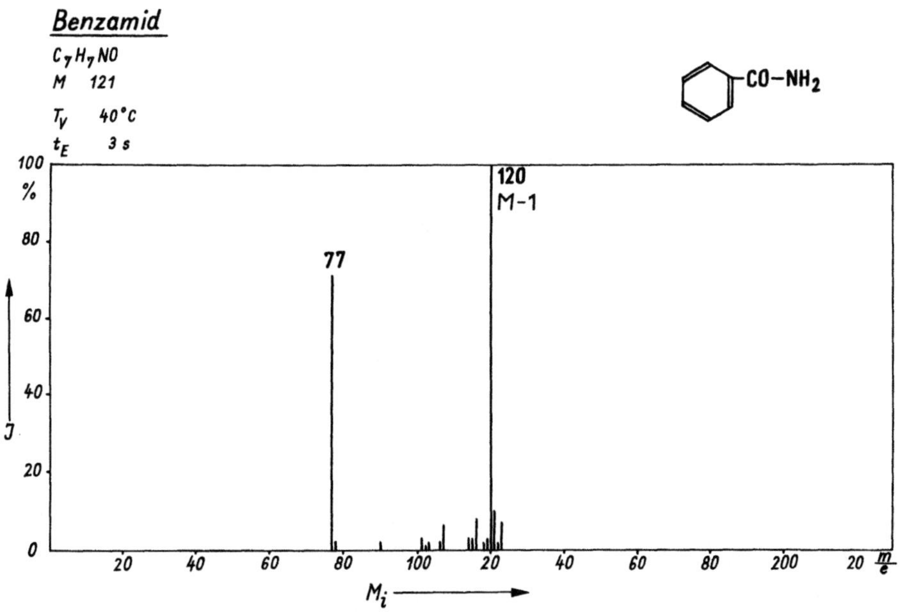

Abb. 93 EA-Massenspektrum von Benzamid.

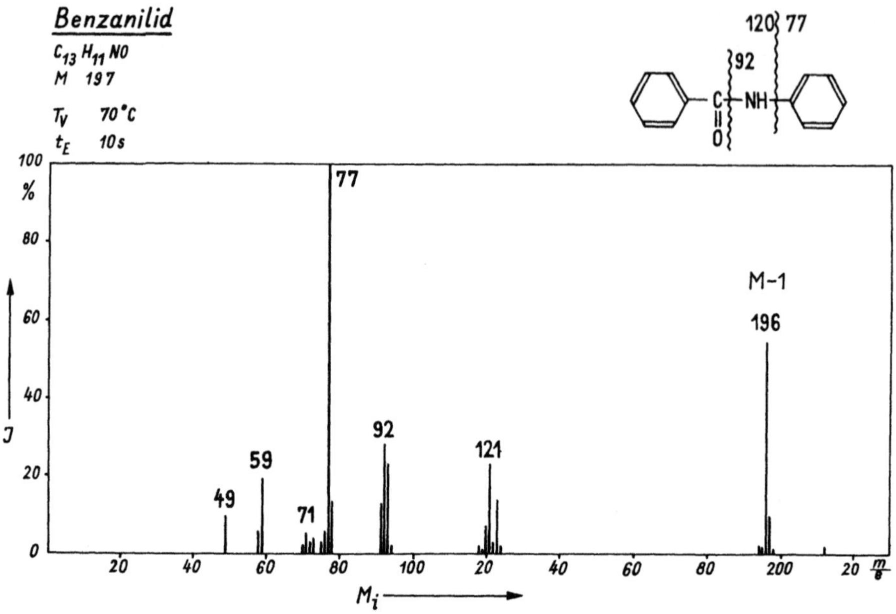

Abb. 94 EA-Massenspektrum von B e n z a n i l i d , M = 197.

Benzanilid: M = 197: Das EA-Massenspektrum besteht hauptsächlich aus den Peaks M-1 und M-76, sowie einigen Peaks anderer Ionen (Abb. 94):

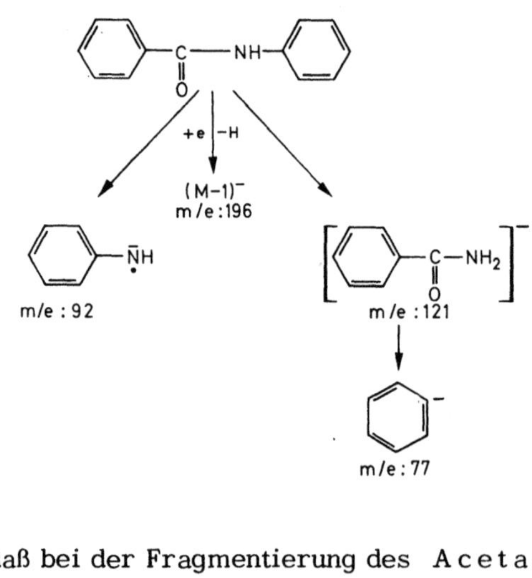

Auffallend ist, daß bei der Fragmentierung des A c e t a n i l i d das Ion mit Masse 77 nur einen sehr schwachen Peak gibt. Der intensive Peak mit Masse 59 wird wiederum auf einen H-Übergang zurückgeführt:

$$NH_2 - CO - CH_3^-.$$

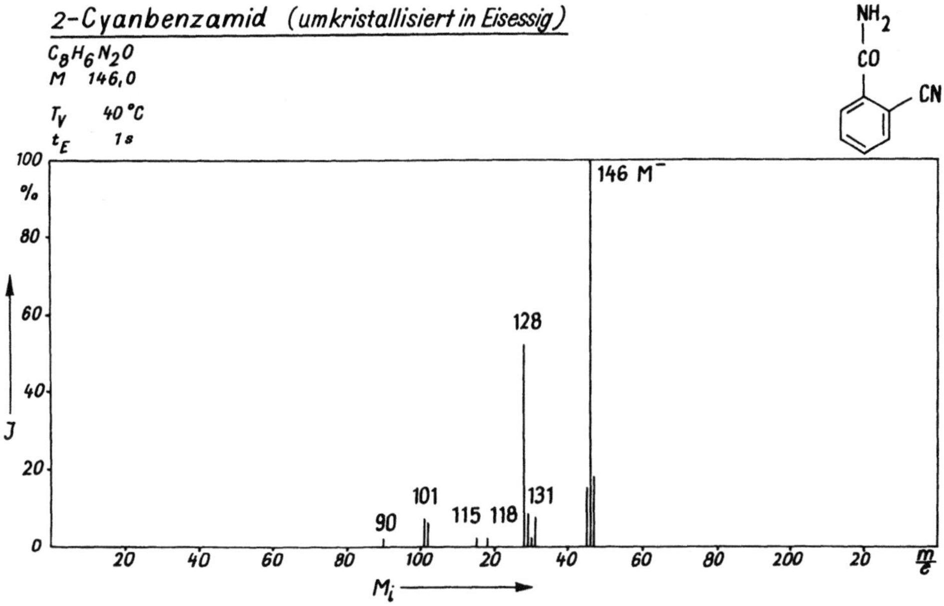

Abb. 95 EA-Massenspektrum von 2-Cyanbenzamid.

Das Ion mit der Masse 90 (häufiger als 92!) könnte durch eine Ringerweiterung erklärt werden:

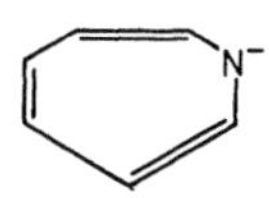

denn es tritt mit hoher Intensität auf.

Die Einführung einer CN-Gruppe in den aromatischen Kern führt auch im Falle des 2 - Cyanbenzamid (Abb. 95) zu einem sehr stabilen Molekülion, das ca. 10 mal so häufig ist wie das durch Wasserstoffabspaltung entstehende.

Beim α - Cyanzimtsäurepiperidid (Abb. 96) wird das stabile Molekülion ebenfalls auf die Anwesenheit der CN-Gruppe zurückgeführt. Weder ein (M-1)-Ion noch andere negativ geladene Fragmente entstehen bei dieser Verbindung in nachweisbarer Intensität:

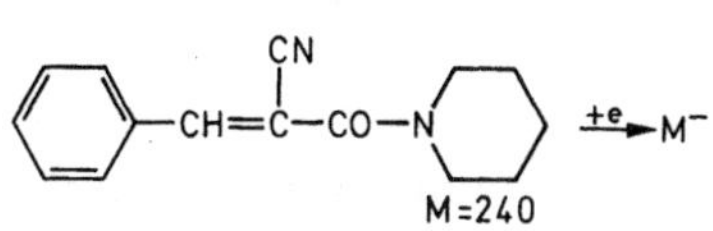

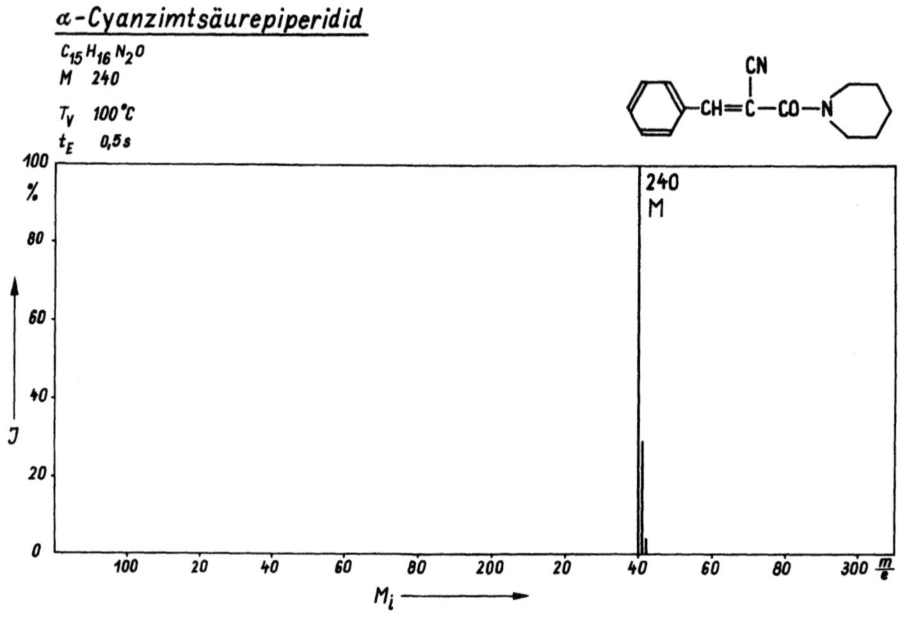

Abb. 96 EA-Massenspektrum von α-Cyanzimtsäurepiperidid.

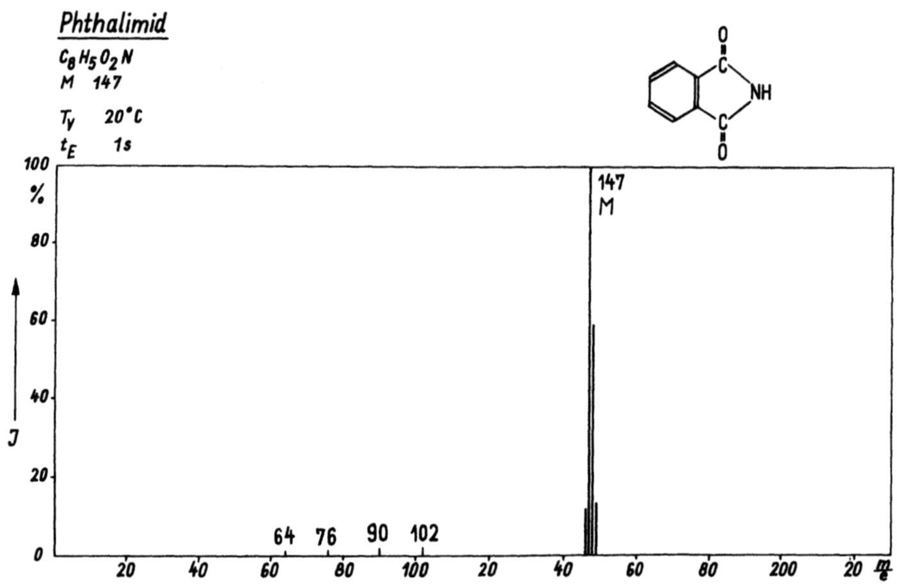

Abb. 97 EA-Massenspektrum von Phthalimid.

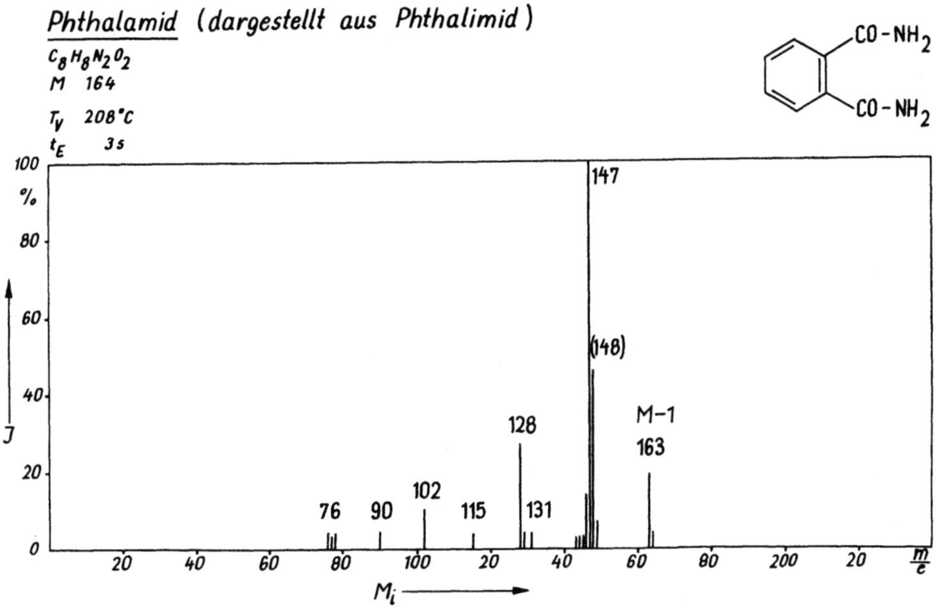

Abb. 98 EA-Massenspektrum von Phthalamid.

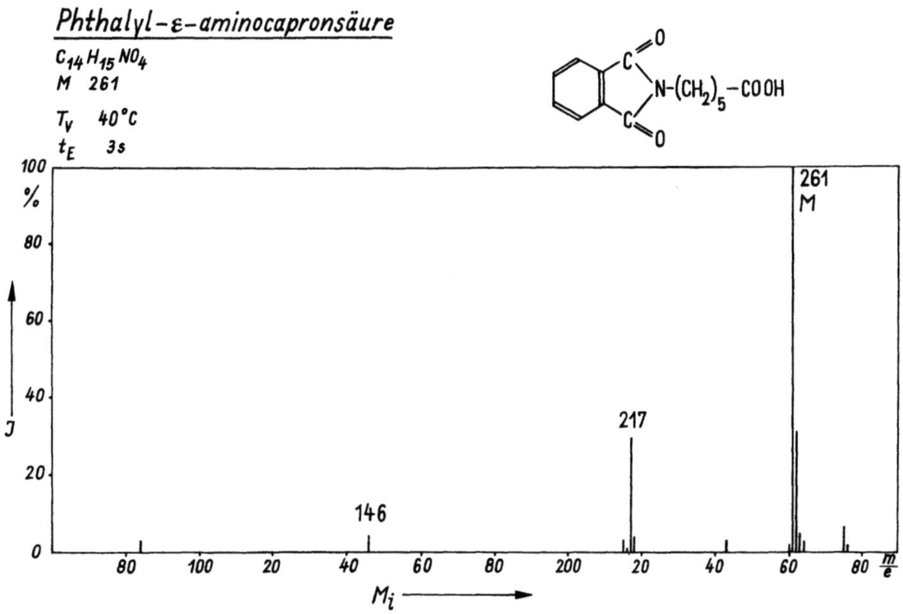

Abb. 99 EA-Massenspektrum von Phthalyl-ε-aminocapronsäure.

Der stabilisierende Einfluß der CN-Gruppe auf negativ geladene Molekülionen, vornehmlich auf solche mit aromatischen Ringen, ist besonders ausgeprägt.

Im Gegensatz zum Succinimid ist beim aromatischen Phthalimid (Abb. 97) das Molekülion stabil. Für das Verhältnis (M-1) / M ergibt sich ein Wert von 0,10. Die anderen Fragmente machen weniger als 5% der Intensität von M^- aus.

Das Phthalamid (Abb. 98) zeigt normales Ionisierungsverhalten, jedoch ist der (M-1)-Peak nur ein 1/5 so hoch wie der bei M-17 = 147. Die Abspaltung von NH_3 unter Bildung des stabilen negativen Phthalimidions wird sehr begünstigt. Eine ähnlich große Stabilität wie das Phthalimidion hat die Phthalyl-ε-aminocapronsäure (Abb. 99).

Die beschriebenen Eigenschaften der Säureamide besitzen für diesen Verbindungstyp allgemeine Gültigkeit. So ist im Spektrum des 3β - Hydroxy-16, 17 - seco-5α - pregnan- 16 -säure-n-butylamid, M = 391 der einzige intensive Peak des Moleküls bei 390 = M-1 zu finden. Einzelne Fragmentpeaks haben Intensitäten < 20 % . Diese Peaks

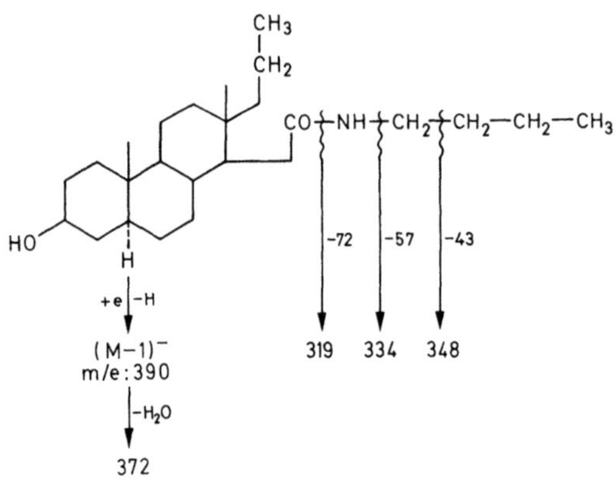

lassen sich erklären durch Abspaltung der n - Butyl-Seitenkette und von H_2O am C-3.

Auch N-Heterocyclen weichen nicht von der Regel ab. Das Indolyl-3-acetamid bildet ganz bevorzugt das Ion $(M-1)^-$ und dazu in geringem Ausmaß Ionen bei M^- und $(M-2)^-$. Die Intensität der Fragmentionen liegt im Vergleich zum (M-1)-Peak unter 20 % .

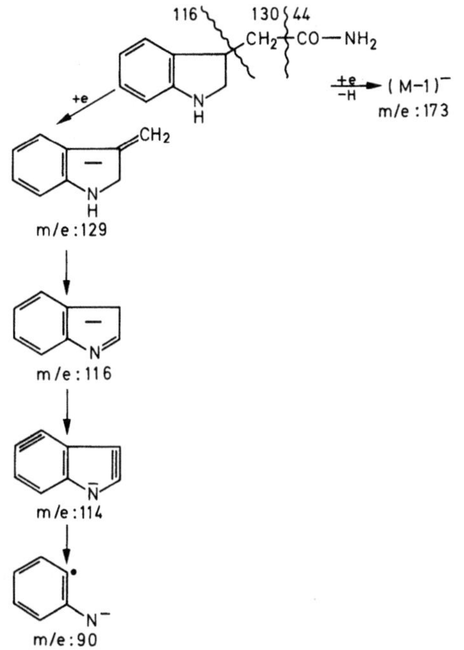

8.3.4. Sonstige Säurederivate

Nachfolgend sollen einzelne Säurederivate bzw. Substitutionsprodukte besprochen werden.

Benzonitril: Die beiden intensivsten Peaks im Bereich der Sollmasse treten bei M-1 und M-2 auf. Abspaltung von CN führt zu den Peaks 77 und 26. Der

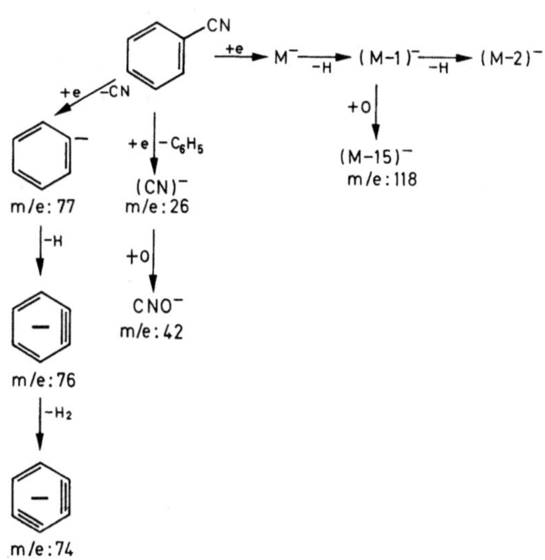

Peak M + 15, der auch verschiedentlich bei anderen Verbindungen, z.B. Steroidalkaloiden und aromatischen Kohlenwasserstoffen auftritt, wird auf Anlagerung von Sauerstoff an das Ion M-1 zurückgeführt (Oxydationsvorstufe ?). Ein eindeutiger experimenteller Beweis für diese Annahme steht allerdings noch aus.

Phthalsäuredinitril: Ähnlich wie die Phthalsäure selbst, zeigt das Dinitril (Abb. 100) einen sehr intensiven Peak M^- = 128. Häufigstes Fragmention ist CN^-.

4-Aminomethyl-benzoesäure: Diese Substanz ionisiert vorwiegend normal, unter Bildung des $(M-1)^-$-Ions, während die N-Phenylanthranilsäure ein stabiles Molekülion bildet. Die Zahl und Häufigkeit der Fragmentionen ist im letzteren Fall viel kleiner. Die 4-Sulfamido-benzoesäure zeigt neben dem Molekülion auch eine ganze Reihe von Fragmentionen.

Ein stabiles Molekülion und sehr geringe Neigung zur Fragmentierung weist das 3,6-Dioxyfluoran (Abb. 101)

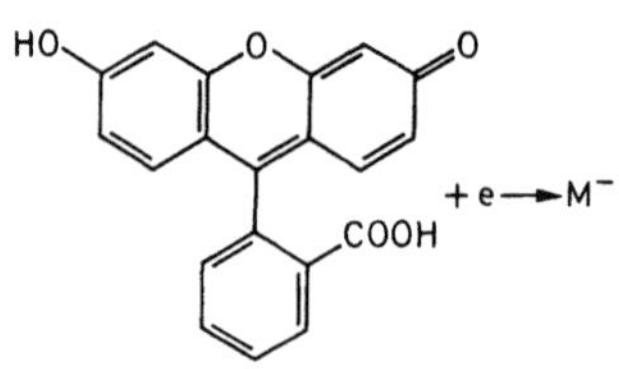

auf, während das 3', 6'-Dichlor-Derivat nur ein mäßig intensives Molekülion bildet und stark fragmentiert. Schon diese beiden Beispiele lassen erkennen, daß die Stabilität des Moleküls nicht allein vom Vorhandensein eines aromatischen Grundgerüsts abhängt. Das Gegenteil wird durch das Spektrum der 16, 17-Seco-5α-pregnan-3-on-16-säure bestätigt (Abb. 102). Es tritt nur das $(M-1)^-$-Ion auf. Fragmente mit negativer Ladung werden nicht gebildet.

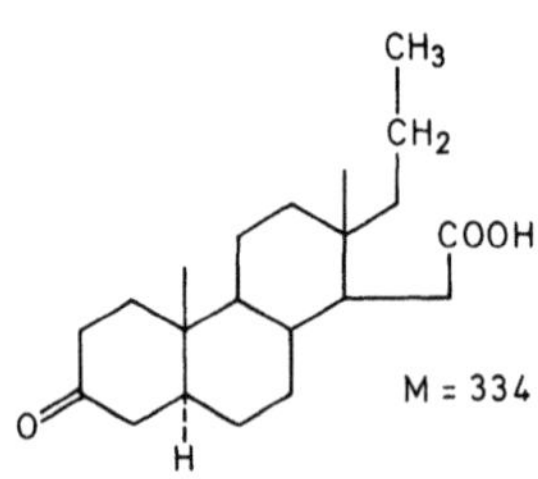

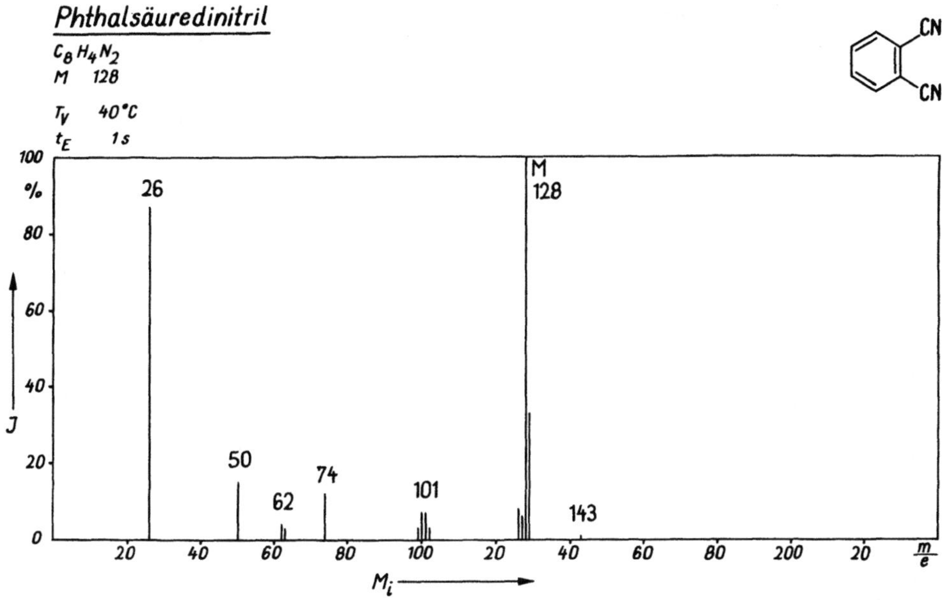

Abb. 100 EA-Massenspektrum von Phthalsäuredinitril.

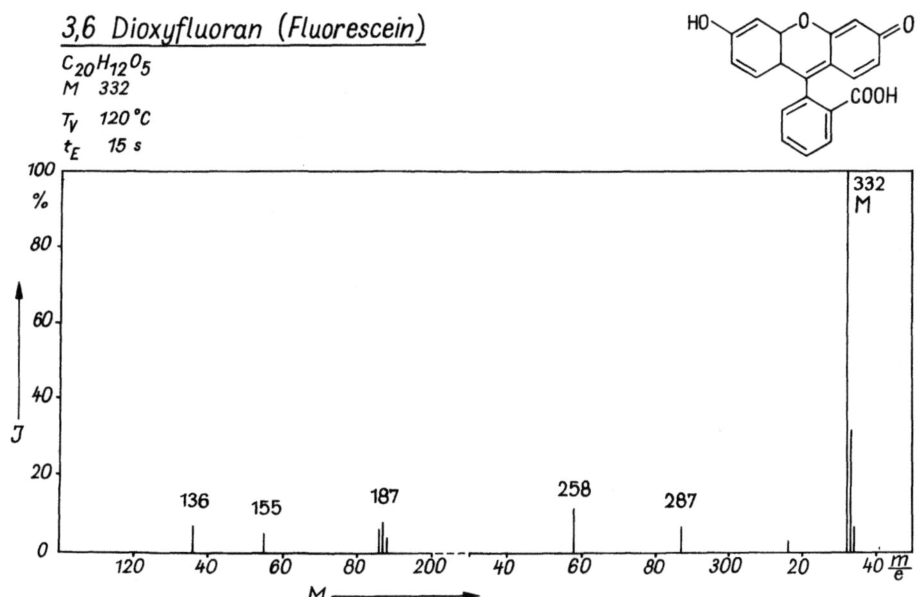

Abb. 101 EA-Massenspektrum von 3,6 - Dioxyfluoran.

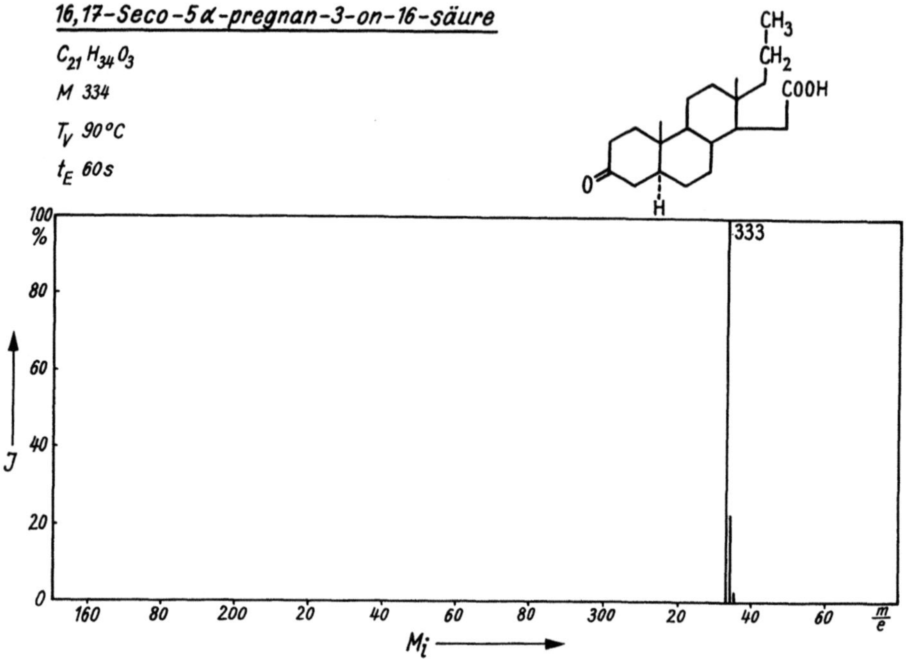

Abb. 102 EA-Massenspektrum des 16, 17 - Seco-5α-pregnan-3-on-16-säure.

Das EA-Massenspektrum des Arecaidinhydrochlorid ist in mehrfacher Hinsicht aufschlußreich. Es handelt sich hier um die Carbonsäure einer N-heterocyclischen Verbindung, die als Salz vorliegt. Die Verdampfung solcher Salze führt häufig zur thermischen Zersetzung und damit zu unübersichtlichen Spektren. In einigen Fällen jedoch wird leicht Halogenwasserstoff abgespalten, und man erhält in guter Ausbeute das Molekülion $(M-1)^-$ wie im vorliegenden Fall. Als häufigstes Bruchstück (85 %) tritt ein Ion bei m/e = 98 auf, ein schwächeres (10 %) bei 109, denen die Strukturen

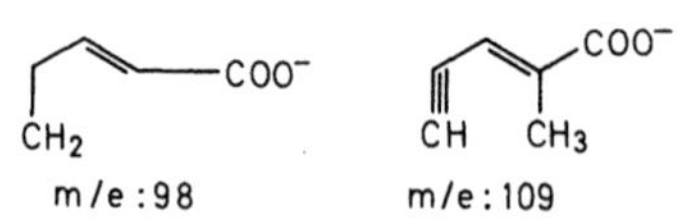

zugeordnet werden können.

8.4. Sonstige Verbindungen

8.4.1 Alkohole

Die Fettalkohole zeigen geringe Neigung zur Fragmentierung. Im Bereich der Molekülmasse tritt ein typischer Doppelpeak bei (M-1) und (M-3) auf. Der (M-3)-Peak ist meist der intensivere. Für eine Reihe höherer Fettalkohole wurde die Intensitätsverteilung dieser Liniengruppe ermittelt (Tab. 47). Berücksichtigt man die auf Grund der photometrischen Auswertung zu erwartende Streuung, so ist eine Abhängigkeit der Intensitätsverteilung von der Kettenlänge nicht zu erkennen. Unterschiede zwischen einem Alkohol mit gerader und ungerader Kohlenstoffzahl sind nicht vorhanden. Das Linienbild der Alkohole unterscheidet sich von dem der entsprechenden Fettsäuren und ein deutlicher Einfluß der funktionellen Gruppe ist festzustellen.

Tabelle 47 Intensitätsverhältnisse der Ionen M^- bis $(M-5)^-$ für höhere Fettalkohole. Die Werte wurden auf den stärksten Peak (M-3) ≙ 100 bezogen.

Substanz	Brutto-formel	Intensität der Massenlinien M bis (M-5) in % M	M-1	M-2	M-3	M-5
Octylalkohol	$C_8H_{17}OH$	7.0	50.0	25.0	100.0	10.0
Nonylalkohol	$C_9H_{19}OH$	5.8	50.5	9.0	100.0	7.2
Laurylalkohol	$C_{12}H_{25}OH$	5.7	46.0	16.2	100.0	5.1
Myristylalkohol	$C_{14}H_{29}OH$	5.0	40.7	18.1	100.0	5.0
Palmitylalkohol	$C_{16}H_{33}OH$	8.7	50.6	16.5	100.0	5.7
Stearylalkohol	$C_{18}H_{37}OH$	10.0	45.0	23.8	100.0	6.5
Mittelwerte:		7.3	46.5	19.9	100.0	6.5

Ganz bevorzugt wird eine ungerade Zahl von Wasserstoffatomen abgespalten (1, 3, weniger häufig 5). Die EA-Massenspektren deuterierter Alkohole ergeben, daß beim $(M-1)^-$-Ion der Hydroxylwasserstoff abgespalten wird. Melton und Rudolph [57] fanden bei niedrigen Alkoholen das gleiche Ergebnis. Nach ihren Angaben werden beim (M-3)-Peak die beiden Wasserstoffe in α-Stellung abgespalten. Für das EA-Massenspektrum liegt hierfür noch keine eindeutige Aussage vor. Es konnte jedoch gezeigt werden, daß beim Methylalkohol der (M-3)-Peak fehlt, während er beim Äthylalkohol mit geringer Intensität auftritt. Mit steigender Zahl der Methylengruppen im Molekül nimmt die relative Intensität des (M-3)-Peaks zu und erreicht beim Hexanol den in der Tabelle angegebenen Wert.

Beim Isopropanol, dessen Liniengruppe sich nicht von der des n - Propanol unterscheidet, muß wegen der Methingruppe in α-Stellung das zweite Wasserstoffatom vom β-Kohlenstoff stammen. Zusätzlich ist im Spektrum dieses Alkohols ein schwacher (M-17)-Peak vorhanden (Verlust der OH-Gruppe).

Der Ionenzerfall

$$(M-1)^- \rightarrow (M-3)^- + H_2$$

wird besonders bei höheren Alkoholen durch einen metastabilen Peak im Bereich der Masse (M-5) bestätigt.

Die Spektren der positiven Ionen sind bei den Fettalkoholen wesentlich reicher an Fragmentionen. Ein Molekülpeak läßt sich nicht mit Sicherheit nachweisen. Der Peak mit der höchsten Massenzahl liegt bei (M-18) und entsteht durch Wasserabspaltung.

Im Spektrum des Benzylalkohols ist das $(M-1)^-$-Ion am häufigsten und das $(M-3)^-$-Ion ist nur mit geringer Intensität vorhanden. Der Fragmentpeak 89 geht aus dem $(M-1)^-$-Ion durch Wasserabspaltung hervor und der Peak 77 stellt den Phenylrest dar.

Zu den komplizierten alicyclischen Alkoholen gehören die Sterine. Bei diesen Verbindungen tritt der Hauptpeak stets bei (M-1) auf. Fragmentionen werden nur in sehr geringem Umfang gebildet. Als Beispiel ist in Abb. 103 das EA-Massenspektrum einer Probe Δ^5-Stigmasten-3β-ol ("β-Sitosterin") dargestellt, die als Nebenbestandteil Campesterin enthält. Durch eine Doppelbindung in der Nähe der OH-Gruppe wird bei höheren Temperaturen oder in Gegenwart katalytisch wirksamer Stoffe (z.B. SiO_2) die Abspaltung von Wasser unter Bildung einer konjugierten Doppelbindung begünstigt.

Das stickstoffhaltige Lupinin ist an der Peakgruppe (M-1) und (M-3) ebenfalls als "Alkohol" zu erkennen, auch wenn der (M-3)-Peak nur etwa 30 % des (M-1)-Peaks ausmacht. Dem schwachen Peak 138 läßt sich das Ringsystem nach Abspaltung der Seitenkette zuordnen.

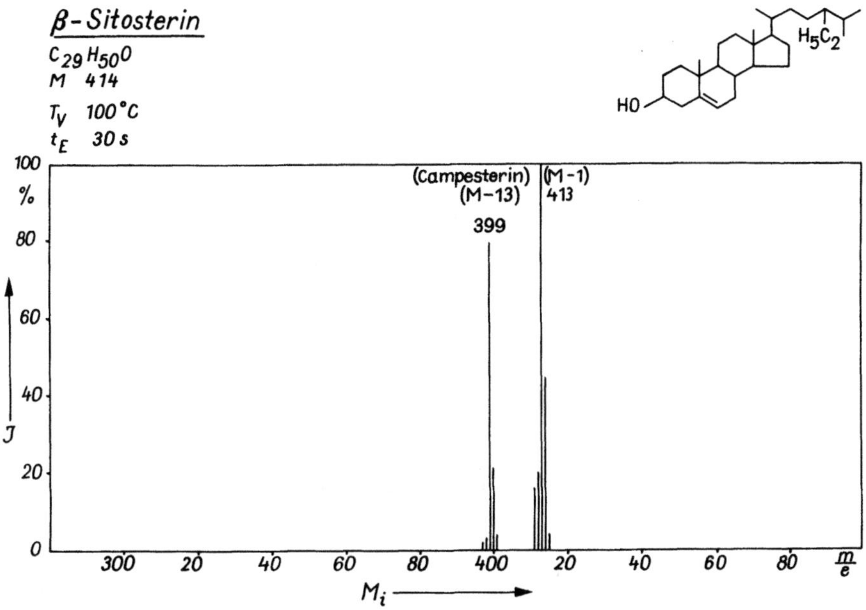

Abb. 103 EA-Massenspektrum des Δ^5-Stigmasten-3β-ol ("β-Sitosterin"), das als Nebenbestandteil Campesterin, M = 400 enthält.

8.4.2. Aldehyde

Im Normalfall liegt der intensivste Peak bei (M-1). Die Wasserstoffabspaltung muß nicht in jedem Fall an der Aldehydgruppe erfolgen. Deuterierter Benzaldehyd bildet beispielsweise das Ion mit der Massenzahl 106 = (M-1), verliert also nicht das D-Atom der Aldehydgruppe, sondern ein H-Atom vom aromatischen Kern. Wie weit diese Beobachtung verallgemeinert werden kann, wurde noch nicht untersucht.

Die auftretenden Fragmentionen 89 und 77 entsprechen der Abspaltung von -OD bzw. -CDO. Beim Vanillin tritt ebenfalls ein starker (M-1) - Peak und ein weniger starker Peak bei (M-2) auf. Da neben der Aldehydgruppe zwei weitere Substituenten vorliegen, ist eine explizite Aussage nicht möglich. Das EA-Massenspektrum dieser Substanz führt zu folgendem Fragmentierungsschema:

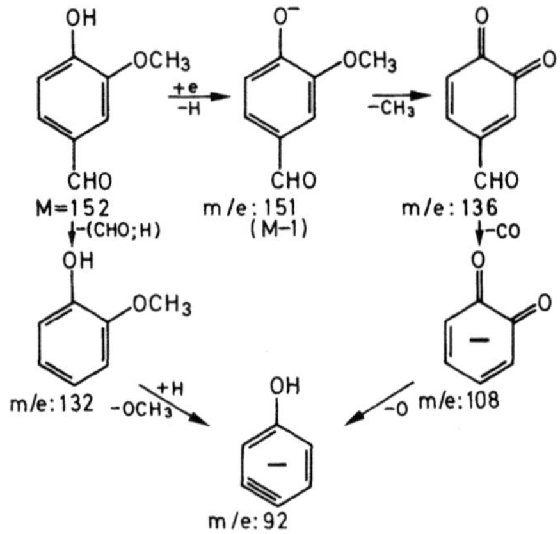

Das Spektrum von Vanillinoxim ist fragmentreicher als das des Aldehyds. Die relative Intensität des (M-1)-Peaks hat abgenommen.

Ein stabiles negatives Molekülion M^- = 132 bildet der Zimtaldehyd. Die Fragmentierung ist auf die Abspaltung des Aldehydgruppe beschränkt, wobei das Ion $(C_6H_5CH = CH)^-$ mit der Massenzahl 103 entsteht.

8.4.3. Ketone

Das n-Nonacosan-10-on bildet ein stabiles $(M-1)^-$-Ion mit der Massenzahl 421. Die Intensität des daneben liegenden $(M-2)^-$-Ions macht etwa 5 % aus. Linienreicher ist das Spektrum des gemischten aliphatisch-aromatischen Acetophenons. Zusätzlich zum Molekülpeak (M-1) = 119 treten folgende Ionen auf: 77 (Phenylrest), 93 (Phenolation, gebildet durch innermolekulare Umlagerung), 135 = 119 + 16 (Anlagerung von Sauerstoff an das $(M-1)^-$-Ion. Das Benzil (Abb. 104) bildet ein sehr stabiles Molekülion. Einziges Fragmention mit einer relativen Intensität von ca. 15% ist der Phenylrest, MZ = 97. Zwei Peaks im Bereich der Molekülmasse weist das Spektrum des Benzoinderivates Piperoin auf: M = 210; $(M-2)^-$ = 208. Peaks von Fragmentionen liegen bei den Massenzahlen 91, 121, 149, 269 und 281. Die Zuordnung der meisten Ionen ergibt sich durch einfache Spaltungen des Moleküls:

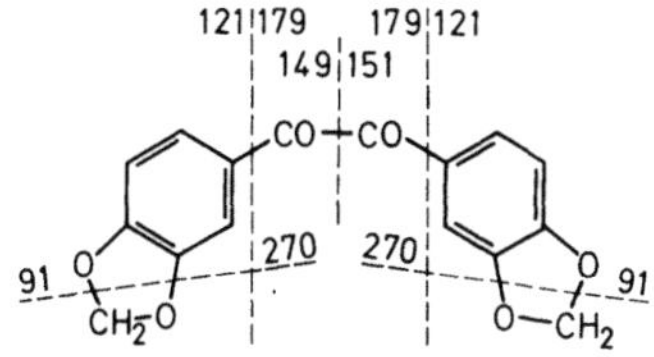

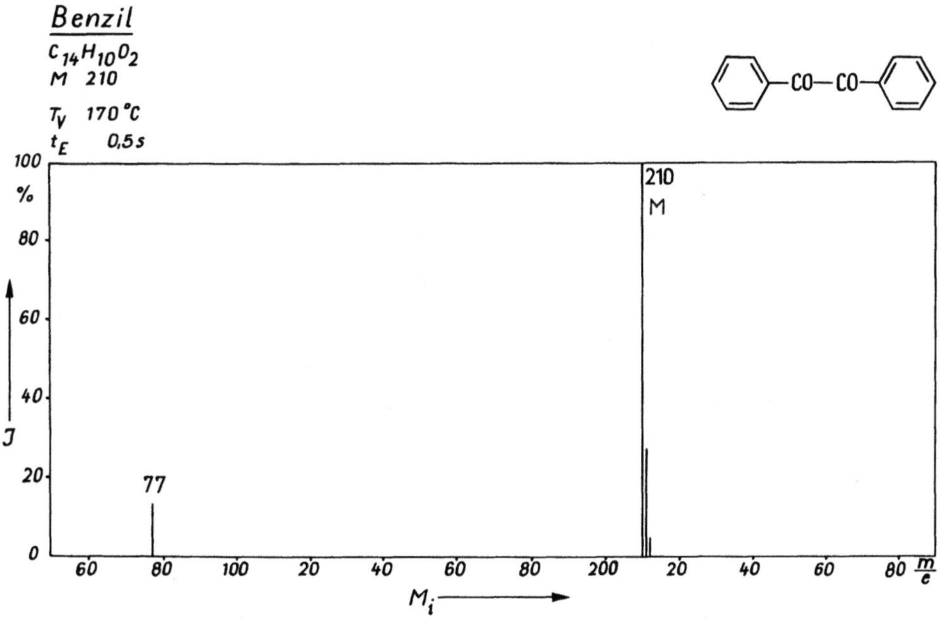

Abb. 104 EA-Massenspektrum von B e n z i l , $C_{14}H_{10}O_2$, M = 210.

Wegen der Symmetrie des Molekülaufbaues gibt es für die Mehrzahl der Fragmente zwei Entstehungsmöglichkeiten. Ebenfalls das Molekülion M^- = 178 tritt bei dem cyclischen Diketon N i n h y d r i n auf, das sehr leicht H_2O abspaltet: (M-18) = 160. Das Spektrum deutet auf folgende Fragmentierung hin:

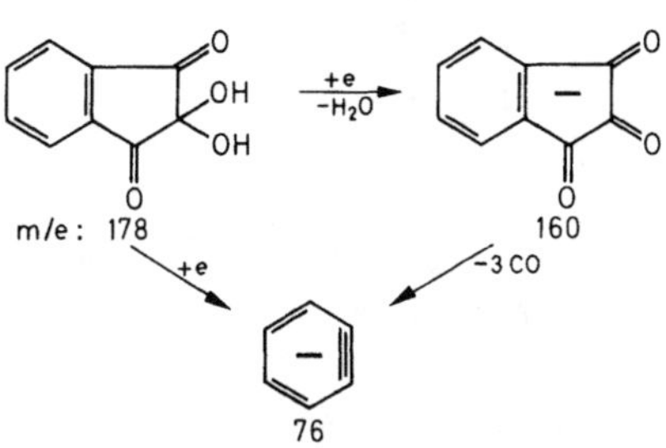

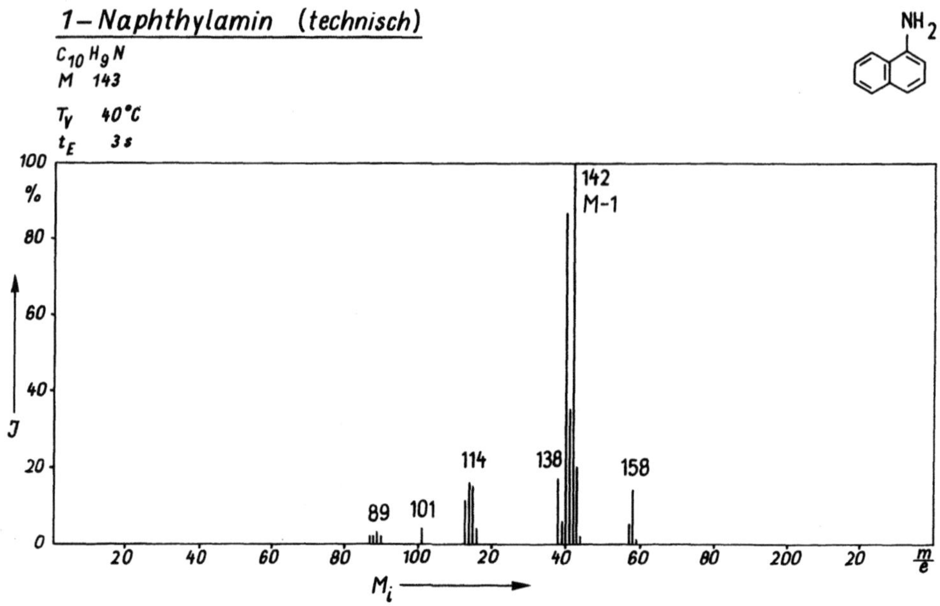

Abb. 105 EA-Massenspektrum von 1-Naphthylamin.

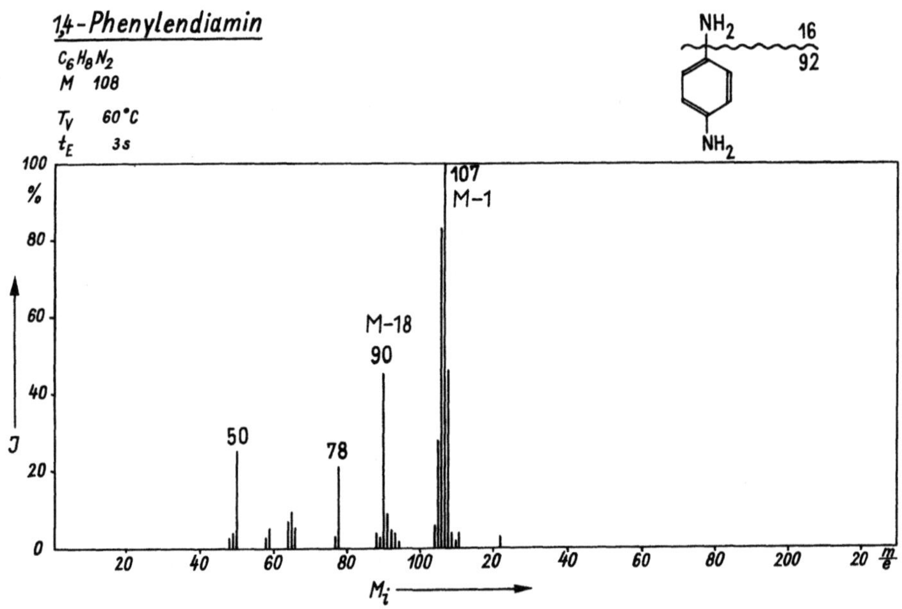

Abb. 106 EA-Massenspektrum von 1,4-Phenylendiamin.

8.4.4. Amine

Das 1-Naphthylamin (Abb. 105) bildet im Bereich der Molekülmasse eine Gruppe von drei Peaks: 142 = M-1; 140 = M-3; 138 = M-5. Der Peak 158 = 142 + 16 weist die Neigung zur Sauerstoffanlagerung hin. Ähnlich sind die Ionisierungsverhältnisse beim Diphenylamin:

168 = M - 1
166 = M - 3
164 = M - 5

Allerdings lagert sich hier der Sauerstoff bevorzugt an das Ion $(M\text{-}3)^-$ an. Im Gegensatz zu den beiden vorstehenden Substanzen tritt beim 1,4 - Phenylendiamin (Abb. 106) und Benzidin keine paarweise Wasserstoffabspaltung auf. Der intensivste Peak liegt bei (M-1), weitere Peaks mit fallender Intensität bei (M-2), (M-3) und (M-4). Zum Vergleich sei das Spektrum von Hydrazobenzol herangezogen, in dem der (M-2)-Peak stärker ist als der bei (M-1). Es wird angenommen, daß die Bildung von Azobenzol erfolgt:

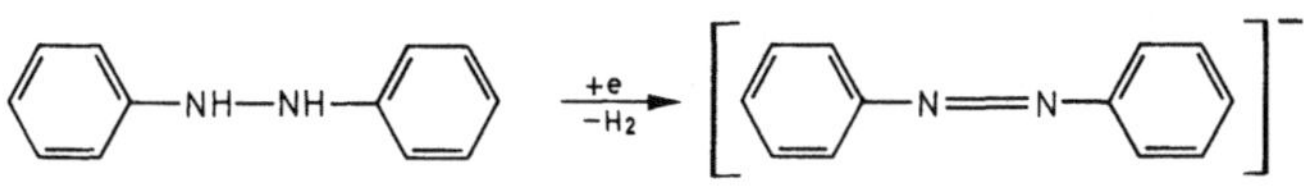

Spaltung der N=N-Bindung führt zum Ion mit der MZ 92.

Bei allen betrachteten Verbindungen sind die Spektren der positiven Ionen wesentlich fragmentreicher. In allen Spektren tritt ein Molekülpeak M^+ auf.

8.4.5. Nitroverbindungen

Die Anwesenheit der Nitrogruppe erhöht die Stabilität des Molekülions und führt gleichzeitig zur Bildung einiger charakteristischer Fragmentionen durch Abspaltung von OH, NO und NO_2. Die drei Isomeren

2-Nitranilin
3-Nitranilin
4-Nitranilin

ergeben übereinstimmend folgende Peaks:

138 = M; 121 = M - OH; 108 = M - NO und 92 = M - NO_2. Beim Vergleich der drei Spektren erkennt man Unterschiede in den relativen Intensitäten, die ermöglichen, durch Spektrenvergleich zu entscheiden, welches der Isomere vorliegt. Ein analoges Linienbild wurde bei 2-Nitrophenol und 4-Nitrophenol erhalten. Die relativen Intensitäten der Fragmentionen liegen höher als bei den Nitranilinen. Typisch sind folgende Peaks: 139 = M; 122 = M - OH; 121 = M - H_2O; 109 = M - NO; 92 = M - (H,NO_2). Bei

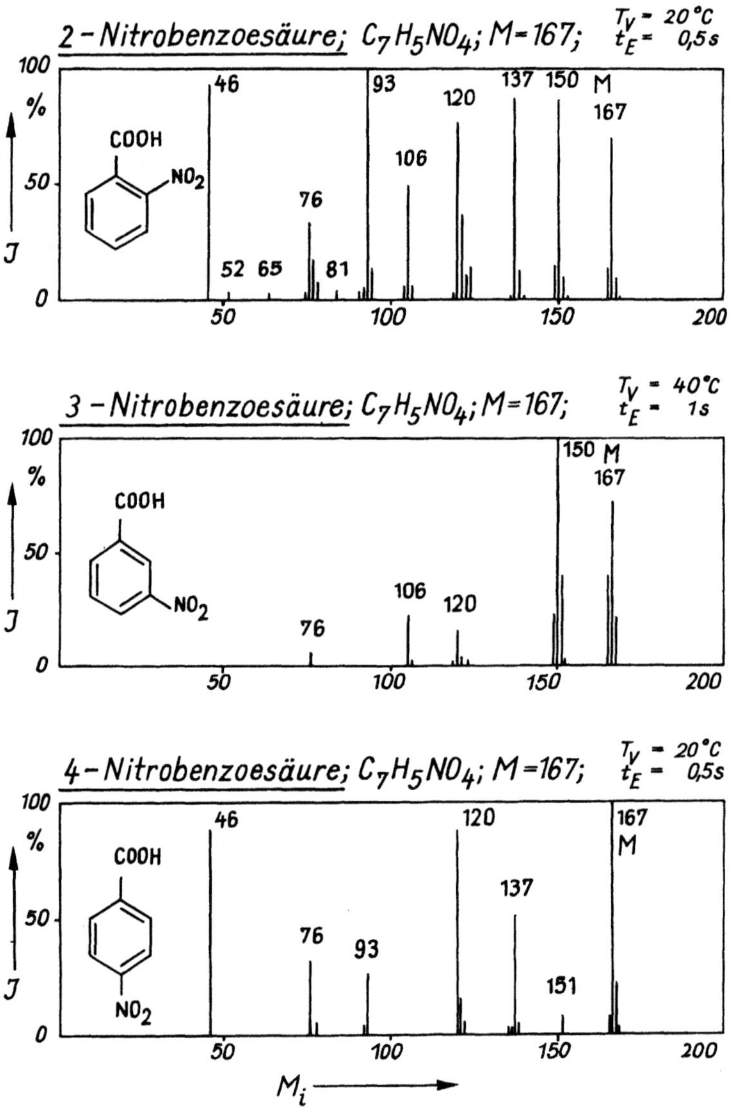

Abb. 107 EA-Massenspektren der drei Isomeren von Nitrobenzoesäure.

3-Nitrobenzaldehyd und 4-Nitrbenzaldehyd dominieren die Molekülpeaks M = 151. Wichtigste Fragmentpeaks sind: 135 = M - O; 122 = M - CHO (?); 121 = M - NO; 105 = M - NO_2; 92 = M - (CHO, NO). Am Beispiel der drei isomeren Nitrobenzoesäuren (Abb. 107) wird gezeigt, daß man mit dem Massenspektrum der Einzelsubstanz auch Isomere unterscheiden kann. Bei solchen Untersuchungen sind die Versuchsbedingungen sehr konstant zu halten, damit das Ergebnis nicht durch sekundäre Einflüsse verändert wird. Intensive Molekülpeaks wurden auch von 4-(4'-Nitrobenzyl)-pyridin, M = 214 und 4-Nitrobenzolazo-1-naphthol, M = 293 erhalten. Die Fragmentierung ist bei beiden Proben sehr gering.

8.5. Hochpolymere

Hochpolymere Stoffe lassen sich nicht in der üblichen Weise massenspektrometrisch untersuchen, da ihre Dampfdrucke zu klein sind und sie sich beim Erwärmen thermisch zersetzen. Unter bestimmten Bedingungen entstehen dabei charakteristische Spaltprodukte. Schon seit einer Reihe von Jahren, vor allem seit dem Aufkommen der Gaschromatographie, wendet man zur Untersuchung von Hochpolymeren Pyrolyseverfahren an. Dabei wird eine Probe des Materials bei höheren Temperaturen (bis ca. 1000°C) thermisch zersetzt und die entstehenden Abbauprodukte werden untersucht. Diese Verfahren haben sich gut bewährt, weil die Pyrolyseprodukte und deren Zusammensetzung charakteristisch für die Ausgangssubstanz sind. Die ersten Arbeiten, bei denen Polystyrol untersucht wurde, gehen auf Achhammer [161] und Madorsky [162] zurück. Zur Untersuchung der Pyrolyseprodukte wurde auch ein Massenspektrometer mit herangezogen, um die in Abhängigkeit von der Temperatur erhaltenen Fraktionen besser identifizieren zu können. Die Vorgänge beim Abbau mit Wärme und UV-Strahlung werden in einer Arbeit von Jellinek [163] zusammengefaßt. Eine Reihe von Untersuchungen befassen sich speziell mit der Pyrolysetechnik und ihrer Anwendung auf Hochpolymere [164 - 172]. Diese Untersuchungen erstrecken sich vor allem auf spezielle Hochpolymere, wie z.B. Polylefine [173 - 176], Polyacrylate [177, 178], Polyvinylacatat [178, 179], Polystyrol [161, 174] und Polysulfone [180]. Auch die Eigenschaften von Lackbindemitteln [181] und die Stellung von Doppelbindungen in Kautschuken [182] wurden untersucht. Schwerflüchtige Porphyrine, von denen ebenfalls Pyrogramme aufgenommen wurden [183], gehören nicht zu den Polymeren.

Allen diesen Arbeiten ist gemeinsam, daß die Pyrolyseprodukte sehr einfach gebaute Moleküle mit kleinen Molgewichten darstellen. Hierzu gehören CO, CO_2, H_2O, HCN und einfache KW-Stoffe sowie in einigen Fällen das Monomere oder dessen Bruchstücke.

Im Gegensatz zu den bisher bekannten Verfahren wurde versucht, mit der EA-Massenspektrographie möglichst große Bruchstücke der Makromoleküle zu erhalten, deren Kenntnis weitergehende Aussagen zum strukturellen Aufbau ermöglicht. Die Pyrolysetemperaturen wurden deshalb relativ niedrig gehalten und liegen zwischen 100 und 450°C. Ähnlich wie bei der Untersuchung unzersetzt verdampfbarer Moleküle wird die Temperatur allmählich gesteigert und dabei eine Serie von Spektren aufgenommen. In Übereinstimmung mit Voigt [174] konnte bei einer Vielzahl von Untersuchungen speziell von Hart- und Weich-PVC, Polyester, Polyamid und Polycarbonaten festgestellt werden, daß größere Abweichungen in der Einwaage das Gesamtbild des Massenspektrums bzw. Gaschromatogramms kaum beeinflussen. Darüber hinaus zeigt sich beim EA-Massenspektrum auch in Abhängigkeit von der Pyrolysetemperatur in weiten Grenzen kein störender Einfluß. Mit steigender Temperatur wird das Spektrum zwar intensiver, weitere Peaks treten im wesentlichen jedoch nur als Folge dieser Intensitätssteigerung auf.

Außer der niedrigen Verdampfertemperatur T_V ist von Bedeutung, daß die Pyrolyse bei stark vermindertem Druck stattfindet. Während der gesamten Versuchsdauer herrscht in der EA-Ionenquelle ein Druck von 10^{-2} bis 10^{-3} Torr, der im wesentlichen durch das für die Aufrechterhaltung der Gasentladung zugeführte Argon bestimmt wird. Der Pyrolysatdampfdruck p_P liegt um den Faktor 10 bis 10^4 niedriger. Diese beiden wichtigen Versuchsparameter T_V und p_P haben zu günstigen Ergebnissen beigetragen.

Zunächst könnte man annehmen, daß bei der Pyrolyse vorwiegend Fragmente geringer Größe entstehen oder, daß sich ein Spektrum ergibt, bei dem ohne besondere Bevorzugung bestimmter Peaks nahezu jede Massenzahl im untersuchten Bereich besetzt ist. Das würde bedeuten, daß man im letzteren Fall weniger differenzierte Spektren mit geringer Aussagekraft erhält. In Tab. 48 sind die untersuchten Hochpolymere unterteilt in solche, die differenzierte bzw. wenig differenzierte Massenspektren ergeben.

Tabelle 48 EA-massenspektrographisch untersuchte Hochpolymere, unterteilt in solche Stoffe, die stark differenzierte bzw. wenig differenzierte EA-Massenspektren ergeben.

EA-Massenspektrum von Hochpolymeren			
differenziert	Pyrolysetemperaturbereich (°C)	wenig differenziert	Pyrolysetemperaturbereich (°C)
Polyterephthalsäureester	160-450	Polyolefine	200-400
Polyamid	150-450		
Celluloseacetat	200-300		
Polycarbonat	120-450		
Polystyrol	150-300		
PVC - hart	160-300		
PVC - weich	80-250		
Polymethacrylate	250-370		

Für die EA-massenspektrographische Untersuchung sind besonders die Hochpolymeren der ersten Gruppe geeignet. Bei der Betrachtung lassen sich folgende Gesetzmäßigkeiten erkennen:

Im unteren Massenbereich tritt der erste intensive Peak beim betreffenden Grundbaustein (Monomer) auf. Durch Abspaltung einzelner Atome oder kleiner Atomgruppen können auch unterhalb dieser Massenzahl typische Peaks liegen.

Nach höheren Massen zu liegen herausragende Peaks bei solchen Massenzahlen, die ein mehrfaches vom Grundbaustein A ausmachen, z.B. A_2, A_3 ... A_6. In Abb. 108 sind die EA-Massenspektren von drei Hochpolymeren dargestellt. Die Intensitäten nehmen außer beim Polyäthylenterephthalat, mit steigender Molekülgröße sehr schnell ab. Dieses Polymere weist ein Maximum bei A_3 auf.

Zusätzlich zu den Oligomeren auftretende Peaks sind in den Massenspektren aller Hochpolymere vorhanden. Sie geben oft wichtige Hinweise zur Ermittlung der Molekülstruktur. So können Sauerstoffbrücken leicht aufgespalten werden und zu verstärkter Fragmentbildung führen. Das wurde bei Polyestern, Polyamiden und besonders bei Polycarbonaten beobachtet.

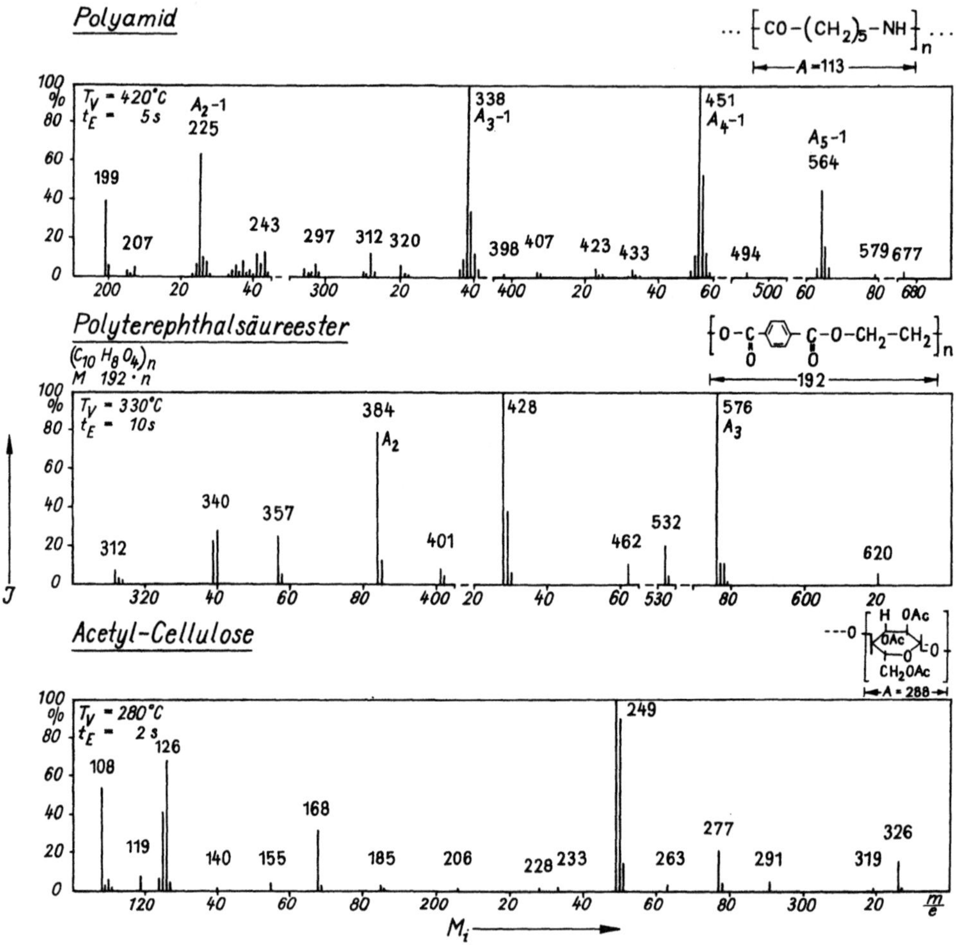

Abb. 108 Typische EA-Massenspektren von drei verschiedenen Hochpolymeren.

Die EA-massenspektrographische Untersuchung von Hochpolymeren nach der Methode der Tieftemperatur-Vakuumpyrolyse beginnt stets mit möglichst niedriger Temperatur, weil die dabei erhaltenen Spektren besonders übersichtlich sind und die Auswertung der bei höherer Temperatur aufgenommenen komplizierten Spektren erleichtern. Für die einzelnen Polymere sind in Tab. 48 die optimalen Temperaturintervalle eingetragen.

Vergleichende Untersuchungen haben ergeben, daß die Pyrolysereaktionen stark von den äußeren Bedingungen abhängen. So ist der Verlauf im Vakuum anders als unter Normaldruck in Gegenwart von Sauerstoff. Die Unterschiede kommen im EA-Massenspektrum deutlich zum Ausdruck. Oxydations- und

Kondensationsreaktionen führen zu einer Vielzahl von Abbauprodukten. Hier bietet sich eine erfolgversprechende Möglichkeit, die EA-Massenspektrographie zur Untersuchung des Temperatureinflusses auf Makromoleküle anzuwenden.

Die Spektren der einzelnen Polymertypen sind so charakteristisch, daß man auch bei Mischpolymeren zuverlässige Angaben über die Zusammensetzung machen kann.

Niedermolekulare Zusätze in Hochpolymeren, vor allem Weichmacher, lassen sich durch Erwärmen austreiben und im Spektrum nachweisen. In PVC-Typen, die sich im Weichmacher unterscheiden, konnten folgende Substanzen neben den Peaks des PVC eindeutig ermittelt werden:

Dioctylphthalat	MG 390
Dibutylphthalat	MG 278
Trikresylphosphat	MG 368
Paraffinsulfonsäure-phenylester (Mesamoll)	MG 500 - 650

Weichmacher, die nicht aus einer Molekülart bestehen, sondern Substanzgemische bzw. ganze Fraktionen darstellen, z.B. Mesamoll, lassen sich entsprechend schwerer identifizieren. Das Verhalten einiger wichtiger Kunststoffe und die häufigsten negativen Ionen im EA-Massenspektrum sind in den Tab. 49 - 56 zusammengestellt. Das zugrundeliegende Monomer wird mit A bezeichnet.

Polyterephthalsäureester: Es treten die negativen Ionen der Oligomere A_1 bis A_5 auf. Ab etwa 200°C ist das A_3-Ion das häufigste des Spektrums. Ein relativ starker Peak bei 428 ist schon bei niedrigen Temperaturen vorhanden. Proben, die sich durch ihre Vorbehandlung bzw. durch Unterschiede in den makroskopischen Eigenschaften unterscheiden, zeigen annähernd das gleiche Spektrum (Tab. 49).

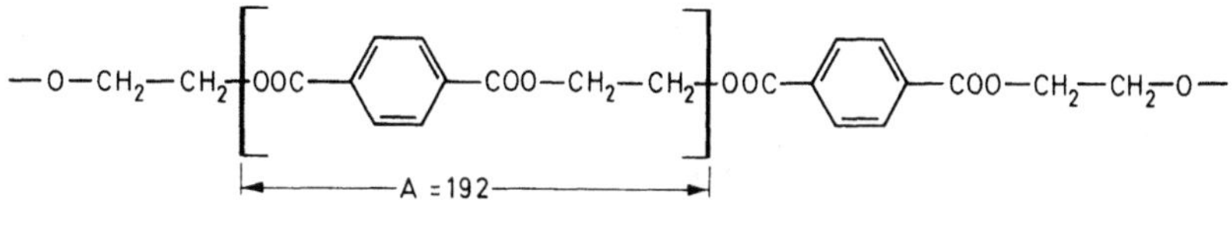

Tabelle 49 Negative Ionen und deren Zuordnung im Polyterephthalsäureester-Spektrum.

m/e	negatives Ion	m/e	negatives Ion
812	A_4-COO	384	A_2
768	A_4	357	A-OOC-C_6H_4-COOH
724	CH_2CH_2COO-C_6H_4-A_3	340	A-OOC-C_6H_4-CO
664	OOC-A_3-COO	328	A-OOC-C_6H_4-O
620	A_3-COO	312	A-OOC-C_6H_4
576	A_3	284	A-O-C_6H_4 (?)
532	CH_2CH_2COO-C_6H_4-A_2	209	A-OH
504	COO-C_6H_4-A_2	191	A-H
475	?	165	HOOC-C_6H_4-COO
428	A_2-COO	148	$C_6H_4\langle{}^{CO}_{CO}\rangle O$
401	A_2-OH	147	C_6H_4-$COOCH_2CH$

Zur Kontrolle für die Richtigkeit der zugeordneten Ionen wurde das Bis-(benzoyloxyäthyl)-terephthalat, mit der Bruttoformel $C_{26}H_{22}O_8$, MZ = 462 untersucht. Sämtliche intensiven Peaks - außer 340 - lassen sich eindeutig zuordnen. Der Parent-Peak 462 ist am stärksten (Tab. 50).

Tabelle 50 Negative Ionen im EA-Massenspektrum von Bis-(benzoyloxyäthyl)-terephthalat; $C_{26}H_{22}O_8$; M = 462 und deren Zuordnung.

m/e	negatives Ion	m/e	negatives Ion
462	M	313	$C_6H_5COOCH_2CH_2$-*
358	Abspaltung von C_6H_5CO- *	298	C_6H_5COO-CH_2CH_2O-*
342	C_6H_5COO-	254	2•(C_6H_5CO-) *
340	?	225	C_6H_5COO-CH_2- und C_6H_5CO-*
328	C_6H_5COO-CH-	209	C_6H_5COO-CH_2 und C_6H_5COO-*

* Übertragung von 1 oder 2 H-Atomen.

Die Übereinstimmung des Spektrums dieser unzersetzt verdampfbaren Substanz mit dem des Polyesters ist eine Bestätigung für die Richtigkeit der getroffenen Ionenzuordnung. Bei den mit * bezeichneten Fragmentpeaks ist die zusätzliche Übertragung von 1 oder 2 H-Atomen auf das abgespaltene neutrale Bruchstück festzustellen. Dadurch können sich wahrscheinlich stabilere negative Ionen von kleinen Molekülen bilden. Der angenommene Fragmentierungsmechanismus für Polyester, wie er von Goodings [184] angegeben wird.

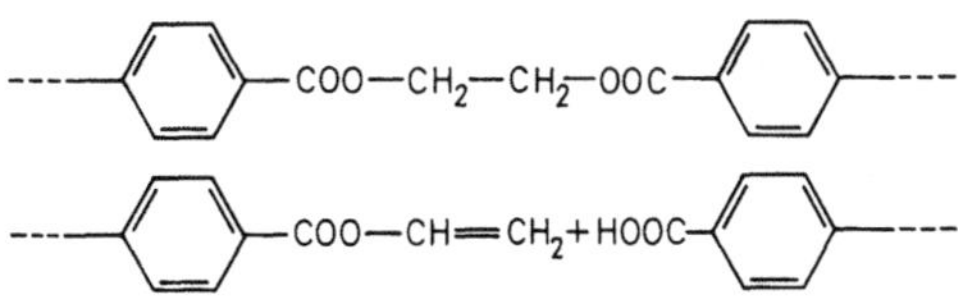

stimmt zwar mit diesen Beobachtungen überein, läßt sich andererseits durch die EA-Massenspektren des Polyesters nicht bestätigen. Die Ursache dafür wird darin gesehen, daß die Abbauvorgänge unter den Bedingungen in der Ionenquelle bei Hochpolymeren anders verlaufen als bei thermischer Zersetzung in Abwesenheit von energiearmen Elektronen. Offenbar wird die erste Abbaustufe nicht als negatives Ion stabilisiert, so daß die Reaktion zur nächsten Stufe weiterläuft. Die Intensität der Peaks 328; 298; 254; 255 und 209 nimmt mit t_V und T_V schnell ab. Bei einer Steigerung von T_V um 40°C treten diese Peaks schon nach kurzer Zeit nur noch mit geringer Intensität auf, d.h. es handelt sich hierbei um Ionen von niedermolekularen Begleitsubstanzen.

Von Ritchie [185] durchgeführte Untersuchungen an Modellsubstanzen haben für den Pyrolyseabbau den Mechanismus

$$- R - COO\text{-}CH_2 - CH_2 - \;\rightarrow\; - R - COO\text{-}CH = CH-$$

$$\rightarrow\; - RCOOH + - HC = CH-$$

ergeben, wobei die primär gebildeten Vinylester-Endgruppen meist weiter abgebaut werden. Beim Abbau von Polyester aus der Schmelze bei 340 bzw. 450°C wurden von Ritchie folgende Produkte festgestellt: Anhydride, Benzoesäure, 4-Acetbenzoesäure, Acetophenon, Vinylester und nicht näher bekannte Ketone, sowie an einfachen Produkten H_2O, CH_4 und $CH \equiv CH$. Beobachtet wurden ferner Additions- und Disproportionierungsreaktionen, besonders bei tieferen Temperaturen.

Langsame Zersetzung des Polyesters wurde unter N_2 bei Temperaturen von ca. 280°C beobachtet, wobei niedermolekulare Produkte unterschiedlicher Flüchtigkeit entstehen. Die Literaturwerte [184] für den beginnenden thermischen Abbau stimmen mit denen der EA-Massenspektrographie gut überein.

Entgegen der Annahme von Pohl [186] wird die Bildung cyclischer Oligomere durch das EA-Massenspektrum bestätigt. Dabei handelt es sich jedoch nicht um das von Marshall und Todd [187] isolierte Pyrolyse-Sublimat, das neben Terephthalsäure bei ca. 300°C entsteht. Für diese Substanz wird die Zusammensetzung

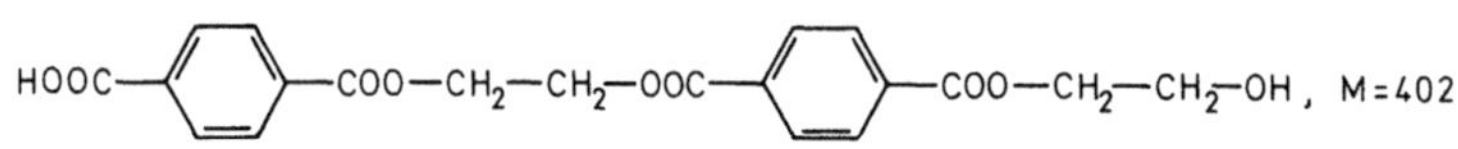

angegeben, was dem Peak im EA-Massenspektrum entsprechen würde, der bei $T_V \approx 350°C$ mit m/e = 401 (M - 1) auftritt.

Das im EA-Massenspektrum beobachtete cyclische Fragment ist ein Trimeres (Abb. 109) und erklärt die hohe Intensität des Peaks 576. Es ist dies eine Bestätigung früherer Ergebnisse von Ross et al. [188], die bei der Extraktion von DuPont-Folie mit Trichloräthylen ein Produkt mit Fp 325-27°C, Molgewicht ca. 554 ermitteln konnten. Auf Grund des Molgewichts scheiden sowohl das Dimere als auch das Tetramere aus. Carothers und Hill [189] zeigten, daß sich Ringsysteme mit 10 - 17 Atomen im Ring auf Grund innerer Spannungen kaum ausbilden. Zusätzlich ist anzunehmen, daß die aromatischen Ringe soviel Spannung in das Dimere bringen, daß deren Bildungswahrscheinlichkeit stark herabgesetzt würde. Dagegen ist der Zentralring des Trimeren, mit 30 Atomen, weitgehend spannungsfrei.

Für die Herkunft des Ions mit der Masse 576 stehen zwei Erklärungen zur Diskussion:

I. Die Bildung des cyclischen Trimeren ist ein energetisch begünstigter Prozeß bei der Polymerisation. Es handelt sich nicht um ein Pyrolyseprodukt, sondern um eine im Hochpolymeren vorliegende Begleitsubstanz, die beim Erwärmen verdampft.

II. Bei der Fragmentierung des Hochpolymeren stabilisiert sich das Trimere durch Cyclisierung besonders gut und ergibt eine relativ große Ionenausbeute.

Durch ein einzelnes Massenspektrum allein läßt sich nicht sicher entscheiden, welche von beiden Annahmen zutrifft. Angaben anderer Autoren [190] sprechen für I.

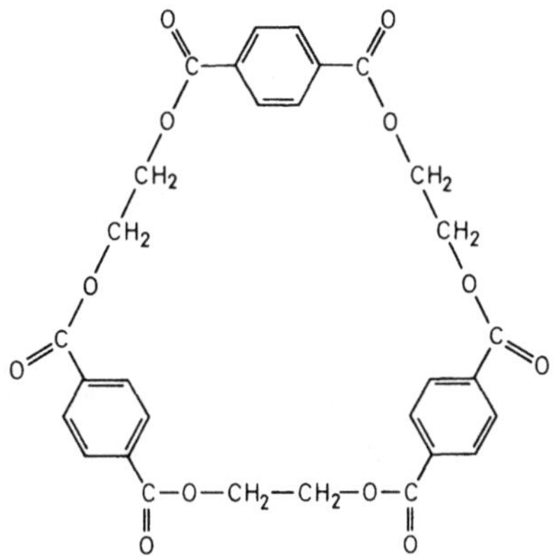

Abb. 109 Struktur des cyclischen Trimeren mit 30 Atomen im Zentralring, das im Polyterephthalsäureester durch Pyrolysereaktionen gebildet wird und wahrscheinlich teilweise schon bei der Polymerisation entsteht.

Aufschluß gibt die Abhängigkeit des Spektrums von der Verdampfertemperatur T_V und der Verdampfungszeit t_V der Probe. Die relativ starke Intensitätszunahme des Trimeren bei der Erhöhung von T_V im Vergleich zum Dimeren, sowie die Tatsache, daß der Peak 576 über eine sehr lange Verdampfungszeit keine Abnahme zeigt und die Übereinstimmung mit den Literaturangaben sprechen eindeutig für die Erklärung II.

Die Intensität des Dimeren, das bei niedrigen T_V-Werten den stärksten Peak darstellt, wird bei $T_V \approx 240^{o}C$ vom Trimeren erreicht und bis 420° ständig steigend übertroffen.

<u>Polyamid:</u> Polyamide geben unter günstigen Pyrolysebedingungen Peaks bis zur Masse 900, wobei die Oligomeren von A bis A_7 das Spektrenbild bestim-

men. Zusätzlich treten Peaks auf, die 18 bzw. 44 ME unter den Hauptpeaks liegen. Deren Entstehung wird auf Abspaltung von NH_4 und ($-CH_2 - CH_2NH_2-$) zurückgeführt (Tab. 51).

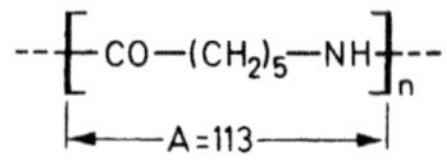

Bei einer Temperatur von ca. 300°C sind bereits alle Peaks bis A_7 vorhanden.

Außer dem Ausgangsprodukt ε - Caprolactam, Hauptpeak bei 112 = M-1, wurden eine Vielzahl von Polymeren untersucht, die zuvor in Abhängigkeit von der Zeit einer thermischen und oxydativen Behandlung unterzogen wurden. Die Spektrenunterschiede waren so gering, daß bei vergleichenden Untersuchungen unter Konstanthaltung aller Parameter kein deutlicher Einfluß der Schädigungszeit festzustellen war. Daraus kann die Schlußfolgerung gezogen werden, daß neue niedermolekulare Verbindungen, die im Spektrum durch Einzelpeaks zu erkennen wären, nicht gebildet worden sind.

Tabelle 51 Negative Ionen und deren Zuordnung im Polyamid - Spektrum.

m/e	Ion	m/e	Ion
677	$A_6 - 1$	338	$A_3 - 1$
564	$A_5 - 1$	320	$(A_3-1) - 18$
503	?	294	$(A_3-1) - 44$
494	?	225	$A_2 - 1$
451	$A_4 - 1$	207	$(A_2-1) - 18$
433	$(A_4-1) - 18$	181	$(A_2-1) - 44$
407	$(A_4-1) - 44$	112	$A - 1$

Die unterschiedlichen Bindungsenergien

$$-C-C- \approx 80 \text{ kcal} \cdot \text{Mol}^{-1}$$
$$-CH_2-NH- \approx 68 \text{ "} \cdot \text{"}$$

lassen erwarten, daß bevorzugt die CH_2-N-Bindung aufgespalten wird. Unter Berücksichtigung der Abstände zusätzlich auftretender Peaks $\Delta M = 18$ und $\Delta M = 44$ könnte folgender Mechanismus angenommen werden:

1. Spaltung von zwei CH_2-N - Bindungen:

$$-CH_2-CH_2 \nmid NH-CO-CH_2-CH_2-CH_2-CH_2-CH_2 \nmid NH-CO-$$

2. Abspaltung von H_2O und H

$$-CH_2-CH_2-N\boxed{H}-C\boxed{O}-\boxed{CH_2}-\boxed{CH_2}-CH_2-CH_2-CH_2-NH-CO-$$
$$\rightarrow -N=C-CH=CH-CH_2-CH_2-CH_2-NH-CO-+H_2O+H$$

3. Abspaltung von CN nach Reaktion 2.:

$$\rightarrow -CH=CH-CH_2-CH_2-CH_2.... + -CN$$

Celluloseacetat: Die allgemeinen Erfahrungen, daß hydroxylierte Moleküle, besonders mit steigendem Molgewicht, stark fragmentieren, wird bei dieser Probe nicht bestätigt. Die Erklärung dafür ist in der Acetylierung zu suchen. Die intensiven Peaks des Spektrums rühren von Fragmenten der Makromoleküle her, bei denen Essigsäure- oder H_2O-Abspaltung ($\Delta M = 60$ oder 18 ME) eintritt (Tab. 52).

Die Massenzahl des nichtacetylierten Grundbausteins beträgt 162. Bei Acetylierung verschiebt sich dieser Wert um 42 ME/Acetylgruppe: 204; 246; 288 für das Monomere bzw. für das Dimere A_2 = 342; 366; 408; 450.

Tabelle 52 Negative Ionen und deren Zuordnung beim Celluloseacetat.

m/e	Ion
326	$A_2 + 2$
277	?
249	?
228	Triacetyl·A - 60 (CH_3COOH)
186	Diacetyl · A_2 - 60 (CH_3COOH)
168	186-18 (H_2O) bzw. Triacetyl · A - 120 (2·CH_3COOH)
155	168 - 13 (CH)
126	186 - 60 (CH_3COOH)
108	126 - 18 (H_2O)

Polycarbonat: Die Polycarbonate zeigen bei Temperaturen unter 380 °C Peaks bis zur Masse 480. Wird T_V auf 440 bis 480° erhöht, so treten weitere Peaks bis zur Masse 790, teilweise sogar bis 987 auf. Der Einfluß von T_V ist bei diesem Polymer besonders ausgeprägt.

Die Abhängigkeit der Ionengröße von der Verdampfertemperatur stimmt bei verschiedenen Handelsprodukten gut überein (Tab. 53).

Tabelle 53. Ionengröße und Verdampfertemperatur bei Polycarbonaten.

T_V [°C]	M^-_{max}
130	227
150	480
410	760
480	987

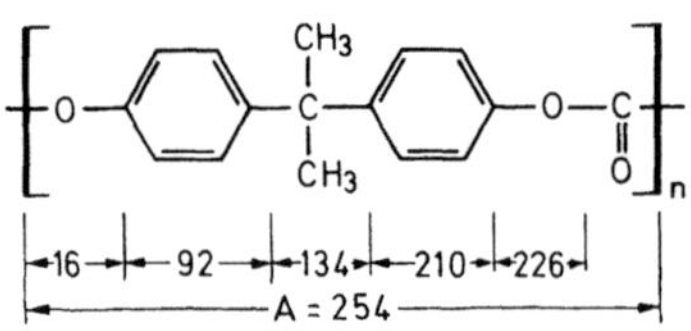

Tabelle 54 Zuordnung der negativen und positiven Ionen beim Polycarbonat.

negative Ionen		positive Ionen	
m/e	(-) Ionen	m/e	(+) Ionen
987	A_4-29 (CO,H)	760	A_3-2
844	?	746	A_3-16 (O)
817	?	702	A_3-60 $C(CH_3)_2$; 2 H;O
760	A_3-2(H_2)	508	A_2
745	?	492	A_2-16 (O)
700	?	466	A_2-42 ($CH_3 \cdot \dot{\underset{\cdot}{C}} \cdot CH_3$)
624	?	464	$A \cdot C_6H_4 \cdot (CH_3)_2 \cdot C_6H_4 \cdot O \cdot$
518	?	448	$A \cdot C_6H_4 \cdot C(CH_3)_3 \cdot C_6H_4 \cdot$
492	A_2-16(O)	388	$A \cdot C_6H_4 \cdot C(CH_3)_2 \cdot$
480	A_2-28 (CO)	374	$A \cdot \underset{\underset{O}{\cdot\cdot}}{C} \cdot O \cdot C_6H_4 \cdot$
464	A_2-44 (CO_2)		
436	?	372	$A \cdot C_6H_4 \cdot C(CH_3)_2 \cdot$
421	?	330	$A \cdot C_6H_4 \cdot$
227	A-28 (CO)		
211	A-44(CO_2)		

Die negativen Ionen des Polycarbonats lassen sich nicht überzeugend zuordnen (Tab. 54). Das vergleichsweise aufgenommene Spektrum der positiven Ionen dagegen ermöglicht eine Zuordnung nahezu aller Peaks, wenn man eine unverzweigte Polymerkette zugrundelegt. Das Polycarbonat stellt in dieser Hinsicht eine Ausnahme unter den hier diskutierten Hochpolymeren dar, weil bei allen anderen Proben die Spektren negativer Ionen aussagekräftig sind.

Einige Peaks lassen sich Nebenprodukten im Polymeren zuordnen, die beim thermischen Abbau entstehen können:

1. 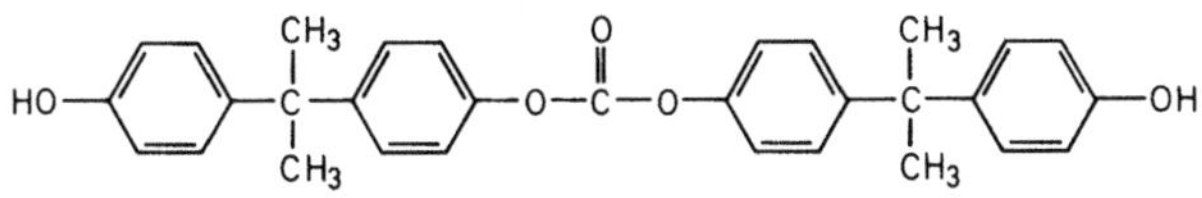 M = 482

2. 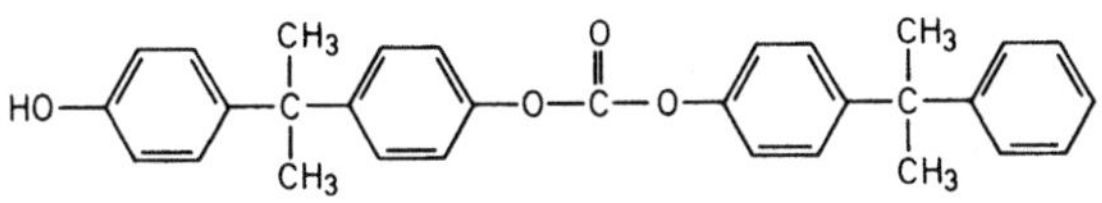 M = 466

3. 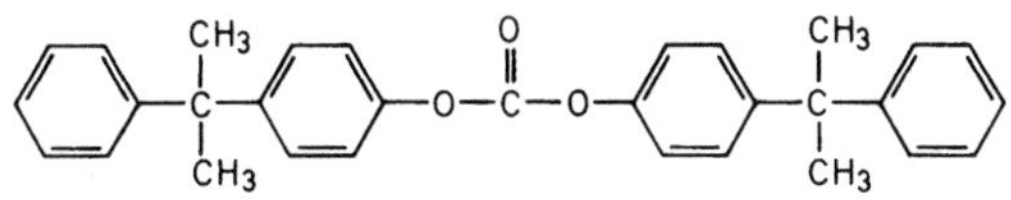 M = 450

4. 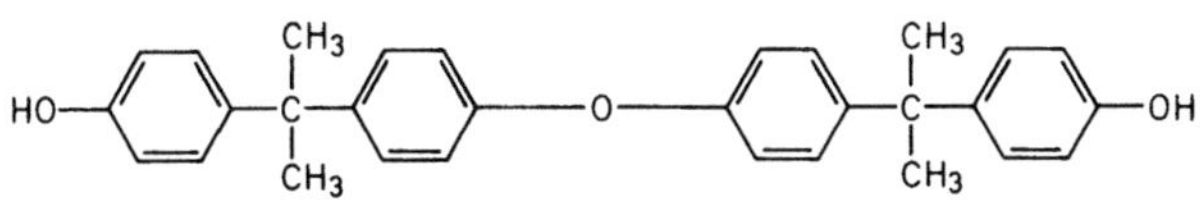 M = 438

5. 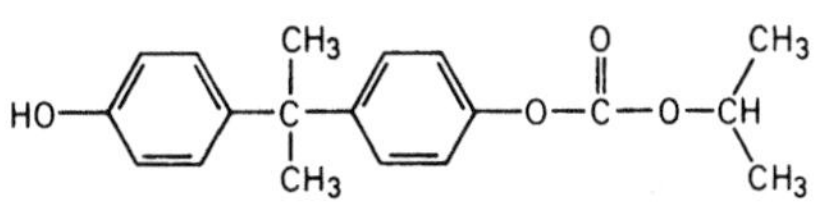 M = 390

6. 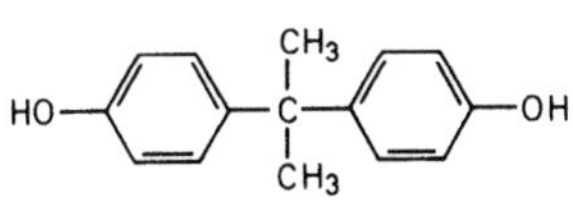 M = 228

Die MZ dieser Ionen sind um 1 oder 2 ME kleiner als die der Molgewichte. Die Ionisierung ist demzufolge auch in diesen Fällen mit H-Abspaltung bzw. Fragmentierung verbunden. Im Falle thermischen Abbaues ist es ohnehin naheliegend, Fragmente mit Bruchstellen in beiden Kettenrichtungen anzunehmen.

Polystyrol: Das Polystyrol, bekannt als ein strahlenchemisch sehr stabiles Polymerprodukt, zeigt auch im Massenspektrum wenig Neigung zur Fragmentierung. Man erhält negative Ionen bis Masse 500 (Tab. 55).

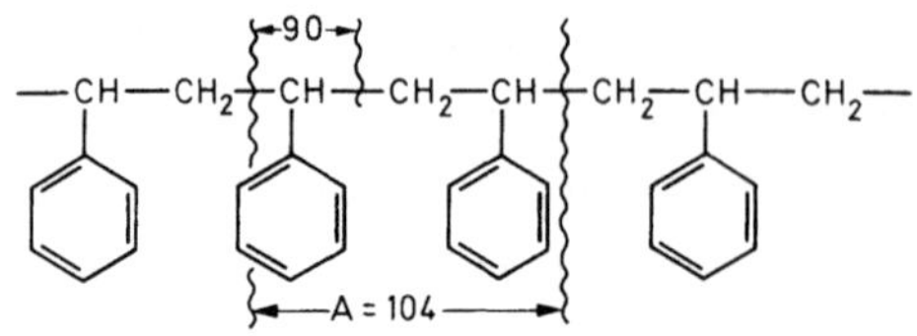

Tabelle 55 Negative Ionenzuordnung beim Polystyrol.

m/e	negative Ionen
518	- A_5 -; Abspaltung von 2 ME
506	- A_5 -; " " 14 " (CH_2)
494	- A_5 -; " " 26 " (C_2H_2)
406	- A_4 -; " " 10 "
404	- A_4 -; " " 12 "
394	- A_4 -; " " 22 " (14 + 8 ?)
380	394 - 14 (CH_2)
327	- A_3 - CH_3
311	- A_3; Abspaltung von 1 H-Atom
304	- $C(C_6H_5) = C = C(C_6H_5) - CH = C(C_6H_5) - C \equiv$ (?)
223	- A_2 - CH_2-
207	- A_2; Abspaltung von 1 H Atom
119	- $CH_2 - HC (C_6H_5) - CH_3$
117	- $CH_2 - HC (C_6H_5) - CH<$
115	$CH = C(C_6H_5) - CH<$
103	- A -; Abspaltung von 1 H-Atomen
102	- A -; " " 2 "
101	- A -; " " 3 "
91	$C_6H_5 - CH_2$ -
89	$C_6H_5 - C \equiv$

Im Massenbereich von A = 104 treten die intensiven Peaks 103; 102; 101 auf, als Folge von Wasserstoffabspaltung. Diesen Ionen kann die Struktur

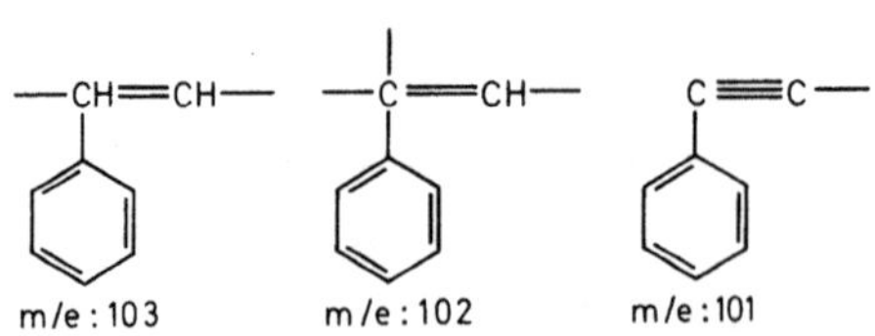

zugeordnet werden. Ähnliches Verhalten ist bei der Bildung derjenigen Ionen anzunehmen, die den MZ 119; 117; 115; 304 (?) 380; 394; 404 und 406 entsprechen.

Die Zuordnung des intensiven Peaks 304 erscheint wenig plausibel, doch wurde bisher keine bessere Zuordnung gefunden. Die Peakintensität der Oligomeren nimmt von A → A_5 sehr schnell ab. Die Peaks A_3 bis A_5 sind sehr schwach.

Polyvinylchlorid:

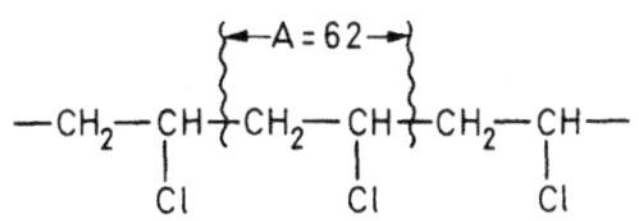

Die EA-Massenspektren von PVC-Typen verschiedener Hersteller sind in ihrem Aufbau sehr ähnlich. Deutliche Unterschiede bestehen zwischen Hart- und Weich-PVC. Die Pyrolysetemperatur liegt für Weich-PVC um ca. 100°C niedriger. Im Aufbau vergleichbare Spektren erhält man beispielsweise für die Temperaturen 80 und 200°C. Bei Weich-PVC ist die Aufnahme von Spektren schon ab 60°C möglich, während für das Hart-PVC mindestens 150°C erforderlich sind.

Im Bereich kleiner T_V-Werte treten Liniengruppen homologer Reihen (ΔM = 14 ME) im Massenbereich 190 bis 360 auf. Keines der auftretenden Ionen enthält Chloratome. Innerhalb der Gruppen herrschen alternierdende Intensitäten vor und die Gruppenbildung ist bei den Weich-PVC-Sorten ausgeprägter. Die Ionen des betreffenden Weichmachers treten meist mit großer Intensität auf. Das ist besonders dann der Fall, wenn ein Weichmacher vorliegt, der aus einer definierten Molekülart besteht, z.B. ein Phthalsäurediester.

Wird T_V auf 200 bis 300°C erhöht, so nehmen die Peakintensitäten zu und gleichzeitig tritt eine weitere Reihe von Peakgruppen im Bereich 380 bis 500 auf. Mit steigender Massenzahl nimmt die Intensität der Gruppen zu, durchläuft etwa in der Mitte des Massenbereiches ein scharf ausgeprägtes Maximum und fällt wieder steil ab. Die Massenabstände in und zwischen den Gruppen bleiben die gleichen wie im unteren Bereich. Jeder der beiden Massenbereiche umfaßt 10 bis 15 Peakgruppen.

Untersuchungen über den Abbau bzw. die Alterung von PVC unter dem Einfluß von Licht und Wärme haben als wichtigsten Vorgang HCl-Abspaltung unter Ausbildung konjugierter Doppelbindungen ergeben. Ein ähnlicher Mechanismus wird auch angenommen, wenn das Material energiereicher Strahlung ausgesetzt wird [191]. Ist dieser Prozeß einmal eingeleitet, so wird das in α-Stellung zur Doppelbindung befindliche Cl-Atom aktiviert und die Reaktion geht rasch weiter

$$-\underset{\displaystyle Cl}{\underset{|}{CH}} - CH_2 - \underset{\displaystyle Cl}{\underset{|}{CH}} - CH_2 - \xrightarrow[-\,HCl]{} - CH = CH - \underset{\displaystyle Cl}{\underset{|}{CH}} - CH_2 -$$

$$\xrightarrow[-HCl]{} - CH = CH - CH = CH -$$

Die Verfärbung, die bei der Bestrahlung von PVC auftritt, wird ebenfalls durch diesen Abbau, unter Ausbildung einer Vielzahl konjugierter Doppelbindungen, erklärt.

Tabelle 56 Aufbau des EA-Massenspektrums beim Weich-PVC. Als Weichmacher liegt Dioctylphthalat vor. Die Pyrolysetemperatur beträgt 80 bzw. 250 °C.
Intensitätsangaben: starke Peaks sind einfach unterstrichen; der stärkste Peak jeder Reihe ist doppelt unterstrichen.

T_V = 80 °C			T_V = 250 °C						
Reihe (untere Gruppe)			Reihe (untere Gruppe)				Reihe (obere Gruppe)		
1	2	3	1	2	3	4	1	2	3
193	191		193	191	189		391	389	
207	205	203	207	205	203		405	$\underline{403}$	
221	$\underline{219}$	217	221	219	217		$\underline{419}$	$\underline{\underline{417}}$	
$\underline{235}$	$\underline{\underline{233}}$	$\underline{231}$	$\underline{235}$	$\underline{233}$	231		$\underline{\underline{433}}$	$\underline{431}$	
$\underline{\underline{249}}$	$\underline{247}$	245	$\underline{249}$	$\underline{\underline{247}}$	245		$\underline{447}$	$\underline{445}$	439
$\underline{263}$	$\underline{261}$	259	$\underline{263}$	$\underline{261}$	$\underline{\underline{259}}$		$\underline{461}$	459	$\underline{453}$
$\underline{277}$	275	273	277	$\underline{275}$	273	269	475	473	$\underline{\underline{467}}$
291	289		$\underline{291}$	$\underline{289}$	287	$\underline{283}$	489	487	$\underline{481}$
305	303		$\underline{305}$	303	301	$\underline{\underline{297}}$	503	501	495
319	317		$\underline{319}$	317	315	$\underline{311}$	517		509
333			333	331		325	531		
			347	345		339			
			361	359		353			
			375			367			

Auf Grund dieses Verhaltens wurde versucht, eine Erklärung für den Aufbau der Massenspektren abzuleiten. Das bei 80 und 250°C aufgenommene Spektrum einer PVC-Probe mit Dioctylphthalat als Weichmacher läßt sich in mehrere Homologenreihen zerlegen (Tab. 56). Zusätzlich lassen sich aus Tab. 56 Intensitätshinweise entnehmen.

Die Massenabstände $\Delta M = 14$ innerhalb der Reihen deuten auf - CH_2 - Gruppen hin. Es liegen also KW-Stoff-Ketten mit einer unterschiedlichen Zahl von Doppelbindungen vor. Innerhalb der Reihen ist deren Zahl gleich, während sie sich von Reihe zu Reihe um eine Doppelbindung unterscheidet.

9. Literaturverzeichnis

1 Thomson, J.J.: Phil. Mag. 20, 752 (1910); 21, 225 (1911).

2 Aston, F.W.: Phil. Mag. 38, 709 (1919); 39, 449 (1920).

3 Hoover, H., Washburn, H.W.: Petroleum Technology, May 1940; Amer. Inst. Mining metallurg. Engng., Techn. Publ. No. 1205 (1941).

4 Beynon, J.J.: Nature (London) 174, 735 (1954).

5 Ryhage, R., Stenhagen, E.: J. Lipid Res. 1, 361 (1960).

6 McLafferty, F.W.: Analytic.Chem. 28, 306 (1956); Appl. Spectroscopy 11, 148 (1957).

7 Beynon, J.J.: Mass Spectrometry and its Application to Organic Chemistry, Amsterdam: Elsevier 1960.

8 Biemann, K.: Mass Spectrometry, Organic Chemical Applications, New York: McGraw Hill 1962.

9 McLafferty, F.W.: Mass Spectrometry of Organic Ions, New York: Academic Press 1963.

10 Reed, R.J.: Ion Production by Electron Impact, London: Academic Press 1962.

11 Field, F.H., Franklin, J.L.: Electron Impact Phenomena, New York: Academic Press 1957.

12 Budzikiewicz, H., Djerassi, C.J., Williams, D.H.: Interpretation of Mass Spectra of Organic Compounds und Structure Elucidation of Natural Products by Mass Spectrometry, Vol. 1 Alkaloids, Vol. 2 Steroids, Terpenoids, Sugars and Miscellaneous Classes, San Francisco: Holdenday 1964.

13 Brunnée, C., Voshage, H.: Massenspektrometrie, München: Thiemig 1964.

14 Spiteller, G.: Massenspektrometrische Strukturanalyse organischer Verbindungen, Weinheim: Verlag Chemie 1966.

15 Biemann, K.: Angew. Chemie 74, 102 (1962).

16 Simon, W.: Chimia (Schweiz) 16, 312 (1962).

17 Kienitz, H.: Massenspektrometrie, Weinheim: Verlag Chemie 1968.

18 Jenckel, L., Dörnenburg, E.: Massenspektrometrische Methoden in Houben-Weyl: Meth. der org. Chemie, Bd. III, Stuttgart: G. Thieme 1954, S. 719.

19 Rosenstock, H.M., Wallenstein, M.B., Wahrhaftig, A.L., Eyring, H.: Proc. Nat. Acad. Sci. USA 38, 667 (1952).

20 Rosenstock, H.M., Krauss, M., in McLafferty, F.W.: Mass Spectrometry of Organic Ions, New York: Academic Press (1963) S.2.

21 McLafferty, F.W.: Mass Spectrometry of Organic Ions, New York: Academic Press 1963, S. 309.

22 Spiteller, G., Spiteller-Friedmann, M.: Liebigs Ann. Chem. 690, 1 (1966).

23 Elliot, R.M.: Advances in Mass Spectrometry, Vol. 2, 1961, Abschnitt D, London: Pergamon Press 1963.

24 Hanuš, V., Dolejsek, Z.: Coll. Czech. Chem. Comm. 28, 652 (1963).

25 Biemann, K.: Mass Spectrometry, London: McGraw Hill-Book Co. 1962, S. 192;- Chimia 21, 226 (1967).

26 Beynon, J.H., Saunders, R.A., Williams, A.E.: Analytic.Chem. 33, 221 (1961).

27 Burlingame, A.L., in: Advances in Mass Spectrometry, Bd. 3, Proc. Conf., Paris 1964, Hrsg. W.L. Mead, London: Inst. Petroleum 1966, S. 701.

28 Craig, R.D., Green, B.N., Waldron, J.D.: Chimia 17, Fasc. 2, 22 (1963).

29 Henneberg, D.: Z. analyt. Chem. 205, 124 (1964).

30 Beynon, J.H., Williams, A.E.: Mass and Abundance Tables for Use in Mass Spectrometry, Amsterdam: Elsevier 1963.

31 Tunnicluff, D.D., Wadsworth, P.A., Schissler, D.O.: Anal. Chem. 37, 543 (1963).

32 Biemann, K., Bommer, P., Desiderio, D.M.: Tetrahedron Letters No. 26, 1725 (1964).

33 Biemann, K., Fennessey, P.V.: Chimie 21, 226 (1967).

34 Heinecke, K.: Z. Instr. 74, 242 (1966).

35 v. Ardenne, M.: Kernenergie 1, 1029 (1958).

36 v. Ardenne, M.: Tab. zur Angewandten Physik, Bd. I, 606, 612, 725, Berlin 1962.

37 v. Ardenne, M., Steinfelder, K.: Kernenergie 3, 717 (1960).

38 Stevenson, D.P., Wagner, C.D.: J. Amer. Chem. Soc. 72, 5612 (1950).

39 Field, F.H., Hastings, S.H.: Analytic.Chem. 28, 1248 (1956).

40 Lumpkin, H.E.: Analytic.Chem. 30, 321 (1958).

41 Sharkey, A.G., Schultz, J.L., Friedel, R.A.: Chem. and Ind., 833 (1958).

42 Kearn, G.L. et. al.: Analytic.Chem. 31, 1646 (1959).

43 Terenin, A., Popow, B.: Phys. Z. (russ.) 2, 299 (1932).

44 Lossing, F.P., Tawaka, J.: J. Chem. Phys. 25, 1031 (1956).

45 Herzog, R.F., Marmo, F.F.: J. Chem. Phys. 27, 1202 (1957).

46 Hurzeler, H., Inghram, M.G., Morrison, J.D.: J. Chem. Phys. 27, 313 (1957).

47 Willesow, F.J., Akopian, M.J.: Versuchsgeräte und Versuchstechnik (UdSSR) 7, 145 (1962).

48 Müller, E.W.: Z. Phys. 131, 136 (1951).

49 Gomer, R., Inghram, M.G.: J. Chem. Phys. 22, 1279 (1954).

50 Gomer, J.R.: Field Emission and Field-Ionization, Cambridge, Mass.: Havard Univers. Press 1961.

51 Beckey, H.D.: Z. Naturforschg. 17a, 1103 (1962).

52 Beckey, H.D., Wagner, G.: Z. anal. Chem. 197, 58 (1963).

53 Beckey, H.D.: Advances in Mass Spectrometry, Vol 2, Oxford: Pergamon Press 1963.

54 Beckey, H.D. et. al.: Advances in Mass Spectrometry, Vol 3, Oxford: Pergamon Press 1966, S. 35.

55 Aplin, R.T. Budzikiewicz, H., Djerassi, C.: J. Amer. Chem. Soc. 87, 3180 (1965).

56 Melton, C.E., in McLafferty, F.W.: Mass Spectrometry of Organic Ions, New York: Academic Press 1963, S. 163.

57 Melton, C.E., Rudolph, P.S.: J. Chem. Phys. 31, 1485 (1959).

58 Henglein, A.: Angew. Chemie 71, 15, 393 (1959); 72, 603 (1960).

Henglein, A., Muccini, G.A.: J. Chem. Phys. 31, 1426 (1959). In: Chemical Effects of Nuclear Transformations, Vol. 1, S. 89, Vienna: Internat. Atomic Energy Agency 1961.

59 Jäger, K., Henglein, A.: Z. Naturforschg. 21a, 1251 (1966); 22a, 700 (1967).

60 Bucelnikowa, N.S.: Fortschr.phys.Wiss.(russ.) 65, 351 (1958); Fortschritte Phys. 8, 626 (1960).

61 Thomson, J.J.: Rays of positive Electricity, Longman's Green Co. 1921, S. 27, 70, 227.

62 Massey, H.S.W.: Negative Ions, Cambridge: Univ. Press 1950.

63 Loeb, L.B., in: Flügge, Handbuch d. Physik, Bd. XXI, Berlin/Göttingen/Heidelberg: Springer 1956, S. 445.

64 McDaniel, W.: Collision Phenomena in Ionized Gases, New York: John Wiley and Sons, Inc. 1962, S. 368.

65 Reese, R.M., Dibeler, V.H., Mohler, F.L.: J. Res. Nat. Bur. Stand. 57, 367 (1956).

66 Lovelock, J.E.: Nature (London) 189, 729 (1961); 193, 249 (1963).

67 Ropp, G.A., Melton, C.E.: J. Amer. Chem. Soc. 80, 3509 (1958).

68 v. Hoene, J., Hickam, W.M.: J. Chem. Phys. 32, 876 (1960).

69 Robertson, A.J.B., Williams, W.: Proc. Chem. Soc. (London) 1964, S. 286.

70 v. Trepka, L.: Z. Naturforschg. 18a, 1122 (1963).

71 Drost, H.: Exper. Technik d. Phys. XII, 269, 274 (1964).

72 Franzen, J., Hintenberger, H.: Z. Naturforschg. 19a, 153 (1964).

73 Thomson, J.J.: Phil. Mag. 23, 449 (1912).

74 Massey, H.S.W., Burhop, E.H.S.: Electronic and Ionic Impact Phenomena, London: Oxford Univ. Press 1952.

75 Schulz, G.J.: Phys. Rev. 116, 1141 (1959); 125, 229 (1962); 135, 988 (1964).

76 Schulz, G.J., Dowell, J.T.: Phys. Rev. 128, 174 (1962).

77 Chen, J.C.Y., McGee, J.L.: J. Chem. Phys. 36, 1407 (1962).

78 Thomson, J.J.: Phil. Mag. 30, 321 (1916).

79 Rau, G.: Nucl. Sci. Abstr. 20, 571 (1966); Nat. Diss. Heidelberg 1965.

80 Drost, H., Timm, U., Behlke, H., Pupke, H.: Exp. Techn. Phys. 11, 246 (1963).

81 Drost, H., Timm, U., Pupke, H.: Exp. Techn. Phys. 11, 254 (1963); 12, 274 (1964).

82 Collins, L.E., Gobbett, R.H., Stroud, P.T.: IEEE Trans. Nucl. Sci. 12, 247 (1965).

83 Aberth, W., Peterson, J.R.: Rev. Sci. Instr. 38, 745 (1967).

84 Fite, W.L.: Phys. Rev. 89, 411 (1953).

85 v. Ardenne, M., Steinfelder, K., Tümmler, R.: Angew. Chemie 73, 136 (1961).

86 v. Ardenne, M.: Z. angew. Phys. 11, 121 (1959).

87 Fischer, W., Walcher, W.: Z. Naturforschg. 10a, 857 (1955).

88 Pierce, J.R.: J. Appl. Physics 11, 548 (1940).

89 v. Ardenne, M.: Tab. z. angew. Physik Bd. 2, Berlin 1964, S. 752.

90 Schönheit, E.: Z. angew. Phys. 9, 171 (1957).

91 Neumann, S., Ewald, H.: Z. Phys. 169, 224 (1962).

92 Möllenstedt, G., Benöhr, H.C., Seiler, H.: Z. angew. Physik 20, 530 (1966).

93 Steinfelder, K.: Diss. TU Dresden 1968.

94 Ewald, H., Hintenberger, H.: Methoden und Anwendungen der Massenspektroskopie, Weinheim: Verlag Chemie 1953.

95 Cotte, M.: Ann. Phys. (Paris) 10, 333 (1938).

96 v. Ardenne, M., Steinfelder, K., Tümmler, R., Westmeyer, H.: Kernenergie 2, 1094 (1959).

97 Dukelskij, V.M., Sandberg, E.J., Jonov, N.J.: Z. exp. theor. Phys. 20, 877 (1950).

98 Melton, C.E., Ropp, G.A., Rudolph, P.S.: J. Chem. Phys. 29, 968 (1958).

99 Ewald, H.: Z. Physik 122, 686 (1944).

100 Franzen, J., Hebeda, H.: Z. Naturforschg. 17a, 476 (1962).

101 Mai, H., Wagner, H.: Z. Internat. Sympos. Reinstoffe in Wissenschaft und Technik 1965, Herausgeber E. Rexer, Bd. II, Reinststoffanalytik 196, S. 401.

102 Rudloff, W.: Z. Naturforschg. 16a, 1263 (1961).

103 Jansen, P.: Diss., Mainz 1963.

104 Burlefinger, E., Ewald, H.: Z. Naturforschg. 16a, 430 (1961).

105 Wagner, H.: Ann. Phys. 13, 189 (1964).

106 Kienitz, H.: Massenspektrometrie, Weinheim: Verlag Chemie 1968.

107 Birkenfeld, H., Haase, G., Zahn, H.: Massenspektrometrische Isotopenanalyse, VEB Deutscher Verlag der Wissenschaften Berlin 1962.

108 Habfast, K., Aulinger, F. in: Kienitz, H.: Massenspektrometrie, Weinheim: Verlag Chemie 1968, S. 121.

109 Mattauch, J., Ewald, E.: Z. Phys. 122, 314 (1944).

110 Kinoshita, S.: Proc. Roy. Soc. 83, 432 (1910).

111 Becker, L., Drawin, H.W.: Z. Instrumentenkunde 74, 181 (1966).

112 Henneberg, D.: Z. anal. Chem. 221, 321 (1966).

113 Reed, R.J.: Ion Production by Electron Impact, London: Academic Press 1962, S. 32.

114 Melton, C.E., Ropp, G.A., Martin, T.W.: J. phys. Chemie 64, 1577 (1960).

115 Melton, C.E.: Mass Spectrometry of Organic Ions, Herausgeber McLafferty, F.W., New York - London: Academic Press 1963, S. 65, 163.

116 Henglein, J.A. Muccini, G.A.: J. chem. Phys. 31, 1426 (1959).

117 v. Trepka, L.: Z. Naturforschg. 18a, 122 (1963).

118 v. Ardenne, M., Steinfelder, K., Tümmler, R.: Z. phys. Chem. 220, 105 (1962).

119 Huneck, S., Djerassi, C. u. Mitarb., v. Ardenne, M. u. Mitarb.: Tetrahedron 24, 2707 (1968).

120 Huneck, S., Tümmler, R.: Liebigs Ann. Chem. 685, 128 (1965).

121 Henglein, A., Muccini, G.A.: Z. Naturforschg. 15a, 584 (1960).

122 Jäger, K., Henglein, A.: Z. Naturforschg. 22a, 700 (1967).

123 McDaniel: Collision Phenomena in Ionized Gases, New York: John Wiley and Sons 1964.

124 Field, F.H., Franklin, J.L.: Electron Impact Phenomena and the Properties of Gaseous Ions, New York: Academic Press 1957.

125 Pahl, M.: Erg. exakt. Naturwiss. 34, 182 (1962).

126 v. Ardenne, M., Steinfelder, K., Tümmler, R.: Z. phys. Chem. 221, 240 (1962).

127 Jäger, K., Simic, M., Henglein, A.: Z. Naturforschg. 22a, 961 (1967).

128 Munson, M.S.B., Field, F.H.: J. Amer. Chem. Soc. 87, 3294, 4242 (1965).

129 Beynon, J.H., Saunders, R.A., Williams, A.E.: Table of metastable Transitions, Amsterdam: Elsevier Publ. Co. 1965.

130 Aplin, R.T., Budzikiewicz, H. Horn, H.S., Lederberg, J.: Analytic. Chem. 37, 776 (1965).

131 American Petroleum Institute-Research Project 44, Carnegie Inst. of Technol., Pittsburgh, Pa.

132 Mass Spectrometry Data Centre, AWRE Aldermaston Berks., England.

133 Mass Spectrometry Lab., Centre of Nuclear Studies, Grenoble.

134 Cornu, A., Massot, R.: Compilation of Mass Spectral Data, London: Heyden and Son Ltd. 1966.

135 Spiteller, G.: Z. anal. Chem. 197, 1 (1963).

136 Huneck, S., Tümmler, R.: J. prakt. Chem., 4. Reihe, 38, 233 (1968).

137 Mayer, R., Rosmus, P., v. Ardenne, M., Steinfelder, K., Tümmler, R.: Z. Naturforschg. 22b, 1291 (1967).

138 Thomson, J.B., Brown, P., Djerassi, C.: J. Amer. Chem. Soc. 88, 4049 (1966).

139 Silverstein, R.M., Bassler, G.C.: Spectrometrie Identification of Organic Compounds, New York: John Wiley and Sons 1963.

140 v. Ardenne, M., Tümmler, R., Weiss, Ek., Reichstein, T.: Helv. Chim. Acta 47, 1033 (1964).

141 Hecker, E.: Angew. Chemie 74, 722 (1962).

142 Hecker, E., Jarczyk, H., Meyer, J.G., Bresch, H., Brachmann, J.: Z. Krebsforschg. 66, 478 (1965).

143 Bartsch, H., Bresch, H., Gschwendt, M., Härle, E., Kreibich, G., Kubinyi, H., Schairer, H.V., v. Szcepanski, Ch., Thielmann, H.W., Hecker, E.: Z. anal. Chem. 221, 424 (1966).

144 Hecker, E., Bresch, H.: Z. Naturforschg. 20b, 216 (1965).

145 Walisch, W.: Chem. Ber. 94, 2314 (1961).

146 Schönberg, A., Vargha, L.: Ber. dtsch. Chem. Ges. 63, 178 (1930).

147 Schubert, K., Rose, G., Tümmler, R., Hekawa, N.: Hoppe-Seyler's Z. physiol. Chem. 339, 293 (1964).

148 v. Ardenne, M., Osske, G., Schreiber, K., Steinfelder, K., Tümmler, R.: Die Kulturpflanze XIII, 101 (1965).

149 loc. cit., Die Kulturpflanze XIII, 115 (1965).

150 v. Ardenne, M., Osske, G., Steinfelder, K., Tümmler, R.: J. Insect Physiol. 11, 1365 (1965).

151 Hamann, C.: Dissertation TU-Dresden, 1966.

152 Starke, M., Tümmler, R.: Z. Chem. 7, 433 (1967).

153 Gutwasser, H., Tümmler, R., Miloserdow, P.N.: Chem. Technik 20, 687 (1968).

154 Kajdas, C., Tümmler, R.: Erdöl und Kohle 21, 213 (1968).

155 v. Ardenne, M., Steinfelder, K., Tümmler, R.: Vakuumtechnik 12, 135 (1963).

156 Clar, E.: Aromatische Kohlenwasserstoffe, Berlin/Göttingen/Heidelberg: Springer 1952.

157 Dörnenburg, E., Hintenberger, H.: Z. Naturforschg. 14a, 765 (1959).

158 Honig, R.E.: J. Chem. Phys. 22, 126 (1954).

159 Saski, N.: Mass Spectroscopy (Japan), Nr. 12, 69 (1959).

160 Fieser, L.F.: Lehrbuch der Organ. Chemie, Weinheim: Verlag Chemie 1960, S. 355 ff.

161 Achhammer, B.G., Reiney, M.J., Wall, L.A., Reinhardt, F.W.: J. Res. Nat. Bur. Stand., 205 (1953) RP. 247492.

162 Madorsky, S.L., Straus, S.: J. Res. Nat. Bur. Stand. 40, 417 (1948).

163 Jellinek, H.H.G.: Degradation of Vinyl Polymers, New York: Academic Press 1955.

164 Parris, W.H., Holland, P.D.: British Plastics 33, 372 (1960).

165 Barlow, A., Lehrle, R.S. Robb, J.C.: Polymer 2, 27 (1961).

166 Achhammer, B.G.: Analytic. Chem. 24, 1925 (1952).

167 Vasallo, D.A.: Analytic Chem. 33, 1823 (1961).

168 Ettre, K., Varadi, P.F.: Analytic Chem. 35, 69 (1963).

169 Braun, D.: Farbe u. Lack 69, 820 (1963).

170 Feuerberg, H., Weigel, H.: Kautschuk u. Gummi 24, WT 218 (1961); 15, WT 276 (1962).

171 Voigt, J., Fischer, W.G.: Chemiker Zeitung 23, 919 (1964).

172 Grassie, N.: Chemistry of High Polymer Degradation Processes, London: Butterworths 1956, S.4.

173 Wall, L.A., Madorsky, S.L., Brown, D.W., Straus, S., Simha, R.: J. Amer. Chem. Soc. 76, 3430 (1954).

174 Voigt, J.: Kunststoffe 51, 18, 314 (1961); 54, 2 (1964); 55, 458 (1965).

175 Cieplinski, E.W., Ettre, L.S., Kolb, B., Kemmner, G.: Z. anal. Chem. 205, 357 (1964).

176 Kolb, B., Kemmner, G., Kaiser, K.H., Cieplinski, E.W., Ettre, L.S.: Z. anal. Chem. 209, 302 (1965).

177 Radell, E.A., Strutz, H.C.: Analytic Chem. 31, 1890 (1959).

178 Barrall, E.M., Porter, R.S., Johnson, J.F.: Analytic.Chem. 35, 73 (1963).

179 Futuma, H., Tanaka, H.: J. Phys. Soc. Japan 12, 433 (1957).

180 Hummel, D.O., Schüddemage, R.: Kolloid-Z. 210, 97, 103, 106 (1966).

181 Hank, R.: Kautschuk u. Gummi 18, 295 (1965).

182 Sadowski, F., Kühn, E.: Farbe u. Lack 69, 267 (1963).

183 Levy, R.L., Gesser, H., Halevi, E.A., Saidman, S.: J. Gas Chromatogr. 2, 254 (1964).

184 Goodings, E.P., in: Thermal Degradation of Polymers, SCJ-Monograph No. 13, London 1961, S. 211.

185 Ritchie, P.D., in: Thermal Degradation of Polymers, SCJ-Monograph No. 13, London 1961, S. 107.

186 Pohl, H.A.: J. Amer. Chem. Soc. 73, 5660 (1951).

187 Marshall, J., Todd, A.: Trans. Farad. Soc. 49, 67 (1953).

188 Ross, S.D., Coburn, E.R., Leach, W.A., Robinson, W.B.: J. Polymer Sci. 13, 406 (1954).

189 Carothers, W.H., Hill, J.W.: J. Am. Chem. Soc. 55, 5031 (1933).

190 Buxbaum, L.H.: Angew. Chem. 80, 225 (1968).

191 Chapiro, A.: Radiation Chemistry of Polymer Systems, London: Intersc. Publ. 1962, S. 471.

10. Tabellen

10.1. Relative Massen m_r ausgewählter Isotope

Die Werte sind bezogen auf ^{12}C = 12.000 000 nach König, L.A., Mattauch, J.H.E., Wapstra, A.H.: Nucl. Phys. 31, 18 (1962).

Isotop	m_r	Isotop	m_r	Isotop	m_r
^{1}H	1.007 825	^{32}S	31.972 074	^{83}Kr	82.914 131
^{2}D	2.014 102	^{33}S	32.971 461	^{84}Kr	83.911 504
^{4}He	4.002 604	^{34}S	33.967 865	^{86}Kr	85.910 617
^{10}B	10.012 939	^{35}Cl	34.968 855	^{127}I	126.904 352
^{11}B	11.009 305	^{37}Cl	36.965 896	^{128}Xe	127.903 538
^{13}C	13.003 354	^{36}Ar	35.967 548	^{129}Xe	128.904 784
^{14}N	14.003 074	^{40}Ar	39.962 384	^{130}Xe	129.903 510
^{15}N	15.000 108	^{54}Fe	53.939 621	^{131}Xe	130.905 087
^{16}O	15.994 915	^{56}Fe	55.934 932	^{132}Xe	131.904 162
^{17}O	16.999 133	^{57}Fe	56.935 394	^{134}Xe	133.905 398
^{18}O	17.999 160	^{58}Fe	57.933 272	^{136}Xe	135.907 221
^{19}F	18.998 405	^{63}Cu	62.929 594	^{196}Hg	195.965 822
^{20}Ne	19.992 440	^{65}Cu	64.927 786	^{198}Hg	197.966 769
^{22}Ne	21.991 385	^{79}Br	78.918 348	^{199}Hg	198.968 256
^{28}Si	27.976 927	^{81}Br	80.916 344	^{200}Hg	199.968 344
^{29}Si	28.976 491	^{78}Kr	77.920 368	^{201}Hg	200.970 315
^{30}Si	29.973 761	^{80}Kr	79.916 388	^{202}Hg	201.970 630
^{31}P	30.973 763	^{82}Kr	81.913 483	^{204}Hg	203.973 482

10.2. Vielfache n der relativen Massen m_r wichtiger Isotope

n	^{12}C	^{1}H	^{19}F	^{14}N	^{16}O	^{35}Cl	^{32}S
1	12,000	1,008	18,998	14,003	15,995	34,969	31,972
2	24,000	2,016	37,997	28,006	31,990	69,938	63,944
3	36,000	3,023	56,995	42,009	47,985	104,907	95,916
4	48,000	4,031	75,994	56,012	63,980	139,875	127,888
5	60,000	5,039	94,992	70,015	79,975	174,844	159,860
6	72,000	6,047	113,990	84,018	95,969	209,813	191,832
7	84,000	7,055	132,989	98,022	111,964	244,782	223,805
8	96,000	8,063	151,987	112,025	127,959	279,751	255,777
9	108,000	9,070	170,986	126,028	143,954	314,720	287,749
10	120,000	10,078	189,984	140,031	159,949	349,689	319,721
11	132,000	11,086	208,982	154,034	175,944	384,657	
12	144,000	12,094	227,981	168,037	191,939	419,626	
13	156,000	13,102	246,979	182,040	207,934	454,595	
14	168,000	14,110	265,978	196,043	223,929	489,564	
15	180,000	15,117	284,976	210,046	239,924	524,533	
16	192,000	16,125	303,974	224,049	255,919		
17	204,000	17,133	322,973	238,052	271,914		
18	216,000	18,141	341,971	252,055	287,908		
19	228,000	19,149	360,970	266,058	303,903		
20	240,000	20,157	379,968	280,062	319,898		
21	252,000	21,164	398,967				
22	264,000	22,172	417,965				
23	276,000	23,180	436,963				
24	288,000	24,188	455,962				
25	300,000	25,196	474,960				
26	312,000	26,203	493,959				
27	324,000	27,211	512,957				
28	336,000	28,219	531,955				
29	348,000	29,227	550,954				
30	360,000	30,235	569,952				
31	372,000	31,243	588,951				
32	384,000	32,250	607,949				
33	396,000	33,258	626,947				
34	408,000	34,266	645,946				
35	420,000	35,274	664,944				
36	432,000	36,282	683,943				
37	444,000	37,290	702,941				
38	456,000	38,297	721,939				
39	468,000	39,305	740,938				
40	480,000	40,313	759,936				

Tabelle 10.2. (Fortsetzung)

n	^{12}C	^{1}H	^{19}F	^{14}N	^{16}O	^{35}Cl	^{32}S
41	492,000	41,321					
42	504,000	42,329					
43	516,000	43,336					
44	528,000	44,344					
45	540,000	45,352					
46	552,000	46,360					
47	564,000	47,368					
48	576,000	48,376					
49	588,000	49,383					
50	600,000	50,391					
51		51,399					
52		52,407					
53		53,415					
54		54,423					
55		55,430					
56		56,438					
57		57,446					
58		58,454					
59		59,462					
60		60,470					
61		61,477					
62		62,485					
63		63,493					
64		64,501					
65		65,509					
66		66,516					
67		67,524					
68		68,532					
69		69,540					
70		70,548					

10.3. Organische Substanzen, die vorwiegend nach M^- ionisieren

Organische Verbindungen, die ausschließlich oder vorwiegend nach dem Mechanismus $M + e \longrightarrow M^-$ ionisieren (alphabetisch geordnet).

Kohlenwasserstoffe:

Name	Bruttoformel	MZ	Struktur
Anthracen	$C_{14}H_{10}$	178	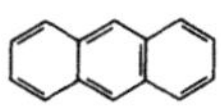
Tetracen	$C_{18}H_{12}$	228	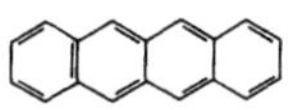
Pyren	$C_{16}H_{10}$	202	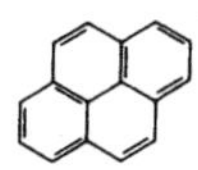
3,4 Benzpyren	$C_{20}H_{12}$	252	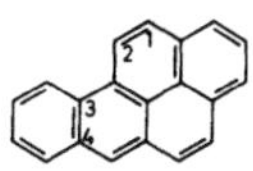
Coronen	$C_{24}H_{12}$	300	
Fluoranthen	$C_{16}H_{10}$	202	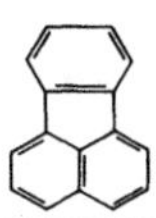

O-haltige Verbindungen

Acetaldehyd-2.4-dinitro-phenylhydrazon	$C_8H_8N_4O_4$	224	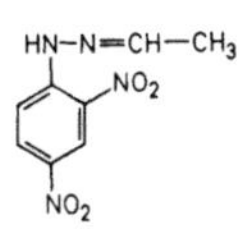

Tabelle 10.3. (Fortsetzung)

Name	Bruttoformel	MZ	Struktur
Zimtaldehyd	C_9H_8O	132	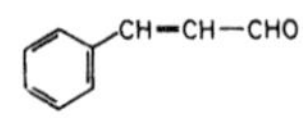
3-Nitrobenz-aldehyd	$C_7H_5NO_3$	151	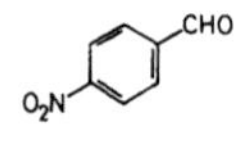
4-Nitrobenz-aldehyd	$C_7H_5NO_3$	151	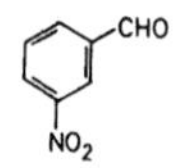
Diphenylcyclo-propenon	$C_{15}H_{10}O$	206	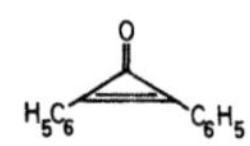
Benzil	$C_{14}H_{10}O_2$	210	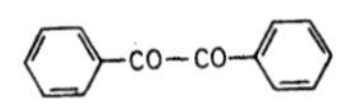
Benzoin	$C_{14}H_{12}O_2$	212	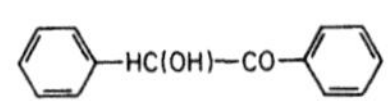
3,4,3',4'-Bis-methylendioxy-benzoin	$C_{16}H_{12}O_6$	300	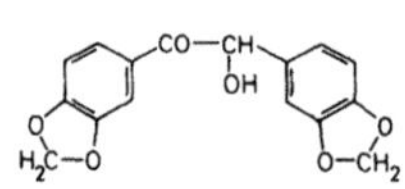
Ninhydrin	$C_9H_6O_4$	178	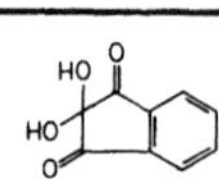
Benzoesäure	$C_7H_6O_2$	122	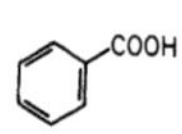
Benzoesäure-phenylester	$C_{13}H_{10}O_2$	198	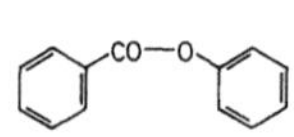
4-Cyanbenzoe-säure	$C_8H_5NO_2$	147	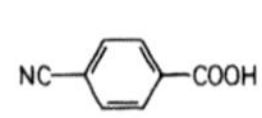

Name	Bruttoformel	MZ	Struktur
2-Nitrobenzoesäure	$C_7H_5NO_4$	167	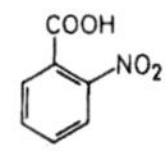
3-Nitrobenzoesäure	$C_7H_5NO_4$	167	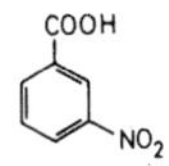
4-Nitrobenzoesäure	$C_7H_5NO_4$	167	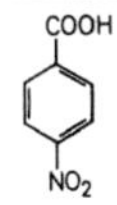
2-Cyanbenzamid	$C_8H_6N_2O$	146	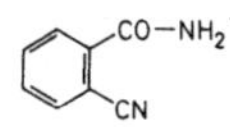
4-Sulfamidobenzoesäure	$C_7H_7NO_4S$	201	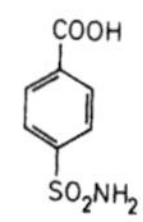
N-Phenylanthranilsäure	$C_{13}H_{11}NO_2$	213	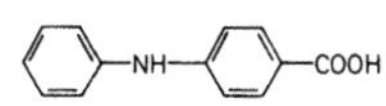
Phenylcyanbrenztraubensäureäthylester	$C_{12}H_{11}NO_3$	217	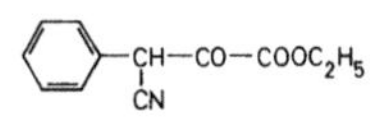
α-Cyanzimtsäurepiperidid	$C_{15}H_{16}N_2O$	240	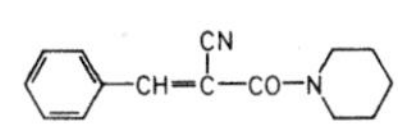
3,6-Dioxyfluoran	$C_{20}H_{12}O_5$	332	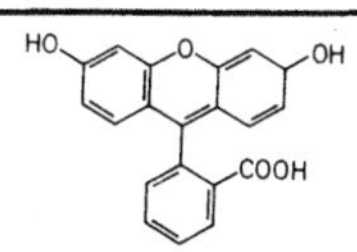
3',6'-Dichlorfluorescein	$C_{20}H_{10}Cl_2O_5$	400	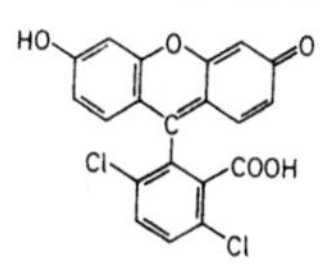
Phthalsäure	$C_8H_6O_4$	166	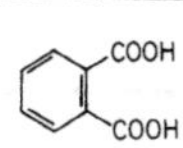

Tabelle 10.3 (Fortsetzung)

Name	Bruttoformel	MZ	Struktur
1,2-Phthalsäure-D_2	$C_8H_4D_2O_4$	168	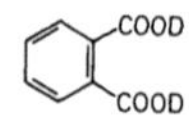
Isophthalsäure	$C_8H_6O_4$	166	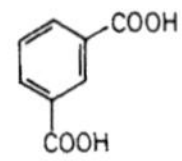
Terephthalsäure	$C_8H_6O_4$	166	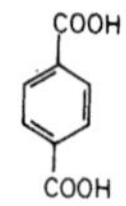
Phthalsäure-anhydrid	$C_8H_4O_3$	148	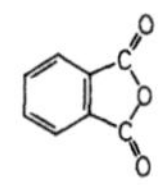
4-Chlorphthal-säureanhydrid	$C_8H_3ClO_3$	182	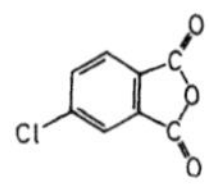
Phthalsäure-dibutylester	$C_{16}H_{20}O_4$	278	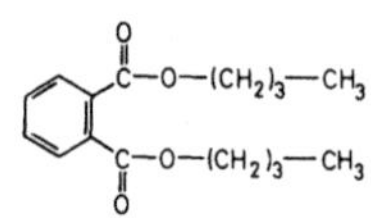
Phthalsäure-dioctylester	$C_{24}H_{38}O_4$	390	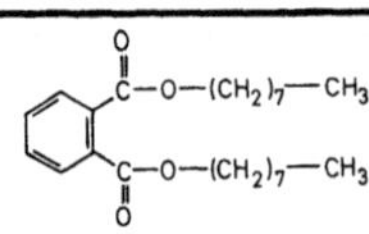
Bis-(benzoyl-oxyäthyl-)terephthalat	$C_{26}H_{28}O_8$	462	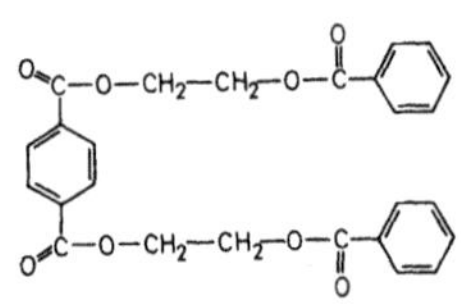
Phthalimid	$C_8H_5NO_2$	147	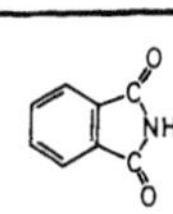
Phthalyl-ε-amino-capronsäure	$C_{14}H_{15}NO$	261	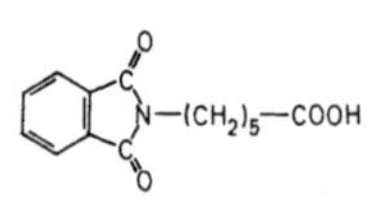

Name	Bruttoformel	MZ	Struktur
Phthalsäure-dinitril	$C_8H_4N_2$	128	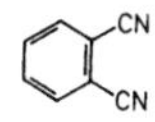
2-Furfurylamino-1,4-naphtho-chinon	$C_{15}H_{11}NO_3$	253	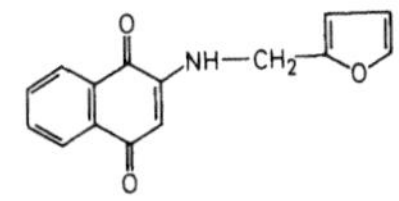
Tetracyanchino-dimethan	$C_{12}H_4N_4$	204	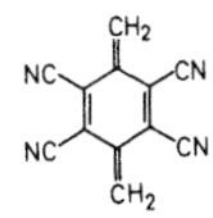

N-haltige Verbindungen

Name	Bruttoformel	MZ	Struktur
2-Nitrophenol	$C_6H_5NO_3$	139	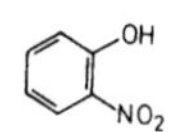
4-Nitrophenol	$C_6H_5NO_3$	139	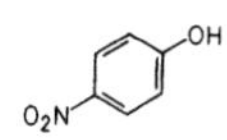
2-Nitranilin	$C_6H_6N_2O_2$	138	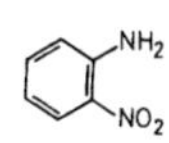
3-Nitranilin	$C_6H_6N_2O_2$	138	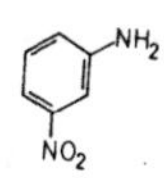
4-Nitranilin	$C_6H_6N_2O_2$	138	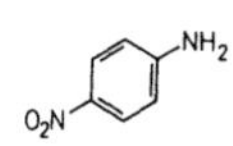
1-Nitroso-2-naphthol	$C_{10}H_7NO_2$	173	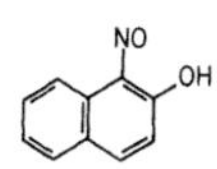
2-Nitroso-1-naphthol	$C_{10}H_7NO_2$	173	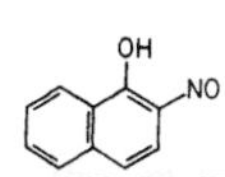

Tabelle 10.3 (Fortsetzung)

Name	Bruttoformel	MZ	Struktur
4-Nitrobenzol-azo-1-naphthol	$C_{16}H_{11}N_3O_3$	293	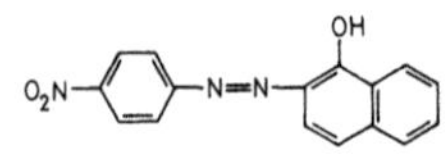
Methylrot	$C_{15}H_{15}N_3O_3$	269	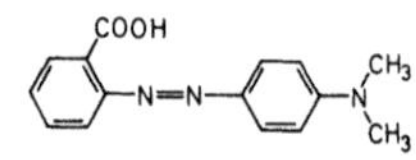
Methylgelb	$C_{14}H_{15}N_3$	225	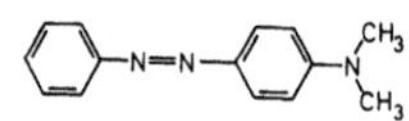
Phenylbenzyl-sulfid	$C_{13}H_{12}S$	200	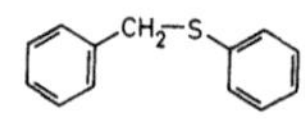
Tetrathiotetracen	$C_{18}H_8S_4$	352	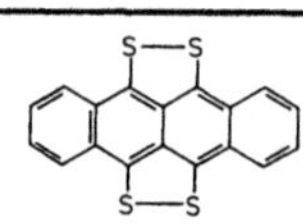
Diphenylcyclo-propenthion	$C_{15}H_{10}S$	222	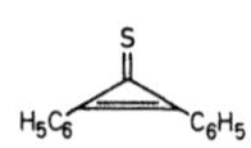
Thiobenzoesäure-phenylester	$C_{13}H_{10}OS$	214	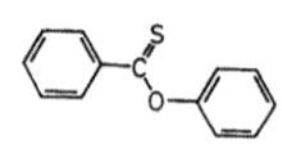
4-Phenylthio-benzoesäure-phenylester	$C_{19}H_{14}OS$	290	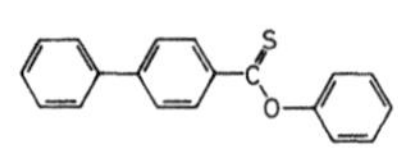
2,4-Dimethoxy-thiobenzoesäure-phenylester	$C_{15}H_{14}O_3S$	274	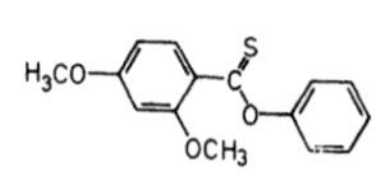
Phenyldithio-essigsäure-methylester	$C_9H_{10}S_2$	182	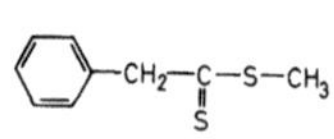
Diphenylthion-carbonat	$C_{13}H_{10}O_2S$	230	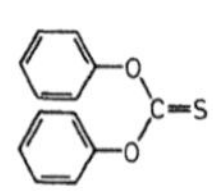

Name	Bruttoformel	MZ	Struktur
Di-4-methyl-phenylthion-carbonat	$C_{15}H_{14}O_2S$	258	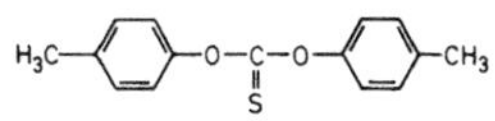
Diphenyltrithio-carbonat	$C_{13}H_{10}S_3$	262	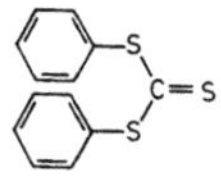
N-4-Chlorphenyl-N'-methyl-thio-harnstoff	$C_8H_9ClN_2S$	200	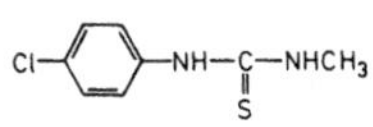
N-4-Chlorphenyl-N'-phenylthio-harnstoff	$C_{13}H_{11}ClN_2S$	262	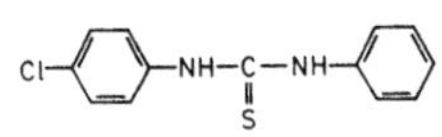

O-Heterocyclen

Name	Bruttoformel	MZ	Struktur
Tetrahydrofuran	C_4H_8O	72	
Xanthotoxin	$C_{12}H_8O_4$	216	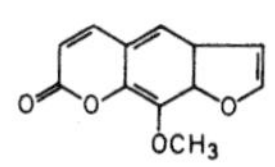
Bergapten	$C_{12}H_8O_4$	216	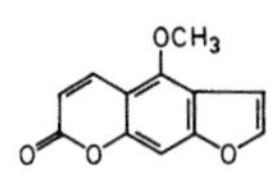
Cumarin	$C_9H_6O_2$	146	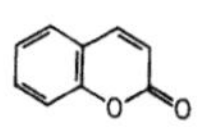
Europetin	$C_{16}H_{12}O_8$	332	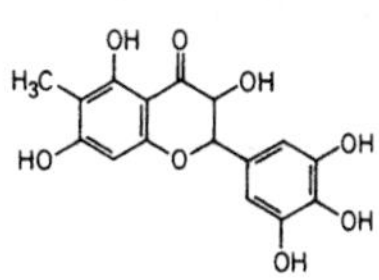

Tabelle 10.3. (Fortsetzung)

Name	Bruttoformel	MZ	Struktur
7-Hydroxyflavon	$C_{15}H_{10}O_3$	238	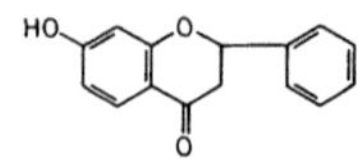
3,3',4'-Tri-hydroxy-flavon	$C_{15}H_{10}O_5$	270	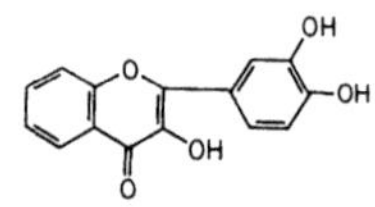
5,7,4'-Tri-hydroxyflavon	$C_{15}H_{10}O_5$	270	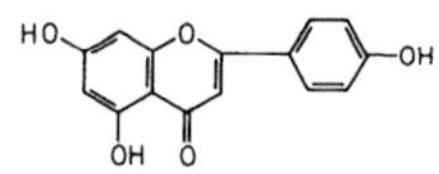
3,7,3',4',5'-Pentahydroxy-flavon	$C_{15}H_{10}O_7$	302	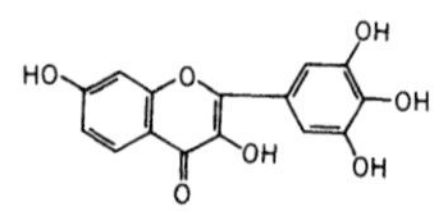
3,5,7,3',4',5'-Hexahydroxy-flavon	$C_{15}H_{10}O_8$	318	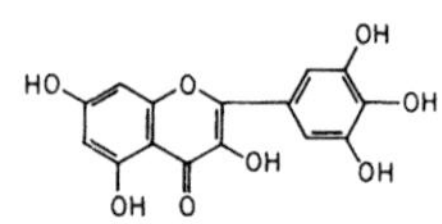

N-Heterocyclen

Name	Bruttoformel	MZ	Struktur
Pyridin · SO_2	$C_5H_5N \cdot SO_2$	143	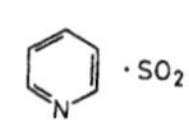
4-(4'-Nitro-benzyl)-pyridin	$C_{12}H_{10}N_2O_2$	214	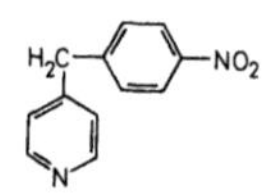
1,10-Phenanthrolin	$C_{12}H_8N_2$	180	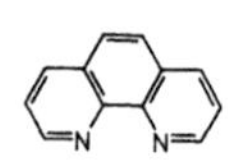
Isatin	$C_8H_5NO_2$	147	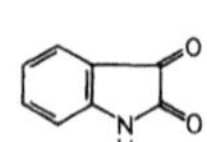

Name	Bruttoformel	MZ	Struktur
N-Trifluoracetyl-prolylalanin-methylester	$C_{11}H_{15}F_3N_2O_4$	296	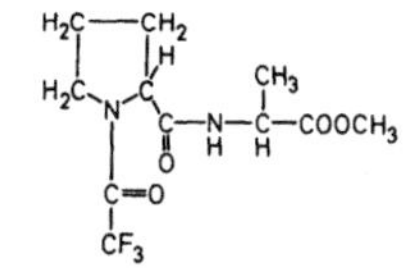
Orotsäure	$C_5H_4N_2O_4$	156	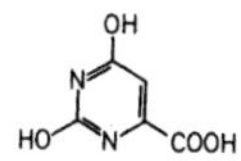
5,5-Äthyl-crotyl-barbitursäure	$C_{10}H_{14}N_2O_3$	210	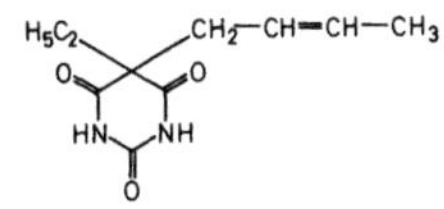
6-Nitro-4-hydroxy-benzotriazol	$C_6H_4N_4O_3$	180	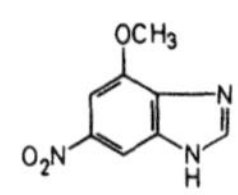
6-Nitro-4-methoxy-benzimidazol	$C_8H_7N_3O_3$	193	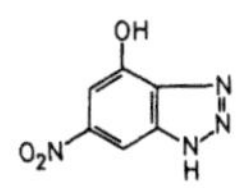
3-Benzoyl-5-benz-amino-imidazo(b)-pyridin	$C_{20}H_{14}N_4O_2$	342	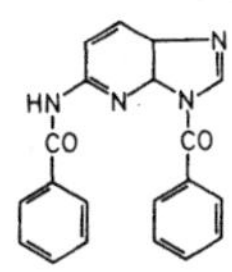
1-Äthylbenzo-triazinthion-(4)	$C_9H_9N_3S$	191	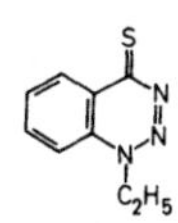
Nitron	$C_{20}H_{16}N_4$	312	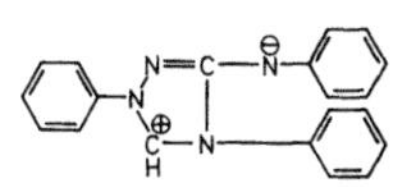
Diphenyl-carbazon	$C_{13}H_{12}N_4O$	240	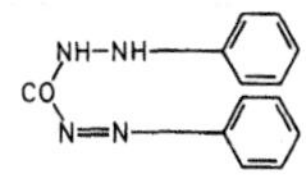
prim.Theophyl-lin-N-oxyd	$C_7H_8N_4O_3$	196	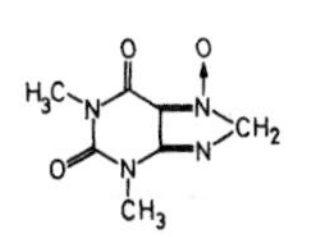

Tabelle 10.3. (Fortsetzung)

Name	Bruttoformel	MZ	Struktur
Bis-(diäthanol-amino)-dipiperidino-pyrimido-pyrimidin	$C_{24}H_{40}N_8O_4$	504	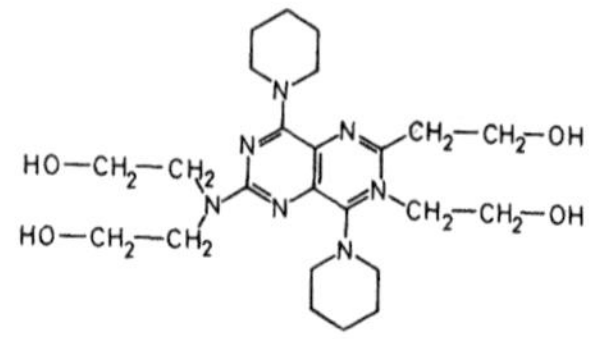
Lactoflavin	$C_{17}H_{20}N_4O_6$	376	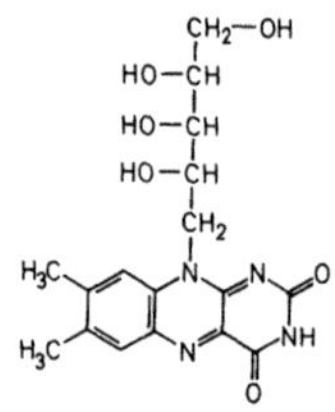
S-Heterocyclen			
1,2-Dithiol-thion-3	$C_3H_2S_3$	134	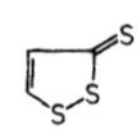
2-Dithiopyron	$C_5H_4S_2$	128	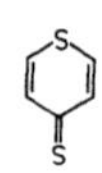
4-Dithiopyron	$C_5H_4S_2$	128	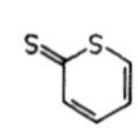
Terpene			
3α-Friedelanol	$C_{30}H_{52}O$	428	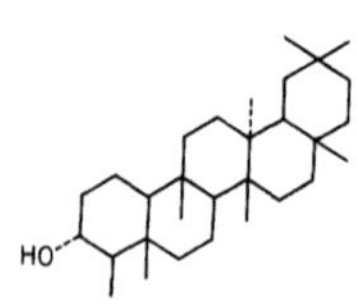

Name	Bruttoformel	MZ	Struktur
3e-Friedelanol	$C_{30}H_{52}O$	428	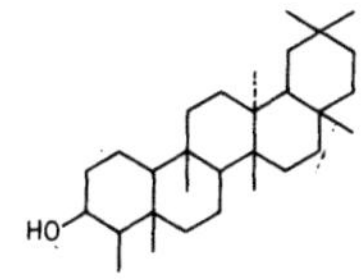
Friedelin	$C_{30}H_{50}O$	320	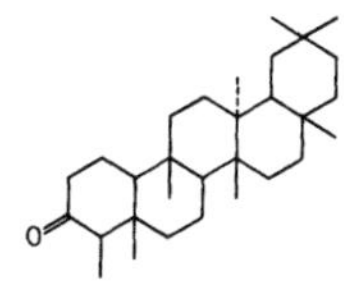
α-Onoceron	$C_{30}H_{48}O_2$	440	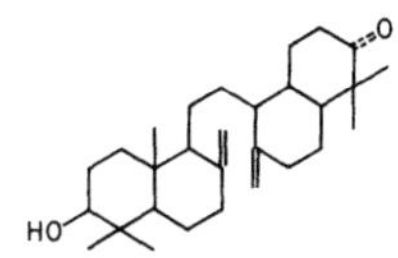

Steroide

Name	Bruttoformel	MZ	Struktur
3β-(4-Brombenzoyl)-oxy-17α-methyl-D-homo-5α-androstan-16	$C_{28}H_{37}BrO_3$	500	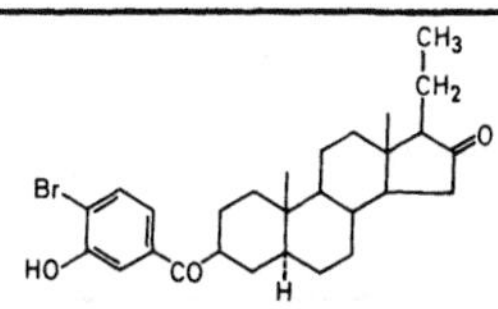
21-Acetoxypregn-5-en-3β-ol-20-on	$C_{23}H_{34}O_4$	374	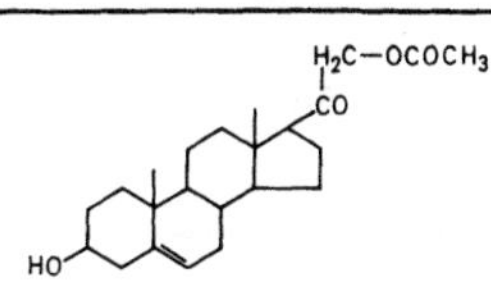
3β-Hydroxy-16,17-seco-5α-pregnan-16-aldehyd	$C_{21}H_{36}O_2$	320	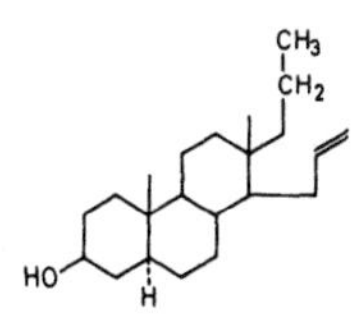
3β-Acetoxy-16,17-seco-5α-pregnan-16-aldehyd	$C_{23}H_{38}O_3$	362	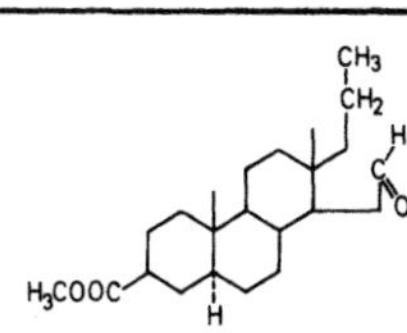

Tabelle 10.3. (Fortsetzung)

Name	Bruttoformel	MZ	Struktur
21-Acetoxypregn-4-en-3,20-dion	$C_{23}H_{32}O_4$	372	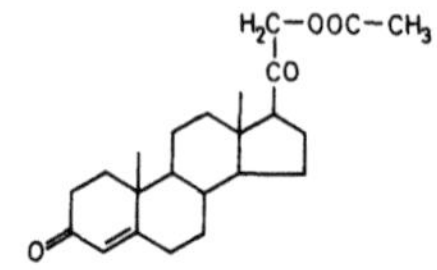
17α-Hydroxy-progesteron	$C_{21}H_{30}O_3$	330	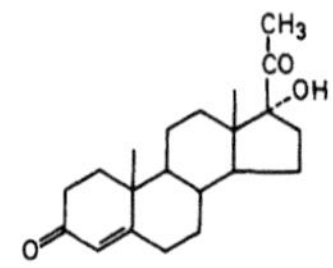
Cholesteryl-Δ⁴-cholestenyl-3-on-succinat	$C_{58}H_{92}O_5$	868	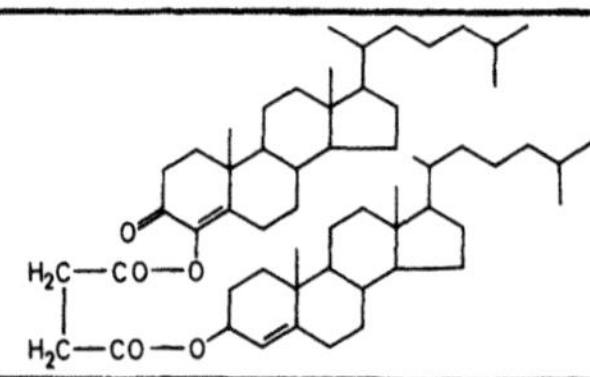
Aetiocholanolon	$C_{19}H_{30}O_2$	290	
Δ¹-4-Chlor-testosteron-acetat	$C_{21}H_{27}ClO_3$	362	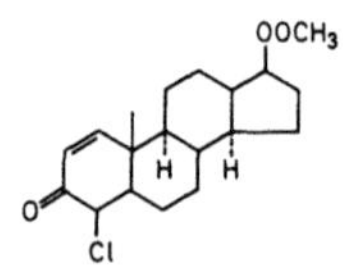
4-Chlortestosteron-acetat	$C_{21}H_{29}ClO_3$	364	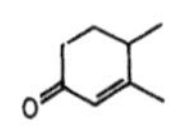
δ-Ketosäure aus Methyl-testosteron	$C_{14}H_{22}O_4$	254	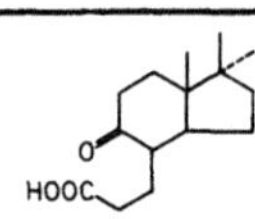
5α,10α-Epoxyoestra-3β,17β-diol	$C_{18}H_{24}O_3$	288	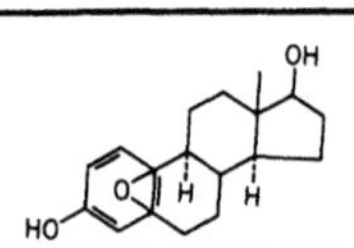
Oral-Turinabol	$C_{20}H_{27}ClO_2$	334	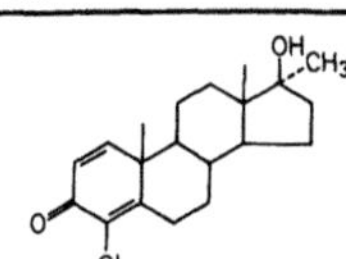
15-OH-Oral-Turinabol	$C_{20}H_{27}ClO_3$	350	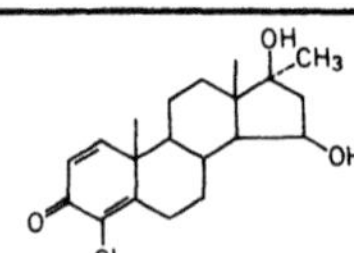

Name	Bruttoformel	MZ	Struktur
(5'S')-3β-Acetoxy-5'-methyl-isoxazolino-(16,17c)-5α-androstan	$C_{23}H_{35}NO_3$	373	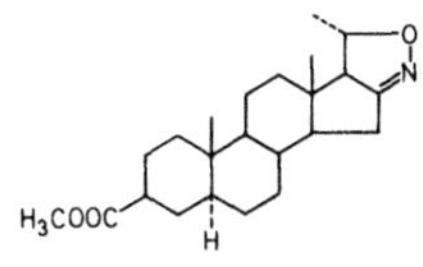
N-Chlortetrahydrosolasodin	$C_{27}H_{46}ClNO_2$	451	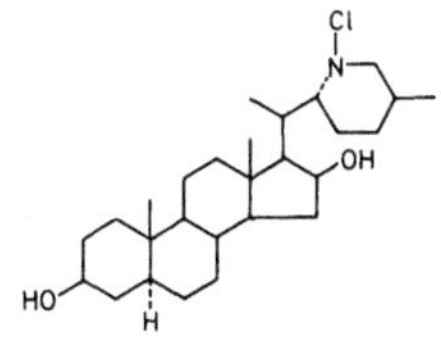
N-Nitroso-15-keto-14β-soladulcidin	$C_{27}H_{42}N_2O_4$	458	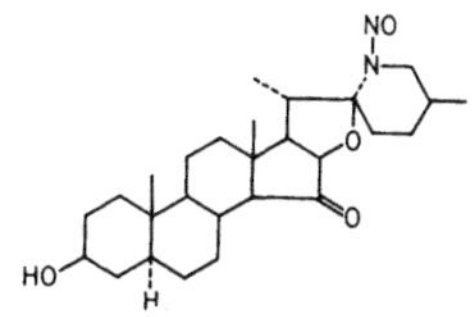
(25R)-N-Nitroso-14β,22α-N-spirosol-X-on-3β-ol-15-on	$C_{27}H_{40}N_2O_4$	456	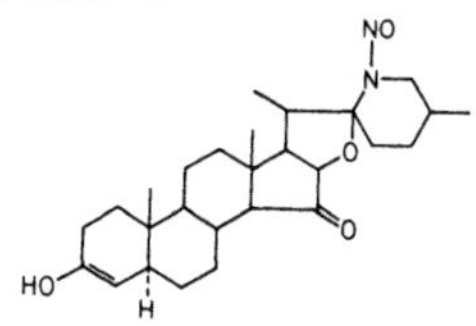
S-Antiarin I	$C_{29}H_{42}O_{11}$	566	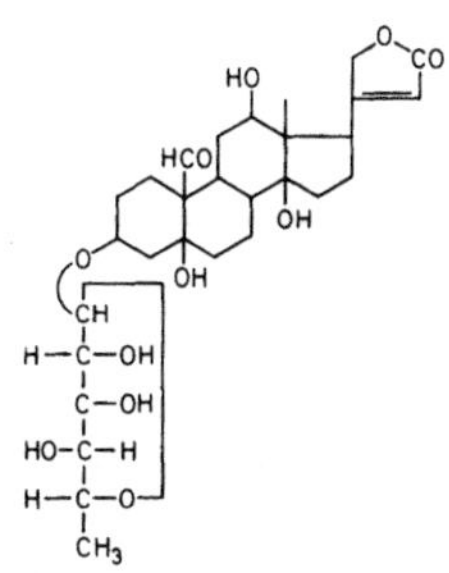
Helveticosid	$C_{29}H_{42}O_9$	534	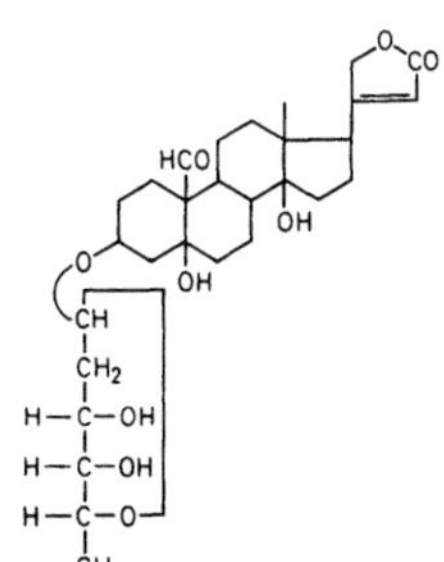

Tabelle 10.3. (Fortsetzung)

Name	Bruttoformel	MZ	Struktur
Cymarin	$C_{30}H_{44}O_9$	548	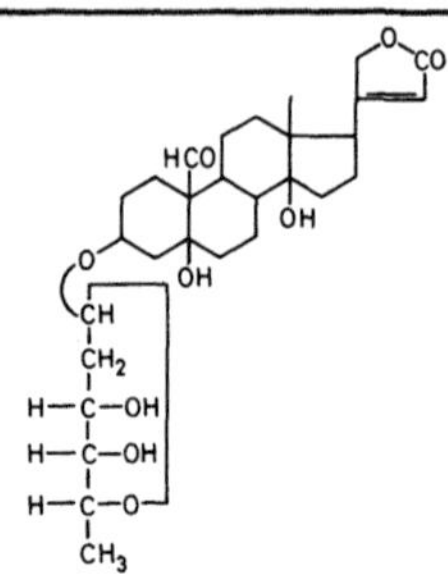

Alkaloide

Name	Bruttoformel	MZ	Struktur
Ricinin	$C_8H_8N_2O_2$	164	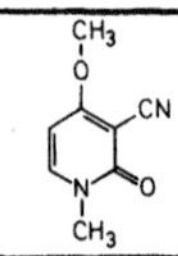
Diacetyldihydro-lutidin	$C_{11}H_{15}NO_2$	193	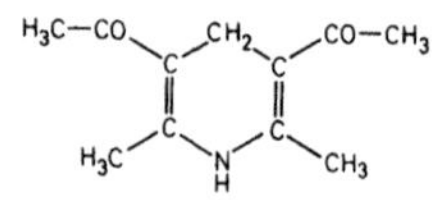
Papaveraldin	$C_{20}H_{19}NO_5$	353	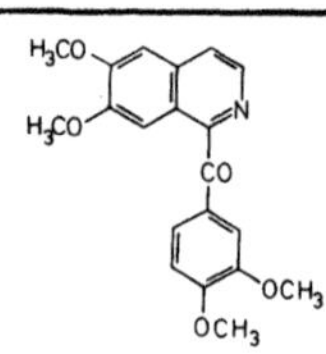
3,4-Dehydro-cotarnolin	$C_{11}H_9NO_3$	203	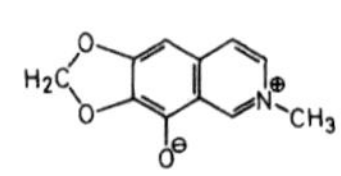
Narcotolin	$C_{21}H_{21}NO_7$	399	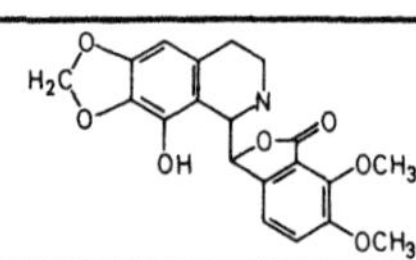
Narcein	$C_{23}H_{27}NO_8$	445	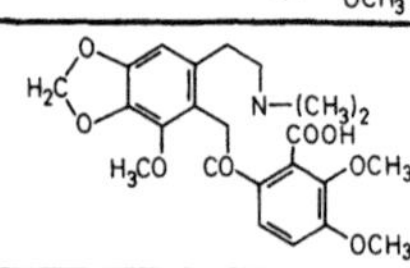
Pseudomorphin	$C_{34}H_{36}N_2O_6$	568	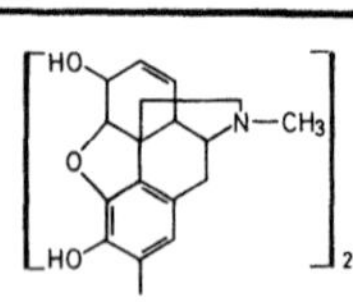

Tabelle 10.3. (Fortsetzung)

Name	Bruttoformel	MZ	Struktur
Hydromorphon	$C_{17}H_{19}NO_3$	285	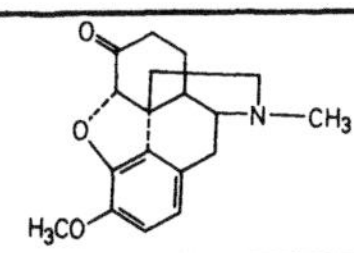
Codeinon	$C_{18}H_{19}NO_3$	297	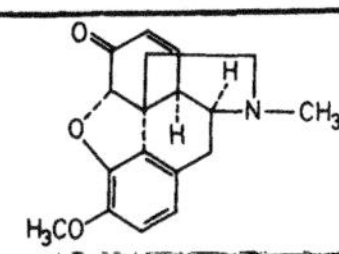
14-Hydroxydihydro-codeinon	$C_{18}H_{21}NO_4$	315	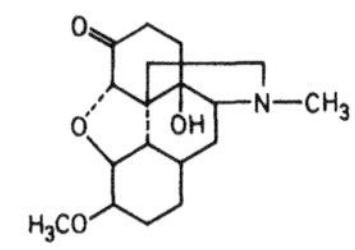
14-Hydroxycodein	$C_{18}H_{21}NO_4$	315	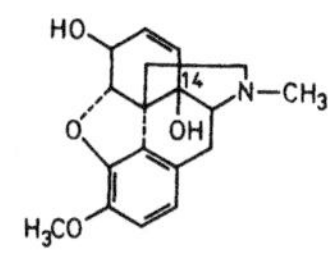
Isothebain	$C_{19}H_{21}NO_3$	311	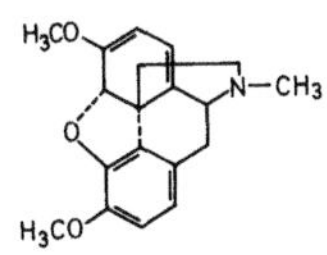
Cyclopenin	$C_{17}H_{14}N_2O_3$	294	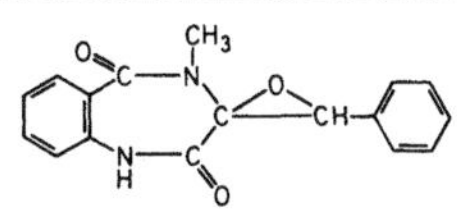
Lunarin	$C_{25}H_{31}N_3O_4$	437	
Ajmalin, rein, (Merck)	$C_{20}H_{25}N_2O_2$	325	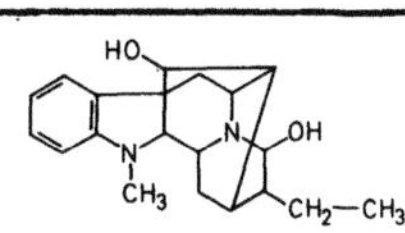
Brucin, reinst	$C_{23}H_{26}N_2O_4$	394	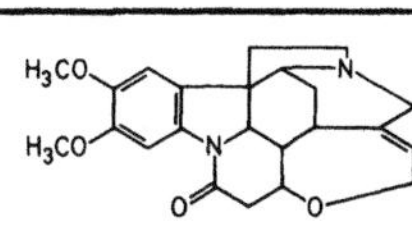

Flechteninhaltsstoffe

Name	Bruttoformel	MZ	Struktur
Methyläther-lecanorsäure-methylester	$C_{18}H_{18}O_7$	346	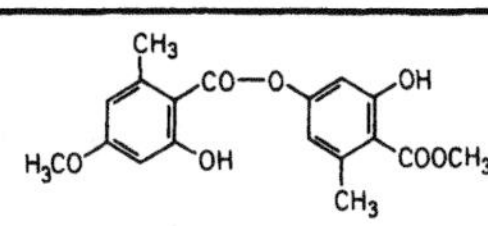

Tabelle 10.3. (Fortsetzung)

Name	Bruttoformel	MZ	Struktur
Evernsäure-methylester	$C_{18}H_{18}O_7$	346	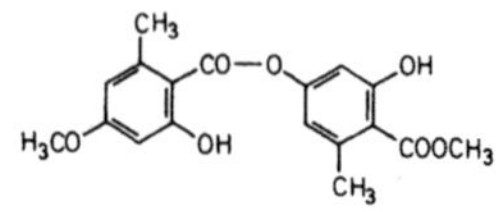
Methyläther-anziasäure	$C_{25}H_{32}O_7$	444	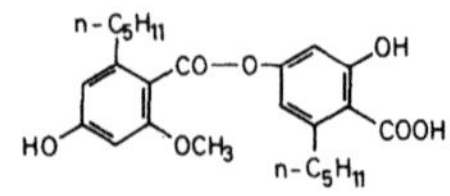
Confluentin-säuremethyl-ester	$C_{29}H_{38}O_8$	514	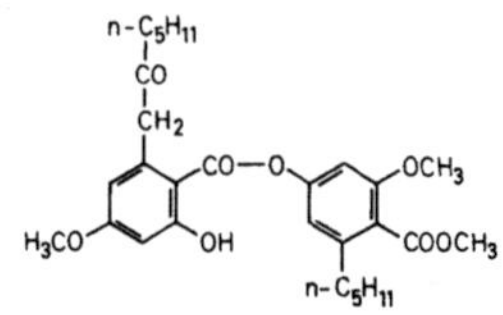
Atranorin	$C_{19}H_{18}O_8$	374	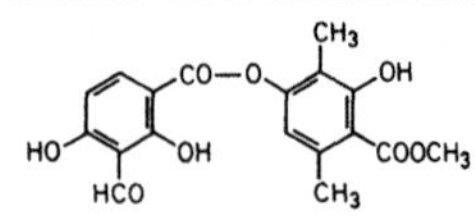
Squamatsäure-dimethyläther-dimethylester	$C_{23}H_{26}O_9$	446	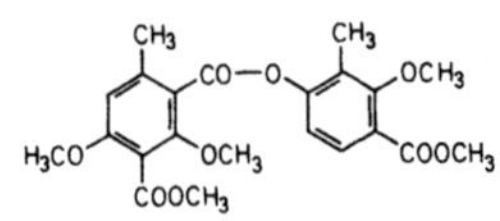
Sekikasäure-methylester	$C_{24}H_{30}O_8$	446	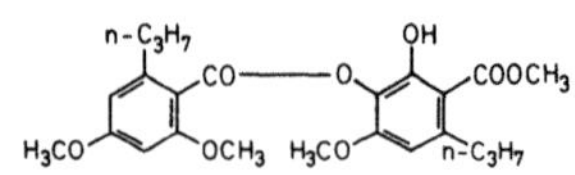
Peltigerin	$C_{26}H_{24}O_{10}$	496	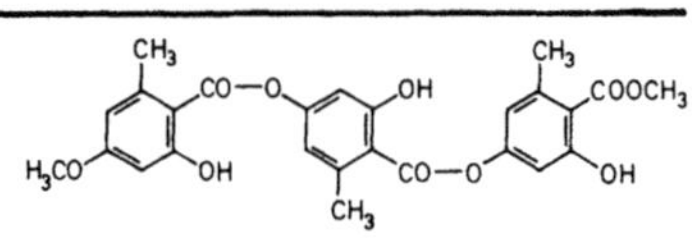
Lobarsäure	$C_{25}H_{28}O_8$	456	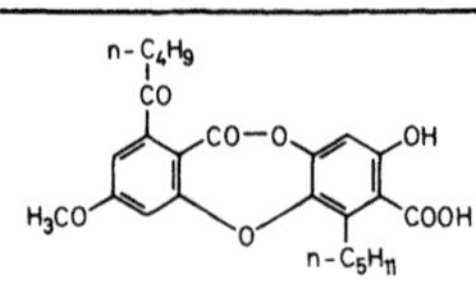
Physodsäure-methylester	$C_{27}H_{32}O_8$	484	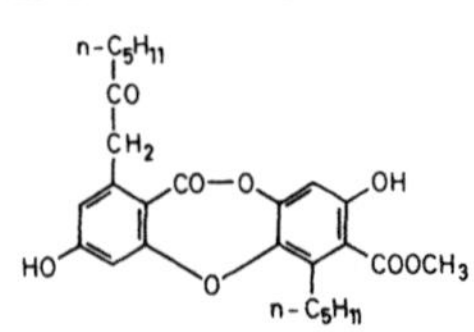
Diploicin-methyläther	$C_{17}H_{12}Cl_4O_5$	436	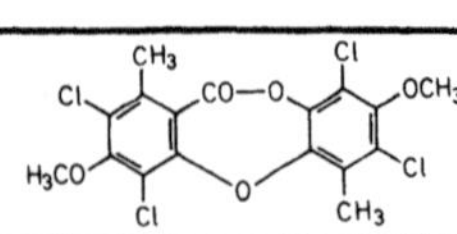

Name	Bruttoformel	MZ	Struktur
Pannarin	$C_{18}H_{15}ClO_6$	362	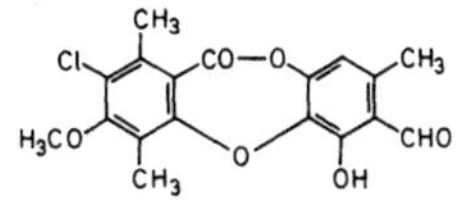
Stictinsäure	$C_{19}H_{14}O_9$	386	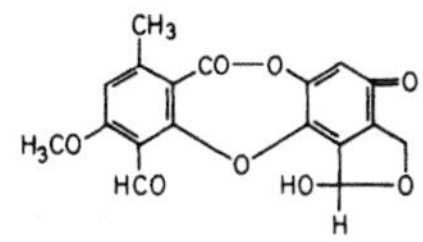
Stictinsäure-tetraacetat	$C_{27}H_{24}O_{14}$	572	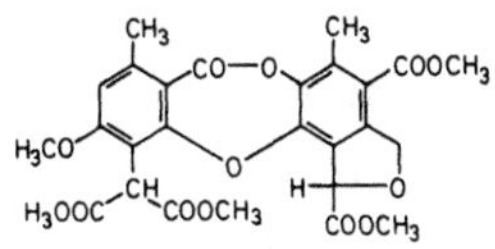
Norstictinsäure	$C_{18}H_{12}O_9$	372	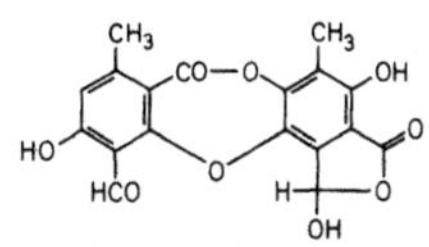
Parinsäure-dimethylester	$C_{20}H_{20}O_9$	404	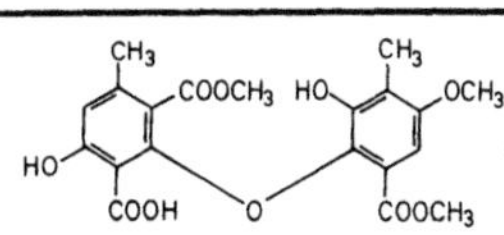
Tremuloidin	$C_{20}H_{22}O_8$	390	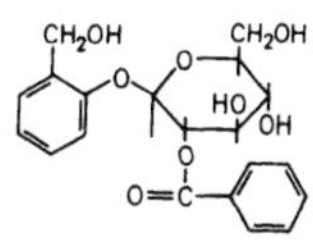
Salicyltremulo-idin	$C_{27}H_{26}O_{10}$	510	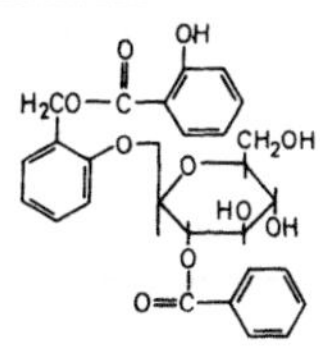
Populin	$C_{20}H_{22}O_8$	390	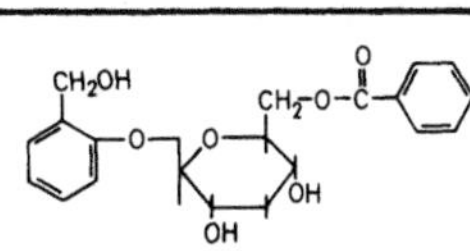
Gibberelline			
Gibberellin-säure	$C_{19}H_{22}O_6$	346	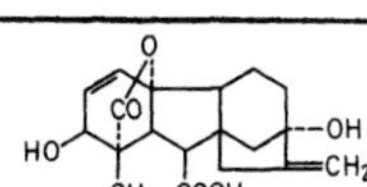

Tabelle 10.3. (Fortsetzung)

Name	Bruttoformel	MZ	Struktur
Gibberellin-säuremethyl-ester	$C_{20}H_{24}O_6$	360	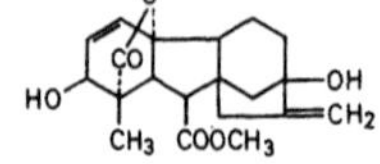
Epoxygibberellin-säuremethyl-ester	$C_{20}H_{24}O_7$	376	
Gibberellin-A_1-methylester-(mit A_3-methyl-ester)	$C_{20}H_{26}O_6$	362	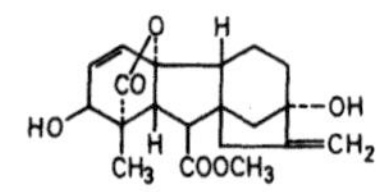
Diacetylgib-berellinsäure-methylester	$C_{24}H_{28}O_8$	444	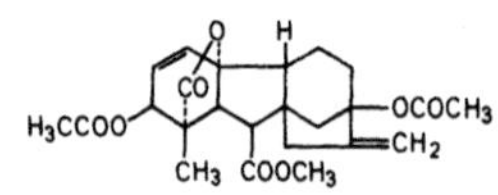
Gibberellin-A_3-glucosid-methylester	$C_{26}H_{34}O_{11}$	522	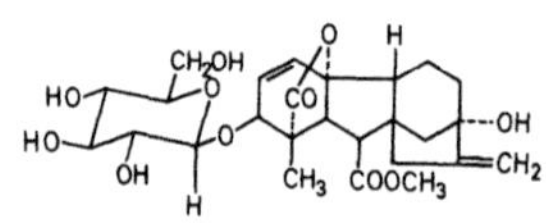
Gibberellin-A_3-glucosid-methylester-acetat	$C_{36}H_{44}O_{16}$	732	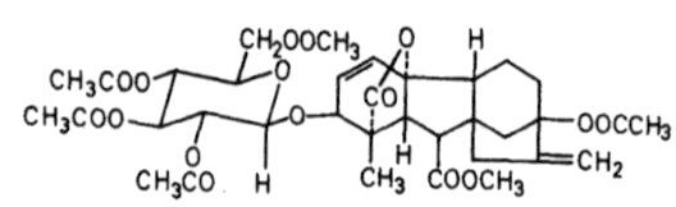
Gibberellin-A_7	$C_{19}H_{22}O_5$	330	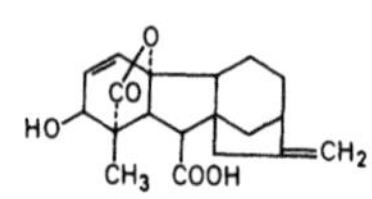
Gibberellin X	$C_{19}H_{22}O_7$	362	

Porphine

α-Formylocta-äthylporphin	$C_{37}H_{46}N_4O$	562	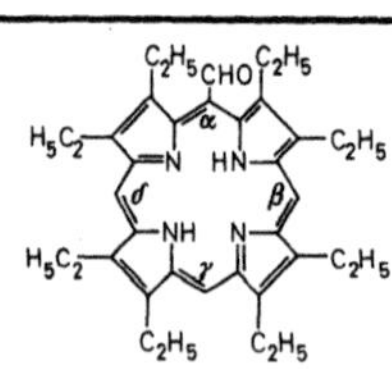

Name	Bruttoformel	MZ	Struktur
Rhodin-g_7-tri-methylester	$C_{37}H_{40}N_4O_7$	652	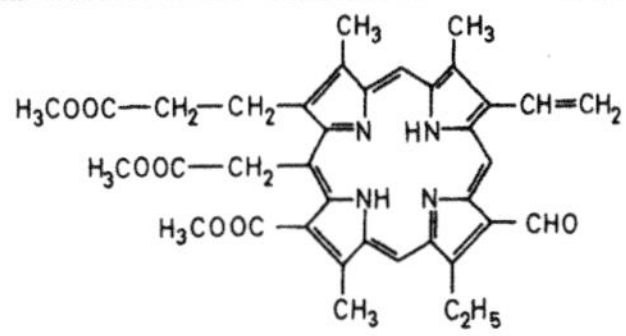
Cu-α-Formyl-octaäthyl-porphin	$C_{37}H_{44}CuN_4O$	623	
Pyromethylphäö-phorbid a	$C_{34}H_{36}N_4O_3$	548	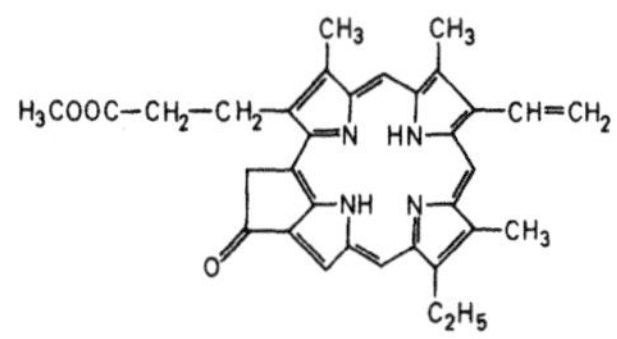

Phthalocyanine

Name	Bruttoformel	MZ	Struktur
Phthalocyanin	$C_{32}H_{18}N_8$	514	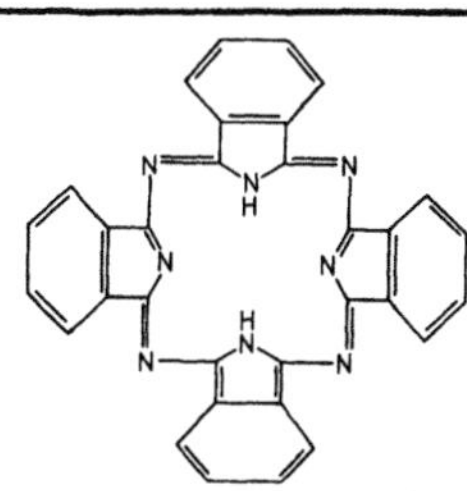
Cu-Phthalocyanin	$C_{32}H_{16}N_8Cu$	575	
Zn-Phthalocyanin	$C_{32}H_{16}N_8Zn$	576	
Pt-Phthalocyanin	$C_{32}H_{16}N_8Pt$	707	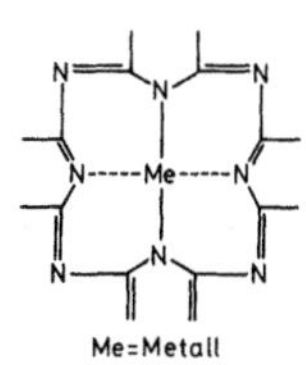
Pb-Phthalocyanin	$C_{32}H_{16}N_8Pb$	720	
Sn-Phthalocyanin	$(C_{32}H_{16}N_8)_2Sn$	1144	
Fe-Phthalocyanin	$C_{32}H_{16}N_8Fe$	568	
Ni-Phthalocyanin	$C_{32}H_{16}N_8Ni$	570	

Tabelle 10.3. (Fortsetzung)

Name	Bruttoformel	MZ	Struktur
Vanadyl-Phthalocyanin	$C_{32}H_{16}N_8OV$	579	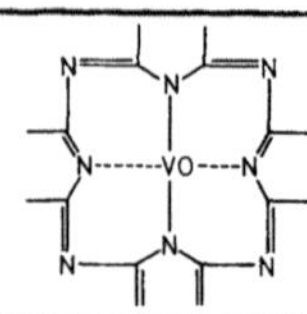
Aluminium-Phthalocyanin	$(AlC_{32}H_{17}N_8)_2O$	1094	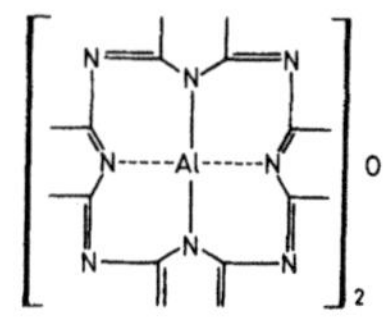
chlorierte Cu-Phthalocyanine (Cl bis Cl_{10})	$C_{32}H_{15}ClN_8Cu$	610	
	$C_{32}H_{14}Cl_2N_8Cu$	645	
	$C_{32}H_{13}Cl_3N_8Cu$	679	
	$C_{32}H_{12}Cl_4N_8Cu$	714	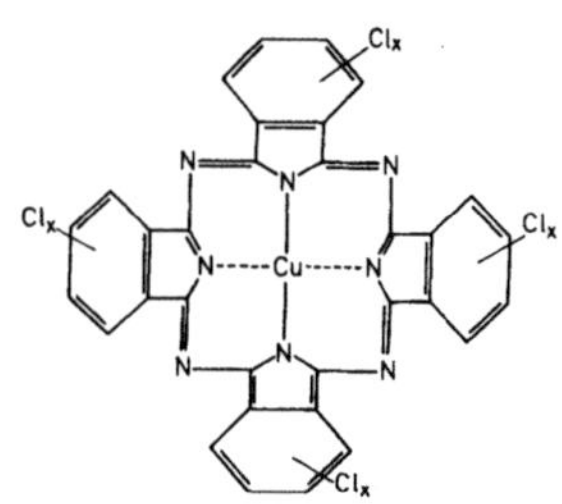
	$C_{32}H_{11}Cl_5N_8Cu$	748	
	$C_{32}H_{10}Cl_6N_8Cu$	783	
	$C_{32}H_9Cl_7N_8Cu$	817	
	$C_{32}H_8Cl_8N_8Cu$	852	
	$C_{32}H_7Cl_9N_8Cu$	886	
	$C_{32}H_6Cl_{10}N_8Cu$	920	

Vitamine

Name	Bruttoformel	MZ	Struktur
Vitamin-A-acetat	$C_{22}H_{32}O_2$	328	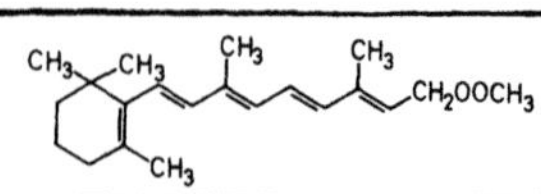
Vitamin B_2	$C_{17}H_{20}N_4O_6$	376	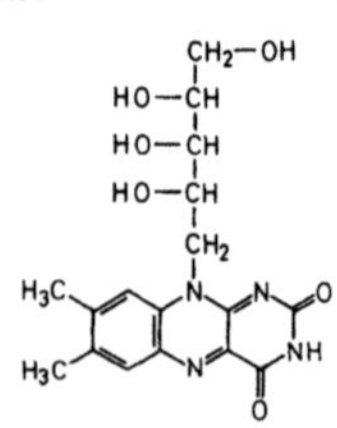

Name	Bruttoformel	MZ	Struktur
B-haltige Verbindungen			
1,2:3,4:5,6-Tris-(2,2'-biphenylylen)-borazol	$C_{36}H_{24}B_3N_2$	531	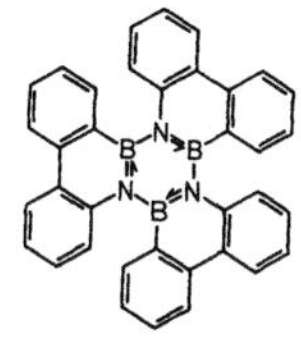

10.4. EA-Massenspektren in Tabellenform

Die Substanzen in dieser Tabelle sind nach steigender Kohlenstoffzahl geordnet. Außer der Bruttoformel ist der Substanzname und das abgerundete Molgewicht (MG), bezogen auf das häufigste Isotop angegeben. Die Doppelspalte hinter dem Molgewicht enthält die Massenzahl des intensivsten Peaks, der im Bereich des Molgewichts der Substanz auftritt. Der obere Zahlenwert bezieht sich auf die negativen Ionen, der untere auf die positiven. Dahinter sind, für beide Ionenarten getrennt, die Massenzahlen der häufigsten Peaks aufgeführt. Diese Massenzahlen sind nach fallender Intensität geordnet.

Bruttoformel	Substanz	MG	M^- / M^+	EA-Massenspektrum
CH_2O_2	Ameisensäure	46	45	45 32
$C_2H_2Br_4$	Tetrabromäthan	342		158 162 116 251 237 185 172 265 425
				160 186 265 105 107 104 173 346 121 127
$C_2H_4O_2$	Essigsäure	60	59	59 45 41 16 17
$C_2H_3DO_2$	Essigsäure (-D)	61	59	59 42 41 45
			61	28 43 60 45 61 31 59 36 57
$C_2H_5NO_2$	Glykokoll	75	74	74 59 41 45 68
$C_3H_2S_3$	1,2-Dithiol-thion-3	134	134	134 101 96 64 58 128 90 77 76 165
			134	58 64 69 76 134 101 90 108 127 166
$C_3H_4O_4$	Malonsäure	104	103	103 59 88 41 70

Tabelle 10.4. (Fortsetzung)

Bruttoformel	Substanz	MG	$\frac{M^-}{M^+}$	EA-Massenspektrum				
$C_3H_6O_3$	Milchsäure	90	89	89	179	161	251	112
$C_3H_6O_3$	Glycerinaldehyd	90	88	45	71	101	88	59
C_3H_6S	Methylvinylsulfid	74	73	32	59	57	47	64
				73	77	91	45	85
			74	74	59	27	47	45
				31	67	36	85	
C_3H_7NO	Dimethylformamid	73	72	31	62	72	49	90
$C_3H_7NO_2$	Sarcosin	89	88	88	59	45	72	
$C_3H_7NO_2$	Alanin	89	88	88	73	90	45	40
$C_3H_7NO_3$	Serin	105	104	104	74	71	88	58
$C_3H_8ClNO_2$	Sarcosinhydro-chlorid	125		35	37	88	70	72
$C_4H_4O_4$	Maleinsäure	116	115	46	115	98	66	71
				72	44	54	99	98
$C_4H_4N_2O_2$	Uracil	112	111	111	127	66	71	83
$C_4H_4N_2O_3$	Barbitursäure	128	127	85	127	67	68	71
				57	100	59	140	111
			128	80	128	85	68	57
				60	100	71	54	

Tabelle 10.4. (Fortsetzung)

Bruttoformel	Substanz	MG	M^- / M^+	EA-Massenspektrum				
$C_4H_5NO_2$	Succinimid	99	98	98	40	72	52	82
			99	56	99	38	44	70
$C_4H_5N_3O$	Cytosin	111	110	65	110	40	92	
$C_4H_6O_4$	Bernsteinsäure	118	117	117	73	46	58	96
				64	59	128	99	55
				74	55	45	100	60
$C_4H_7NO_4$	Asparaginsäure	133	132	87	98	132	113	72
$C_4H_8N_2O_3$	Glycylglycin	132	131	131	113	58	74	86
$C_4H_8O_2$	Buttersäure	88	87	87	59	41	175	71
$C_4H_8O_2$	Butendiol	88	87	69	87	175	45	157
$C_4H_9NO_3$	Threonin	119	118	118	74	56	100	85
$C_5H_4N_2O_4$	Orotsäure	156	156	156	111	65	138	
$C_5H_4N_4$	Purin	120	119	119	65	92	144	39
$C_5H_4N_4O$	Hypoxanthin	136	135	135	66	92	81	40
$C_5H_4N_4O_3$	Harnsäure	168	167	167	123	52	140	97

Bruttoformel	Substanz	MG	$\frac{M^-}{M^+}$	EA-Massenspektrum
$C_5H_4N_4S$	6-Mercaptopurin	152	151	58 151 117 65 92
$C_5H_4S_2$	2-Dithiopyron	128	128	128 130 57 94 76 83 144 42 70 49
			128	38 68 38,7 84 45 58 54 69 128 39
$C_5H_4S_2$	4-Dithiopyron	128	128	128 111 58 42 115 48 77 83
			128	128 102 84 58 69 45 76 96 63 51
C_5H_5N	Pyridin	79	78	50 78 64 94 45
$C_5H_5NO_2S$	Pyridin · SO_2	143		31 32 45 63 95
$C_5H_5N_5$	Adenin	135	134	134 117 64 90 81
$C_5H_5N_5O$	Guanin	151	150	40 66 150 134 79
$C_5H_6N_2O_2$	Thymin	126	125	125 82 54
$C_5H_6N_5O_4S$	Adeninsulfat	232		80 90 117 134 214
$C_5H_9NO_4$	Glutaminsäure	147	146	128 71 146 86 81
$C_5H_{11}NO_2$	D, L-Isovalin	117	116	116 101 85 70 54

Tabelle 10.4. (Fortsetzung)

Bruttoformel	Substanz	MG	$\frac{M^-}{M^+}$	EA-Massenspektrum
$C_5H_{11}N_3O_2$	ε-Guanidino-buttersäure	145		66 84 126 102 108
$C_6H_3N_3O_7$	Pikrinsäure	229		212 182 45 196 167
$C_6H_4J_2$	1,4-Dijodbenzol	330	330	330 203 127 128 142 254 152 177 154
$C_6H_4N_4O_3$	6-Nitro-4-hydroxy-benzotriazol	180	180	166 152 194 180 136
$C_6H_5NO_3$	2-Nitrophenol	139	139	92 122 139 46 42 109 64 50 53 76
			139	139 65 81 109 53 94 92 77 122 106
$C_6H_5NO_3$	4-Nitrophenol	139	139	46 139 108 121 92 105 51 65
			139	65 109 139 77 68 93 53 123 135
$C_6H_5N_3O$	5-Hydroxyimidazo-6-pyridin	135	134	134 64 79 89 107
C_6H_6	Benzol	78	77	73 75 77
$C_6H_6O_3$	Pyrogallol	126	125	139 125 96 108
$C_6H_6N_2O$	Nicotinsäureamid	122	121	121 78 44 102 65
$C_6H_6N_2O_2$	2-Nitranilin	138	138	46 138 121 108 91
			138	65 138 92 80 108

Tabelle 10.4. (Fortsetzung)

Bruttoformel	Substanz	MG	$\frac{M^-}{M^+}$	EA-Massenspektrum
$C_6H_6N_2O_2$	3-Nitranilin	138	138	138 46 121 90 91
				65 92 138 108 53
$C_6H_6N_2O_2$	4-Nitranilin	138	138	46 138 121 157 91
			138	65 92 138 108 80
$C_6H_7NO_3S$	Sulfanilsäure	173	172	172 81 139 155 107
			173	173 65 93 108 156
$C_6H_8N_2$	1,4-Phenylendiamin	108	107	107 90 50 78 65
$C_6H_8O_6$	Ascorbinsäure (Vitamin C)	176	175	98 159 175 114 84
$C_6H_{11}N_3O_4$	Diglycylglycin	189	188	71 110 115 188 96
$C_6H_{12}O$	trans-Hexen-3-ol-1	100	99	99 69 45 57 87
$C_7H_4D_2O_3$	Salicylsäure-D_2	140	138	137 92 138 64 120
			140	120 92 139 140 64
C_7H_5DO	Benzaldehyd-D_1	107		77 106 109 122 94 89 73 184 153 213
				41 43 57 85 71 73 114 132 107 105
$C_7H_5DO_2$	Benzoesäure-D_1	123	121	121 77 246 138 128 148 206 109
			123	77 105 123 51 68 95

Tabelle 10.4. (Fortsetzung)

Bruttoformel	Substanz	MG	$\frac{M^-}{M^+}$	EA-Massenspektrum
C_7H_5N	Benzonitril	103	102	16 26 50 74 102
			103	103 76 68 91 107
$C_7H_5NO_3$	3-Nitrobenzaldehyd	151	151	46 151 121 93 105 65 135 138 75 69
			151	77 105 151 65 51 92 135 122 121
$C_7H_5NO_3$	4-Nitrobenzaldehyd	151	151	151 121 46 92 105
			149	77 149 51 105 65
$C_7H_5NO_4$	2-Nitrobenzoesäure	167	167	93 167 137 46 150 120 106 76 65 123
			167	65 77 93 51 167 123 121 76 44 109
$C_7H_5NO_4$	3-Nitrobenzoesäure	167	167	150 167 106 76 46
			167	65 167 44 54 121
$C_7H_5NO_4$	4-Nitrobenzoesäure	167	167	167 46 137 120 93 76 150
			167	65 167 54 121 93 77 52 109 50 76
$C_7H_6D_2O$	Benzylalkohol (α, α-D_2)	110	109	109 77 49 90 93
			110	28 31 110 81 78 57 93 85 36 71
$C_7H_6N_4O_4$	2,4-Dinitrophenyl-hydrazon	300		182 152 278 233 165 261 122 163 179 161
				122 94 108 144 234 136 138 150 164 178

Tabelle 10.4. (Fortsetzung)

Bruttoformel	Substanz	MG	$\frac{M^-}{M^+}$	EA-Massenspektrum
$C_7H_6O_2$	Benzoesäure	122	121	121 77 244 93 137
			122	77 105 122 51 66
C_7H_7D	Toluol-D_1 (75% angereichert)	93	93	92 90 91 89 93
C_7H_7NO	Benzamid	121	120	120 77 116 107
$C_7H_7NO_4S$	4-Sulfamido-benzoesäure	201	201	185 93 156 137 121 81 276 201 64 124
			201	68 92 76 121 183 106 137 156 171 201
$C_7H_8N_4O_3$	prim. Theophyllin-N-oxyd	196	196	179 151 166 96 94 109 128 196 195
C_7H_8O	Benzylalkohol	108	107	107 77 45 89 49
$C_7H_8O_2$	Salicylalkohol	124	123	123 106 92 98 136
C_7H_8NO	1,2-Anisidin	123	122	66 90 107 122
			123	80 108 123 65 92 77 54 68 105 61,5
C_7H_8NO	1,4-Anisidin	123	122	107 122 120 90 79
			123	108 80 123 68 65
$C_7H_{11}NO_2$	Methyläthyl-succinimid	141	140	140 123 111 97 159
$C_7H_{12}BrNO_2$	Guvacolinhydro-bromid	221		79 81 96 46 140 65 160 154

Tabelle 10.4. (Fortsetzung)

Bruttoformel	Substanz	MG	$\frac{M^-}{M^+}$	EA-Massenspektrum
$C_7H_{12}ClNO_2$	Arecaidinhydro-chlorid	177		140 98 46 53 109 66 71
$C_7H_{12}N_2O_2$	Cycloheptandion-dioxim	156	154	138 108 124 154 66
			156	68 67 156 94 139
$C_7H_{14}O_2$	Isovaleriansäure-äthylester	130	129	101 129 83 41 45
				41 57 88 85 60 43 45 102 70 115
$C_7H_{15}NO_3Si$	4,6,11, 1,5-Triox-azasila-5-methyltri-cyclo-[3,3,3,$0^{1,5}$]-undecan	189	188	60 75 77 93 91 188 86 119 144 101
			189	146 174 189 116 68 104 158 130 91 100
$C_7H_{16}O$	n-Heptylalkohol	116	115	113 115 42 46 56
				70 56 55 43 69
$C_8H_3ClO_3$	4-Chlorphthalsäure-anhydrid	182	182	182 216 164 110 75 73 120 144 112 154
$C_8H_4N_2$	Phthalsäure-dinitril	128	128	128 26 50 74 101
$C_8H_4O_3$	Phthalsäure-anhydrid	148	148	148 76 120
$C_8H_5NO_2$	Phthalimid	147	147	147 90 102 115
$C_8H_5NO_2$	4-Cyanbenzoe-säure	147	147	147 102 131 120 76

Bruttoformel	Substanz	MG	$\frac{M^-}{M^+}$	EA-Massenspektrum
$C_8H_5NO_2$	Isatin	147	147	147 90 66 119 123 83 99 123 132 162
			147	92 119 64 68 77 147 54 76 105 182
$C_8H_6N_2O$	2-Cyanbenzamid	146	146	146 128 101 131 115 118 90
$C_8H_6O_4$	Phthalsäure	166	166	148 166 120
$C_8H_6O_4$	Isophthalsäure	166	166	165 166 121 148 76
			166	166 149 121 65 77
$C_8H_4D_2O_4$	Phthalsäure-D_2 (95% angereichert)	168	168	148 168 166 122 120
			168	76 104 124 106 78
$C_8H_6O_4$	Terephthalsäure	166	166	166 121
C_8H_7N	Benzylcyanid	117	116	116 59 89 50 101
$C_8H_7NO_3$	N-Formylanthranilsäure	165		138 59 66 96 81
$C_8H_7N_3O_3$	6-Nitro-4-methoxybenzimidazol	193	193	193 146 178 132 104
$C_8H_8N_2O_2$	Ricinin	164	164	149 66 134 90 106 148 147 119 118 164
$C_8H_8N_2O_2$	Phthalamid	164	163	147 128 163 102 131

Tabelle 10.4. (Fortsetzung)

Bruttoformel	Substanz	MG	$\frac{M^-}{M^+}$	EA-Massenspektrum
$C_8H_8N_4O_4$	Acetaldehyd-2,4-dinitrophenylhydrazon	224		182 166 207 163 152
C_8H_8O	Acetophenon	120	119	77 42 119 49 45 135 73 93 66 59
$C_8H_8O_2$	Phenylessigsäure	136	135	91 135 271 121 151
			136	91 65 136 68 63 71 118 226 105 167
$C_8H_8O_3$	Vanillin	152	151	108 151 136 92 122
$C_8H_8O_3$	Mandelsäure	152	151	134 151 90 74 77 107 121 118
			152	77 107 91 52 68 80 152 118 136 57
$C_8H_8O_4$	β-Resorcylsäure-methylester	168	167	108 91 79 135 51 167 65 152 150 123
			168	108 136 168 95 52
$C_8H_8O_4$	Orsellinsäure	168	167	167 122 123 181 134 104 94
C_8H_9NO	Acetanilid	135	134	59 90 134 148 65
			135	93 66 135 77 117
$C_8H_9NO_2$	4-Aminomethyl-benzoesäure	151	150	150 121 134 106 131
$C_8H_9NO_3$	D,L-3-OH-Phenylglycin	167	166	122 166 106 93 136

Tabelle 10.4. (Fortsetzung)

Bruttoformel	Substanz	MG	$\frac{M^-}{M^+}$	EA-Massenspektrum
$C_8H_9NO_3$	Vanillinoxim	167	166	134 105 148 166 118 89 123 95
			167	167 124 106 109 65 79 77 93 97 134
C_8H_9NS	Phenothiazin	199	198	198 96 166 128 213
C_8H_{10}	Xylol	106	105	105 89 49 104 121
			106	40 106 78 91 52
$C_8H_{10}N_2S$	N-Phenyl-N'-methyl-thioharnstoff	166	165	58 117 33 109 165
				64 123 96 90
$C_8H_{11}NO_3$	Pyridoxolbase	169	167	151 121 165 150 167
$C_8H_{16}N_2O_3$	Glycylleucin	188	187	187 130 114 143 168
$C_8H_{16}O_2$	Butylbutyrat	144	143	87 69 71 143 115 41 59 73 43 97
C_9H_6OS	Thiocumarin	162	162	162 133 196 118 146
			162	90 118 162 69 63 108 134 58 51 102
$C_9H_6O_2$	Cumarin	146	146	146 180 89 117 161
$C_9H_6O_4$	Ninhydrin	178	178	160 76 148 178 166
				50 76 104 132 57

Tabelle 10.4. (Fortsetzung)

Bruttoformel	Substanz	MG	$\frac{M^-}{M^+}$	EA-Massenspektrum
C_9H_7NO	8-Hydroxychinolin	145	144	144 114 160 89 65 58 109
C_9H_8O	Zimtaldehyd	132	132	45 132 121 147 103 77 115 144 75 59
			132	103 78 131 132 91 51 148 122 55 65
$C_9H_8O_4$	Acetylsalicylsäure	180	179	137 93 120 76 179
			180	120 92 138 180 163
C_9H_8S	3-Methylthionaphthen	148	146	109 146 133 163 101
$C_9H_9Cl_2N_3$	2-(2,6-Dichloranilino)-2-imidazolin	229	228	71 150 115 165 157 228 192 191 102 204
$C_9H_{10}Cl_3N_3$	2-(2,6-Dichloranilino)-2-imidazolin-hydrochlorid	265		71 73 150 165 115 157 192 75 46 129
$C_9H_{10}N_4O_4$	Aceton-2,4-dinitrophenylhydrazon	238	237	182 166 193 165 163 152 209 176 221 237
$C_9H_{10}O$	Propiophenon	134	133	77 121 133 149 55 93 103 59
			134	77 105 134 122 91
$C_9H_{10}O$	Zimtalkohol	134	132	132 45 59 115 119
$C_9H_{10}O_2$	Benzoesäureäthylester	150	149	77 121 46 44 149

Bruttoformel	Substanz	MG	$\frac{M^-}{M^+}$	EA-Massenspektrum
$C_9H_{10}O_4$	Everninsäure	182	181	181 136 105 93 122 164 167
			182	164 182 136 93 121
$C_9H_{10}O_4$	Orsellinsäure-methylester	182	181	122 181 150 105 93 149
			182	150 122 182 105 94
$C_9H_{10}S_2$	Phenyldithioessig-säuremethylester	182		167 66 64 111 109
$C_9H_{11}NO_2$	D,L-Phenylalanin	165	164	164 93 74 147 103
$C_9H_{11}N_3O_2$	Coffein, DAB 6	193	192	179 122 192 164 94 136 108 152 83 142
$C_9H_{12}N_2OS$	N-4-Methoxyphenyl-N'-methylthioharnstoff	196	195	58 118 132 195 90 107 64 96 145 153
$C_{10}H_7Br$	1-Bromnaphthalin	206	206	79 81 127 73 160 116 96 206 143
			206	127 206 208 82 77 101 74 87
$C_{10}H_7NO_2$	1-Nitroso-2-naphthol	173	173	173 155 143 127 131
			173	115 173 156 128 89
$C_{10}H_7NO_2$	2-Nitroso-1-naphthol	173	173	173 155 143 127 142
			173	115 156 173 128 101 143 89 56 77 63
$C_{10}H_8N_4O_5$	Picrolonsäure	264	263	247 234 208 164 190 136 137 177 203 217

Tabelle 10.4. (Fortsetzung)

Bruttoformel	Substanz	MG	$\frac{M^-}{M^+}$	EA-Massenspektrum
$C_{10}H_8$	Naphthalin	128	127	143 125 127
$C_{10}H_8N_2$	2,2'-Dipyridyl	156	154	154 50 74 102 171 74 139 57 127 76
			156	156 128 103 78 52 162 58 63 68 116
$C_{10}H_8O_4$	Scopoletin	192	191	177 133 105 191 149
$C_{10}H_9N$	1-Naphthylamin	143	142	142 138 114 158 101
$C_{10}H_9NO$	2-Methyl-8-chino-linol	159	158	158 174 129 115 42
			159	159 131
$C_{10}H_9NO_2$	Indolyl-3-essig-säure	175	174	62 174 130 90 114 155 93 144 146
			175	130 77 51 103 175 63 68 117 89 157
$C_{10}H_9N_3$	3-Anilinopyridazin	171	168	113 168 186 92
$C_{10}H_{10}N_2O$	Indolyl-3-acetamid	174	173	173 129 83 101 99
			174	130 174 77 103 169
$C_{10}H_{12}N_4O_3$	Acetonyltheo-phyllin	236	236	236 193 252 248 179
$C_{10}H_{12}O_2$	Phenylessigsäure-äthylester	164	163	163 117 135 91 45
$C_{10}H_{12}O_4$	Orsellinsäure-dimethyläther	196	195	195 181 122 136 106 151 163

Bruttoformel	Substanz	MG	$\frac{M^-}{M^+}$	EA-Massenspektrum
$C_{10}H_{13}N_5O_4$	Adenosin	267	266	134 117 176 189 266
$C_{10}H_{14}$	1,4-Cymol	134	133	133 117 149 77 91
$C_{10}H_{14}N_2O_3$	Äthylmethallyl-barbitursäure	210	209	155 68 181 209 112
$C_{10}H_{14}N_2O_3$	"cis"-Kalypnon	210	209	155 68 181 209 54
$C_{10}H_{14}N_4O_2$	6-Methoxy-8-äthyl-theophyllin	222		207 179
$C_{10}H_{14}O$	Thymol	150	149	149 133 298 276 162
$C_{10}H_{16}$	α-Pinen	136	135	151 135 83 97
$C_{10}H_{16}ClNO$	Ephedrinhydro-chlorid	201	200	200 71 164 107 77
$C_{10}H_{16}ClNO$	Pseudoephedrin-hydrochlorid	201	200	200 164 71 107 73
$C_{10}H_{16}N_2O_3S$	D-Biotin	244	243	243 210 196 237 178
$C_{10}H_{16}N_2O_8$	Äthylendiamin-tetraessigsäure	292		101 86 115 158 241
$C_{10}H_{18}O_4$	Sebazinsäure	202	201	201 156 184 59
$C_{10}H_{19}NO$	Lupinin	169	168	168 57 66 166 50 138 82 80 71

Tabelle 10.4. (Fortsetzung)

Bruttoformel	Substanz	MC	$\frac{M^-}{M^+}$	EA-Massenspektrum
$C_{10}H_{22}$	n-Decan	142	159	159 141
$C_{11}H_8O_3$	Ramentaceon	188	188	188 204 172 159 96
			188	188 132 134 106 160
$C_{11}H_8O_4$	Ramenton	204	204	204 190 238
			204	204 147 108 189 176
$C_{11}H_9NO_3$	3,4-Dehydro-cotarnolin	203	203	188 216 176 160 195 203 102 130 116 210
$C_{11}H_{13}NO_3$	Hydrocotarnolin	207	206	206 162 105 134
$C_{11}H_{13}NO_3$	Hydrastinin	207	206	160 147 144 115 172 206 131 105 190 90
$C_{11}H_{14}O_4$	Orsellinsäuremethyl-ester-dimethyläther	210	209	136 163 106 93 122 120 151 209 195
$C_{11}H_{15}F_3N_2O_4$	N-Trifluoracetyl-propylalanin-methylester	296	296	169 236 276 264 138 269 256 191 216 209
			296	166 139 237 296 194 211 142 149 199 265
$C_{11}H_{15}NO_2$	Diacetyldihydro-lutidin	193	191	191 221 177 207
$C_{11}H_{15}N_3O_4$	Cytisinnitrat	253		46 62 48 189 146
$C_{11}H_{16}O_2$	Butylhydroxyanisol	180	178	193 164 149 178 122
			180	165 180 137 91 127

Bruttoformel	Substanz	MG	$\frac{M^-}{M^+}$	EA-Massenspektrum				
$C_{11}H_{18}ClNO$	4-Methylephedrin-hydrochlorid	215	214	119	178	91	214	62
$C_{12}F_{27}N$	Perfluortributylamin	671		452	633	595	557	208
$C_{12}H_4N_4$	Tetracyanchinodimethan	204	204	204	179	154	168	193
$C_{12}H_6N_3S$	3,4-Diazaphenothiazin	224		200	141	123	173	168
$C_{12}H_8N_2$	2-Phenanthrolin	180	180	178	154	50	180	195
			180	180	154	129		
$C_{12}H_8O_4$	Bergapten	216	216	201	93	216		
$C_{12}H_8O_4$	Xanthotoxin	216	216	216	201	173	117	145
$C_{12}H_8S$	Dibenzothiophen	184	183	81	183	105	137	199
			184	184	139	152	158	69
$C_{12}H_9N$	Carbazol	167	166	166				
$C_{12}H_{10}$	Acenaphthen	154	153	153	169	77		
$C_{12}H_{10}$	Diphenyl	154	152	152	169	153	113	
$C_{12}H_{10}N_2O_2$	4-(4'-Nitrobenzyl)-pyridin	214	214	214	46	184	198	151
			214	214	167	141	156	184

Tabelle 10.4. (Fortsetzung)

Bruttoformel	Substanz	MG	$\frac{M^-}{M^+}$	EA-Massenspektrum
$C_{12}H_{10}N_4O_8$	3-Hydroxymethyl-pyridinpikrat	338		213 182 197 200 167 229 136 147 153
				109 228 91 97 199 127 184 136 141 212
$C_{12}H_{10}O_4$	Chinhydron	218		108 95 124 80 66
				107 81 137 135 95
$C_{12}H_{10}O_5$	Isopimpinellin	234	231	231 201 216 246
$C_{12}H_{11}N$	Diphenylamin	169	168	168 182 166 106 117
			169	169 66 77 51 141 115 92 104 154 128
$C_{12}H_{11}NO_3$	Phenylcyanbrenz-traubensäureäthyl-ester	217	217	116 143 188 217 128
			217	115 143 89 217 172 161 189 77 133 105
$C_{12}H_{12}$	1,4-Dimethylazulen	156	156	156 155
$C_{12}H_{12}N_2$	Benzidin	184	183	183 155
$C_{12}H_{12}N_2$	Hydrazobenzol	184	182	92 90 182 183 65 106 78 197 166 117
			184	77 65 92 184 81 51 104 157 169 119
$C_{12}H_{12}O_5$	3-(3',4'-Methylen-dioxyphenyl)-3-ketopropionsäure-äthylester	236	236	236 129 368 163 190 121 108 91 222 206
				562 576 453 548 439 467 135 485 590 376

Tabelle 10.4. (Fortsetzung)

Bruttoformel	Substanz	MG	$\frac{M^-}{M^+}$	EA-Massenspektrum					
$C_{12}H_{14}N_2O_4$	Benzimidazol-ribofuranosid	250	249	117	71	58	112	131
				159	211	176	200	249
			—					
$C_{12}H_{14}N_2O_4$	Benzimidazol-xylofuranosid	250	249	117	71	58	87	84
				100	130	147	172	249
			—					
$C_{12}H_{14}N_2O_4$	Benzimidazol-arabinofuranosid	250	249	117	71	249	89	101
			—					
$C_{12}H_{15}NO_3$	Hydrocotarnin	221	220	105	148	176	133	190
				162	220	118	204	93
			—					
$C_{12}H_{15}NO_4$	Cotarnin	273		188	160	105	176	202
				130	102	118		
			—					
$C_{12}H_{16}N_4O_3$	Theophyllin-N-oxid	264	264	247	264	221	205	151
			—					
$C_{12}H_{16}N_4O_7$	(S)-β-Pipecolin-pikrat	328	228[x)]	212	196	228	199	365
			—					
$C_{12}H_{17}NO_3Si$	4,6,11,1,5-Trioxaza-sila-5-phenyltri-cyclo-[3,3,3,$0^{1,5}$]-undecan	251	250	61	137	95	77	93
				155	91	104	120	250
			251	174	251	68	130	208
				220	163	91	73	104
$C_{12}H_{18}Cl_2N_4OS$	Aneurin (Vitamin B_1)	336	363	242	363	212	227	264
			—					
$C_{12}H_{18}O_4$	2-Methylolivetor-carbonsäure	238	237	219	237	223	193	163
				177	205			
			—					
$C_{12}H_{20}ClNO$	4-Äthylephedrin-hydrochlorid	229	192[xx)]	105	192	133	119	161
			—					

x) M-Pikrat = 228

xx) (M-1) - HCl = 192

Tabelle 10.4. (Fortsetzung)

Bruttoformel	Substanz	MG	M^- / M^+	EA-Massenspektrum				
$C_{12}H_{24}$	Tetrapropylen	168	167	167	85	41	153	
$C_{12}H_{24}O_2$	Laurinsäure	200	199	199	59	45	50	66
				71	181	83	109	99
			198	57	68	55	85	73
				60	183	96	198	138
$C_{12}H_{26}N_2O_4$	Brucin	394	394	279	364	322	336	294
				394	393	308	199	378
$C_{13}H_8N_2O_6S$	Di-4-Nitrophenyl-thioncarbonat	320		138	259	108	230	154
				91	214	122	182	243
$C_{13}H_9NO_4S$	0-4-Nitrophenyl-0'-phenylthion-carbonat	275		138	93	154	148	108
				58	96	214	122	128
$C_{13}H_{10}$	Fluoren	166	165	165	180			
$C_{13}H_{10}N_4$	1-Benzaldimino-2-aza-benzimid-azol	222	222	91	118	193	222	50
			222	90	165	77	222	103
$C_{13}H_{10}OS$	Thiobenzoesäure-phenylester	214	214	93	109	214	96	137
			214	105	121	77	94	214
$C_{13}H_{10}O_2$	Benzoesäure-phenylester	198	198	93	77	121	198	65
				109	213	153	169	62
			198	77	105	198	94	65
				51	275	141	154	
$C_{13}H_{10}O_2S$	Diphenylthion-carbonat	230	230	93	109	137	230	96

Bruttoformel	Substanz	MG	$\frac{M^-}{M^+}$	EA-Massenspektrum
$C_{13}H_{10}O_4$	Visnagin	230	229	215 229 244 119 131
$C_{13}H_{10}S_3$	Diphenyltrithio-carbonat	262	262	109 262 77 58 154
$C_{13}H_{11}NO$	Benzanilid	197	196	77 196 92 121 59
$C_{13}H_{11}NO_2$	N-Phenylanthranil-säure	213	213	213 46 227 197 91
			214	167 195 214 68 115 141 184 44 156 92
$C_{13}H_{12}N_2S$	Diphenylthio-harnstoff	228		58 64 96 128 117
$C_{13}H_{12}N_4O$	Diphenylcarbazon	240	240	77 133 105 91 149 240 120 210 182 161
			240	77 92 65 107 68 134 240 242 168 150
$C_{13}H_{12}O_2$	1-Methoxycarbonyl-4-methylazulen	200	200	200 123
$C_{13}H_{12}S$	Phenylbenzylsulfid	200	200	109 91 121 141 200
$C_{13}H_{18}O_7$	Salicin	286	285	106 123 268 161 100 113 285 142 137 178
$C_{13}H_{20}N_4O_2$	Hexyltheobromin	264	263	181 263 179 249 122 136 299 234 206 279
$C_{13}H_{25}N_3O_4$	Cuskhygrinnitrat	287	223[x)]	223 140 155

x) $(M-2) - (NO_3) = 223$

Tabelle 10.4. (Fortsetzung)

Bruttoformel	Substanz	MG	M^- / M^+	EA-Massenspektrum
$C_{14}H_{10}$	Anthracen	178	178	178 193
$C_{14}H_{10}$	Tolan	178	177	195 177 101
$C_{14}H_{10}O_2$	Benzil	210	210	210 46 77 66 50
			210	105 77 51 210 152
$C_{14}H_{12}$	Stilben	180	179	210 179 198 77 119
$C_{14}H_{12}$	Diphenyläthylen	180	179	179 77 195 89 101
			180	180 91 68 165 77
				65 105 136 102 108
$C_{14}H_{12}O_2$	Diphenylessigsäure	212	211	167 134 90 165 211
			212	167 68 212 152 91
$C_{14}H_{12}O_2$	Benzoin	212	212	212 77 193
$C_{14}H_{12}O_3$	Salicylsäure-benzylester	228	227	137 93 151 227
$C_{14}H_{12}O_5$	Khellin	260	259	230 245 162 118 174
				190 202 215 134 259
$C_{14}H_{14}N_2OS$	N-4-Methoxyphenyl-N'-phenylthio-harnstoff	258	257	58 118 90 122 150
				64 96 109 132 257
$C_{14}H_{15}NO_4$	Phtalyl-ε-amino-capronsäure	261	261	261 275 217
			261	160 148 77 199 243
				104 130 261 96 202

Bruttoformel	Substanz	MG	$\frac{M^-}{M^+}$	EA-Massenspektrum
$C_{14}H_{15}N_3$	Methylgelb	225	225	225 172 210
$C_{14}H_{17}NO_4$	4,6,7-Trimethoxy-3-äthyl-2-hydroxy-chinolin	263	262	109 123 397 165 179 289 275 485 232 262
			263	248 263 234 218 190 123 109 204 136 160
$C_{14}H_{18}N_2O_4$	Dimorphino-4-benzochinon	278	278	278 208 248 233 294
			278	278 193 248 235 220
$C_{14}H_{22}S$	Phenyl-octylsulfid	222		109 122 145 64 57
$C_{14}H_{28}O_2$	Myristinsäure	228	227	227 225
$C_{15}H_{10}O$	Diphenylcyclopropenon	206	206	206 66
				68 178 76 152 139
$C_{15}H_{10}O_3$	7-Hydroxyflavon	238	238	238 272 256
$C_{15}H_{10}O_5$	3,3',4'-Trihydroxy-flavon	270	270	270 252
$C_{15}H_{10}O_5$	5,7,4'-Trihydroxy-flavon	270	270	270 350 286 428
$C_{15}H_{10}O_7$	3,7,3',4',5'-Penta-hydroxyflavon	302	302	136 302 179 163 268 254 286 208 318 244
$C_{15}H_{10}O_8$	3,5,7,3',5'-Hexa-hydroxyflavon	318	318	318 179 302 288

Tabelle 10.4. (Fortsetzung)

Bruttoformel	Substanz	MG	$\frac{M^-}{M^+}$	EA-Massenspektrum
$C_{15}H_{10}S$	Diphenylcyclopropenthion	222	222	222 58 66 64 75
			222	222 178 84 145 165
$C_{15}H_{11}NO_3$	2-Furfurylamino-1,4-naphthochinon	253	253	172 145 253 115 188
			253	81 253 154 236 224 96 171 188 104 146
$C_{15}H_{12}OS$	Monothiodibenzoylmethan	240	239	239 270 137 445 256 151 121 414 224 340
			239	359 105 472 239 121
$C_{15}H_{14}N_4O_2S$	3-(4-Aminobenzolsulfonamido)-1-phenylpyrazol	314	313	313 92 156
$C_{15}H_{14}O_2S$	Di-4-Methylphenylthioncarbonat	258	258	107 151 123 127 91 243 258 58
$C_{15}H_{14}O_3S$	2,4-Dimethoxythiobenzoesäurephenylester	274	274	274 93 109 259 197
				165 181 94 137 148 109 222 258
$C_{15}H_{15}N_3O_2$	Methylrot	269	269	269 254 225
$C_{15}H_{16}N_2O$	α-Cyanzimtsäurepiperidid	240	240	240
$C_{15}H_{16}O_6$	2,2-Di-(4-hydroxyphenyl)-propan (Dian)	228	227	227 134 211 196 183
$C_{15}H_{18}O_4$	4-Methyläther-olivetonid	262	261	180 247 278 190 261
$C_{15}H_{20}ClN_2O$	Rhombifolinhydrochlorid	279	243[x)]	120 189 115 144 243
			244[xx)]	203 98 160 244 237

x) M - (HCl) = 243 xx) M - Cl =244

Tabelle 10.4. (Fortsetzung)

Bruttoformel	Substanz	MG	M^- / M^+	EA-Massenspektrum
$C_{15}H_{24}N_2O$	Sophacarpin	248	247	247 96
$C_{15}H_{24}N_2O$	Matrin	248	247	247 96
$C_{15}H_{25}ClN_2O_5$	Lupaninperchlorat	348		99 247
$C_{16}H_{10}$	Pyren	202	202	202 217
$C_{16}H_{10}$	Fluoranthen	202	202	202 148 217
$C_{16}H_{10}Cl_4O_5$	Diploicin	424	422	386 388 390 422 424 426
				387 389 359 361 424 422 267 269 345 343
$C_{16}H_{11}N_3O_3$	4-Nitrobenzolazo-1-naphthol	293	293	293 137 276 116 265
				144 138 65 115 265
$C_{16}H_{12}O_5$	Parietin	284	282	282 268
$C_{16}H_{12}O_6$	3,4,3',4'-Bismethylendioxybenzoin (Piperoin)	300	298	298 300 121 91 281
			300	93 149 65 121 300 77 166 298 135 266
$C_{16}H_{12}O_7$	3,5,3',4'-Tetrahydroxy-7-methoxyflavon	316	315	330 315 300 179 285
$C_{16}H_{12}O_8$	Europetin	332	332	332 370 178 355 255

Tabelle 10.4. (Fortsetzung)

Bruttoformel	Substanz	MG	$\frac{M^-}{M^+}$	EA-Massenspektrum
$C_{16}H_{12}S$	1-Naphthylphenylsulfid	236	235	159 235 175 190 140 299 251 202 217 267
$C_{16}H_{14}O_7$	Lecanorsäure	318	317	167 122 150 139 180 317 318
			318	150 122 168 94 109 184 198 210 223 318
$C_{16}H_{15}NOS$	3-Butyrylphenothiazin	269	268	268 197 166 285 339
$C_{16}H_{18}N_4O_4$	Isoalloxazin-10-acetaldehydäthylhemiacetal	330	326	241 284 256 326 198 71 50 46 228 222
$C_{16}H_{18}O_4$	2,2',6,6'-Tetramethoxydiphenyl	274	273	213 197 121 157 183 273
			274	274 151 91 228 243
$C_{16}H_{18}S$	Dixyloylsulfid	242	241	137 109 241 123 105 153 64 257 169 165
$C_{16}H_{19}NO_4$	Benzoylecgonin	289	288	184 121 288 87 101
$C_{16}H_{20}N_2O_5$	Pyridoxolbase	320		302 272 286
$C_{16}H_{20}S$	1-Naphthyl-n-hexylsulfid	244	243	159 117 175 147 109 143 243 191 182 259
$C_{16}H_{20}S$	2-Naphthyl-n-hexylsulfid	244	243	159 103 175 117 243 148 143 109 190 219
$C_{16}H_{21}N$	Isomorphinan	227	226	256 143 120 211 131

Tabelle 10.4. (Fortsetzung)

Bruttoformel	Substanz	MG	M^- / M^+	EA-Massenspektrum
$C_{16}H_{22}O_4$	Phthalsäure-dibutylester	278	278	278 148 165 221 206 161 203 175 137 247
$C_{16}H_{22}O_5$	Olivetorsäure-dimethyläther	294	292	279 180 292 193 208
$C_{16}H_{30}O_4$	1-Methyltridecan-disäure-(1,13)-dimethylester	286	285	285 253 271 221 239 165 181 153 227 278
$C_{16}H_{32}O_2$	Palmitinsäure	256	255	255 227 241
$C_{16}H_{30}D_2O_2$	Palmitinsäure-D_2 (64% angereichert)	258	256	256 194 228 292 242
$C_{16}H_{34}$	n-Hexadecan	226	243	243
$C_{16}H_{34}S$	Di-n-acetylsulfid	258		145 159 177 109 122
$C_{16}H_{34}S_2$	Dioctyldisulfid	290		145 177 159 131 109
$C_{17}H_{12}Cl_4O_5$	Diploicin-dimethyl-äther	438	438	423 421 438 425 436 440 401 399 395 372
$C_{17}H_{14}N_2O_3$	Cyclopenin	294	294	175 217 148 294 236
				119 68 57 161 83
$C_{17}H_{16}O_7$	Evernsäure	332	329	167 329 178 150 212
$C_{17}H_{17}NOS$	β-Aminophenyl-thiozimtsäure-äthylester	283	282	254 282 42 109 160 220 131 58 135 178
			283	93 282 283 121 238 254 162 105 77 178

Tabelle 10.4. (Fortsetzung)

Bruttoformel	Substanz	MG	$\frac{M^-}{M^+}$	EA-Massenspektrum
$C_{17}H_{19}NO_3$	Morphin	285	283	283 209 225 267 301
$C_{17}H_{19}NO_3$	Hydromorphon	285	285	285 227
$C_{17}H_{20}N_2O_2S$	Prothanon	316		178 166 64 230 141 153 183 102 77 244
			316	72 68 85 167 180 316 244 231 152 186
$C_{17}H_{20}N_2S$	Isoprothazin	284	283	197 166 238 226 134 210 211 283 299 118
$C_{17}H_{20}N_2S$	Prothazin	284	283	197 212 134 166 238 210 283 268 109 183
$C_{17}H_{20}N_4O_6$	Lactoflavin (Vitamin B_2)	376	376	242 376 256
$C_{17}H_{23}F_6N_3O_7$	N-Trifluoracetyl-glutamyl-(γ-methyl-ester)-lysin-(ε-N-tri-fluoracetyl)-methylester	495	493	479 698 255 347 617 493 574 402 266 281
				180 213 197 152 257 223 435 240 330 207
$C_{17}H_{23}NO$	3-Hydroxy-N-methylmorphinan	257	256	256 197 157
$C_{17}H_{23}NO_3$	Atropin	289	288	147 258 165 119 103 140 133 288
$C_{17}H_{28}F_3N_3O_5$	N-Trifluoracetyl-glycylleucylleucin-methylester	411		391 335 351 242 282 238 195 169 180 294
				239 197 355 330 225 299 352 285 267 326

Bruttoformel	Substanz	MG	$\frac{M^-}{M^+}$	EA-Massenspektrum
$C_{17}H_{32}O_4$	Rocellsäure	300	299	313 285 299 330 343
$C_{18}H_8S_4$	Tetrathio-tetracen	352	352	290 354 352 177 142 179 128 305 320 384
			352	228 182 202 352 193
$C_{18}H_{12}$	Chrysen	228	226	226 243 202 200
$C_{18}H_{12}N_2O_2$	Brevicid X	288	288	234 288 168 260
$C_{18}H_{12}O_9$	Norstictinsäure	372	372	343 328 372 150 193 178 271
			372	372 354 326 179 298 270 216 242 95 122
$C_{18}H_{12}O_{10}$	Salazinsäure	388		313 285 330 299 343 357 193 255 271 240
$C_{18}H_{14}$	Terphenyl	230	228	228 152 245 138 202
$C_{18}H_{14}O_8$	Psoromsäure	358	357	285 313 193 330 343 299 357
$C_{18}H_{14}S_2$	1,3-Triphenylthio-äther	294		109 140 217 185 96
			294	294 184 110 152 218
$C_{18}H_{15}ClO_6$	Pannarin	362	362	326 362 364 298 150
			362	362 122 364 334 178 319 184
$C_{18}H_{16}O_7$	Usninsäure	344		329 311
			344	233 344 260 124 95

Tabelle 10.4. (Fortsetzung)

Bruttoformel	Substanz	MG	M^- / M^+	EA-Massenspektrum
$C_{18}H_{16}O_7$	Hypoprotocetrarsäure	344	344	329 311 344 180
$C_{18}H_{18}O_2$	Equilenin	266	265	265 280 249 296 184
$C_{18}H_{18}O_7$	Evernsäuremethylester	346	346	181 149 164 136 346
			346	165 150 182 122 346 94 136 109
$C_{18}H_{20}O_2$	Equilin	268	267	267 223 237 251 182
$C_{18}H_{20}O_3$	Gibberinsäure	284	283	283 239 256 266 298
$C_{18}H_{21}NO_3$	Codein	299	298	298 223 209 197 268
$C_{18}H_{21}NO_3$	Neopin	299	298	298 226 211 240
$C_{18}H_{21}NO_4$	Oxykodon	315		299 225 301 285
$C_{18}H_{21}NO_4$	14-Hydroxycodein	315	313	223 208 252 239 313 266 198 185 159 66
			315	70 315 229 188 58 44 175 258 214 179
$C_{18}H_{21}NO_4$	14-Hydroxydihydrocodeinon	315	315	315 46 97 66 255
			315	315 230 140 78 258 188 201 84 98 112
$C_{18}H_{22}O_2$	Oestron	270	269	269 171 183 268

Bruttoformel	Substanz	MG	$\frac{M^-}{M^+}$	EA-Massenspektrum
$C_{18}H_{24}O_2$	3,17α-Oestradiol	272	271	271
$C_{18}H_{24}O_2$	3,17β-Oestradiol	272	271	271
$C_{18}H_{24}O_3$	3,16α,17β-Oestriol	288	287	284 287 257
$C_{18}H_{24}O_3$	5α,10α-Epoxyoestra-3β,17β-diol	288	288	273 255 288 217 304
$C_{18}H_{34}O_2$	Elaidinsäure	282	281	281 183 157 265 317
$C_{18}H_{34}O_2$	Ölsäure	282	281	281 171 143 253 255
$C_{18}H_{36}$	n-Octadecen-1	252	251[x)]	251 269 99 113
$C_{18}H_{36}$	n-Dodecylcyclohexan	252		269
$C_{18}H_{36}O_2$	Stearinsäure	284	283	283 281
			284	60 57 73 85 129 97 87 284 68 115
$C_{18}H_{38}O$	Stearylalkohol	270	269	267 269
				55 57 71 83 97 111 125 80 139 153
$C_{19}H_{14}OS$	4-Phenylthiobenzoesäurephenylester	290	290	93 109 290 213 197
				197 181 94 153 125

x) außer dem Ionisierungsmechanismus (M-1) = 251 tritt auch ($M+OH^-$) = 269 auf.

Tabelle 10.4. (Fortsetzung)

Bruttoformel	Substanz	MG	$\frac{M^-}{M^+}$	EA-Massenspektrum
$C_{19}H_{14}O_5$	Vulpinsäure	322	321	262 263 290 321 306 90 234 174
			322	145 290 322 117 178 234 89
$C_{19}H_{14}O_9$	Stictinsäure	386	386	386 357 345 313 371 193
			386	193 184 386 142 191
$C_{19}H_{16}O_7$	Porphyrilsäure-methylester-methyläther	356		341 326 271 312
			356	356 327 310 282 297
$C_{19}H_{17}ClO_8$	Chloratranorin	408	407	372 212 178 150 184 186 195 407 409
$C_{19}H_{18}O_8$	Atranorin	374	374	178 374 373 150 115
			374	164 179 196 136 150 374 108 94
$C_{12}H_{18}O_9$	Squamatsäure	390	389	211 208 375 181 193 166 389
				164 138 182 121 107 191 208 93 226 149
$C_{19}H_{19}N_5O_7$	2,3-(3'-Methyl)-tetramethylen-1,2-dihydrochinazoliniumpikrat	429	199[x)]	212 182 196 136 167 199 152 228 156,3 361
				156 183 168 143 129 229 199 91 115 105
$C_{19}H_{19}N_7O_6$	Folsäure	441		177 229 288 296 203 268 264 253 322 217

x) M - (2 H + Pikrat) = 199

Tabelle 10.4. (Fortsetzung)

Bruttoformel	Substanz	MG	M^- / M^+	EA-Massenspektrum
$C_{19}H_{21}NO_3$	Thebain	311	310	254 283 310 296 239
$C_{19}H_{21}NO_3$	Isothebain	311	311	253 282 327 238 209 296 311 310 264 222
$C_{19}H_{21}NO_4$	14-Methoxycodeinon	327	329	329 66 312 237 121
			328	68 76 84 86 312
$C_{19}H_{22}O_5$	Gibberellin A_7	330	330	330 286 267 312 223
$C_{19}H_{22}O_5$	Gibberellinsäure A_5	330	329	329 284 239 345
$C_{19}H_{22}O_6$	Gibberellinsäure A_3	346	346	346 302 284 239 258
$C_{19}H_{22}O_6$	Gibberellin A_3	346	346	346 332 318 302 300
$C_{19}H_{22}O_6$	Gibberellinsäure A_6	346	345	345 239 230 300 256
$C_{19}H_{24}O_2$	Oestronmethyläther	284	283	283 239 282 253 267 225 251 211
$C_{19}H_{24}O_3$	Andrenosteron	300	298	298 177 314 342 284
$C_{19}H_{24}O_5$	Gibberellin A_4	332	331	331 346 286
$C_{19}H_{24}O_7$	Gibberellinsäure A_8	364	363	363 334 362 282 344 300 304 316

Tabelle 10.4. (Fortsetzung)

Bruttoformel	Substanz	MG	M^- / M^+	EA-Massenspektrum
$C_{19}H_{26}O_2$	Δ^4-Androsten-3,17-dion	286	285	285 300 269 257 229
$C_{19}H_{26}O_3$	Oestriolmethyläther	302	301	301 271 303 285 315
$C_{19}H_{26}O_6$	Gibberellinsäure A_2	350	349	349 331 286 364 320
$C_{19}H_{28}O_2$	Testosteron	288	287	287 259 269
$C_{19}H_{28}O_2$	17α-Hydroxyandrost-4-en-3-on	288	287	287 302 301 286 259 269 249
$C_{19}H_{28}O_2$	17β-Hydroxyandrost-4-en-3-on	288	287	287
$C_{19}H_{28}O_3$	Testosteron-6β-ol	304	302	302 301
$C_{19}H_{30}N_2O_6S$	3-[4'-Dimethylamino-4'-methylpentyl-(2')-carbonyl]-6,7-dimeth-oxy-1-thia-isochroman-1,1-dioxid	414	414	214 243 414 179 164 199 226 315 396 135
$C_{19}H_{30}O_2$	3α-Hydroxy-5α-androstan-17-on	290	289	289 271 261
$C_{19}H_{30}O_2$	3β-Hydroxy-5α-androstan-17-on	290	289	289
$C_{19}H_{31}F_3N_4O_7$	N-Trifluoracetyl-serylglycylleucyl-valin-methyl-	484		464 369 408 424 446 199 341 394 434 306
				130 324 209 154 239 167 141 352 282 184

Bruttoformel	Substanz	MG	$\frac{M^-}{M^+}$	EA-Massenspektrum
$C_{19}H_{32}O$	5α-Androstan-3α-ol	276	275	275
$C_{19}H_{32}O$	5α-Androstan-3β-ol	276	275	275 111 205
$C_{19}H_{32}O$	5β-Androstan-3α-ol	276	275	275
$C_{19}H_{32}O$	5β-Androstan-3β-ol	276	275	275
$C_{19}H_{32}O_2$	Aetiocholanolon	290	289	289 271 261
$C_{19}H_{34}O_2$	9,12-Linolsäure-methylester	294	293	293 83 261 97 295 167 279 111 253
$C_{20}H_{10}Cl_2O_5$	3',6'-Dichlor-fluorescein	400	400	286 250 320 356 216 390 400 172 178 215
$C_{20}H_{12}$	Benzopyren	252	252	252
$C_{20}H_{12}O_5$	3,6-Dioxyfluoran	332	332	332 259 149 137
				74 104 110 78 108 123 287 186 137
$C_{20}H_{14}N_4O_2$	3-Benzoyl-5-benz-aminoimidazo-[b]-pyridin	342	342	237 77 132 159 342
$C_{20}H_{16}N_4$	Nitron	312	312	117 195 312 132

Tabelle 10.4. (Fortsetzung)

Bruttoformel	Substanz	MG	$\frac{M^-}{M^+}$	EA-Massenspektrum
$C_{20}H_{16}O_6$	Pinastrinsäure	352	351	320 292 293 336 262 249 351 290
			352	320 352 208 145 264 290 175 117
$C_{20}H_{18}NO_4$	Berberin	336		365 395 193 341 369
$C_{20}H_{18}O_8$	Psoromsäuremethylestermethyläther	386	386	386 358 327 299 365
$C_{20}H_{20}Cl_2O_7$	Permethyltumidulin	442	406[x)]	181 195 149 225 406
$C_{20}H_{20}O_7$	Hypoprotocetrarsäuremethylestermonomethyläther	372	372	372 358 340 323
$C_{20}H_{20}O_9$	Parinsäuredimethylester	404	404	193 210 404 180 162
$C_{20}H_{21}NO_4$	D,L-Tetrahydroberberin	339	338	304 320 291 278 134 263 234 338
$C_{20}H_{21}NO_4$	Papaverin	339	338	323 309 352 294 279 264 250 338 234 222
$C_{20}H_{21}NO_5$	3,4-Dihydropapaveraldin	355	355	355 340 148 371 325
$C_{20}H_{22}ClNO_4$	Papaverinhydrochlorid	339/375	338/375	309 322 323 294 279 187 121 172 264 250
			339	339 151 325 310 202 85 97 353 294 111

x) M - HCl = 406

Bruttoformel	Substanz	MG	$\frac{M^-}{M^+}$	EA-Massenspektrum
$C_{20}H_{22}O_7$	Lecanorsäure-methylester-trimethyläther	374	376	181 136 149 164 346 195 332 360 376 233
			—	
$C_{20}H_{22}O_8$	Populin	390	390	121 160 177 494 390
			—	
$C_{20}H_{22}O_8$	Tremuloidin	390	390	121 267 390 284 494
			—	
$C_{20}H_{23}NO_4$	3,4-Dihydro-papaverin	341	339	310 327 160 296 339 174 148 280 353 266
			341	192 326 341 151 206 178 312 202 296 357
$C_{20}H_{24}O_6$	Gibberellinsäure-methylester A_6	360	360	360
			—	
$C_{20}H_{24}O_7$	Epoxygibberellin-säuremethylester	376	376	376 333
			—	
$C_{20}H_{25}NO$	Laudanin	343	342	342 339 161 174 176 312 328 189
			—	
$C_{20}H_{25}N_2O_2$	Ajmalin	325	325	325 297 279 144 196
			—	
$C_{20}H_{26}O_6$	Gibberellin-A_1-methylester	362	360	360 316 346 330 302
			—	
$C_{20}H_{26}O_7$	Gibberellinsäure-A_8-methylester	378	378	360 347 275 316 284
			—	
$C_{20}H_{27}ClO_2$	Oral-Turinabol	334	334	319 334 301 154
			—	

Tabelle 10.4. (Fortsetzung)

Bruttoformel	Substanz	MG	$\frac{M^-}{M^+}$	EA-Massenspektrum
$C_{20}H_{27}ClO_3$	15-OH-Oral-Turinabol	350	350	350 335 299 317 332
				91 87 155 106 119 95 109 147 135 177
$C_{20}H_{28}O_2$	Dehydroabietinsäure	300	299	299 265 286 362 330
			300	285 239 300 197 141 117 159 129 95 87
$C_{20}H_{30}O_2$	17α-Methyltestosteron	302	301	301 285 123 231
			302	124 302 107 245 95 161 229 179 137 145
$C_{20}H_{30}O_2$	Abietinsäure	302	301	301 274 316 332 85
			302	105 93 136 121 302 285 239 143 159 259
$C_{20}H_{32}O_2$	17α-Methyl-Δ^5-androsten-3β,17β-diol	304	303	303 191 148 287 151
$C_{20}H_{32}O_4$	Dihydroxyabietinsäure	336	336	58 71 250 173 99 275 123 235 336 159
$C_{20}H_{34}O$	Manool	290	289	289 97 85 219
$C_{20}H_{34}O_2$	Larixol	306	305	305 151 287 271 235
$C_{20}H_{34}O_6$	Tetrahydroxyabietinsäure	370	369	316 369 351 333 298 235 323 153 239 305
			370	155 180 298 236 245 291 316 195 109 138

Tabelle 10.4. (Fortsetzung)

Bruttoformel	Substanz	MG	$\frac{M^-}{M^+}$	EA-Massenspektrum
$C_{20}H_{36}O_2$	Sclareol	308	307	307 97 113 85
$C_{20}H_{40}O_2$	Arachinsäure	312	311	311
$C_{20}H_{40}O_2$	Stearinsäure-äthylester	312	311	283 265 237 255 311
$C_{20}H_{42}$	2-Methylnonadecan	282	299	299
$C_{20}H_{42}$	3-Methylnonadecan	282	299	299
$C_{21}H_{16}$	20-Methylchol-anthren	268	266	266 252
$C_{21}H_{21}NO_6$	Rhoeadin	383	382	317 204 176 279 350 353 251 222 307 382
$C_{21}H_{21}NO_6$	Hydrastin	383	379	131 144 160 174 188 204 413 377 379
$C_{21}H_{21}NO_7$	Narcotolin	399	399	205 149 194 399
$C_{21}H_{22}O_7$	Hypoprotocetrar-säuremethylester-methyläther	386	386	386 371 356 343 327
$C_{21}H_{23}NO_5$	Chelidonin	369		352 246 291 274 290
$C_{21}H_{23}NO_5$	Cryptonin	369	369	339 296 310 267 368

Tabelle 10.4. (Fortsetzung)

Bruttoformel	Substanz	MG	M^- / M^+	EA-Massenspektrum
$C_{21}H_{23}N_3O_5$	Strychninnitrat	357		349 333 291
$C_{21}H_{24}O_7$	Acetylgibberellinsäure	388	387	328 313 284 387 239
$C_{21}H_{24}O_7$	Divaricatsäure	388	386	193 179 152 166 164 210 356 370 312 297
$C_{21}H_{25}NO_7$	Narcotolindiol	403	402	181 148 206 196 165 372 188 385 342 402
$C_{21}H_{26}O_6$	Gibberellinsäuredimethylester	374	372	372 358
$C_{21}H_{27}ClO_3$	Δ^1-4-Chlortestosteronacetat	362	362	362 364 347 349
$C_{21}H_{27}NO_4$	Laudanosin	357	356	121 136 161 176 356 313 189 151 250 342
$C_{21}H_{28}O_2$	Pregnan-4,16-dien-3,20-dion	312	311	311
$C_{21}H_{29}ClO_2$	20-Chlor-16β-hydroxy-pregna-1,4-dien-3-on	348	348	295 297 333 310 348 346 269 156 135 133
$C_{21}H_{29}ClO_3$	4-Chlortestosteronacetat	364	364	364 366 380 157 329
$C_{21}H_{30}O_2$	Progesteron	314	313	313 328
$C_{21}H_{30}O_2$	5α-Pregnan-17-en-3,16-dion	314	313	313 329

Bruttoformel	Substanz	MG	$\frac{M^-}{M^+}$	EA-Massenspektrum
$C_{21}H_{30}O_2$	5α-Pregn-16-en-3,20-dion	314	313	329 313 271 345 297
$C_{21}H_{30}O_2$	5β-Pregn-16-en-3,20-dion	314	313	329 313 345
$C_{21}H_{30}O_2$	Pregn-4-en-3,20-dion	314	313	313 327
$C_{21}H_{30}O_3$	17α-Oxyprogesteron	330	329	312 329 330 297 285
$C_{21}H_{30}O_3$	17α-Hydroxy-progesteron	330	328	328 312 285
$C_{21}H_{31}ClO_2$	20ξ-Chlor-5α-pregnan-3,16-dion	350	350	313 329 297 350
$C_{21}H_{31}ClO_2$	20ξ-Chlor-16β-hydroxy-pregn-4-en-3-on	350	349	313 328 349 297 285 278
$C_{21}H_{32}O_2$	20α-Hydroxy-pregn-4-en-3-on	316	315	315 299
$C_{21}H_{32}O_2$	20β-Hydroxy-pregn-4-en-3-on	316	315	315
$C_{21}H_{32}O_2$	5α-Pregnan-3,16-dion	316	315	315 329 299 287 207
$C_{21}H_{32}O_2$	5α-Pregnan-3,20-dion	316	315	315 328 299
$C_{21}H_{32}O_2$	3β-Hydroxy-pregn-5-en-20-on	316	315	315 299

Tabelle 10.4. (Fortsetzung)

Bruttoformel	Substanz	MG	M^- / M^+	EA-Massenspektrum
$C_{21}H_{32}O_2$	17aα-Methyl-D-homo-5α-androstan-3,16-dion	316	315	315 329 343 346 363
$C_{21}H_{32}O_2$	17aβ-Methyl-D-homo-5α-androstan-3,16-dion	316	315	329 315
$C_{21}H_{33}ClO_2$	(20S)-20-Chlor-3β-hydroxy-5α-pregnan-16-on	352		315 297 313 331
$C_{21}H_{33}ClO_2$	(20R)-20-Chlor-3β-hydroxy-5α-pregnan-16-on	352	352	315 313 297 299 277 287 333 352
$C_{21}H_{33}FO_2$	X-Fluorpregnendiol	336	335	315 192 297 329 335
$C_{21}H_{34}ClNO_2$	(20R)-20-Chlor-16-oximino-5α-pregnan-3β-ol	367	366	313 345 298 331 366
$C_{21}H_{34}ClNO_2$	(20S)-20-Chlor-16-oximino-5α-pregnan-3β-ol	367	366	313 345 298 331 366
$C_{21}H_{34}O$	5α-Pregnan-3-on	302	301	301 183
$C_{21}H_{34}O$	5α-Pregnan-20-on	302	301	301
$C_{21}H_{34}O_2$	3α-Hydroxy-5α-pregnan-20-on	318	317	317 111 97 99 299
$C_{21}H_{34}O_2$	3α-Hydroxy-5β-pregnan-20-on	318	317	317 331 299
$C_{21}H_{34}O_2$	3β-Hydroxy-5α-pregnan-20-on	318	317	317 331 299 111

Bruttoformel	Substanz	MG	$\frac{M^-}{M^+}$	EA-Massenspektrum
$C_{21}H_{34}O_2$	3β-Hydroxy-5β-pregnan-20-on	318	317	196 317 206 299 331
$C_{21}H_{34}O_2$	3β-Hydroxy-5α-pregnan-16-on	318	317	317 181 195 167 299 331 199 185 171 209
$C_{21}H_{34}O_2$	20ξ-Chlor-5α-pregnan-3β,16β-diol	318	317	331 317 348 320 364
$C_{21}H_{34}O_3$	3β,15α-Dihydroxy-5α-pregnan-20-on	334	333	333 347 315 305 291
$C_{21}H_{34}O_3$	16,17-Seco-5α-pregnan-3-on-16-säure	334	333	333
$C_{21}H_{34}O_6$	Sarcostin	382	381	381 344 362 257 300
$C_{21}H_{35}ClO$	20ξ-Chlor-5α-pregnan-3β-ol	338	337	337 373
$C_{21}H_{35}NO_2$	5α-Pregnan-16-on-oxim	333	332	332 345 358 271 316 257 248 242 212 298
$C_{21}H_{35}NO_2$	(5'S)-5'-Methyl-isoxazolidino-(16,17c)-17α-androstan-3β-ol	333	332	298 326 253 226 265 221 313 332 345 198
$C_{21}H_{36}$	17aα-Methyl-D-homo-5α-androstan	288	287	219 208 180 234 267 287 307
$C_{21}H_{36}O_2$	5α-Pregnan-3β,16β-diol	320	319	319 301 290 353

Tabelle 10.4. (Fortsetzung)

Bruttoformel	Substanz	MG	M^- / M^+	EA-Massenspektrum
$C_{21}H_{36}O_2$	3β-Hydroxy-16,17-seco-5α-pregnan-16-aldehyd	320	319	319 335 365 348 305 331 301 171 185 199
$C_{21}H_{38}O_2$	16,17-Seco-5α-pregnan-3β-16-diol	322	321	319 321 271 277 242 301 257 212 307 291
$C_{21}H_{42}O_2$	Roccellarsäure	328	325	325 281 308 253 114
$C_{22}H_{14}$	Pentacen	278	278	278 308 294
			278	278 92 141 83 104
$C_{22}H_{16}O_{12}$	Fumarprotocetrarsäure	472		359 343 329 150
				184 124 192 206 169 179 212 155 233
$C_{22}H_{22}O_4$	Dienoestroldiacetat	350	349	265 307 126 144 162 249 208 235 291 277
$C_{22}H_{23}NO_7$	Narcotin	413	412	149 163 193 190 178 298 412 204 134 324
$C_{22}H_{26}O_8$	Sekikasäure	418	418	225 192 165 209 181 374 418 239
			418	193 208 135 164 153 179 226 418 121 105
$C_{22}H_{27}NO_7$	Narcotindiol	417	416	196 181 166 149 136 204 416 402 354 370

Bruttoformel	Substanz	MG	$\frac{M^-}{M^+}$	EA-Massenspektrum
$C_{22}H_{30}F_3N_3O_6$	N-Trifluoracetyl-phenylalanylleucyl-threoninmethylester	489		469 425 354 385 322 429 372 376 215 259
			488	326 443 214 411 387 354 271 285 488 280
$C_{22}H_{30}O_4$	Butylhydroxyanisol (Dimeres)	358	357	301 342 357 328 236
			358	358 287 302 246 272
$C_{22}H_{32}O_5$	17,20-Dihydroxy-17α-pregn-4-en-3-en-21-säuremethylester	376		285 345 313 331 360
$C_{22}H_{46}$	3-Methylheneicosan	310	327	327
$C_{23}H_{20}Cl_2O_{10}$	Acetyltumidulin	527	526	223 266 483 526 528 181
$C_{23}H_{26}O_9$	Squamatsäure-dimethylester-dimethyläther	446	446	209 195 239 431 446
			446	237 191 105 415 179 207 135 164 121 223
$C_{23}H_{27}NO_8$	Narcein	445	445	193 427 208 445 179
$C_{23}H_{28}O_6$	Prednisonacetat	400	400	298 340 358 400 325
$C_{23}H_{28}O_8$	Sekikasäure-methylester	432	432	239 192 165 209 432 152 177 152 417 446
$C_{23}H_{29}ClO_4$	Chlormadinon-acetat	404	404	344 404 362 309

Tabelle 10.4. (Fortsetzung)

Bruttoformel	Substanz	MG	$\frac{M^-}{M^+}$	EA-Massenspektrum
$C_{23}H_{31}ClO_3$	20-Chlor-16β-acetoxy-pregna-1,4-dien-3-on	390	388	388 373 353 337 425
$C_{23}H_{32}O_3$	3β-Acetoxypregna-5,16-dien-20-on	356	355	371 326 355 387 310
$C_{23}H_{32}O_4$	21-Acetoxypregn-4-en-3,20-dion	372	372	372 315 329
$C_{23}H_{32}O_4$	17α-Acetoxy-progesteron	372	371	271 257 386 326 329 242 155 313 371 211
$C_{23}H_{32}O_6$	Digacetigenin	404	403	326 344 314 403 261
$C_{23}H_{32}O_7$	Nigrescigenin	420	419	178 332 437 400 382 419 352 207
$C_{23}H_{33}ClO_3$	20-Chlor-16β-acetoxypregn-4-en-3-on	392	391	391 357 406 313 339
$C_{23}H_{33}NO_2$	(5'R)-5'-Methylis-oxazolino-(16,17c)-5α-androstan-3β-ol	355		313 66 298 330 345 108 87 122 363 361
$C_{23}H_{34}O_4$	21-Acetoxypregn-5-en-3β-ol-20-on	374	374	374 331 433 315 310
$C_{23}H_{34}O_4$	Digitoxigenin	374	373	373 355 372 375 371
$C_{23}H_{34}O_5$	Gitoxygenin	390	388	354 339 372 310 388
$C_{23}H_{35}ClO_3$	(20R)-20-Chlor-3β-acetoxy-5α-pregnan-16-on	394	391	360 407 391 316 374

Bruttoformel	Substanz	MG	$\frac{M^-}{M^+}$	EA-Massenspektrum
$C_{23}H_{35}ClO_3$	(20S)-20-Chlor-3β-acetoxy-5α-pregnan-16-on	394	394	404 407 391 360 374 394
$C_{23}H_{35}NO_3$	(5'S)-3β-Acetoxy-5'-methyl-isoxazolino-(16,17c)-5α-androstan	373	373	249 87 148 387 108 93 357 315 373 403
$C_{23}H_{36}O_4$	Dihydrodigitoxigenin	376	375	375 357 331 291 347
$C_{23}H_{37}ClO_2$	20ξ-Chlor-3β-acetoxy-5α-pregnan	380	379	379 415 335
$C_{23}H_{38}O_3$	3β-Acetoxy-5α-pregnan-20-ol	362	361	361 345 317 301 403
$C_{23}H_{38}O_4$	3β-Acetoxy-16,17-seco-5α-pregnan-16-säure	378	377	377 335 317 413
$C_{23}H_{40}O_3$	3β-Hydroxy-16,17-seco-5α-pregnan-16-säureäthylester	364	363	85 89 298 111 101 326 315 331 107 363
$C_{24}H_{12}$	Coronen	300	300	300 276 315
$C_{24}H_{18}$	Quaterphenyl	306	305	305 321 293 270
$C_{24}H_{20}O_{10}$	Gyrophorsäure	468		150 388 255 387
				105 124 150 198 94
$C_{24}H_{26}O_{10}$	Salicortin	474		137 405 268 155 161 232 361 216 380 123

Tabelle 10.4. (Fortsetzung)

Bruttoformel	Substanz	MG	$\frac{M^-}{M^+}$	EA-Massenspektrum
$C_{24}H_{28}O_8$	Diacetylgibberellinsäuremethylester	444	444	444 502 402 326 280
$C_{24}H_{36}O_3$	Δ^5-Cholensäure-3β-20-diol-(20→24)-lacton	372	371	371 384 353 260 314
$C_{24}H_{38}O_4$	Phthalsäuredioctylester	390	390	148 390 165 334 362
$C_{24}H_{40}N_2$	Conessin	356	355	355 310 341
$C_{24}H_{40}O_4$	Hyodesoxycholsäure	392	391	391 373 335
$C_{24}H_{41}NO_3$	3α-Hydroxy-6β-amino-5α-cholansäure	391	390	390 235 373 188
$C_{24}H_{42}$	Octadecylbenzol	330	329	77 91 329 343
			330	92 330 104 133 117
$C_{24}H_{43}NO_2$	6β-Amino-5α-cholan-3α, 24-diol	377	376	376 359
$C_{24}H_{50}$	n-Tetracosan	338	355	355
$C_{25}H_{22}O_{10}$	Umbilicarsäure	482	478	150 122 163 181 255 137 212 244 272 300
$C_{25}H_{29}O_8$	Lobarsäure	456	456	194 412 397 206 233 384 456 225
				412 178 123 192 198 205 235 384 355
$C_{25}H_{30}O_7$	Picrolicheninsäure	442	442	414 365 386 396 442

Bruttoformel	Substanz	MG	$\frac{M^-}{M^+}$	EA-Massenspektrum
$C_{25}H_{30}O_{10}$	Triacetyl-gibberellin A_8	490	489	489 371 447 430 325
$C_{25}H_{31}N_3O_4$	Lunarin	437	437	437
$C_{25}H_{32}O_7$	Anziasäure-mono-methyläther	444	444	223 219 179 193 206 162 444
				221 238 252 278
$C_{25}H_{32}O_8$	Cryptochlorophae-säure	460		221 138 195 166 121 416 239
				138 196 182 222 152
$C_{25}H_{40}O_4$	3β,16β-Diacetoxy-5α-pregnan	405	403	403
$C_{25}H_{42}O_4$	Hyodesoxychol-säure-methylester	406	405	405 373 387
$C_{25}H_{45}NO_2$	Pregnan-16-säure-n-butylamid	391	390	390 319 334 348 372 401 419 450
$C_{26}H_{20}N_2$	9,9',10,10'-Tetra-hydrobiacridyl-(9,9')	360		179 177 181 194 151 221 166 101 205
$C_{26}H_{22}O_8$	Bis-(benzoyl-oxy-äthyl)-terephthalat	462	462	462 358 328 313 298 340 209 254 224 376
$C_{26}H_{24}O_{10}$	Peltigerin	496	496	181 150 122 314 331 164 167 346 496 198
$C_{26}H_{30}O_8$	Physodsäure	470	469	194 399 283 355 247 299 415 469

Tabelle 10.4. (Fortsetzung)

Bruttoformel	Substanz	MG	M^- / M^+	EA-Massenspektrum
$C_{26}H_{32}O_7$	Picrolicheninsäure-methylester	456	456	428 400 397 324 310
$C_{26}H_{32}O_8$	Olivetorsäure	472	471	223 247 167 206 150 267 209 163 471 238
				248 150 124 192 180 206 177 163
$C_{26}H_{34}O_{11}$	Gibberellin-A_3-glukosid-methylester	522	522	360 522
$C_{26}H_{38}O_4$	Δ^5-Cholensäure-3β-acetat-20-ol-(20→24)-lacton	414	413	284 300 316 360 298 314 413 332 345
$C_{26}H_{50}O_4$	Sebacinsäure-dioctylester	426	425	193 295 425 313 171
$C_{27}H_{24}O_{14}$	Tetraacetylstictinsäure	572	572	572 452 512 410 278 470
				368 105 386 530 428 340 193 312
$C_{27}H_{26}O_{10}$	Salicyltremuloidin	510	510	137 121 267 211 176 243 191 388 430 510
$C_{27}H_{32}O_8$	Physodsäure-methylester	484	484	427 252 413 498 443 395 466 484 514
$C_{27}H_{36}O_8$	Planasäure	472	471	237 235 193 219 471 472
$C_{27}H_{40}N_2O_4$	(25R)-N-Nitroso-14β, 22α-N-spirosol-X-en-3β-ol-15-on	456	456	426 313 408 456 390

Bruttoformel	Substanz	MG	$\frac{M^-}{M^+}$	EA-Massenspektrum
$C_{27}H_{40}O_4$	9-Dehydrohecogenin	428	428	429 415 427 261 277
$C_{27}H_{41}N$	Solanida-3,5-dien	379	378	378 378
$C_{27}H_{41}NO$	Solaso-3,5-dien	395	394	412 409 394 315
$C_{27}H_{42}N_2O_4$	N-Nitroso-15-keto-14β-soladulcidin	458	458	428 315 410 458 392
$C_{27}H_{42}O_2$	Cholesta-4,6-dien-3-ol-16-on	398	397	397 383
$C_{27}H_{42}O_3$	Diosgenin	414	413	413 275
$C_{27}H_{42}O_4$	Hecogenin	430	429	429 261 221 411 288
$C_{27}H_{42}O_4$	Sisalagenin	430	429	429 261 221 288 304
$C_{27}H_{42}O_5$	3α-Acetoxy-6-oxo-5α-cholansäure-methylester	446	445	445 413 505 153
$C_{27}H_{43}N$	5α-Solanid-2-en	381	380	380 398
$C_{27}H_{43}NO$	Solanidin	397	396	396 439 329 423 457
$C_{27}H_{43}NO_2$	(22S:25S)-16β-Hydroxy-22,26-acetyl-epiminocholest-4-en-3-on	413	412	315 272 412 297 162 421 394 327

Tabelle 10.4. (Fortsetzung)

Bruttoformel	Substanz	MG	$\frac{M^-}{M^+}$	EA-Massenspektrum
$C_{27}H_{43}NO_2$	(22S:25R)-22,26-Iminocholesta-5,7-dien-3β,16β-diol	413	412	261 143 162 317 315 412
$C_{27}H_{43}NO_2$	Rubijervin	413	412	412
$C_{27}H_{43}NO_2$	Tomatidenol	413	412	412 409 394 315
$C_{27}H_{43}NO_2$	Solasodin	413	412	412 394
$C_{27}H_{43}NO_2$	Veralkamin	413	412	412 297 315 269 394
$C_{27}H_{43}NO_3$	15α-Hydroxy-tomatidenol	429	428	428 263 410 285 303
$C_{27}H_{43}NO_3$	15α-Hydroxysolasodin	429	428	428 263 410
$C_{27}H_{43}NO_3$	15β-Hydroxysolasodin	429	428	428 265
$C_{27}H_{43}NO_3$	(25R)-15α-Hydroxy-5α,22α-N-spirosolan-3-on	429	428	428 301
$C_{27}H_{43}NO_3$	(25R)-15β-Hydroxy-5α,22α-N-spirosolan-3-on	429	428	428 443 233 245
$C_{27}H_{43}O_8$	Olivetorsäure-methylester	486	485	247 237 205 150 177 163 190 220 468 483
				206 238 150 182 248 178 163 122 192 326

Tabelle 10.4. (Fortsetzung)

Bruttoformel	Substanz	MG	$\frac{M^-}{M^+}$	EA-Massenspektrum
$C_{27}H_{44}$	Cholesta-3,5-dien	368	367	367
$C_{27}H_{44}N_2O_3$	N-Nitroso-soladulcidin	444		414 457 412
$C_{27}H_{44}O$	Zymosterin	384	383	318 332 196 208 222 236 262 360 400 383
$C_{27}H_{44}O_2$	Cholest-4-en-3-ol-16-on	400	399	399 414
$C_{27}H_{44}O_3$	Neotigogenin	416	415	415 277
$C_{27}H_{44}O_3$	Sarsasapogenin	416	415	415 277
$C_{27}H_{44}O_3$	Tigogenin	416	415	415 277 431
$C_{27}H_{44}O_3$	Smilagenin	416	415	415 277 387
$C_{27}H_{44}O_5$	Digitogenin	448	447	447 431 279
$C_{27}H_{45}N$	Solanidan	383	400[x)]	380 400 315
$C_{27}H_{45}NO$	(25R)-22,26-Imino-5α-cholest-22-(N)-en-3β-ol	399	398	413 398 249
$C_{27}H_{45}NO$	(25S)-22,26-Imino-5α-cholest-22-(N)-en-3β-ol	399	398	413 210 189 184 319 398

x) Ionisierung durch Anlagerung von OH^-

Tabelle 10.4. (Fortsetzung)

Bruttoformel	Substanz	MG	$\frac{M^-}{M^+}$	EA-Massenspektrum
$C_{27}H_{45}NO$	(22S:25R)-22,26-Imino-cholest-5-en-3β-ol	399	399	400 398
$C_{27}H_{45}NO$	5α-Solanidan-3β-ol	399	398	398
$C_{27}H_{45}NO_2$	Soladulcidin	415	414	414 277 396
$C_{27}H_{45}NO_2$	Tomatidin	415	414	414 277 396 317
$C_{27}H_{45}NO_2$	3β-Hydroxytrisnor-cycloartansäure-amid	415	414	414 194 222 139 208
$C_{27}H_{45}NO_2$	Dihydroveralkamin	415	414	414 299 317 297 271 396
$C_{27}H_{45}NO_3$	15α-Hydroxy-soladulcidin	431	430	263 430
$C_{27}H_{45}NO_4$	3α-Acetoxy-6β-amino-5α-cholansäure-methylester	447	446	446 197 414 402
$C_{27}H_{46}$	Cholest-5-en	370	369	369 367
$C_{27}H_{46}ClNO_2$	N-Chlortetrahydro-solasodin	451	451	413 319 277 299 451
$C_{27}H_{46}N_2$	3α-Amino-5α-solanidan	398	397	397 415 381 423
$C_{27}H_{46}N_2$	3α-Amino-5β-solanidan	398	397	415 397 411 435 451

Bruttoformel	Substanz	MG	$\frac{M^-}{M^+}$	EA-Massenspektrum
$C_{27}H_{46}N_2$	3β-Amino-5α-solanidan	398	397	397 415 411
$C_{27}H_{46}N_2$	3β-Amino-5β-solanidan	398	397	397 415 587
$C_{27}H_{46}N_2O_2$	3-epi-Solanocapsin	430	429	429 411
$C_{27}H_{46}N_2O_2$	Solanocapsin	430	428	428
$C_{27}H_{46}O$	Cholesterin	386	385	385
$C_{27}H_{46}O$	Δ^7-Cholesten-3β-ol	386	385	385 387
$C_{27}H_{47}NO$	(22R:25S)-22,26-Imino-5α-cholestan-3β-ol	401	400	400 301
$C_{27}H_{47}NO_3$	(20R)-22,26-Epimino-5α-cholestan-3β,16α-20-triol	433	432	317 140 271 333 432 289 301 414 196 249
$C_{27}H_{47}NO_3$	(20R)-22,26-Imino-5α,22ξ,25ξ-cholestan-3β,16β,20-triol	433	432	317 335 432 273 301
$C_{27}H_{48}$	Cholestan	372	389	389
$C_{27}H_{48}O$	5α-Cholestan-3α-ol	388	387	387
$C_{27}H_{48}O$	5α-Cholestan-3β-ol	388	387	387

Tabelle 10.4. (Fortsetzung)

Bruttoformel	Substanz	MG	M^- / M^+	EA-Massenspektrum
$C_{27}H_{48}O$	5β-Cholestan-3α-ol	388	387	387
$C_{27}H_{48}O$	5β-Cholestan-3β-ol	388	387	387
$C_{28}H_{23}NO_6$	Rhizocarpsäure	469	468	263 468 306 290 190
$C_{28}H_{24}N_2$	10,10'-Dimethyl-9,9'-dihydrobiacridyl-(9,9')	388		194 179 236 164,5 209
$C_{28}H_{36}O_8$	Confluentinsäure	500		219 237 279 247 261
$C_{28}H_{37}BrO_3$	3β-(4-Brombenzoyloxy)-17α-ξ-methyl-D-homo-5α-androstan-16-on	500	500	202 200 421 502 500
$C_{28}H_{38}O_7$	Planasäure-methylester	486	486	251 250 219 208 176 237 471
$C_{28}H_{44}$	Octadecylnaphthalin	380	379	141 379 155 118 109
			380	144 380 85 128 155
$C_{28}H_{48}O$	Cholesteryl-methyläther	400	399	399 367
$C_{28}H_{50}O$	5α-Cholestanyl-methyläther	402	401	419 387 433 401
$C_{28}H_{58}$	n-Octacosan	394	411	411
$C_{28}H_{62}N_6O_2Si_9$	Trisilylamin	766		220 293 344 367 418
			748 x)	203 202 135 197 221 146 277 295 334 404

x) 748 = M - H_2O

Bruttoformel	Subtanz	MG	$\frac{M^-}{M^+}$	EA-Massenspektrum
$C_{29}H_{38}O_8$	Confluentinsäure-methylester	514	514	263 251 219 514 189
$C_{29}H_{42}F_3NO_2$	O-Trifluoracetyl-solanidin	493		396 562 378
$C_{29}H_{42}O_9$	Helveticosid	534	534	384 403 256 366 355 278 336 514 418 496
$C_{29}H_{42}O_{11}$	β-Antiarin	566	566	530 384 548 402 366
$C_{29}H_{44}F_3NO_2$	O-Trifluoracetyl-demissidin	495		564 398
$C_{29}H_{44}O_4$	Diosgeninacetat	456	455	455 426 442
$C_{29}H_{44}O_5$	Hecogeninacetat	472	471	471 303 500 279 424
$C_{29}H_{44}O_8$	Evomonosid	520	520	373 520 355 401 500
$C_{29}H_{45}NO_2$	O-Acetylsolanidin	439	438	438
$C_{29}H_{45}NO_3$	N-Acetyl-3,18-dehydro-5,6-dihydro-veralkamin	455	454	168 315 454 299 287
$C_{29}H_{45}NO_3$	(22S:25S)-3β-Hydroxy-22,26-acetimino-cholest-5-en-16-on	455	454	315 454 451 299 412
$C_{29}H_{45}NO_3$	(22S:25R)-3β-Hydroxy-22,26-acetimino-cholest-5-en-16-on	455	454	315 454 451 299 168

Tabelle 10.4. (Fortsetzung)

Bruttoformel	Substanz	MG	M^- / M^+	EA-Massenspektrum
$C_{29}H_{45}NO_3$	(22S:25R)-22,26-Acetimino-5α-cholestan-3.16-dion	455	454	315 168 454 299 287
$C_{29}H_{46}NO_3$	3β-Acetoxytrisnor-$\Delta^{9,11}$-lanostensäureamid	457	456	456 423 485 467 407 187 382 175 159 227 147 213 203 255 241
$C_{29}H_{46}O_4$	Sarsasapogenin-acetat	458	457	457 415
$C_{29}H_{46}O_4$	Smilageninacetat	458	457	457 415
$C_{29}H_{46}O_4$	Tigogeninacetat	458	457	457 319 415
$C_{29}H_{47}F_3O_2$	Trifluoracetyl-5α-cholestan-3β-ol	484		553 387 465
$C_{29}H_{47}NO_2$	(22S:25R)-22,26-Acetimino-cholest-5-en-3β-ol	441	441	443 441 168 301 317
$C_{29}H_{47}NO_2$	O-Acetyldemissidin	441	440	440 399 397
$C_{29}H_{47}NO_2$	(22S:25S)-22,26-Acetimino-cholest-5-en-3β-ol	441	442 440	179 442 440 301 317
$C_{29}H_{47}NO_3$	(22R:25S)-3β-Hydroxy-22,26-acetimino-5α-cholestan-16-on	457	456	317 456 301 414 289
$C_{29}H_{47}NO_3$	N-Acetylperhydro-veralkamin-3-keton	457	456	317 168 299 456 414

Bruttoformel	Substanz	MG	$\frac{M^-}{M^+}$	EA-Massenspektrum
$C_{29}H_{47}NO_3$	(22S:25S)-22,26-Acetimino-cholest-5-en-3β,16β-diol	457	456	317 315 456 299 414 359
			—	
$C_{29}H_{48}O$	Stigmasterin	412	411	411 410 409
			—	
$C_{29}H_{48}O_2$	Cholesterinacetat	428	427	427 385
			—	
$C_{29}H_{49}NO_3$	(22R:25S)-16β-Amino-imino-5α-cholestan-3β,16β-diol	459	458	319 299 458 416 361
			—	
$C_{29}H_{49}NO_3$	N-Acetyl-5,6-dihydroveralkamin	459	458	168 319 416 458 299
			—	
$C_{29}H_{50}N_2O_2$	(22R:25S)-16β-Amino-22,26-acetimino-5α-cholestan-3β-ol	458	457	457 360 273 415 439
			—	
$C_{29}H_{50}O$	β-Sitosterin	414	413	413 399 312 351 296
			—	
$C_{29}H_{50}O$	γ-Sitosterin	414	413	399 385 413
			—	
$C_{29}H_{52}O$	Dihydro-β-sitosterin	416	415	415 414 401
			—	
$C_{29}H_{58}O$	n-Nonacosan-10-on	422	421	421
			—	
$C_{30}H_{20}$	Cyclopentaphenyl	380	379	379 378 376 374 395
			380	380 363 190 302 226
$C_{30}H_{22}O_4$	Polyphenyläther	446	445	185 277 369 445 353 201 261
			—	

Tabelle 10.4. (Fortsetzung)

Bruttoformel	Substanz	MG	$\frac{M^-}{M^+}$	EA-Massenspektrum
$C_{30}H_{44}O_9$	Cymarin	548	548	403 384 278 256 366 354 377 328 341 548
$C_{30}H_{46}O_7$	Somalin	518	517	373 517 355 486 499
$C_{30}H_{48}O$	allo-Betul-2-en	424	423	423 452 468 437 407
$C_{30}H_{48}O_2$	α-Onoceron	440	440	452 437 426 440 498
$C_{30}H_{48}O_3$	Oleanolsäure	456	455	455 249
$C_{30}H_{48}O_3$	Ursolsäure	456	455	455
$C_{30}H_{49}NO_5$	3α,24-Diacetoxy-6β-acetamino-5α-cholan	503	502	502 460 538 442 400
$C_{30}H_{50}O$	Friedelin	426	426	426 410 222 232 249
$C_{30}H_{50}O_2$	Betulin	442	441	441 425 409
$C_{30}H_{50}O_2$	α-Onocerin	442	441	441 205
$C_{30}H_{52}O$	3α-Friedelanol	428	428	428 412
$C_{30}H_{52}O$	3e-Friedelanol	428	428	428 133 412

Bruttoformel	Substanz	MG	$\frac{M^-}{M^+}$	EA-Massenspektrum
$C_{30}H_{52}O_2$	Zeorin	444	443	443 425 385 221
$C_{30}H_{62}$	Squalan	422	439	439
$C_{31}H_{28}O_{13}$	Triacetyl-umbilicarsäure	608		209 181 167 428 223
$C_{31}H_{37}NO_2$	1α-Nitrilo-2-diazo-3-oxo-allo-letalan	465	463	463
$C_{31}H_{46}F_3N_5O_7S$	N-Trifluoracetyl-leucylphenyl-alanyl-glycylleucyl-methionin-methyl-ester	690		224 576 542 669 181 595 372 328 629 429
				330 414 357 259 615 527 227 203 282 559
$C_{31}H_{46}O_{10}$	Mansonin	578	578	403 368 385 350 578 577 357 140 359 375
$C_{31}H_{47}NO_4$	O,N-Diaçetylsolasodin	497	496	496 454 357 329 436
$C_{31}H_{47}NO_4$	O,N-Diacetyl-tomatidenol	497	496	467 454 496 451 511
$C_{31}H_{48}N_2O_6$	(25R)-3β,15α-Diacetoxy-N-nitroso-5α,22α-N-spirosolan	544		514 414 472
$C_{31}H_{49}NO_3$	(25R)-3β-Acetoxy-22,26-acetimino-5α-cholest-22-en	483	482	482 455 440 415 470
$C_{31}H_{49}NO_4$	(25S)-3β,16β-Di-acetoxy-22,26-imino-5α-cholest-22(N)-en	499	498	513 471 498 456 331

Tabelle 10.4. (Fortsetzung)

Bruttoformel	Substanz	MG	M^- / M^+	EA-Massenspektrum
$C_{31}H_{49}NO_4$	(22S:25R)-3β-Acetoxy-22,26-acetimino-5α-cholestan-16-on	499	498	359 498 343 456 299
$C_{31}H_{50}O_2$	Stigmasterinacetat	454	453	453 411
$C_{31}H_{50}O_3$	Ursolsäure-methylester	470	469	469 231 207 203 437 455 410 159 217 189
$C_{31}H_{51}NO_5$	(20R)-3β,16α-Diacetoxy-22,26-epimino-5α-cholestan-20-ol	517	516	140 359 401 375 474 516 456 315 165 182
$C_{31}H_{51}NO_5$	(20R)-3β,16β-Diacetoxy-22,26-imino-5α-22ξ,25ξ-cholestan-20-ol	517	516	474 401 359 315 375 419 516 343 456 331
$C_{31}H_{52}O_2$	β-Sitosterinacetat	456	455	427 455 385 413 302
$C_{31}H_{52}O_3$	α-Tocopherolacetat	472	471	429 290 471 308
$C_{31}H_{52}O_4$	3,3'-Diacetoxy-cholestan	488		385 547 445 427 231 402 429 384
$C_{31}H_{52}O_4$	3β-Acetoxy-trisnor-lanostansäure-äthylester	488	487	182 177 487 441 459
$C_{31}H_{54}O_2$	Stigmastanolacetat	458	457	457 415 429 443
$C_{32}H_{16}ClCuN_8$	Cu-Cl-Phthalocyanin	609	609	609 611 613

Bruttoformel	Substanz	MG	$\frac{M^-}{M^+}$	EA-Massenspektrum
$C_{32}H_{16}ClCuN_8$	Cu-Phthalocyanin	575	575	575 577
$C_{32}H_{16}FeN_8$	Fe-Phthalocyanin	568	568	568 566 570
$C_{32}H_{16}N_8O_2V$	Vanadyl-Phthalocyanin	595	595	579 595
$C_{32}H_{16}N_8Zn$	Zn-Phthalocyanin	576	576	576 578 580
$C_{32}H_{18}N_8$	Phthalocyanin	514	514	514
$C_{32}H_{18}N_8Sn$	Sn-Phthalocyanin	632	632	632 630 628 575
$C_{32}H_{32}N_2O_{12}$	Kresolphthalein-bis-methylimino-diessigsäure (Phthalein-Purpur)	636		401 374 444 417 360 161 205 387 313 460
$C_{32}H_{46}$	Octadecylanthracen	430	430	430 446 462 416
				191 430 179 83 97
$C_{32}H_{48}ClNO_4$	5α-N-Chlor-3β,16β-diacetoxy-22,26-iminocholesta-22-en	533		513 471 547 527
$C_{32}H_{52}O_2$	Cycloartenolacetat	468	467	467 425
$C_{32}H_{54}O_2$	Cycloartanolacetat	470	469	469 689 427 647 483
$C_{32}H_{66}$	n-Dotriacontan	450	467	467

Tabelle 10.4. (Fortsetzung)

Bruttoformel	Substanz	MG	$\frac{M^-}{M^+}$	EA-Massenspektrum
$C_{33}H_{50}F_3NO_5$	(22S:25R)-3β,16β-Diacetoxy-22,26-trifluoracetimino-5α-cholestan	597		144 402 163 345 500
$C_{33}H_{51}NO_5$	(25R)-3β,16β-Diacetoxy-22,26-acetimino-5α-cholest-22-en	541	540	512 540 498 454 456 415
$C_{33}H_{51}NO_5$	(22S:25S)-3β,16β-Diacetoxy-22,26-acetiminocholest-5-en	541	540	401 498 359 540 341
$C_{33}H_{53}NO_6$	(20R)-3β,16β-Diacetoxy-22,26-acetimino-5α,22ξ,25ξ-cholestan-20-ol	559	558	516 401 359 375 498 474 458 419 315 558
$C_{33}H_{68}$	2-Methyldotriacontan(synth.)	464	481	481
$C_{34}H_{36}N_4O_3$	Pyromethylphäophorbid	548	548	548 520 590
$C_{34}H_{48}N_2O_{10}S$	Atropinsulfat	676		250 283 266 423 235
$C_{35}H_{42}Br_2ClO_4$	20ξ-Chlor-3β,16β-di-(4-brom-benzoyloxy)-5α-pregnan	718	717	199 201 155 157 515 642 717 602
$C_{35}H_{54}O_{12}$	Bullosid	666	665	373 289 355 665 337 503 401 386 485 468
$C_{36}H_{24}$	Cyclohexaphenyl	456	455	455 131 454 470 443
			456	456 294 184 228 302

Bruttoformel	Substanz	MG	M^- / M^+	EA-Massenspektrum
$C_{36}H_{24}B_3N_3$	1,2:3,4:5,6-Tris-(2,2'-biphenylylen)-borazol	531	529	354 371 194 479 529
$C_{36}H_{30}B_3N_3$	N,N',N"-Tris-(2-biphenylyl)-borazol	537	536	536 168 178 552 345
$C_{36}H_{38}N_4O_5$	Methylphäophorbid a	606		578 588
$C_{36}H_{44}O_{16}$	Gibberellin-A_3-glucosid-methylester	732	732	280 119 287 227 347 407 732 688 628 714
$C_{36}H_{52}N_4O_2$	1,1,4,4,5,6,7,8-Octaäthyl-2,3-dioxo-1,2,3,4-tetrahydro-porphin	572	566	566 567 582 643 537 493
			566	566 537 582 643 509
$C_{36}H_{54}O_2$	β-Sitosterinbenzoat	518	517	210 413 517 399 225
$C_{36}H_{74}$	n-Hexatriacontan	506	523	523
$C_{37}H_{40}N_2O_6$	Pycnamin	608	607	347 301 174 577 160 315 607 390 190 212
$C_{37}H_{40}N_4O_7$	Rhodin-g_7-trimethylester	652	652	652 93 90 106 120
			652	652 163 149 228
$C_{37}H_{44}CuN_4O$	Cu-α-Formyloctaäthylporphin	623	623	623 609 595 637 580
			623	623 594 608 537 565
$C_{37}H_{46}N_4O$	α-Formyloctaäthylporphin	562	562	562 578 548 623 282
			562	534 562 519 136 164

Tabelle 10.4. (Fortsetzung)

Bruttoformel	Substanz	MG	$\frac{M^-}{M^+}$	EA-Massenspektrum
$C_{38}H_{24}O_2$	Tetraphenylanthrachinon	512	512	512
$C_{39}H_{63}NO_{11}$	Tomatidenol-glykosid E	721	720	720 722 179 205 247 412
$C_{39}H_{65}NO_{11}$	β-Solamargin(=L-Rhamnosyl-D-glucosylsolasodin)	721	720	163 143 179 720 247 205 547 412 265 324
$C_{40}H_{82}$	Lycopersan	562	579	579
$C_{41}H_{64}O_{13}$	Digitoxin	764	763	259 373 189 129 389 135 215 147 331 503
$C_{45}H_{73}NO_{15}$	L-Rhamnosyl-D-glucosyl-D-galactosyl-solanidin (α-Solanin)	867		558 396 704 256 270 686
$C_{45}H_{73}NO_{15}$	Solamargin	867	866	163 178 194 222 208 247 307 453 720 691
$C_{45}H_{73}NO_{16}$	Solasonin	883	882	143 163 179 192 204 720 573 705 735 412
$C_{48}H_{32}$	Octaphenylen	608		291 227 455 221 471 426 437 377 334 265
$C_{50}H_{83}NO_{20}$	Demissin	1017		263 560 232 721 323 523 483 455 703 882

Bruttoformel	Substanz	MG	$\frac{M^-}{M^+}$	EA-Massenspektrum
$C_{58}H_{94}O_4$	Dicholesteryl-succinat	854		485 383 385 441
				147 107 120 109 105 135 159 368 213 247
$C_{58}H_{92}O_5$	Cholesteryl-Δ^4-cholestenyl-3-on-succinat	868	868	500 399 868 414 455
$C_{63}H_{90}CoN_{14}O_{14}P$	Vitamin B_{12}	1357		145 114 98 96 94 520 534 550 589 495
$C_{64}H_{32}Al_2N_{16}O$	Al-Phthalocyanin	1094	1094	1094 1133
$C_{64}H_{32}N_{16}Sn$	Sn-Phthalocyanin	1144	1144	632 514 512 758 640 575 396 1144
$C_{64}H_{34}Al_2N_{16}O$	Al-Phthalocyanin	1096	1096	558 1096

11. Autorenverzeichnis

Anmerkung: Die Zahlen in eckigen Klammern geben die Nummer des Literaturzitates an.

12. Substanzverzeichnis

13. Sachverzeichnis

GPSR Compliance

The European Union's (EU) General Product Safety Regulation (GPSR) is a set of rules that requires consumer products to be safe and our obligations to ensure this.

If you have any concerns about our products, you can contact us on ProductSafety@springernature.com

In case Publisher is established outside the EU, the EU authorized representative is:

Springer Nature Customer Service Center GmbH
Europaplatz 3
69115 Heidelberg, Germany

Batch number: 10683525

Printed by Printforce, the Netherlands